会声会影X3完全自学教程

完全视频 + 完全操作 + 完全手册 = X3

完全自学

三位一体的学习体系，为您打造无障碍完全自学的完美体验，真正做到一册在手，别无他求。

龙 飞 编著

完全操作

完全抛弃软件生硬难懂的理论学习，将其划分为500个操作技能点，化繁为简，注重实战，使学习变得异常轻松简单。

完全视频

本教程500个知识点皆录制了多媒体语音视频，500多分钟，可谓目前同类教程中最多最全面的多媒体教学体系。

完全手册

本教程内容包括入门、进阶、提高、核心、高级、案例6大部分，体系完整，内容全面，完全可以作为案头参考的学习手册。

配套高品质DVD光盘

光盘收录了本教程1000多个素材与效果文件，500段500多分钟的语音教学视频，另外还赠送了290款会声会影资源素材，其中包括50款背景素材、50款动画效果、50款文字效果，60款儿童模板以及80款婚纱模板，供读者学习和参考。

兵器工业出版社

北京希望电子出版社
Beijing Hope Electronic Press
www.bhp.com.cn

内 容 简 介

本书为会声会影 X3 的自学教程，通过 500 个实例演练＋500 多分钟视频演示＋290 款资源素材赠送＋880 个素材效果提供＋1900 张图片辅助说明，帮助读者在最短的时间内从入门到精通，从新手成为视频编辑高手。

具体内容包括认识会声会影 X3、管理会声会影 X3 编辑器、运用影片向导与模板、使用 DV 转 DVD 向导、添加与设置素材、编辑素材对象、捕获视频素材、编辑视频素材、神奇的滤镜、为影片添加转场、添加与编辑覆叠素材、覆盖出精彩的影片、在影片中添加标题字幕、在影片中添加动态标题、添加音频素材、应用色彩与绘图、渲染与输出影片、导出影片、刻录影片、旅游记录——韩国之旅、节日记录——生日快乐、展会展览——汽车展览、儿童相册——彩色童年、中老年相册——精彩生活以及婚纱影像——最真的爱等内容，读者学后可以融会贯通、举一反三，制作出更多更加精彩、漂亮的效果。

本书结构清晰、语言简洁，适合会声会影 X3 的初、中级读者阅读，包括广大 DV 爱好者、影像相册工作者、数码家庭用户以及视频编辑处理人员，同时也可以作为各类计算机培训中心、高职高专院校等相关专业的辅导教材。

本书附带的 DVD 光盘包含了书中 500 个实例的视频教学文件，以及部分源文件和素材文件。

图书在版编目（CIP）数据

会声会影 X3 完全自学教程 / 龙飞编著．—北京：兵器工业出版社，2011.4

ISBN 978-7-80248-559-4

I.①会… II. ①龙… III. ①图形软件，会声会影 X3—教材 IV. ①TP391.41

中国版本图书馆 CIP 数据核字（2011）第 014506 号

出版发行：兵器工业出版社　北京希望电子出版社
邮编社址：100089　北京市海淀区车道沟 10 号
　　　　　100085　北京市海淀区上地 3 街 9 号
　　　　　嘉华大厦 C 座 611
电　　话：（010）82702660（发行）（010）82702675（邮购）
经　　销：各地新华书店　软件连锁店
印　　刷：北京市密东印刷有限公司
版　　次：2011 年 4 月第 1 版第 1 次印刷

封面设计：深度文化
责任编辑：常小虹　李　磊
责任校对：小　亚
开　　本：787mm×1092mm　1/16
印　　张：28.5（彩插 12 面）
印　　数：1－3500
字　　数：642 千字
定　　价：58.00 元（配 2 张 DVD 光盘）

调整素材的声音大小（第6章 第87集）

设置素材的回放速度（第6章 第89集）

通过修整拖柄剪辑视频（第8章 第128集）

保存到视频素材库（第8章 第138集）

选择滤镜预设模式（第9章 第144集）

应用“漩涡”滤镜（第9章 第150集）

应用“视频摇动和缩放”滤镜（第9章 第155集）

应用“镜头闪光”滤镜（第9章 第158集）

应用“幻影动作”滤镜（第9章 第181集）

应用“自动草绘”滤镜（第9章 第172集）

对视频轨应用当前效果（第10章 第185集）

替换转场效果（第10章 第188集）

应用“遮罩F”转场（第10章 第223集）

添加淡入淡出效果（第11章 237集）

添加Flash动画（第12章 第247集）

设置覆叠对象透明度（第12章 第256集）

设置遮罩的色彩相似度（第12章 第260集）

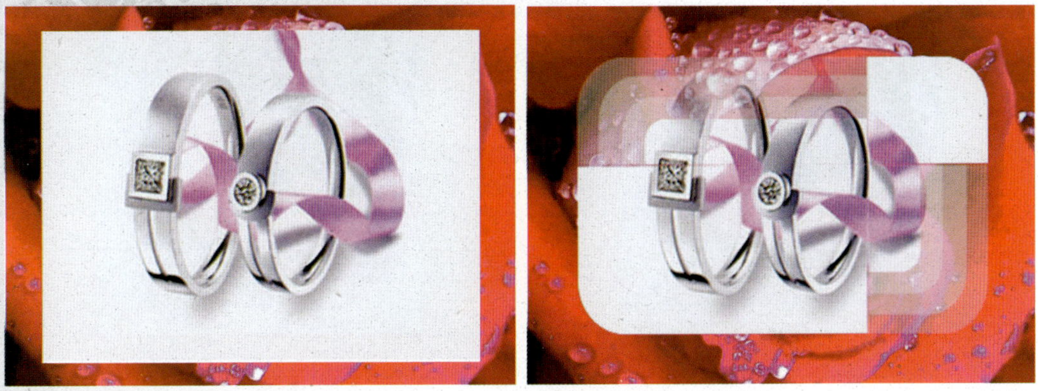

设置透明圆角矩形遮罩效果（第12章　第264集）

设置胶片遮罩效果（第12章　第266集）

设置画笔涂抹遮罩效果（第12章　第267集）

制作精美相框（第12章 第268集）

制作画中画（第12章 第270集）

添加多个标题字幕（第13章 第276集）

设置文本背景色（第13章 第290集）

设置光晕字体（第13章 第295集）

对齐到左上方（第13章 第298集）

对齐到右边中央（第13章 第302集）

对齐到右下方（第13章 第305集）

添加动态文本1（第14章 第307集）

添加动态文本4（第14章 第310集）

设置淡化动画样式（第14章　第316集）

选择弹出动画暂停时间（第14章　第323集）

设置飞行动画离开方式（第14章　第334集）

设置从右至左移动并扭曲的动画样式（第14章　第345集）

旅游记录——韩国之旅（第20章第453集～第460集）

旅游记录（一）

旅游记录（二）

旅游记录（三）

旅游记录（四）

旅游记录（五）

旅游记录（六）

节日记录——生日快乐（第21章第461集～第468集）

节日记录（一）

节日记录（二）

节日记录（三）

节日记录（四）

节日记录（五）

节日记录（六）

展会展览——汽车展览（第22章第469集～第476集）

汽车展览（一）

汽车展览（二）

汽车展览（三）

汽车展览（四）

汽车展览（五）

汽车展览（六）

儿童相册——彩色童年（第23章第477集～第485集）

儿童相册（一）

儿童相册（二）

儿童相册（三）

儿童相册（四）

儿童相册（五）

儿童相册（六）

中老年相册——精彩生活（第24章第486集～第493集）

中老年相册（一）

中老年相册（二）

中老年相册（三）

中老年相册（四）

中老年相册（五）

中老年相册（六）

婚纱影像——最真的爱（第25章第494集～第500集）

婚纱影像（一）

婚纱影像（二）

婚纱影像（三）

婚纱影像（四）

婚纱影像（五）

婚纱影像（六）

■ 升级改动

本教程是畅销系列《会声会影X2完全自学教程》的升级版，自该系列上市后，深受广大读者的青睐，并发来数百封邮件探讨、交流该软件的学习心得，我们深感荣幸，在听取众多读者朋友的意见后，本教程在之前版本上做了如下两大努力：

◆ 将原来5个领域的5个综合实例，升级为6个常见影视领域的6个综合实例，即在学完前面452个中、小型实例后，通过后面6个大型综合实例的演练，能力更上一层楼，能够了解与胜任这些行业的影视工作：数码照片工作、DV视频制作、影像相册工作、数码家庭用户以及视频编辑处理人员等。

◆ 前面的19章共452集实例操作，在内容上更注重常用与实用，在讲解上更注重细致与深入，以更好地帮助初学者从入门到进阶，再到逐渐精通该软件，能够真正自学成材。

■ 本教程特色

特　　色	特 色 说 明
6大 篇幅内容安排	本教程结构清晰，体系完整，全书共分为6大篇：入门篇、进阶篇、提高篇、核心篇、高级篇和案例篇，读者可以从零开始学起，逐步进阶，掌握软件的核心与高端技术，并通过大量实战演练，提高水平，学有所成。
19章 软件技术精解	本教程内容全面，从浅入深对会声会影X3进行了19章专题的软件技术讲解，内容包括管理会声会影X3编辑器、添加与设置素材、神奇的滤镜、为影片添加转场、覆叠出精彩的影片、添加动态标题等，帮助读者从入门到精通。
500个 技能实例奉献	全教程是一本操作性非常强的技能书，全教程通过500个实例的演练，帮助读者逐步掌握软件的核心技能与操作技巧，与同类书相比，读者可以省去学无用理论的时间，更能掌握超出同类书大量的实用技能，迅速从新手成为高手。
500多分钟 视频播放	本教程所有技能实例，以及最后6个大型实例，全部录制了带语音讲解的演示视频，时间长度达500多分钟（8个多小时），容量6G，全程同步重现书中所有技能实例的操作，读者可以结合书本，也可以独立观看视频，进行学习。
290款 超值素材赠送	随教程光盘为读者赠送了290款资源素材，其中包括50款会声会影背景素材、50款会声会影动画效果、50款会声会影文字效果、60款会声会影儿童模板以及80款会声会影婚纱模板，方便读者使用。
1000多款 素材效果提供	全书使用的素材与制作的效果，共达1000多个文件，其中包含近770个素材文件和300多个效果文件，涉及旅游类素材、婚纱类素材、美食类素材、风景类素材、家居类素材、车展类素材、节日庆典类素材等，应有尽有，物超所值。
近2500张 图片全程图解	本教程采用了近2500张图片，对软件的技术、实例的讲解，进行了全程式的图解，通过这些大量辅助的图片，让实例的内容变得更通俗易懂，读者可以一目了然，快速领会，大大提高了学习的效率，让读者的印象更深刻、深远。

■ 本教程内容安排

本教程共500集可分为六大部分：入门篇、进阶篇、提高篇、核心篇、高级篇和案例篇，具体章节内容如下：

篇	章	主要内容
六篇内容布局·从入门到精通	入门篇	第1～2章，主要内容包括启动与退出会声会影X3、新建与打开项目文件、保存项目文件、设置界面布局、切换会声会影X3视图、设置预览窗口、显示与隐藏网格线、加载视频素材、创建库项目、排序素材库中的素材等内容。
	进阶篇	第3～5章，主要内容包括快速启动影片向导、在向导中编辑影片、运用向导主题模板、应用其他主题模板、启动DV转DVD向导、设置扫描设备与格式、播放场景、编辑扫描后的场景、添加图像素材、添加视频素材等内容。
	提高篇	第6～8章，主要内容包括复制与粘贴素材、编辑视频素材、添加摇动与缩放效果、色彩校正、调整白平衡、设置白平衡特效、设置磁盘分区格式、捕获的特殊技巧、剪辑视频素材、多重修整视频、保存剪辑后的视频等内容。
	核心篇	第9～14章，主要内容包括滤镜的基本操作、设置视频滤镜、转场效果的基本操作、设置转场效果的属性、添加与删除覆叠图像、添加Flash视频素材、添加对象和边框效果、添加标题字幕、添加素材库中的动态标题等内容。
	高级篇	第15～19章，主要内容包括添加现成的音频素材、添加光盘或移动设备中的音频、添加与编辑色彩、使用绘图创建器、渲染输出整部影片、批量转换视频文件格式、导出视频为网页、刻录DVD光盘、刻录VCD光盘等内容。
	案例篇	第20～25章，专业讲解了大型实例的制作，如旅游记录——韩国之旅、节日记录——生日快乐、展会展览——汽车展览、儿童相册——彩色童年、中老年相册——精彩生活、婚纱影像—— 挚爱一生等视频内容。

■ 作者

本书由龙飞编著，在成书的过程中，得到了谭贤、柏松、刘嫔、符光宇、杨闰艳、曾慧、杨路平、廖梦姣、陈益、代君、张志科、颜勤勤、文瑞、陈超平、周旭阳、袁淑敏、谭俊杰、徐茜、杨端阳、谭中阳、罗樟、莫华浪、罗燕文、刘淑芬、王艳虹、彭渺、胡美凤、吴金蓉、罗昊、蒋珍珍等人的帮助，在此表示感谢。由于作者知识水平有限，书中难免有错误和疏漏之处，恳请广大读者批评、指正，联系邮箱：itsir@qq.com。

■ 特别提醒

读者在根据教程中的内容学习时，一定要安装与教程中同版本的软件，以保证能正常打开光盘中提供的素材与效果。另外，本教程所有实例的视频格式均为.swf，读者需安装Flash软件或播放插件Flash Player 9.0（需同版本），以保证光盘和视频的正常播放。把光盘中的文件复制到“F:\会声会影X3完全自学教程\光盘\”目录下，目录请读者自己先创建。

编著者

第1章 认识会声会影X3

第2章 管理会声会影X3编辑器

第3章 运用影片向导与模板

第4章 使用DV转DVD向导

第5章 添加与设置素材

第6章 编辑素材对象

第7章 捕获视频素材

第8章 编辑视频素材

第9章 神奇的滤镜

第10章 为影片添加转场

第11章 添加与编辑覆叠素材

第12章 覆盖出精彩的影片

第13章 在影片中添加标题字幕

第14章 在影片中添加动态标题

第15章 添加音频素材

第16章 应用色彩与绘图

第17章 渲染与输出影片

第18章 导出影片

第19章 刻录影片

第20章 旅游记录——韩国之旅

第21章 节日记录——生日快乐

第22章 展会展览——汽车展览

第23章 儿童相册——彩色童年

第24章 中老年相册——精彩生活

第25章 婚纱影像——最真的爱

第1章 认识会声会影X3

会声会影X3是友立公司专为个人以及家庭用户设计的一款视频软件，它面向非专业用户。利用该软件，用户可以根据不同的需要添加不同的视频或图像素材，并通过相应的操作对视频或图像文件进行编辑，快速制作出精美的数码影片。因此，即使是刚入门的用户也可以通过短短的几个步骤，在短时间内体验剪辑的乐趣。

1.1 启动与退出会声会影X3

第1集 启动会声会影X3

素材：无　　效果：无

视频：视频\第1章\第1集.swf　　时长：26秒

难度：★　　关键技术：双击图标

01 双击桌面上的Corel VideoStudio Pro X3图标，如图1-1所示。

02 启动会声会影X3软件后，弹出欢迎界面，如图1-2所示。

图1-1 双击图标

图1-2 “会声会影X3”欢迎界面

专家提醒

用户可以选择“开始”|“所有程序”|“Corel VideoStudio Pro X3”|“Corel VideoStudio Pro X3”命令进入程序。

03 单击“高级编辑”按钮，即可进入“会声会影X3编辑器”窗口，如图1-3所示。

图1-3 “会声会影X3编辑器”窗口

第2集 退出会声会影X3

素材：无
效果：无
视频：视频\第1章\第2集.swf
时长：16秒
难度：★☆☆☆☆
关键技术：单击“关闭”按钮

01 进入会声会影高级编辑器，拖曳鼠标指针至标题栏右上角的“关闭”按钮☒上，如图2-1所示。

02 单击鼠标左键，即可退出会声会影X3。

图2-1 定位鼠标指针

专家提醒

除了运用上述退出会声会影X3程序的方法外，还有以下两种方法可退出会声会影X3程序：

- 按【Alt+F4】组合键退出会声会影X3程序。
- 选择“文件”|“退出”命令，即可退出会声会影X3程序。

1.2 新建与打开项目文件

第3集 新建项目文件

素材：无
效果：无
视频：视频\第1章\第3集.swf
时长：48秒
难度：★★★
关键技术：选择“新建项目”命令

01 启动会声会影X3，进入会声会影高级编辑器，选择“文件”|“新建项目”命令，如图3-1所示。

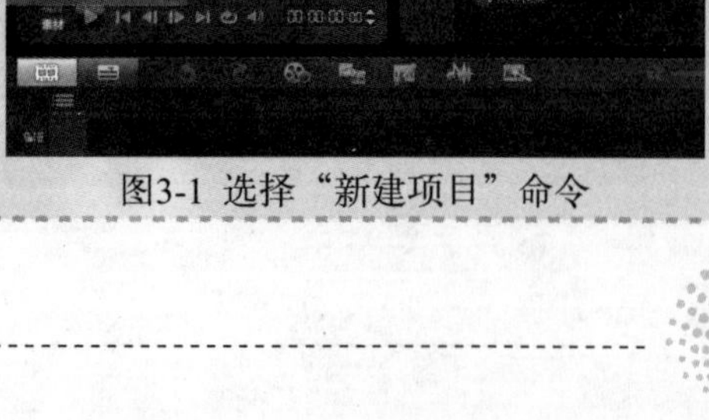

图3-1 选择“新建项目”命令

02 单击“捕获”选项卡，进入“捕获”面板，如图3-2所示。

图3-2 进入“捕获”面板

专家提醒

用户按【Ctrl+N】组合键，也可以新建项目文件。

03 单击选项面板中的“捕获视频”按钮，在弹出的选项面板中单击“捕获文件夹”文本框右侧的“捕获文件夹”按钮，如图3-3所示。

图3-3 单击“捕获文件夹”按钮

04 弹出“浏览文件夹”对话框，在其中指定工作文件夹，如图3-4所示。然后单击“确定”按钮，即可完成新建项目文件的操作。

图3-4　“浏览文件夹”对话框

专家提醒

项目文件本身并不是影片，只有在最后的“输出”面板中经过渲染输出，才将项目文件中的所有素材连接在一起，生成最终的影片。在新建文件夹时，建议用户将文件夹指定到有较大剩余空间的磁盘上，这样可以为安装文件所在的磁盘保留更多的空间。

第4集　打开项目文件

素材： 素材\第1章\4-3.vsp

视频： 视频\第1章\第4集.swf

难度： ★

效果： 无

时长： 20秒

关键技术： 选择“打开项目”命令

01 进入会声会影高级编辑器，选择“文件”|“打开项目”命令，如图4-1所示。

图4-1 定位鼠标指针

02 弹出“打开”对话框，选择需要的素材，如图4-2所示。

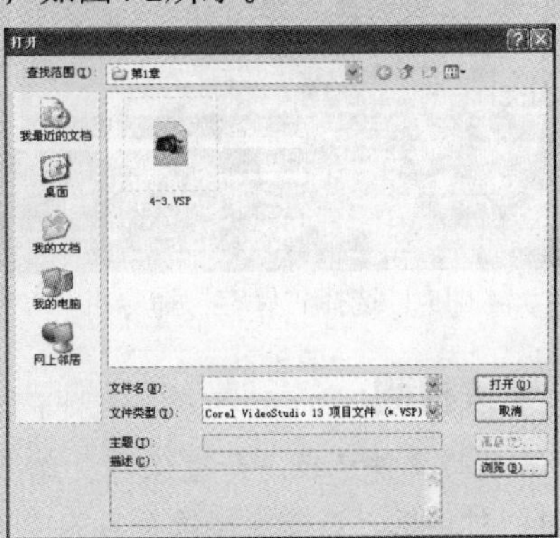

图4-2　“打开”对话框

专家提醒

除了运用上述打开项目文件的方法外，还有以下两种方法可打开项目文件。

- 快捷键：按【Ctrl+O】组合键。
- 鼠标：双击会声会影格式的文件。

03 单击“打开”按钮，即可打开项目文件，效果如图4-3所示。

图4-3 打开的项目文件

1.3 保存项目文件

第5集 直接保存项目文件

素材：素材\第1章\5-1.jpg
视频：视频\第1章\第5集.swf
难度：★
效果：效果\第1章\第5集.vsp
时长：22秒
关键技术：选择“保存”命令

01 进入会声会影高级编辑器，导入一张素材图片，选择“文件”|“保存”命令，如图5-1所示。

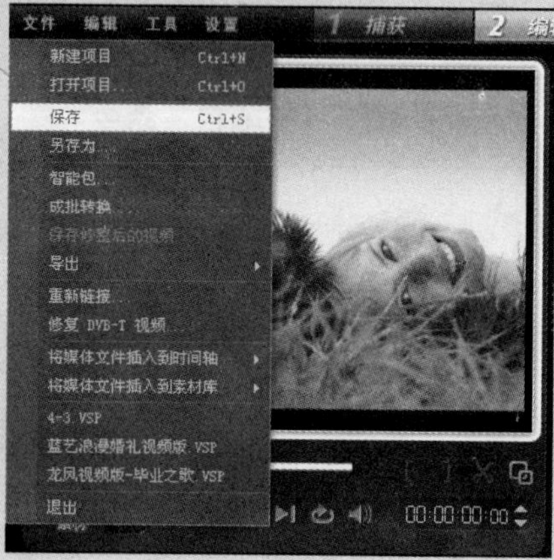

图5-1 选择“保存”命令

02 弹出“另存为”对话框，在其中设置文件的保存路径及文件名称，如图5-2所示。单击“保存”按钮，即可保存项目文件。

图5-2 “另存为”对话框

专家提醒

若项目文件已经进行过保存，那么选择“文件”|“保存”命令后，将不会弹出“另存为”对话框，而是直接保存当前项目文件。

第6集 另存为项目文件

素材：素材\第1章\6-1.vsp　　效果：效果\第1章\第6集.vsp

视频：视频\第1章\第6集.swf　　时长：27秒

难度：★　　关键技术：选择“另存为”命令

01 进入会声会影高级编辑器，选择“文件”|“另存为”命令，如图6-1所示。

图6-1 选择“另存为”命令

02 弹出“另存为”对话框，在其中设置文件的保存路径及文件名称，如图6-2所示。单击“保存”按钮，即可另存项目文件。

图6-2 “另存为”对话框

专家提醒

另存为项目文件的作用主要是在对项目文件需要另外命名或保存到其他的路径时选用。

第7集 将项目保存为智能包

素材：素材\第1章\7-1.vsp　　效果：效果\第1章\第7集.vsp

视频：视频\第1章\第7集.swf　　时长：37秒

难度：★★　　关键技术：选择“智能包”命令

01 进入会声会影高级编辑器，选择“文件”|“智能包”命令，如图7-1所示。

02 弹出信息提示框，如图7-2所示，单击“是”按钮。

03 弹出“智能包”对话框，选择需要保存的文件路径，以及输入保存的名称，如图7-3所示。

04 单击“确定”按钮，即可在保存的文件夹路径中查看已保存的智能包，如图7-4所示。

图7-1 选择“智能包”命令

图7-2 信息提示框

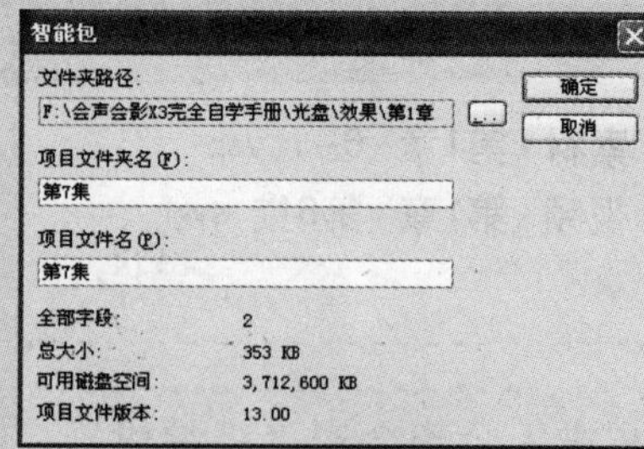

图7-3 “智能包”对话框

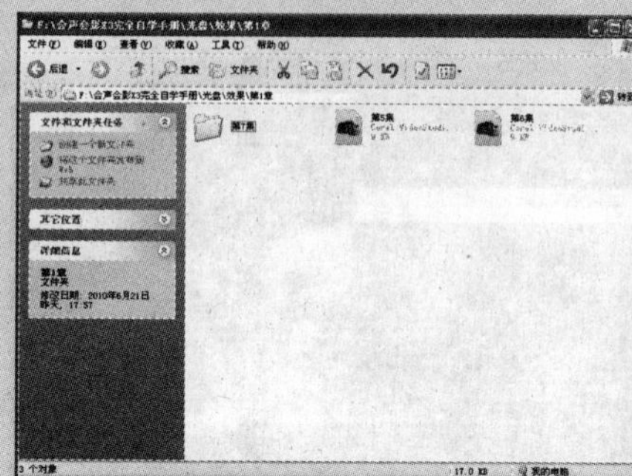
图7-4 保存好的智能包

专家提醒

将项目保存为智能包，即直接为用户新建了一个项目文件夹，项目文件直接放在新建的项目文件夹内，但只能保存为vsp格式的文件，将项目保存为智能包，便于用户对文件进行管理。

1.4 设置界面布局

第8集 更改界面布局

素材：素材\第1章\8-1.vsp
视频：视频\第1章\第8集.swf
难度：★★
效果：无
时长：30秒
关键技术：选择“参数选择”命令

01 进入会声会影高级编辑器，选择“设置”|“参数选择”命令，如图8-1所示。

02 弹出“参数选择”对话框，切换至“界面布局”选项卡，如图8-2所示。

03 在“布局”选项组中，选中“布局1”单选按钮，如图8-3所示。

04 单击“确定”按钮，会声会影高级编辑器窗口将切换成“布局1”界面布局，如图8-4所示。

图8-1 选择“参数选择”命令

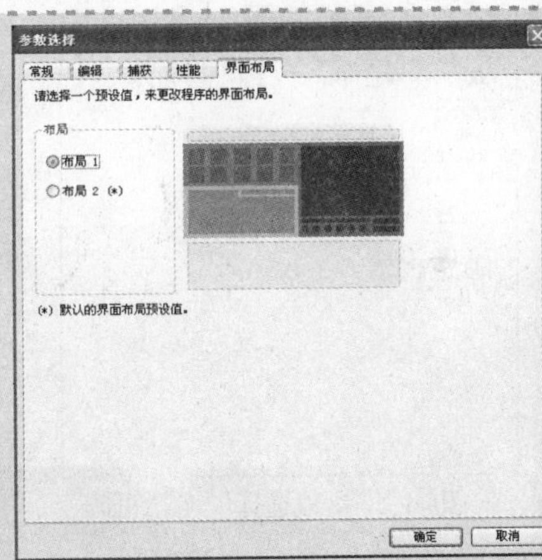

图8-3 选中“布局1”单选按钮

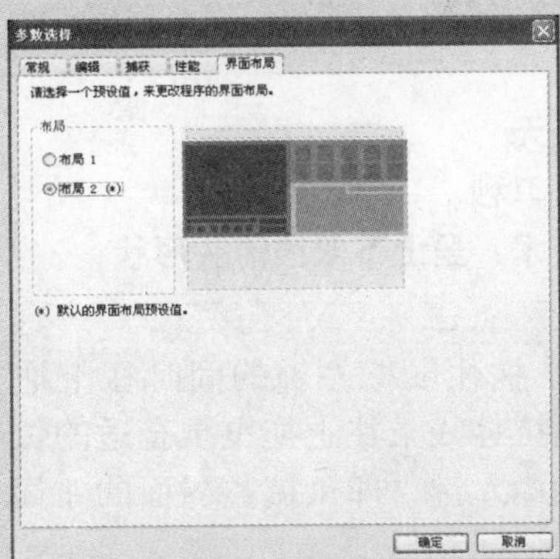

图8-2 “参数选择”对话框

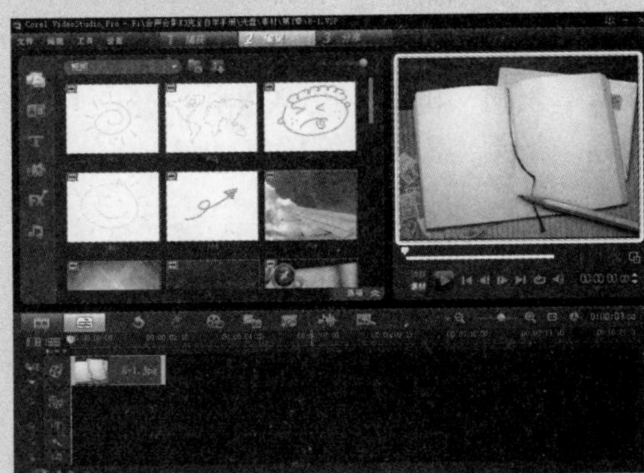

图8-4 “布局1”界面

专家提醒

在会声会影X3高级编辑器窗口中，按【F6】键也可以弹出“参数选择”对话框。

第9集 恢复默认界面布局

素材：素材\第1章\8-1.vsp

视频：视频\第1章\第9集.swf

难度：★

效果：无

时长：27秒

关键技术：选中“布局2”单选按钮

01 进入会声会影高级编辑器，选择“设置”|“参数选择”命令，弹出“参数选择”对话框，切换至“界面布局”选项卡，选中“布局2”单选按钮，如图9-1所示。

02 单击“确定”按钮，即可恢复到默认的界面布局，如图9-2所示。

专家提醒

用户可以按【F6】键弹出“参数选择”对话框，切换至“界面布局”选项卡，根据个人的习惯爱好，选择不同的界面布局。

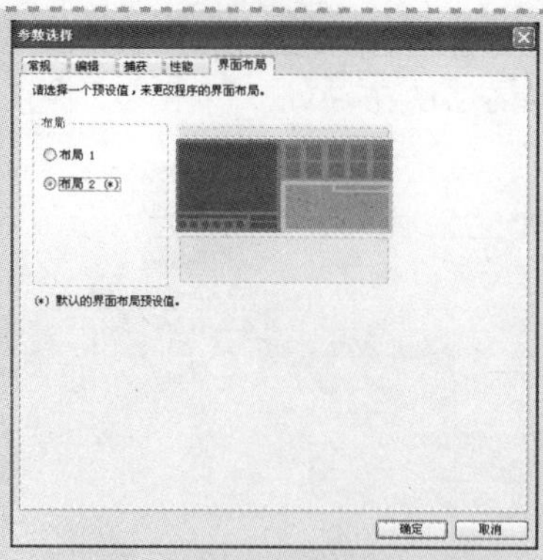

图9-1 “参数选择”对话框

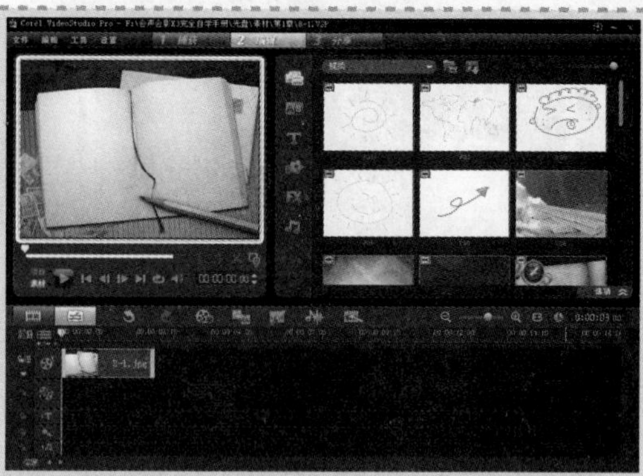

图9-2 默认界面

第10集 调整界面布局

素材：素材\第1章\10−1.vsp

视频：视频\第1章\第10集.swf

难度：★★

效果：无

时长：31秒

关键技术：呈上下双线箭头形状

01 进入会声会影高级编辑器，拖曳鼠标指针至拉伸线条处，当鼠标指针呈上下双线箭头形状时，如图10-1所示。

图10-1 定位鼠标指针

02 按住鼠标左键的同时往上拖曳鼠标，将拉伸线条往上拖曳至合适的位置后释放鼠标左键，即可调整界面的布局，如图10-2所示。

图10-2 调整后的界面布局

专家提醒

调整会声会影X3高级编辑器窗口的界面布局，可以让用户在其他的编辑模式下看到更多的素材。

第2章 管理会声会影X3编辑器

会声会影X3编辑器提供了完整的编辑功能，逐步引导用户处理视频流程，用户可以全面地控制影片的制作过程，会声会影编辑器各步骤的功能也不断增加，越来越向操作简单化、技术全面化的方向发展。

2.1 切换会声会影X3视图

第11集 切换至时间轴视图

素材：素材\第2章\11-1.vsp

效果：无

视频：视频\第2章\第11集.swf

时长：23秒

难度：★

关键技术：单击"时间轴视图"按钮

01 进入会声会影高级编辑器，选择"文件"|"打开项目"命令，打开一个项目文件，如图11-1所示。

图11-1 项目文件

02 单击故事板上方的"时间轴视图"按钮，即可将视图切换至时间轴视图，效果如图11-2所示。

图11-2 切换至时间轴视图

专家提醒

在时间轴视图模式下，时间轴面板包括视频轨、覆叠轨、标题轨、声音轨和音乐轨5个不同的轨道。时间轴视图最大的好处是可以最清楚地显示影片项目的元素，并且允许对素材进行精确到帧的编辑。添加到时间轴面板的素材可以是声音文件、视频文件、静态图像、音频文件、转场效果、色彩模板或者标题文件等，用户可以根据需要插入不同的素材，编辑出丰富多彩的影片。

第12集 切换至混音器视图

素材：素材\第2章\12–1.vsp

效果：无

视频：视频\第2章\第12集.swf

时长：22秒

难度：★

关键技术：单击“混音器”按钮

01 进入会声会影高级编辑器，选择“文件”|“打开项目”命令，打开一个项目文件，如图12-1所示。

图12-1 项目文件

02 单击时间轴视图上方的“混音器”按钮，即可将视图切换至混音器视图，效果如图12-2所示。

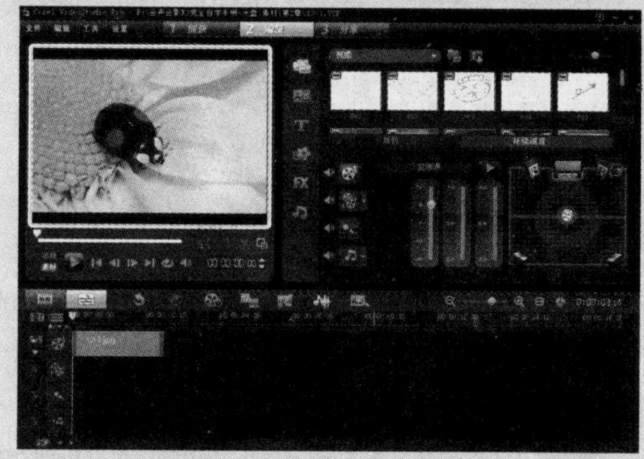

图12-2 切换至混音器视图

专家提醒

用户切换至混音器视图后，再次单击“混音器”按钮，将返回至时间轴视图。

第13集 切换至故事板视图

素材：素材\第2章\13–1.vsp

效果：无

视频：视频\第2章\第13集.swf

时长：24秒

难度：★

关键技术：单击“故事板视图”按钮

01 进入会声会影高级编辑器，选择“文件”|“打开项目”命令，打开一个项目文件，如图13-1所示。

图13-1 项目文件

02 单击时间轴视图上方的“故事板视图”按钮，即可将视图切换至故事板视图，效果如图13-2所示。

图13-2 切换至故事板视图

专家提醒

故事板中的缩略图代表影片中的事件，事件可以是视频素材，也可以是转场或静态的图像。缩略图按项目中事件发生的时间顺序依次出现，但对素材本身并不详细说明，只是在缩略图下方显示当前素材的区间。

2.2 设置预览窗口

第14集 设置预览窗口的背景色

素材：素材\第2章\14–1.vsp

效果：效果\第2章\第14集.vsp

视频：视频\第2章\第14集.swf

时长：46秒

难度：★★★

关键技术：选择“参数选择”命令

01 进入会声会影高级编辑器，选择“文件”|“打开项目”命令，打开一个项目文件，如图14-1所示。

02 选择“设置”|“参数选择”命令，弹出“参数选择”对话框，如图14-2所示。

图14-1 项目文件

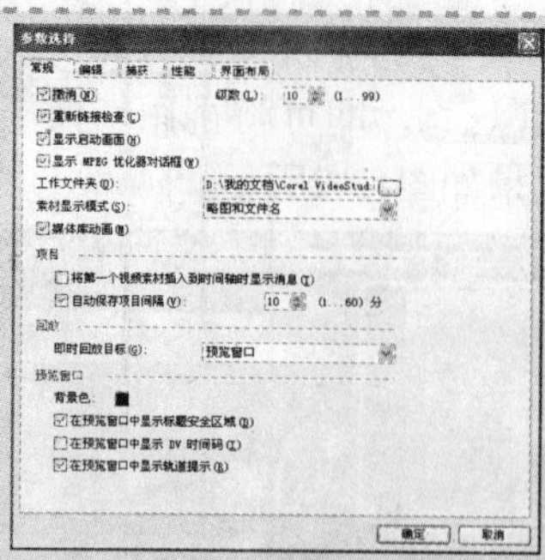

图14-2 “参数选择”对话框

03 在“预览窗口”选项组中单击“背景色”选项右侧的色块，在弹出的颜色面板中选择白色，如图14-3所示。

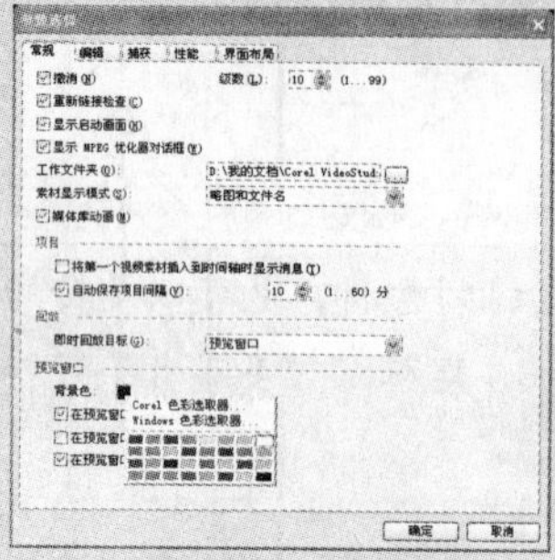

图14-3 选择白色

04 单击“确定”按钮，即可设置预览窗口的背景色，效果如图14-4所示。

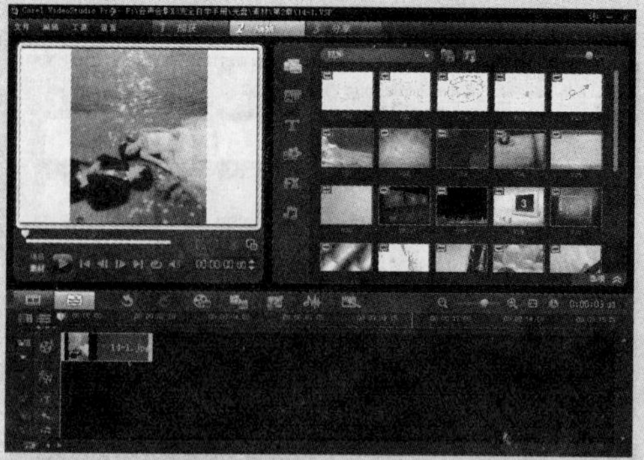

图14-4 设置预览窗口背景色

专家提醒

在设置预览窗口的背景色时，用户可以根据素材的颜色配置与画面协调的色彩，使整个画面达到和谐统一的效果。

第15集 显示标题安全区域

素材：素材\第2章\15-1.vsp

效果：无

视频：视频\第2章\第15集.swf

时长：37秒

难度：★★

关键技术：单击“标题”按钮

01 进入会声会影高级编辑器，选择“文件”|“打开项目”命令，打开一个项目文件，单击“标题”按钮，如图15-1所示。

02 进入“标题”素材库，拖曳鼠标指针至预览窗口中，双击鼠标左键，即可显示标题安全区域，如图15-2所示。

图15-1 项目文件

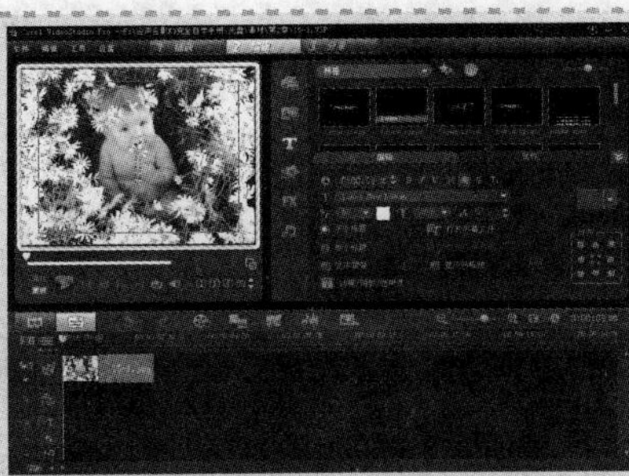

图15-2 显示标题安全区域

专家提醒

用户切换至混音器视图后，再次单击“混音器”按钮，将返回至时间轴视图。

第16集 显示DV时间码

素材：无

效果：无

视频：视频\第2章\第16集.swf

时长：34秒

难度：★★

关键技术：“参数选择”对话框

01 进入会声会影高级编辑器，选择“设置”|“参数选择”命令，弹出“参数选择”对话框，如图16-1所示。

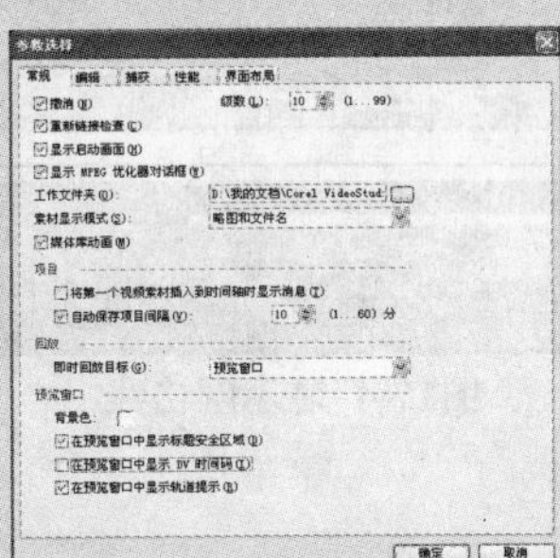

图16-1 “参数选择”对话框

02 在“预览窗口”选项组中勾选“在预览窗口中显示DV时间码”复选框，弹出信息提示框，如图16-2所示。

图16-2 信息提示框

03 单击“确定”按钮，返回“参数选择”对话框，单击“确定”按钮，在回放DV视频时即可在预览窗口中显示DV时间码。

2.3 显示与隐藏网格线

第17集 显示网格线

素材：素材\第2章\17-1.vsp

效果：效果\第2章\第17集.vsp

视频：视频\第2章\第17集.swf

时长：41秒

难度：★★

关键技术：勾选“显示网格线”复选框

01 进入会声会影高级编辑器，选择“文件”|“打开项目”命令，打开一个项目文件，如图17-1所示。

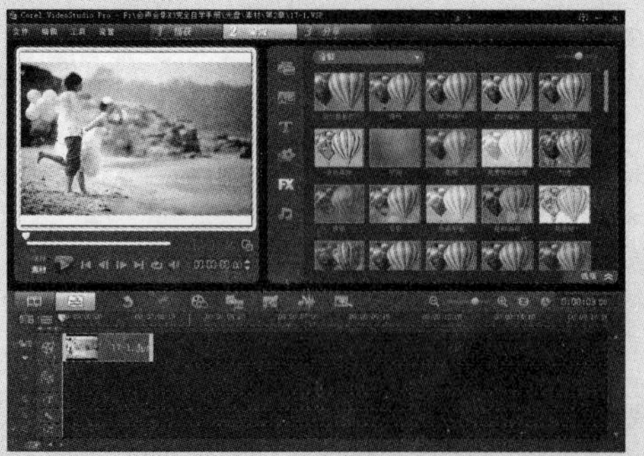

图17-1 项目文件

02 选中时间轴面板中的素材，单击时间轴面板右上方的“选项”按钮，弹出“选项”面板，切换至“属性”选项卡，如图17-2所示。

图17-2 “属性”选项卡

03 勾选“变形素材”复选框，激活“显示网格线”复选框，并勾选该复选框，如图17-3所示。

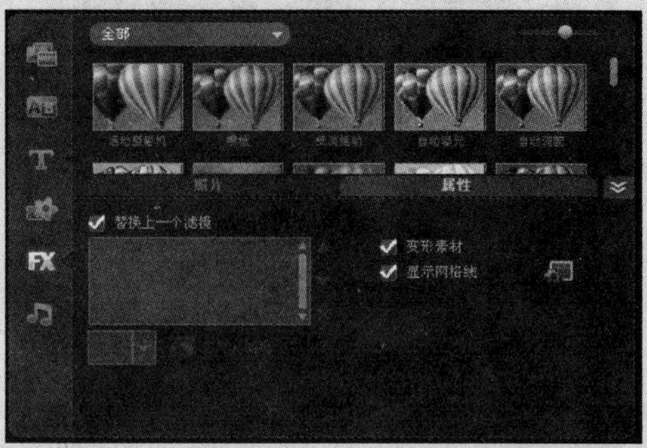

图17-3 勾选“显示网格线”复选框

04 执行操作后，即可显示网格线，效果如图17-4所示。

图17-4 显示网格线

专家提醒

如果用户需要对网格线进行调整，可以单击“网格线选项”按钮，弹出“网格线选项”对话框，在该对话框中用户可以调整网格线的大小、设置线条类型以及更改线条的色彩等。

第18集 隐藏网格线

素材：素材\第2章\18—1.vsp

效果：无

视频：视频\第2章\第18集.swf

时长：31秒

难度：★★

关键技术：取消勾选“变形素材”复选框

01 进入会声会影高级编辑器，选择“文件”|“打开项目”命令，打开一个项目文件，选中时间轴面板中的素材，效果如图18-1所示。

图18-1 选中素材

02 在“属性”选项卡中，取消勾选“变形素材”复选框，即可同时隐藏网格线，效果如图18-2所示。

图18-2 隐藏网格线

专家提醒

在显示网格线的状态下，单击“网格线选项”按钮，在弹出的“网格线选项”对话框中，拖曳鼠标指针放置在“网格大型”选项区右侧的滑块上，按住鼠标左键的同时将滑块拖曳至最右端，网格线将扩大到100%，预览窗口中的网格线将不可见，即可隐藏网格线。

2.4 应用素材库

第19集 加载视频素材

素材：素材\第2章\19-1.wmv

效果：无

视频：视频\第2章\第19集.swf

时长：34秒

难度：★★

关键技术：单击“添加”按钮

01 进入会声会影高级编辑器，单击“画廊”下拉按钮，在弹出的列表框中选择“视频”选项，如图19-1所示，进入“视频”素材库。

图19-1 选择“视频”选项

02 单击“视频”右侧的“添加”按钮，如图19-2所示。

图19-2 单击“添加”按钮

专家提醒

在素材库的空白处单击鼠标右键，在弹出的快捷菜单中选择“插入视频”命令，即可弹出“浏览视频”对话框，选择相应的视频文件，单击“打开”按钮，也可以将视频文件添加至素材库中。

03 弹出“浏览视频”对话框，选择需要打开的视频素材，如图19-3所示。

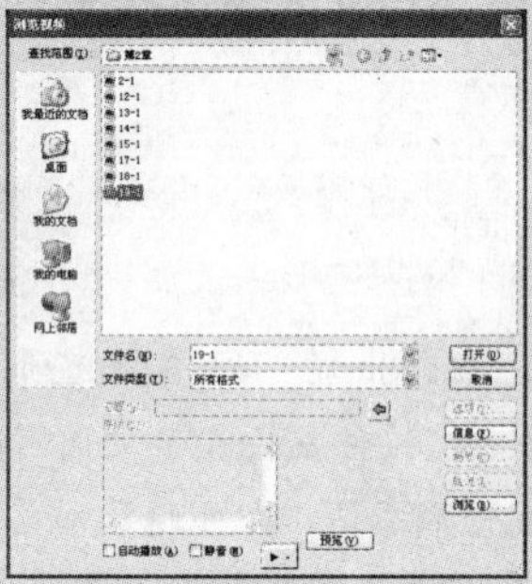

图19-3 选择素材

04 单击“打开”按钮，即可加载视频素材，效果如图19-4所示。

图19-4 预览加载后的视频文件

第20集 重命名素材文件

素材：无

效果：无

视频：视频\第2章\第20集.swf

时长：37秒

难度：★★

关键技术：单击鼠标左键

01 进入会声会影高级编辑器，在“所有媒体”素材库中选择V01视频素材，如图20-1所示。

02 拖曳鼠标指针至素材的文本框处，单击鼠标左键，名称呈可编辑状态，如图20-2所示。

图20-1 选择V01素材

图20-2 名称呈可编辑状态

03 将V01更改为“飞机”，按【Enter】键确认，即可重命名素材文件，如图20-3所示。

图20-3 重命名的素材文件

专家提醒

为了便于辨认与管理，用户可以根据个人的习惯对素材库中的文件进行重命名操作。

第21集 删除素材文件

素材：无
效果：无
视频：视频\第2章\第21集.swf
时长：36秒
难度：★★
关键技术：选择“删除”命令

01 进入会声会影高级编辑器，单击“画廊”下拉按钮，在弹出的列表框中选择“照片”选项，进入“照片”素材库，选择I16照片素材，单击鼠标右键，在弹出的快捷菜单中选择“删除”命令，如图21-1所示。

图21-1 选择“删除”命令

02 弹出信息提示框，如图21-2所示，单击“确定”按钮，删除该素材文件。

图21-2 信息提示框

专家提醒

除上述方法可以删除素材文件外，还有以下两种方法可删除素材文件。

- 快捷键：按【Delete】键。
- 命令：选择“编辑”|“删除”命令。

第22集 创建库项目

素材：无
效果：无
视频：视频\第2章\第22集.swf
时长：60秒
难度：★★★★★
关键技术：选择“库创建者”选项

01 进入会声会影高级编辑器，单击“画廊”下拉按钮，在弹出的列表框中选择“照片”选项，进入“照片”素材库，选择I01照片素材，如图22-1所示。

图22-1 选择I01素材

02 单击“画廊”下拉按钮，在弹出的列表框中选择“库创建者”选项，如图22-2所示。

图22-2 选择“库创建者”选项

03 弹出“库创建者”对话框，单击“新建”按钮，如图22-3所示。

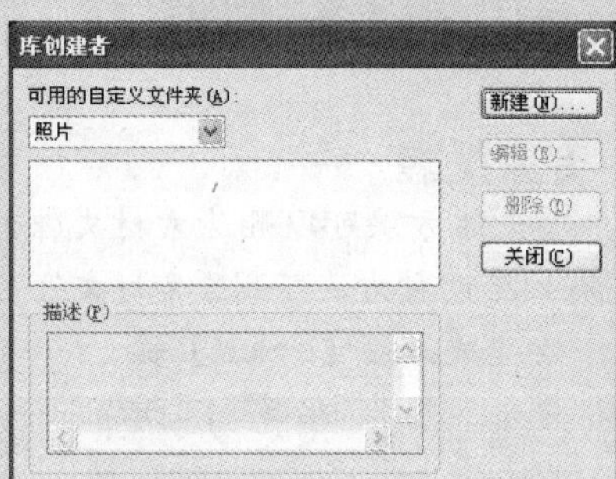

图22-3 “库创建者”对话框

04 弹出“新建自定义文件夹”对话框，设置“文件夹名称”为“风景”，如图22-4所示。

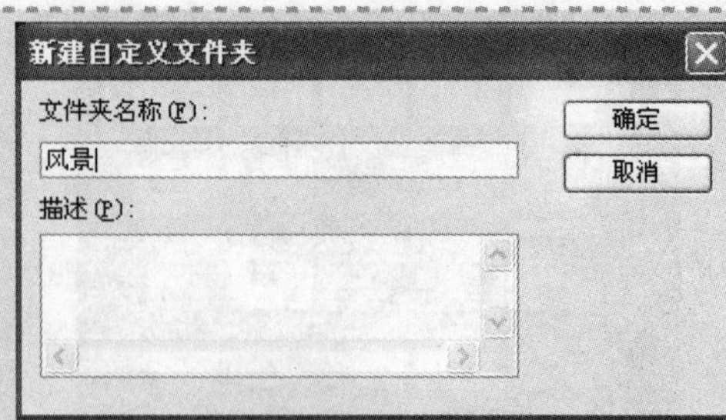

图22-4 输入“风景”

05 单击“确定”按钮，返回“库创建者”对话框，如图22-5所示。

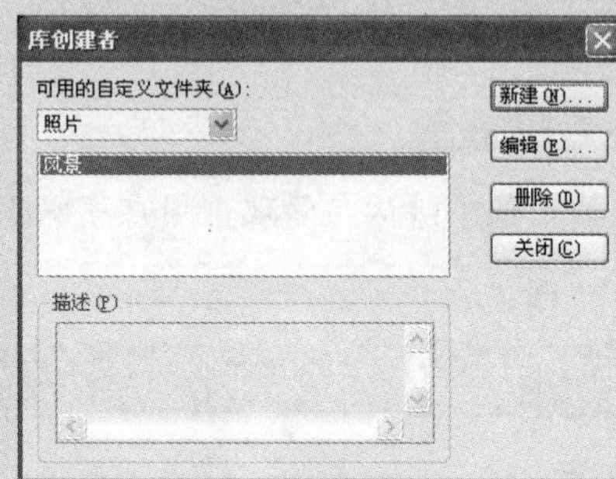

图22-5 返回“库创建者”对话框

06 单击“关闭”按钮，即可创建库项目，如图22-6所示。

图22-6 创建库项目

专家提醒

如果用户创建了不需要的库项目，可以在“库创建者”对话框中选择需要删除的库项目，单击“删除”按钮，删除库项目。

第23集　排序素材库中的素材

素材：无　　效果：无

视频：视频\第2章\第23集.swf　　时长：27秒

难度：★　　关键技术："对素材库中的素材排序"按钮

01 进入会声会影高级编辑器，单击"所有媒体"右侧的"对素材库中的素材排序"按钮，在弹出的列表框中选择"按日期排序"选项，如图23-1所示。

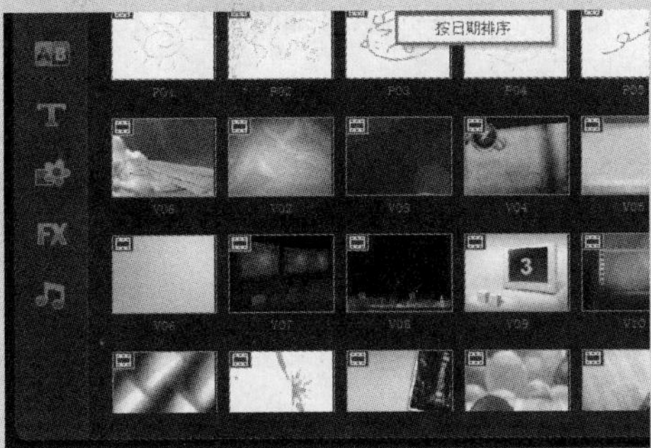

图23-1 选择"按日期排序"选项

02 执行操作后，素材库中的素材即可按日期排序，如图23-2所示。

图23-2 按日期排序

专家提醒

用户还可以根据个人的习惯，单击"对素材库中的素材排序"按钮，在弹出的列表框中选择"按名称排序"选项，使素材库中的素材按名称来排序。

第24集　设置素材库中缩略图的大小

素材：无　　效果：无

视频：视频\第2章\第24集.swf　　时长：36秒

难度：★★　　关键技术：拖曳滑块

01 进入会声会影高级编辑器，拖曳鼠标指针至素材库右上方的滑块处，如图24-1所示。

02 按住鼠标左键的同时，将滑块拖曳至最左端，释放鼠标左键，素材库中的素材缩略图即显示为最小化，如图24-2所示。

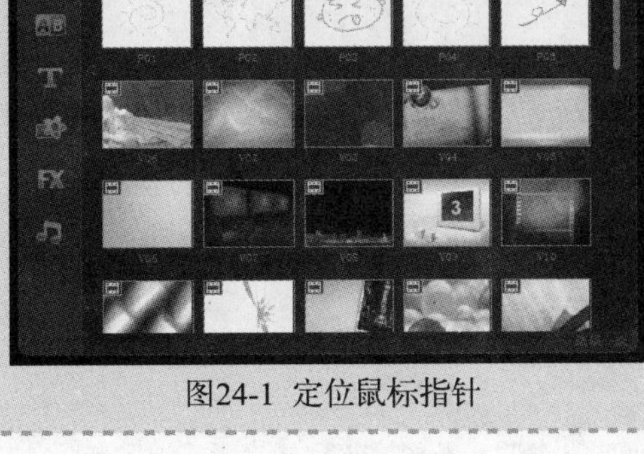

图24-1 定位鼠标指针

图24-2 素材缩略图最小化

03 按住鼠标左键的同时，将滑块拖曳至最右端，释放鼠标左键，素材库中的素材缩略图即显示为最大化，如图24-3所示。

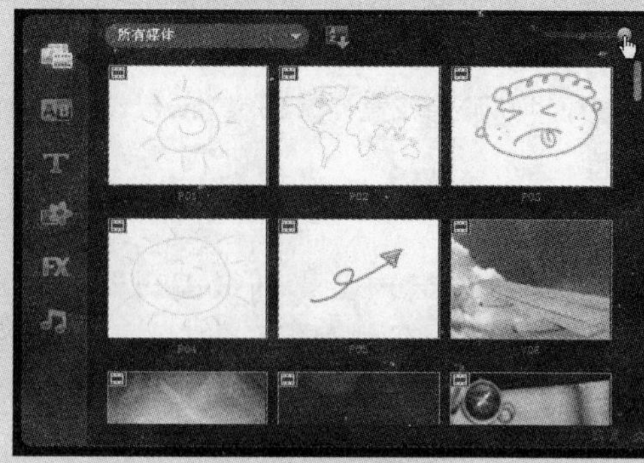

图24-3 素材缩略图最大化

专家提醒

在会声会影高级编辑器中，设置素材库中缩略图的显示大小时，可以根据需要参考单击滑块时上方出现显示的数值。

第3章 运用影片向导与模板

会声会影X3为用户提供了简单快捷的向导功能，在已有版本的基础上做了很大的改变，界面菜单更加美观。用户可以在互联网共享到更多的主题模板资源。会声会影X3的“简易编辑”模式简化了手动编辑的步骤，用户只需要套用主题模板样式就能制作出漂亮的影片。

3.1 快速启动影片向导

第25集 在“全功能”模式下启动

素材：无

视频：视频\第3章\第25集.swf

难度：★

效果：无

时长：18秒

关键技术：选择“Video Studio Express2010”命令

01 进入会声会影高级编辑器，选择“工具”｜“Video Studio Express 2010”命令，如图25-1所示。

图25-1 选择“Video Studio Express 2010”命令

02 执行操作后，即可在“全功能”模式下启动影片向导，如图25-2所示。

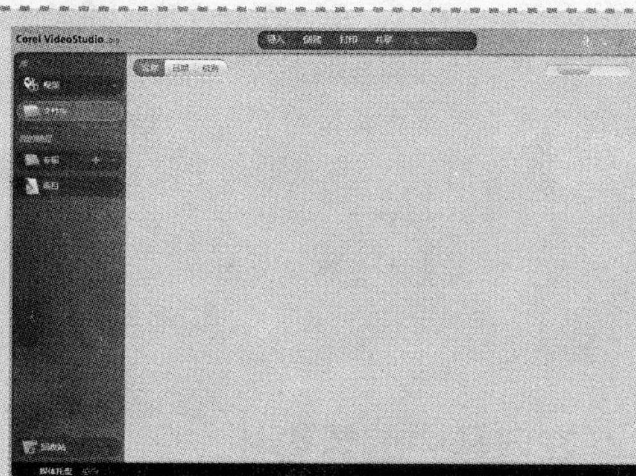

图25-2 影片向导窗口

专家提醒

用户除了用上述方法启动影片向导外，还可以在欢迎界面中单击“简易编辑”按钮，启动影片向导。

第26集 通过欢迎界面启动影片向导

素材：无

视频：视频\第3章\第26集.swf

难度：★

效果：无

时长：22秒

关键技术：单击“简易编辑”按钮

01 双击桌面上的“Corel VideoStudio Pro X3”图标，弹出会声会影X3欢迎界面，如图26-1所示。

图26-1 欢迎界面

02 单击“简易编辑”按钮，即可从欢迎界面启动影片向导，如图26-2所示。

图26-2 影片向导窗口

专家提醒

通过“影片向导”可以捕获、插入视频或图像素材。选择要使用的预设模板后，程序就会自动为影片添加专业的片头、片尾、背景音乐和转场效果等，使影片具有丰富的视觉效果，最后直接输出影片或者刻录光盘。

若用户是视频编辑的初学者，或者想快速制作影片，那么可以用“影片向导”来编辑视频素材和图像、添加背景音乐和标题，然后将最终的影片输出成视频文件，刻录到光盘，或在会声会影编辑器中进一步进行编辑。

3.2 在向导中编辑影片

第27集 添加图像素材

素材：素材\第3章\27–1.jpg　　效果：无

视频：视频\第3章\第27集.swf　　时长：55秒

难度：★★★★　　关键技术：选择“照片”选项

01 进入会声会影X3影片向导窗口，单击“导入”按钮，在弹出的选项卡中选择“我的电脑”选项，如图27-1所示。

02 进入“我的电脑”窗口，单击“我的电脑”左侧的加号按钮➕，展开分级目录，勾选图片素材文件夹前的复选框，如图27-2所示。

图27-1 选择“我的电脑”选项

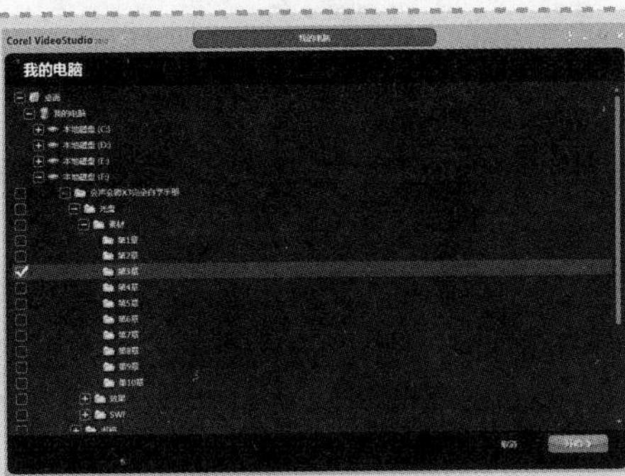

图27-2 勾选复选框

03 单击窗口右下角的“开始”按钮，素材导入完成后，单击窗口中“视频”左侧的下三角按钮，在弹出的列表框中选择“照片”选项，如图27-3所示。

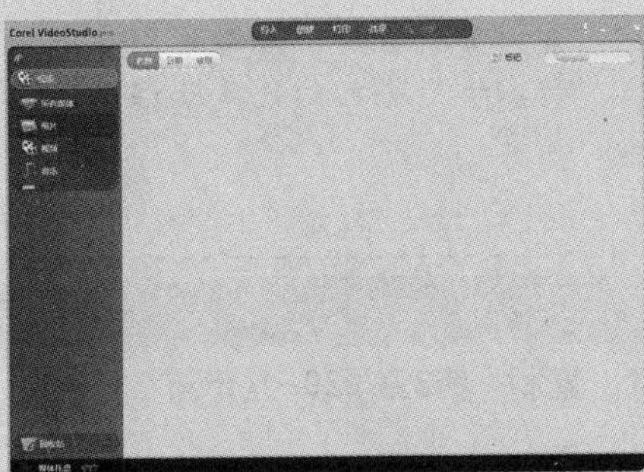

图27-3 选择“照片”选项

04 进入照片素材库，素材库中显示导入的图像素材，如图27-4所示。

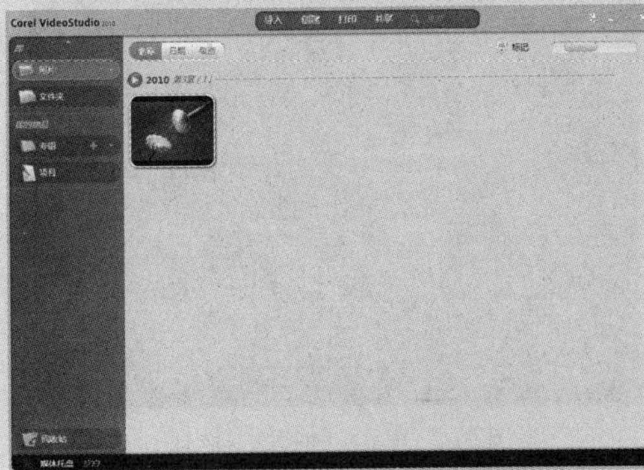

图27-4 显示图像素材

专家提醒

用户在制作电子相册时，首先需要将一张一张的静态照片导入到会声会影中，然后进行编辑。

第28集 删除媒体库中的素材

素材：无　　效果：无

视频：视频\第3章\第28集.swf　　时长：26秒

难度：☆　　关键技术：选择“删除”选项

01 进入会声会影X3影片向导窗口，在照片素材库中选择要删除的图片素材，单击鼠标右键，在弹出的快捷菜单中选择“删除”命令，如图28-1所示。

02 弹出信息提示框，单击“确定”按钮，如图28-2所示，即可删除媒体库中选择的素材。

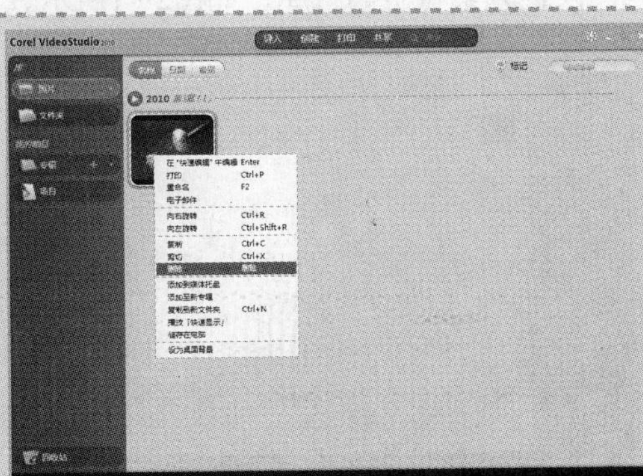

图28-1 选择“删除”命令

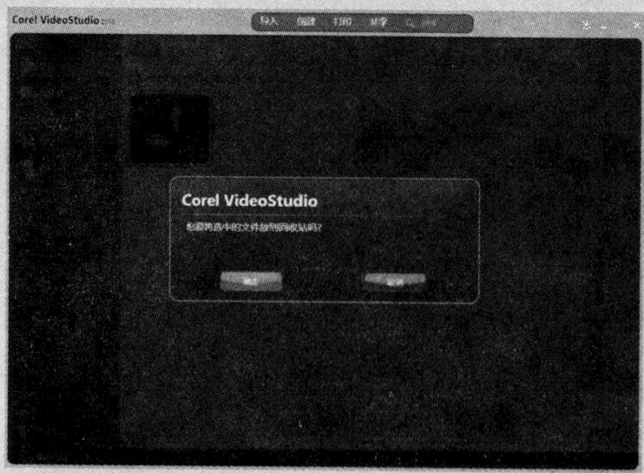

图28-2 单击“确定”按钮

专家提醒

用户还可以通过以下三种方法来删除素材库中的图片素材：

- 选择要删除的图片素材，单击“删除”按钮，弹出确认对话框，单击“确定”按钮，即可删除选定的图片素材。
- 选择要删除的图片素材，按【Delete】键，弹出信息提示框，单击“确定”按钮，即可快速地删除选择的图片素材。
- 在执行删除操作之前，建议用户将素材资料备份，在影片向导中执行“删除”命令将从系统磁盘中删除文件。

第29集 提取视频片段

素材：素材\第3章\29-1.mpg

效果：无

视频：视频\第3章\第29集.swf

时长：1分17秒

难度：★★★★★

关键技术：单击“修整视频”按钮

01 进入会声会影X3影片向导窗口，导入一段视频素材至素材库，如图29-1所示。

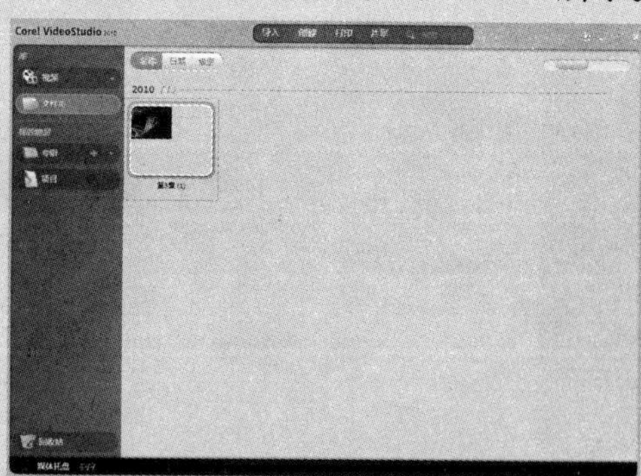

图29-1 导入视频

02 在视频素材库中选择视频素材，单击鼠标右键，在弹出的快捷菜单中选择“在‘快速编辑’中编辑”命令，如图29-2所示。

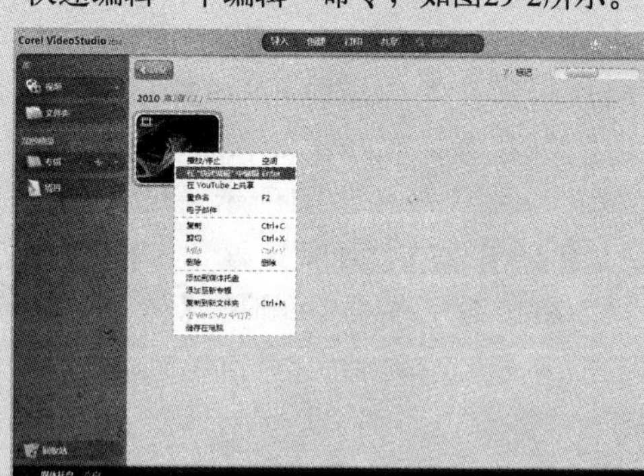

图29-2 选择“在‘快速编辑’中编辑”命令

03 进入“快速编辑”窗口，单击“修整视频”按钮，在时间轴始端和末端出现两个橘红色的“修整标记”图标，如图29-3所示。

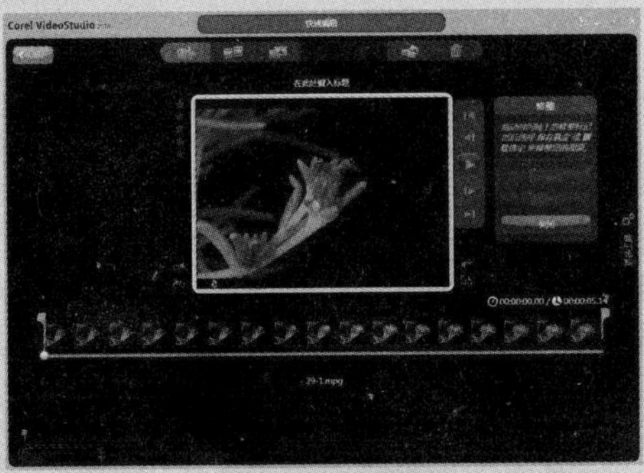

图29-3 出现“修整标记”图标

04 移动起始位置和结束位置的“修整标记”图标至合适的位置，单击“保存选定”按钮，如图29-4所示，即可提取视频片段。

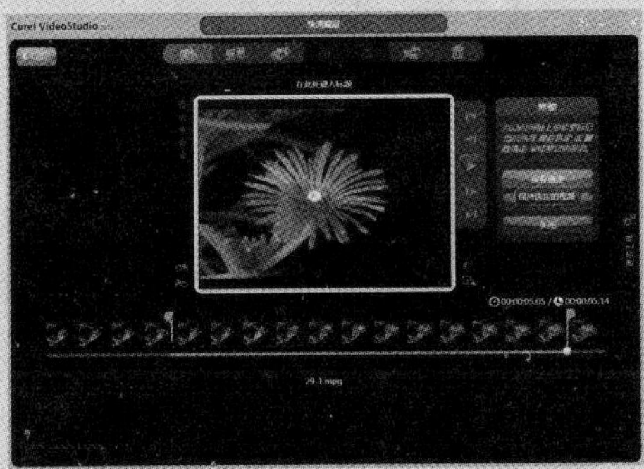

图29-4 单击“保存选定”按钮

05 单击“播放”按钮，即可预览影片效果，如图29-5所示。

图29-5 预览影片效果

专家提醒

单击“快速编辑”窗口下方媒体托盘右上角的“锁定/解锁媒体托盘”按钮，即可锁定或解锁媒体托盘。

第30集 修改标题属性

素材：素材\第3章\29－1.mpg　　效果：无

视频：视频\第3章\第30集.swf　　时长：1分8秒

难度：★★★★★　　关键技术：“创建电影”窗口

01 进入会声会影X3影片向导窗口，进入“视频”素材库，双击“第3章”文件夹，在打开的文件夹中选择视频素材，单击“创建”按钮，在弹出的面板中选择“电影”选项，如图30-1所示。

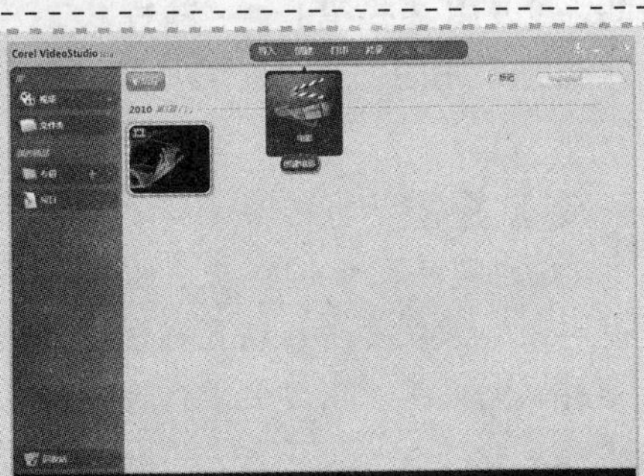

图30-1 选择“电影”选项

02 进入“创建电影”窗口，在“项目名称”文本框中输入自定义的项目名称，如图30-2所示。

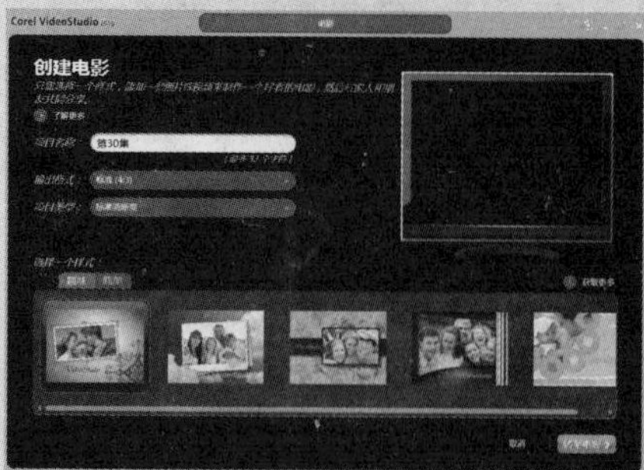

图30-2 输入自定义项目名称

03 单击“输出格式”右侧的下拉三角按钮，在弹出的下拉列表中选择合适的输出格式，如图30-3所示。

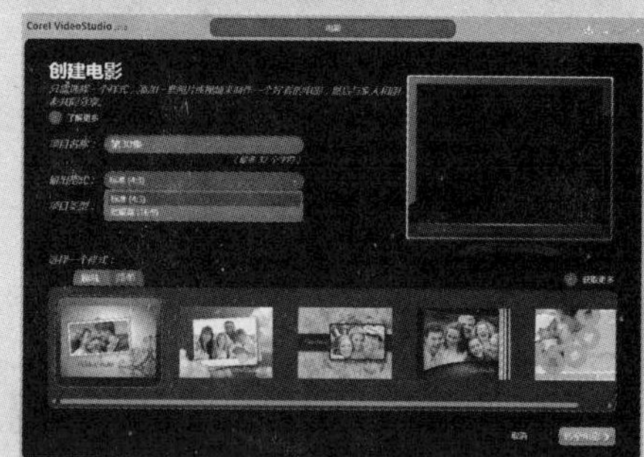

图30-3 选择合适的输出格式

04 单击“项目类型”右侧的下拉三角按钮，在弹出的下拉列表中选择“标准清晰度”选项，如图30-4所示，即可完成修改标题属性。

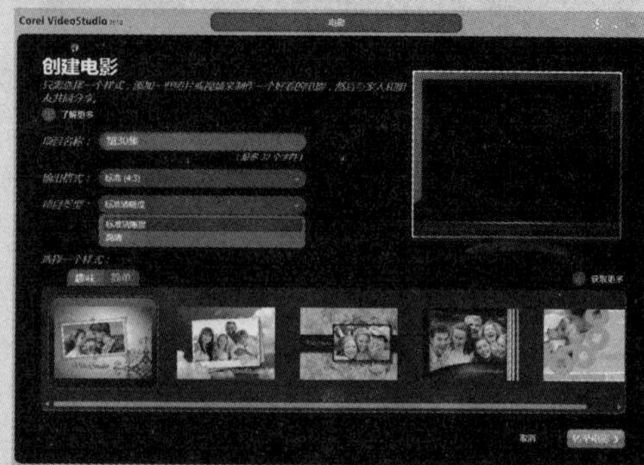

图30-4 选择“标准清晰度”选项

专家提醒

运用会声会影X3的影片向导，可以将用户用DV拍摄的录像或使用数码相机拍摄的照片制作成动态的小电影。

第31集 选择主题模板

素材：素材\第3章\29–1.mpg
视频：视频\第3章\第31集.swf
难度：★★
效果：无
时长：39秒
关键技术：“趣味”主题样式列表

01 在第30集的基础上，在“趣味”主题样式列表中选择第1个主题样式，单击“转至电影”按钮，如图31-1所示。

专家提醒

在主题样式模板列表中选择一个主题样式，系统自动在预览窗口播放该主题样式的效果，以方便用户选择合适的模板。

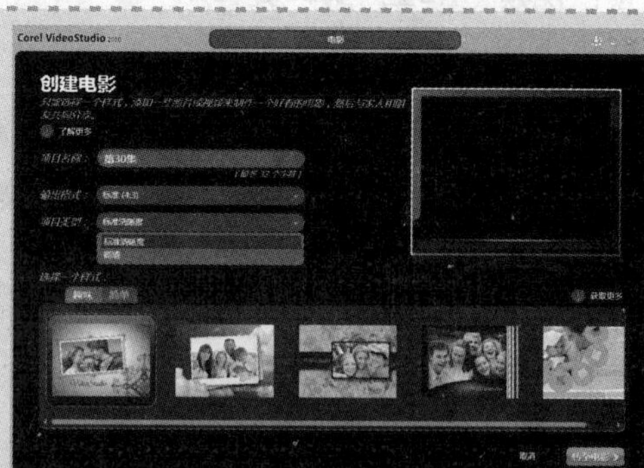

图31-1 单击“转至电影”按钮

02 执行操作后，进入项目窗口，如图31-2所示。

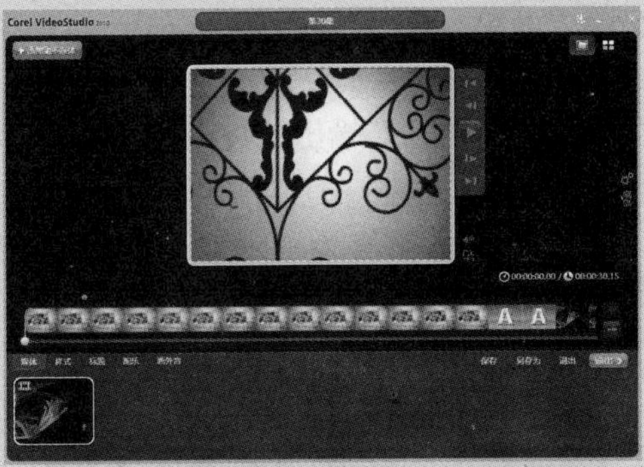

图31-2 进入项目窗口

03 单击预览面板中的“播放”按钮，即可预览影片效果，如图31-3所示。

影片效果一

影片效果二

图31-3 预览影片效果

第32集 保存项目文件

素材：素材\第3章\29–1.mpg　　效果：无

视频：视频\第3章\第32集.swf　　时长：29秒

难度：★　　关键技术：单击“另存为”按钮

01 在第31集的基础上，单击“另存为”按钮，弹出“另存为”对话框，设置存储名称，如图32-1所示。

图32-1 设置存储名称

02 单击“确定”按钮，即可保存项目文件，单击“退出”按钮，返回影片向导窗口，单击“项目”按钮，在“项目”列表中即可查看保存的项目文件，如图32-2所示。

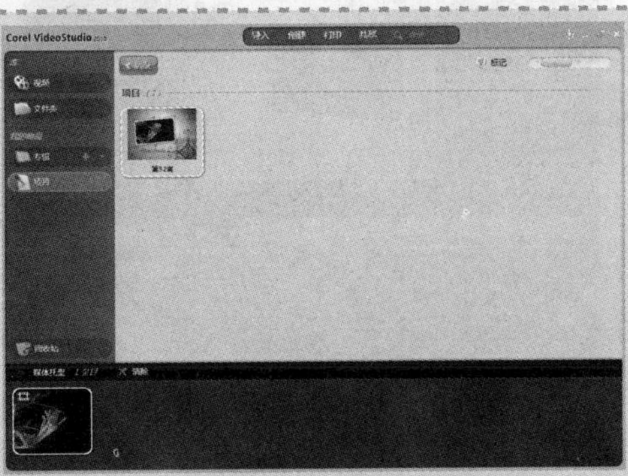

图32-2 查看项目文件

专家提醒

用户在选择需要的模板后，还可以在影片向导界面的左下角单击相应的按钮，设置标题、样式、配乐、画外音等属性。

第33集 输出影片文件

素材：素材\第3章\29-1.mpg
视频：视频\第3章\第33集.swf
难度：★★★★★

效果：效果\第3章\第33集.mpg
时长：1分13秒
关键技术：单击“输出”按钮

01 在第32集的基础上，选择保存的项目文件，单击鼠标右键，在弹出的快捷菜单中选择“打开”命令，如图33-1所示。

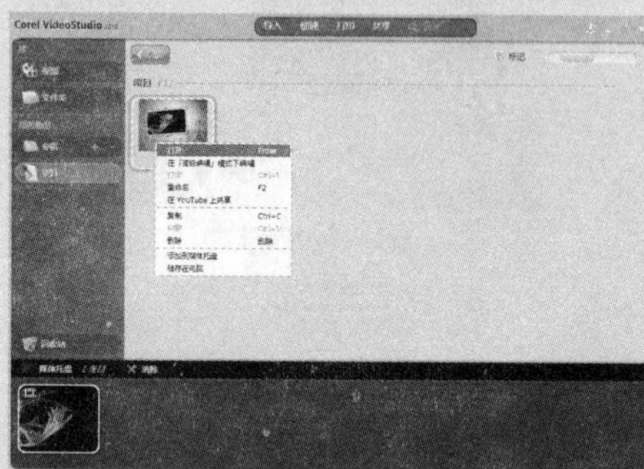

图33-1 选择“打开”命令

02 进入项目窗口，单击窗口右下角的“输出”按钮，如图33-2所示。

图33-2 单击“输出”按钮

03 进入“输出电影”窗口，单击“文件”按钮，如图33-3所示。

图33-3 单击“文件”按钮

04 进入“另存为视频文件”窗口，设置各项参数，单击窗口右下角的“保存”按钮，如图33-4所示。

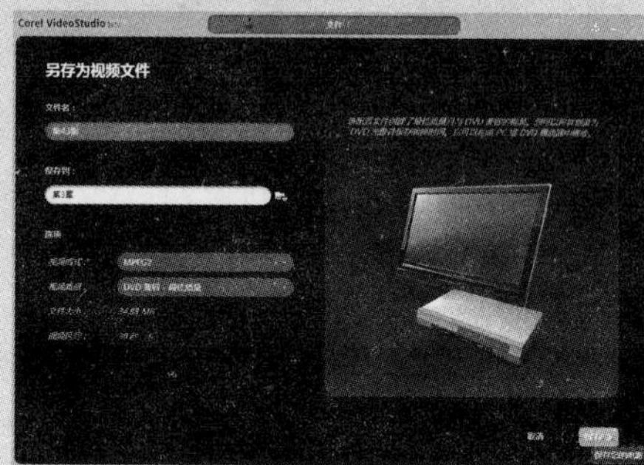

图33-4 单击“保存”按钮

05 进入“创建电影文件”窗口，显示创建电影文件的进度，如图33-5所示。

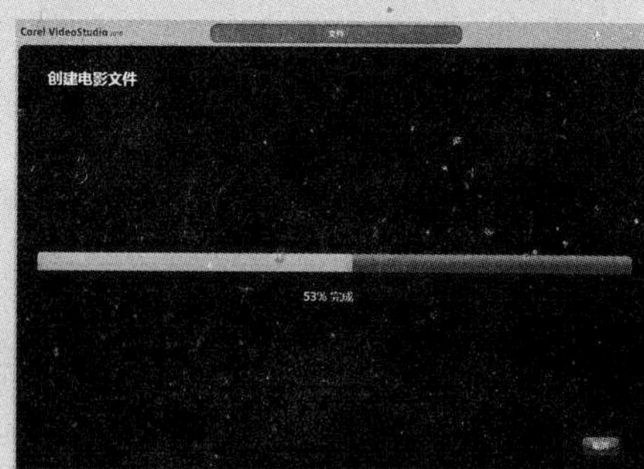

图33-5 显示进度

06 电影输出成功后，将自动弹出信息提示框，单击“确定”按钮，如图33-6所示，确认操作。

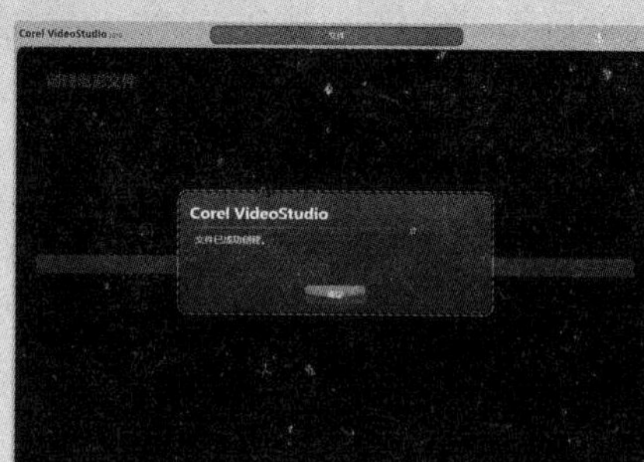

图33-6 单击“确定”按钮

专家提醒

在“输出电影”窗口中为用户提供了多种输出的方式，用户可以根据需要选择不同的输出方式。

3.3 运用向导主题模板

第34集 应用趣味影片向导

素材：无

效果：效果\第3章\第34集.vsp

视频：视频\第3章\第34集.swf

时长：1分44秒

难度：★★★★★

关键技术：单击“即时项目”按钮

01 进入会声会影高级编辑器，单击“即时项目”按钮，如图34-1所示。

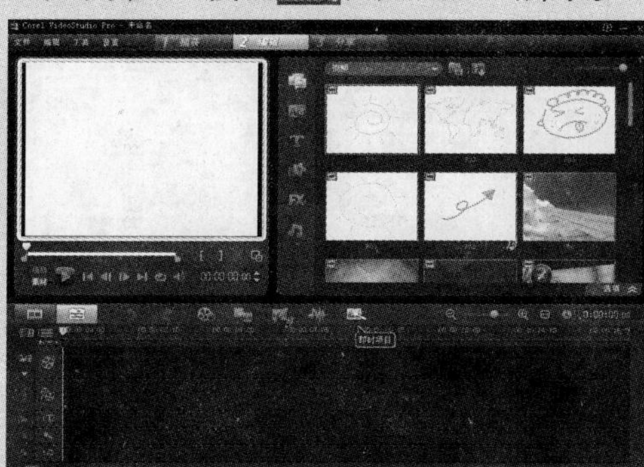

图34-1 单击“即时项目”按钮

02 弹出“即时项目”窗口，在“趣味”主题样式列表中选择第3个主题样式，并在窗口下方的“插入到时间轴”选项区中选中“在开始处添加”单选按钮，单击窗口右下角的“插入”按钮，如图34-2所示。

03 执行操作后，即可将其插入到时间轴面板中，单击导览面板中的“播放”按钮，即可预览趣味影片模板，效果如图34-3所示。

图34-2 单击“插入”按钮

影片动画效果片段一

影片动画效果片段二

图34-3 预览影片动画效果

专家提醒

选择视频轨上的图片素材，单击鼠标右键，在弹出的快捷菜单中选择“替换素材”|“照片”命令，弹出“替换/重新链接素材”对话框，选择需要替换的图片素材，单击“打开”按钮，即可替换选择的图片素材。

第35集　应用HD-趣味影片向导

素材：无

效果：效果\第3章\第35集.vsp

视频：视频\第3章\第35集.swf

时长：53秒

难度：★★★★

关键技术：选择“HD—趣味”选项

01 进入会声会影高级编辑器，单击“即时项目”按钮，弹出“即时项目”窗口，单击“选择项目”下三角按钮，在弹出的列表框中选择“HD-趣味”选项，如图35-1所示。

图35-1 选择“HD-趣味”选项

02 打开“HD-趣味”模板素材库，在其中选择需要的影片模板，单击“插入”按钮，如图35-2所示。

图35-2 单击“插入”按钮

03 执行操作后，即可将其插入到时间轴面板中，单击导览面板中的“播放”按钮，即可预览趣味影片模板，效果如图35-3所示。

影片动画效果片段一

影片动画效果片段二

图35-3 预览影片动画效果

专家提醒

用户还可以选择视频轨上的图片素材，选择“文件”|“重新链接”命令，弹出“重新链接”对话框，单击“重新链接”按钮，弹出“替换/重新链接素材”对话框，选择需要替换的图片素材，单击“打开”按钮，替换选择的图片素材。

第36集　应用简单影片向导

素材：素材\第3章\36-5.mpg

效果：效果\第3章\第36集.vsp

视频：视频\第3章\第36集.swf

时长：1分22秒

难度：★★★★★

关键技术：选择“简单”选项

01 进入会声会影高级编辑器，单击“即时项目”按钮，弹出“即时项目”窗口，单击“选择项目”下三角按钮，在弹出的列表框中选择“简单”选项，如图36-1所示。

图36-1 选择“简单”选项

02 打开“简单”模板素材库，在其中选择需要的影片模板，单击“插入”按钮，如图36-2所示。

专家提醒

用户还可以在“简单”模板素材库中，根据个人的爱好，选择不同类型的简单模板。

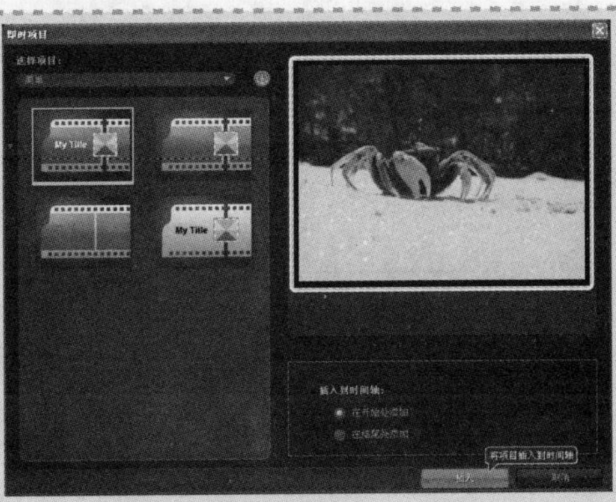

图36-2 单击“插入”按钮

03 执行操作后，即可将其插入到时间轴面板中，如图36-3所示。

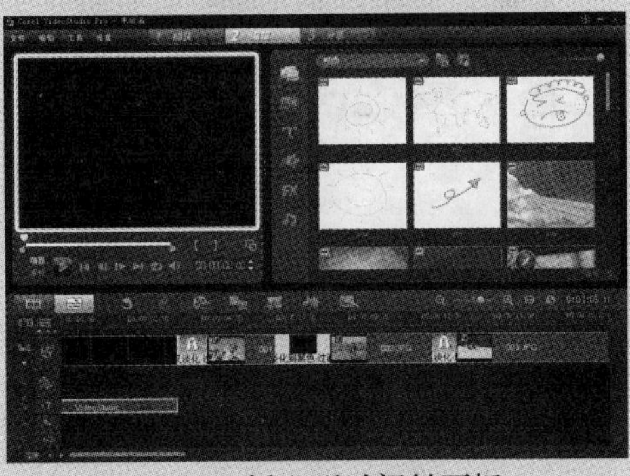

图36-3 插入到时间轴面板

04 选择视频轨中的1.jpg素材，单击鼠标右键，在弹出的快捷菜单中选择“替换素材”|“视频”命令，如图36-4所示。

图36-4 选择“视频”命令

05 弹出“替换/重新链接素材”对话框，选择需要的视频素材，如图36-5所示。

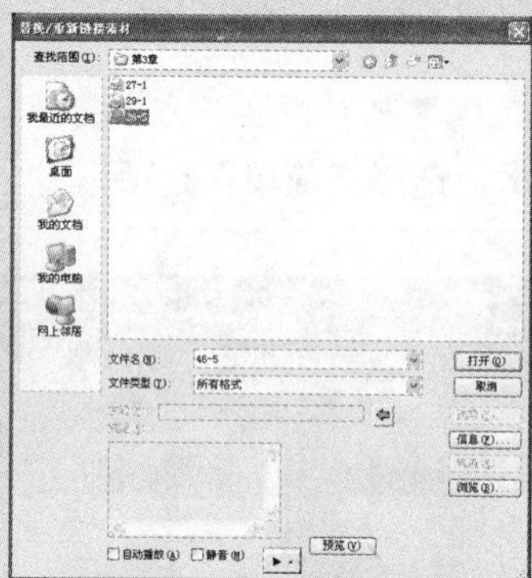

图36-5 选择视频素材

06 单击“打开”按钮，即可替换素材，效果如图36-6所示。

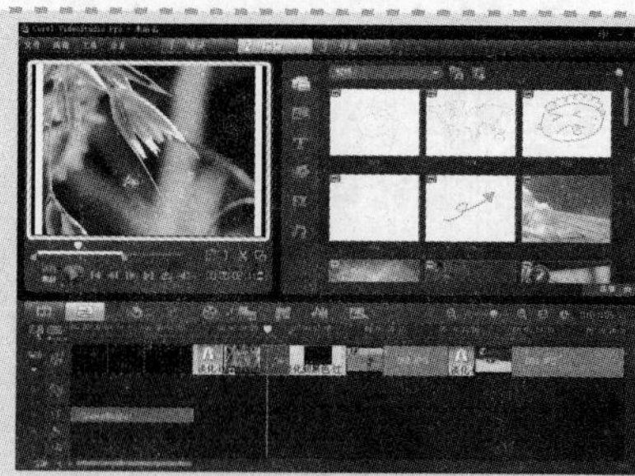

图36-6 替换素材

07 单击导览面板中的“播放”按钮，即可预览简单影片模板，效果如图36-7所示。

影片动画效果片段一

影片动画效果片段二

图36-7 预览影片动画效果

第37集 应用相册影片向导

素材：素材\第3章\37–5.jpg、37–7.jpg

效果：效果\第3章\第37集.vsp

视频：视频\第3章\第37集.swf

时长：2分8秒

难度：★★★★★

关键技术：选择“相册”选项

01 进入会声会影高级编辑器，单击“即时项目”按钮，弹出“即时项目”窗口，单击“选择项目”下三角按钮，在弹出的列表框中选择“相册”选项，如图37-1所示。

02 打开“相册”模板素材库，在其中选择需要的影片模板，单击“插入”按钮，如图37-2所示。

图37-1 选择“相册”选项

图37-2 单击“插入”按钮

03 执行操作后，即可将其插入到时间轴面板中，如图37-3所示。

图37-3 插入到时间轴面板

04 选择视频轨中的Sample001.jpg素材，单击鼠标右键，在弹出的快捷菜单中选择“替换素材”|“照片”命令，如图37-4所示。

图37-4 选择“照片”选项

05 弹出“替换/重新链接素材”对话框，选择需要的照片素材，如图37-5所示。

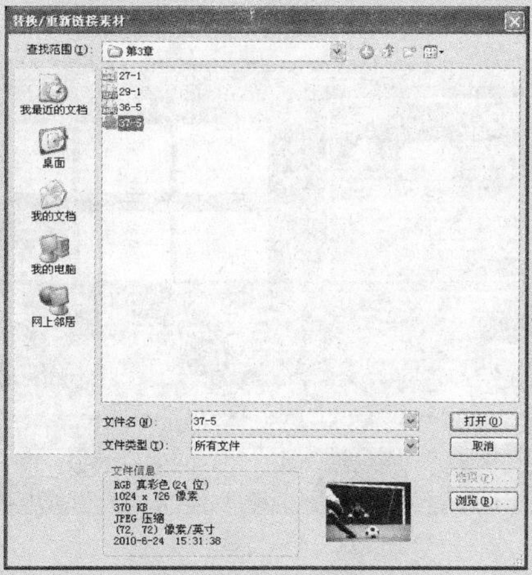

图37-5 选择照片素材

06 单击“打开”按钮，即可替换素材，效果如图37-6所示。

图37-6 替换素材

07 使用上面同样的方法，替换后面一张素材，效果如图37-7所示。

图37-7 替换素材

08 使用上面同样的方法，替换SAMPLE002.jpg以及后面的一张素材，效果如图37-8所示。

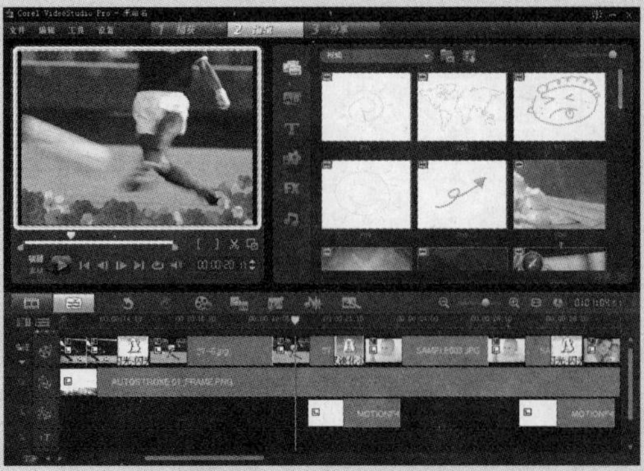

图37-8 再次替换素材

09 单击导览面板中的“播放”按钮，即可预览相册影片向导，效果如图37-9所示。

影片动画效果片段一

影片动画效果片段二

图37-9 预览影片动画效果

3.4 应用其他主题模板

第38集 应用照片模板

素材：无

效果：效果\第3章\第38集.vsp

视频：视频\第3章\第38集.swf

时长：32秒

难度：☆☆

关键技术：选择“照片”选项

01 进入会声会影X3高级编辑器，单击“画廊”下三角按钮，在弹出的列表框中选择“照片”选项，如图38-1所示。

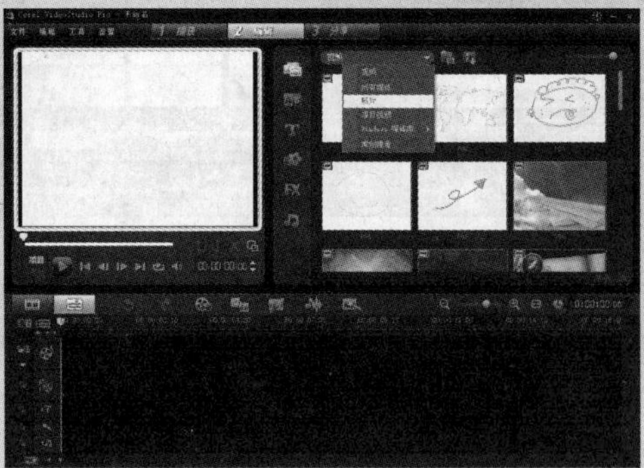

图38-1 选择“照片”选项

02 在照片素材库中选择I09照片素材，如图38-2所示。

图38-2 选择I09照片素材

03 按住鼠标左键并拖曳，将该素材拖曳至视频轨后，释放鼠标左键，如图38-3所示。

图38-3 拖曳至视频轨中

04 单击导览面板中的“播放”按钮，即可预览照片效果，效果如图38-4所示。

图38-4 预览照片效果

专家提醒

在照片模板素材库中，还有更多的漂亮图像模板，如书本、圣诞、胶带以及酒瓶等，用户可根据需要选择相应的图像模板类型。

第39集 应用视频模板

素材：无

效果：效果\第3章\第39集.vsp

视频：视频\第3章\第39集.swf

时长：35秒

难度：★★

关键技术：选择“视频”选项

01 进入会声会影X3高级编辑器，单击“画廊”下三角按钮，在弹出的列表框中选择“视频”选项，如图39-1所示。

图39-1 选择“视频”选项

02 在视频素材库中选择V09视频素材，按住鼠标左键并拖曳，将该素材拖曳至视频轨后，释放鼠标左键，如图39-2所示。

图39-2 选择V09照片素材

专家提醒

在视频素材库中选择需要的视频素材，单击鼠标右键，在弹出的快捷菜单中选择“插入到”|“视频轨”命令，即可添加选择的视频素材至视频轨中。

03 单击导览面板中的“播放”按钮，即可预览视频效果，效果如图39-3所示。

图39-3 预览视频效果

第40集 应用对象模板

素材：无

效果：效果\第3章\第40集.vsp

视频：视频\第3章\第40集.swf

时长：60秒

难度：★★★★★

关键技术：选择“对象”选项

01 进入会声会影X3高级编辑器，单击“画廊”下三角按钮，在弹出的列表框中选择“照片”选项，在照片素材库中选择I28照片素材，按住鼠标左键并拖曳该素材至视频轨中，如图40-1所示。

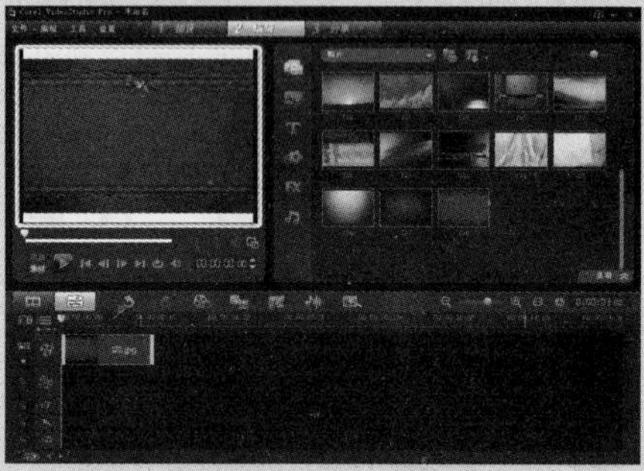

图40-1 拖曳素材至视频轨中

02 单击素材库左侧的“图形”按钮，进入图形素材库，单击“画廊”下三角按钮，在弹出的列表框中选择“对象”选项，如图40-2所示。

03 进入对象素材库，在素材库中选择D30素材，单击鼠标左键并拖曳该素材至覆叠轨后，释放鼠标左键，如图40-3所示。

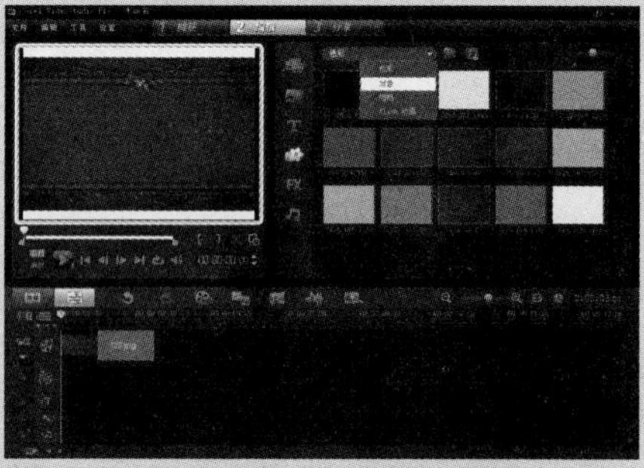

图40-2 选择“对象”选项

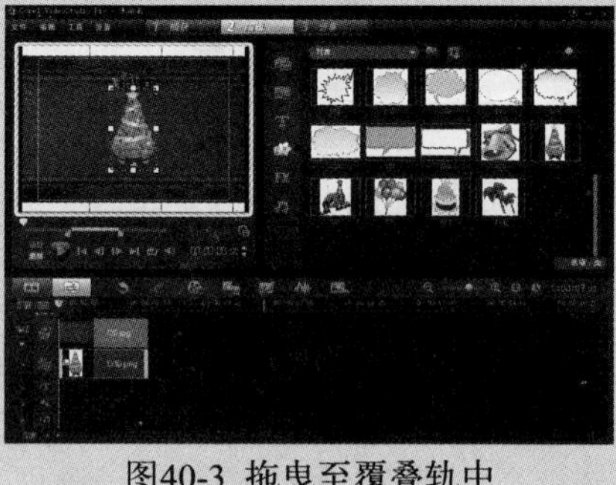

图40-3 拖曳至覆叠轨中

04 单击导览面板中的“播放”按钮，即可预览对象效果，效果如图40-4所示。

图40-4 预览对象效果

专家提醒

在会声会影X3中，提供了多种类型的对象模板，它们大多被放置于覆叠轨中。

第41集　应用边框模板

素材：素材\第3章\41-1.vsp

效果：效果\第3章\第41集.vsp

视频：视频\第3章\第41集.swf

时长：44秒

难度：★★★

关键技术：选择“边框”选项

01 进入会声会影X3高级编辑器，打开一个项目文件，如图41-1所示。

图41-1 项目文件

02 单击素材库左侧的“图形”按钮，进入图形素材库，单击“画廊”下三角按钮，在弹出的列表框中选择“边框”选项，如图41-2所示。

图41-2 选择“边框”选项

专家提醒

在编辑影片的过程中，适当地为素材添加边框模板，可以制作出绚丽多彩的视频作品。

03 进入边框素材库，在素材库中选择F09边框素材，按住鼠标左键并拖曳该素材至覆叠轨后，释放鼠标左键，如图41-3所示。

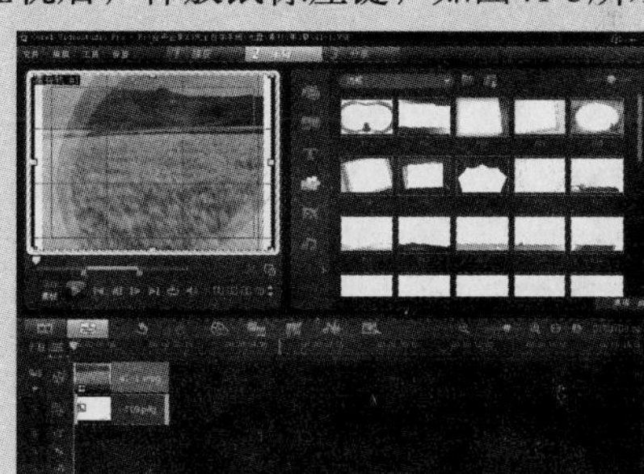
图41-3 拖曳至覆叠轨中

04 单击导览面板中的“播放”按钮，即可预览边框效果，效果如图41-4所示。

图41-4 预览边框效果

第42集 应用Flash模板

素材：素材\第3章\42-1.vsp

效果：效果\第3章\第42集.vsp

视频：视频\第3章\第42集.swf

时长：54秒

难度：★★★★

关键技术：选择“Flash动画”选项

01 进入会声会影X3高级编辑器，选择“文件”|“打开项目”命令，打开一个项目文件，如图42-1所示。

图42-1 项目文件

02 单击素材库左侧的“图形”按钮，进入图形素材库，单击“画廊”下三角按钮，在弹出的列表框中选择“Flash动画”选项，如图42-2所示。

图42-2 选择“Flash动画”选项

03 进入Flash动画素材库，在素材库中选择MontionD14Flash动画素材，如图42-3所示。

04 按住鼠标左键并拖曳该素材至覆叠轨后，释放鼠标左键，如图42-4所示。

05 单击导览面板中的“播放”按钮，即可预览边框效果如图42-5所示。

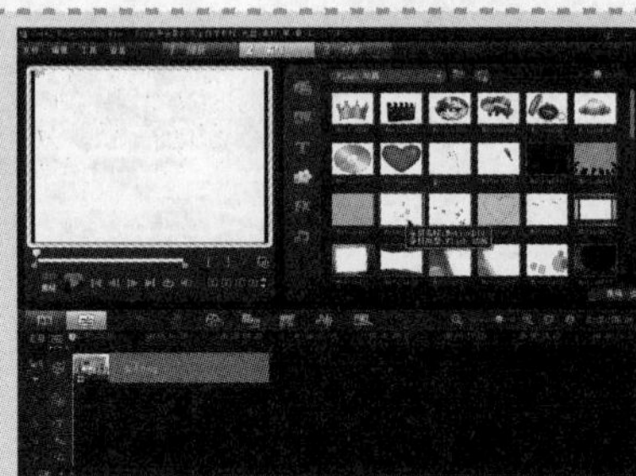

图42-3 选择动画素材

图42-4 拖曳至覆叠轨中

影片动画效果片段一　影片动画效果片段二

图42-5 预览影片动画效果

专家提醒

在会声会影X3中，提供了多种样式的Flash动画模板，用户可根据需要进行相应的选择。

第 4 章 使用DV转DVD向导

会声会影X3拥有DV转DVD向导的功能，该功能可以自动将图像、视频和DV录像带上的内容完整采集并添加漂亮的动态菜单，制作出精美的影片效果。本章将向用户详细介绍启动DV转DVD向导、设置扫描设备与格式、播放与扫描场景等内容。

4.1 启动DV转DVD向导

第43集 从欢迎界面启动DV转DVD向导

素材：无　　效果：无

视频：视频\第4章\第43集.swf　　时长：24秒

难度：★　　关键技术：单击“DV转DVD向导”按钮

01 启动会声会影X3软件，进入欢迎界面，单击“DV转DVD向导”按钮 ，如图43-1所示。

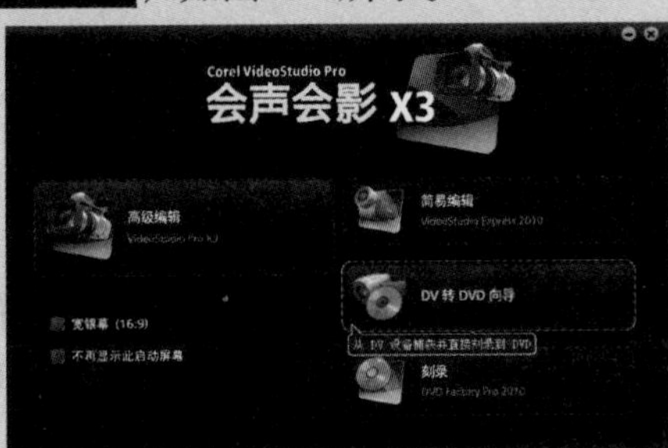

图43-1 单击“DV转DVD向导”按钮

02 执行操作后，即可在“全功能”模式下启动影片向导，如图43-2所示。

图43-2 “DV转DVD向导”窗口

专家提醒

要使计算机与数码摄像机连接，在计算机上还需要安装一块IEEE1394卡或专门用来进行数字剪辑的视频采集卡。

第44集 通过“DV转DVD向导”命令启动向导

素材：无　　效果：无

视频：视频\第4章\第44集.swf　　时长：27秒

难度：★　　关键技术：选择“DV转DVD向导”命令

01 进入会声会影高级编辑器，选择“工具”|“DV转DVD向导”命令，如图44-1所示。

02 弹出“DV转DVD向导”窗口，即可通过“DV转DVD向导”命令启动向导，如图44-2所示。

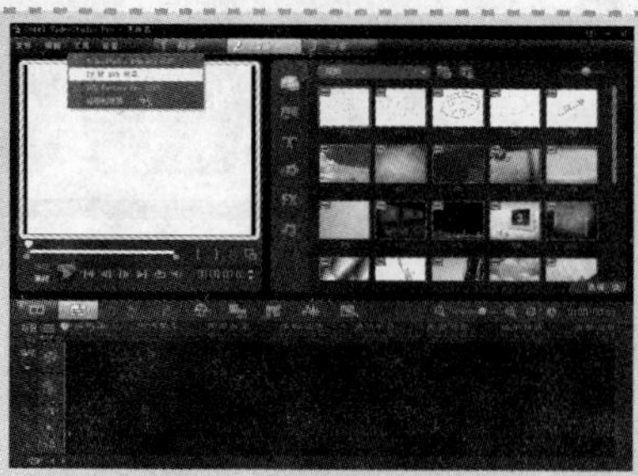

图44-1 选择“DV转DVD向导”命令

图44-2 “DV转DVD向导”窗口

专家提醒

运用DV转DVD向导，可以快速制作影片，且不占用硬盘空间，给需要快速将录像带转录成DVD光盘的用户提供了极大的方便。

4.2 设置扫描设备与格式

第45集 选择捕获设备

素材：无

视频：视频\第4章\第45集.swf

难度：★★

效果：无

时长：32秒

关键技术：选择“AVC Compliant”选项

01 进入“DV转DVD向导”窗口，如图45-1所示。

图45-1 “DV转DVD向导”窗口

02 将DV摄像机连接到计算机上，并将摄像机切换至播放模式，在“扫描/捕获设置”选项组中，单击“设备”选项右侧的“选取DV设备”下拉按钮，在弹出的列表框中选择“AVC Compliant”选项，如图45-2所示，即可完成捕获设备的选择。

图45-2 选择“AVC Compliant”选项

专家提醒

若要捕获DV摄像机中的视频素材，首先需要正确安装IEEE 1394卡，然后通过IEEE 1394线将摄像机与计算机正确连接，进入“DV转DVD向导”窗口进行捕获。

第46集　设置捕获格式

素材：无
视频：视频\第4章\第46集.swf
难度：★★
效果：无
时长：32秒
关键技术：选择“DVD”选项

01 进入“DV转DVD向导”窗口，将DV摄像机连接到计算机上，并将摄像机切换至播放模式，在“扫描/捕获设置”选项组中，单击“捕获格式”选项右侧的“选取捕获格式”下拉按钮，如图46-1所示。

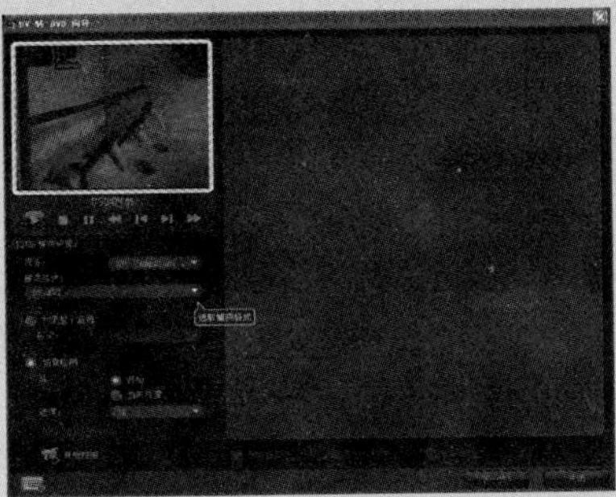

图46-1 单击“选取捕获格式”下拉按钮

02 在弹出的列表框中选择“DVD”选项，如图46-2所示，即可完成捕获格式的设置。

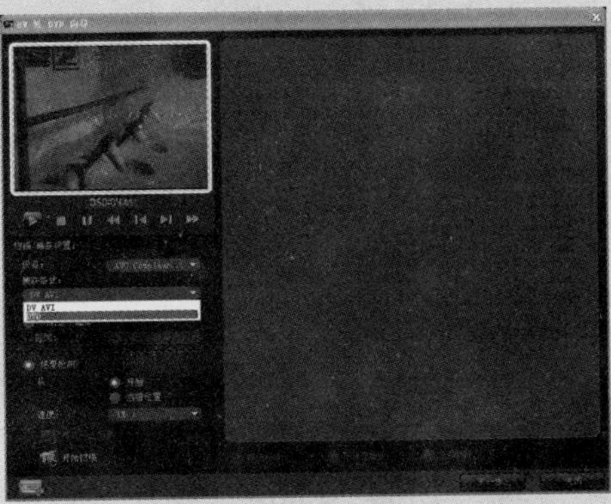

图46-2 选择“DVD”选项

专家提醒

使用DV转DVD向导，可以将用户使用DV拍摄的录像制作成小电影。该向导的工作流程主要包括以下两个方面：

- 捕获视频，捕获DV摄像机中的视频素材。
- 输出影片，DV转DVD向导可以将捕获的影片刻录成DVD-Video。

第47集　设置捕获区间

素材：无
视频：视频\第4章\第47集.swf
难度：★★
效果：无
时长：31秒
关键技术：选择“LP 90 分钟”选项

01 进入“DV转DVD向导”窗口，将DV摄像机连接到计算机上，并将摄像机切换至播放模式，在“扫描/捕获设置”选项组中选中“刻录整个磁带”单选按钮，如图47-1所示。

02 单击“区间”选项右侧的下拉按钮，在弹出的列表框中选择“LP 90 分钟”选项，如图47-2所示，即可完成捕获区间的设置。

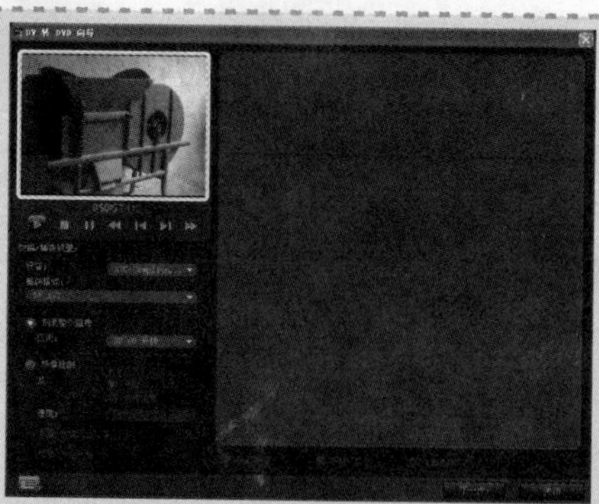

图47-1 选中“刻录整个磁带”单选按钮

图47-2 选择“LP90分钟”选项

专家提醒

若用户希望自动捕获一个指定时间长度的视频内容，并使程序在捕获到所指定视频内容后自动停止捕获，则可为捕获视频指定一个时间长度。

第48集 从当前位置检测场景

素材：无
视频：视频\第4章\第48集.swf
难度：★

效果：无
时长：30秒
关键技术：选中“当前位置”单选按钮

01 进入“DV转DVD向导”窗口，将DV摄像机连接到计算机上，并将摄像机切换至播放模式，在“扫描/捕获设置”选项组中，选中“场景检测”单选按钮，在“场景检测”选项组中，选中“当前位置”单选按钮，如图48-1所示。

图48-1 选中“当前位置”单选按钮

02 执行操作后，完成从当前位置检测场景的设置，如图48-2所示。

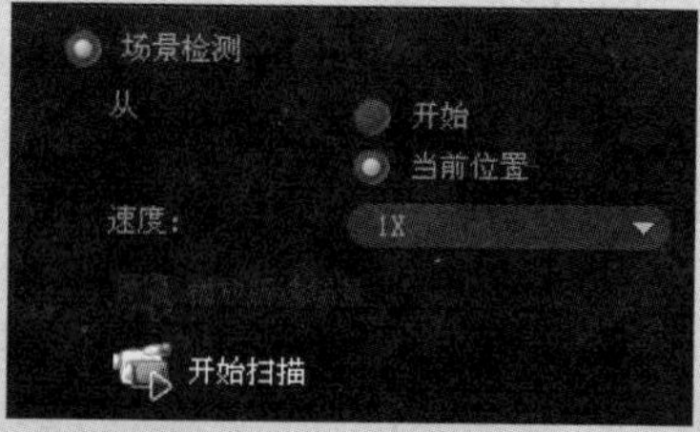

图48-2 检测场景

专家提醒

选中“当前位置”单选按钮，进行扫描的时候，将从DV当前的位置开始扫描。

第49集 从开始检测场景

素材：无
视频：视频\第4章\第49集.swf
难度：★

效果：无
时长：28秒
关键技术：选中“开始”单选按钮

01 进入“DV转DVD向导”窗口，将DV摄像机连接到计算机上，并将摄像机切换至播放模式，在“扫描/捕获设置”选项组中拖曳鼠标至“开始”单选按钮处，如图49-1所示。

图49-1 定位鼠标指针

02 选中“开始”单选按钮，即可完成从开始位置检测场景的设置，如图49-2所示。

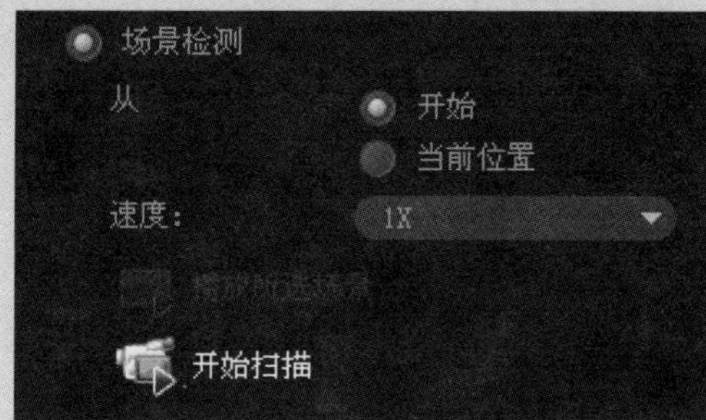

图49-2 选中“开始”单选按钮

专家提醒

从开始文字检测场景是指从DV带的开始位置开始扫描场景。

第50集 设置场景检测速度

素材：无　　效果：无

视频：视频\第4章\第50集.swf　　时长：27秒

难度：☆　　关键技术：选择“2X”选项

01 进入“DV转DVD向导”窗口，将DV摄像机连接到计算机上，并将摄像机切换至播放模式，在“扫描/捕获设置”选项组中，单击“速度”选项右侧的“扫描速度”下拉按钮，如图50-1所示。

图50-1 单击“扫描速度”下拉按钮

02 在弹出的列表框中，选择“2X”选项，如图50-2所示，即可完成场景检测速度的设置。

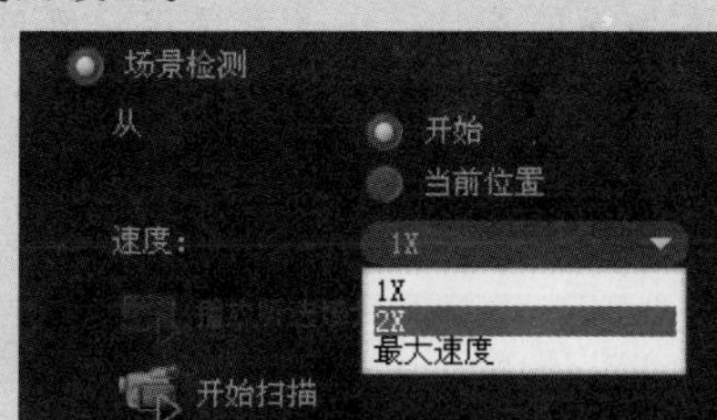

图50-2 选择“2X”选项

专家提醒

若已经将DV带中的视频存放在硬盘中，用户可以直接从硬盘中将视频素材添加到影片向导中。

4.3 播放与扫描场景

第51集 扫描所选场景

素材：无
视频：视频\第4章\第51集.swf
难度：★★★
效果：无
时长：43秒
关键技术：单击“开始扫描”按钮

01 进入“DV转DVD向导”窗口，将DV摄像机连接到计算机上，并将摄像机切换至播放模式，在“扫描/捕获设置”选项组中，单击“开始扫描”按钮，如图51-1所示。

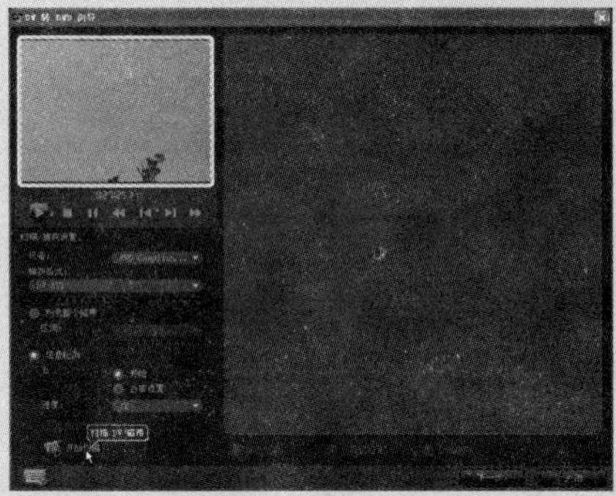

图51-1 单击“开始扫描”按钮

02 在扫描的过程中预览窗口右侧的故事板中将显示DV带上的每个场景缩略图，如图51-2所示，即可完成扫描所选场景的设置。

图51-2 扫描所选场景

专家提醒

在扫描场景时，场景是根据拍摄日期和时间来区分的视频片段。扫描完成后，右侧的故事板中将显示DV带所拍摄视频的场景缩略图。

第52集 播放所选场景

素材：无
视频：视频\第4章\第52集.swf
难度：★★
效果：无
时长：37秒
关键技术：单击“播放所选场景”按钮

01 进入“DV转DVD向导”窗口，将DV摄像机连接到计算机上，并将摄像机切换至播放模式，在“扫描/捕获设置”选项组中，单击“播放所选场景”按钮，如图52-1所示。

02 执行操作后，即可在该窗口中预览播放所选的场景，如图52-2所示。

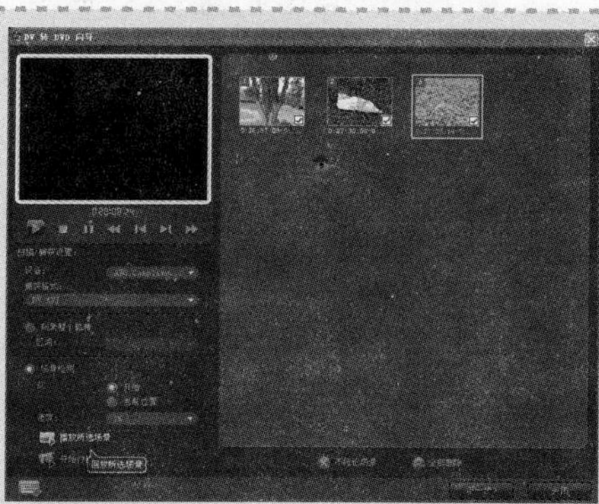

图52-1 单击“播放所选场景”按钮

图52-2 预览播放场景

专家提醒

用户可以通过要播放所选场景，重新检查需要刻录成DVD的场景。

4.4 编辑扫描后的场景

第53集 不标记场景

素材：无
视频：视频\第4章\第53集.swf
难度：★★
效果：无
时长：28秒
关键技术：单击“不标记场景”按钮

01 进入“DV转DVD向导”窗口，将DV摄像机连接到计算机上，并将摄像机切换至播放模式，扫描所选场景，在故事板中选择场景2，单击故事板下方的“不标记场景”按钮，如图53-1所示。

图53-1 单击“不标记场景”按钮

02 执行操作后，场景2将不被标记，如图53-2所示。

图53-2 场景2不被标记

专家提醒

在故事板中任意选择一个场景，单击“不标记场景”按钮，该场景在采集和刻录时将被跳过。

第54集 标记场景

素材：无　　**效果：**无
视频：视频\第4章\第54集.swf　　**时长：**25秒
难度：★　　**关键技术：**单击单击“标记场景”按钮

01 进入“DV转DVD向导”窗口，将DV摄像机连接到计算机上，并将摄像机切换至播放模式，扫描所选场景，在故事板中选择场景2，单击故事板下方的“标记场景”按钮，如图54-1所示。

图54-1 单击“标记场景”按钮

02 执行操作后，即可标记场景2，如图52-2所示。

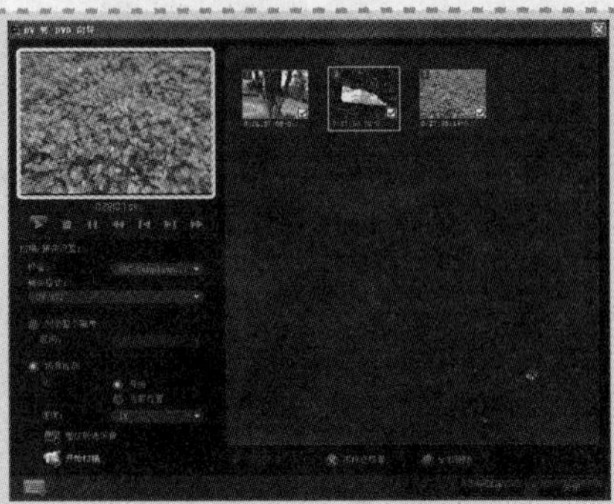

图54-2 标记场景2

专家提醒

在故事板中选择需要标记的场景，并在该场景缩略图位置单击鼠标右键，在弹出的快捷菜单中选择“标记场景”命令即可。

第55集 删除全部场景

素材：无　　**效果：**无
视频：视频\第4章\第55集.swf　　**时长：**25秒
难度：★　　**关键技术：**单击“全部删除”按钮

01 进入“DV转DVD向导”窗口，将DV摄像机连接到计算机上，并将摄像机切换至播放模式，扫描所选场景，单击故事板下方的“全部删除”按钮，如图55-1所示。

图55-1 单击“全部删除”按钮

02 弹出信息提示框，单击“是”按钮，如图55-2所示，即可删除全部场景。

图55-2 单击“是”按钮

专家提醒

在故事板中单击鼠标右键，在弹出的快捷菜单中选择“删除全部”命令，也可以快速地全部删除扫描的场景。

4.5 刻录光盘

第56集　设置卷标名称

素材：无　　效果：无
视频：视频\第4章\第56集.swf　　时长：49秒
难度：★★★　　关键技术：单击“下一步”按钮

01 进入“DV转DVD向导”窗口，将DV摄像机连接到计算机上，并将摄像机切换至播放模式，扫描所选场景，单击故事板下方的“下一步”按钮，如图56-1所示。

图56-1 单击“下一步”按钮

02 执行操作后，进入模板选择步骤，在“卷标名称”文本框中输入“自然美景”，如图56-2所示。

图56-2 输入卷标名称

专家提醒

用户可以根据拍摄的内容或日期，将需要刻录的DV场景重新命令，以便管理。

第57集　设置工作文件夹

素材：无　　效果：无
视频：视频\第4章\第57集.swf　　时长：38秒
难度：★★　　关键技术：单击“高级”按钮

01 在第56集的基础上，单击“高级”按钮，如图57-1所示。

02 弹出“高级设置”对话框，单击“工作文件夹”右侧的按钮，弹出“游览文件夹”对话框，设置工作文件的路径，如图57-2所示。

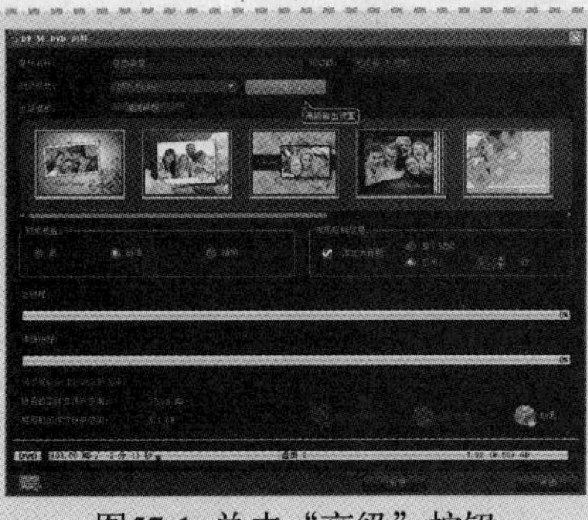

图57-1 单击“高级”按钮

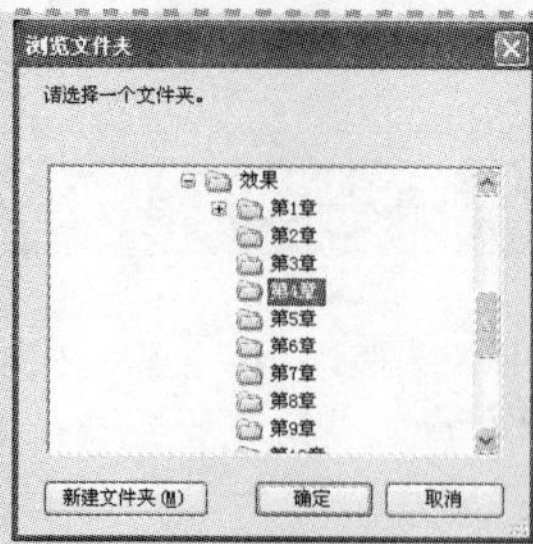

图57-2 设置路径

03 单击“确定”按钮，返回到“高级设置”对话框，如图57-3所示。

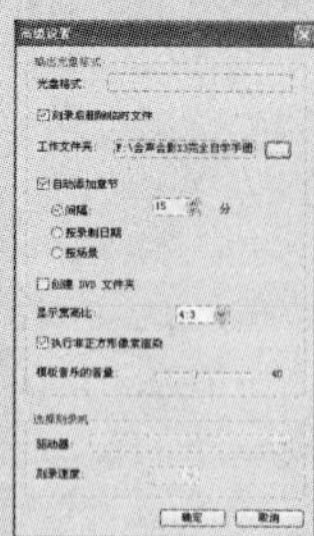

图57-3 “高级设置”对话框

04 单击“确定”按钮，即可完成对工作文件夹的设置，如图57-4所示。

图57-4 完成对工作文件的设置

专家提醒

用户可以根据需要，重新设置工作文件夹，以便日后管理和查看。

第58集 设置主体模板

素材：无

效果：无

视频：视频\第4章\第58集.swf

时长：15秒

难度：★

关键技术：单击鼠标左键

01 在第57集的基础上，拖曳鼠标至主题模板下方列表框中的“趣味02”选项处，如图58-1所示。

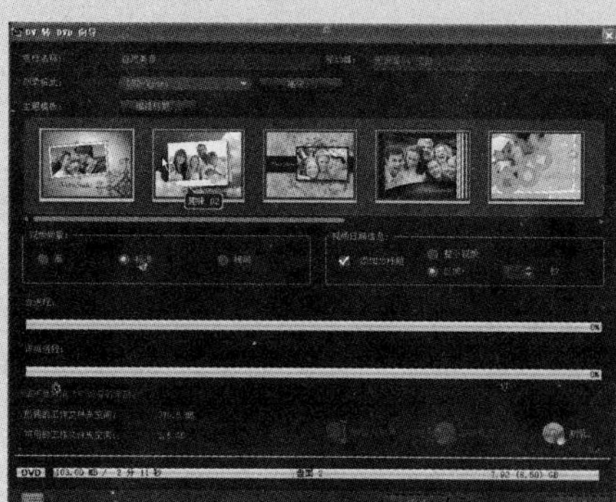

图58-1 定位鼠标

02 单击鼠标左键，即可完成对主题模板的设置，如图58-2所示。

图58-2 单击鼠标

专家提醒

在“主题模板”列表框中包括9种模板可供用户参考。

第59集 设置视频质量

素材：无　　效果：无
视频：视频\第4章\第59集.swf　　时长：15秒
难度：☆　　关键技术：选中“精简”单选按钮

01 在第58集的基础上，拖曳鼠标至“精简”单选按钮处，如图59-1所示。

图59-1 定位鼠标

02 单击鼠标左键，选中“精简”单选按钮，即可设置视频的质量，如图59-2所示。

图59-2 选中“精简”单选按钮

专家提醒

视频质量越高，需要的光盘容量相对应的也就越大。

第60集 刻录光盘

素材：无　　效果：无
视频：视频\第4章\第60集.swf　　时长：16秒
难度：☆　　关键技术：单击“刻录”按钮

01 在第59集的基础上，单击“刻录”按钮，如图60-1所示。

图60-1 单击“刻录”按钮

02 即可开始采集所选DV带上的场景，并将影片刻录到DVD光盘上，如图60-2所示。

图60-2 刻录完成

专家提醒

在将DV转录长DVD的过程中，用户可以为影片选定系统提供的模板，使输出的影片更为美观，然后将其刻录至DVD中。

第5章 添加与设置素材

会声会影X3，除了可以从摄像机中直接捕获视频和图像素材外，还可以在编辑器窗口中添加各种不同类型的素材，根据需要对素材进行修饰和修改或设置调整素材的属性，使制作的影片更为生动、美观。本章具体向用户介绍添加与设置素材的相关内容。

5.1 添加图像素材

第61集 在素材库中添加静态图像文件

素材：无

效果：无

视频：视频\第5章\第61集.swf

时长：33秒

难度：★

关键技术：选择“照片”选项

01 进入会声会影高级编辑器，单击“画廊”下三角按钮，在弹出的列表框中选择“照片”选项，如图61-1所示。

图61-1 选择“照片”选项

02 在照片素材库中选择I11照片素材，按住鼠标左键的同时，拖曳I11照片素材至时间轴面板的视频轨中，释放鼠标左键，即可在素材库中添加静态照片文件，如图61-2所示。

图61-2 添加静态图像

专家提醒

会声会影X3支持的静态图像文件格式有很多种，除了jpg格式外，常用的还有bmp、gif、png等。

第62集 通过“插入照片”命令添加图像

素材：素材\第5章\62—3.jpg

效果：无

视频：视频\第5章\第62集.swf

时长：29秒

难度：★

关键技术：选择“插入照片”命令

01 进入会声会影高级编辑器，选择“文件”|“将媒体文件插入到素材库”|“插入照片”命令，如图62-1所示。

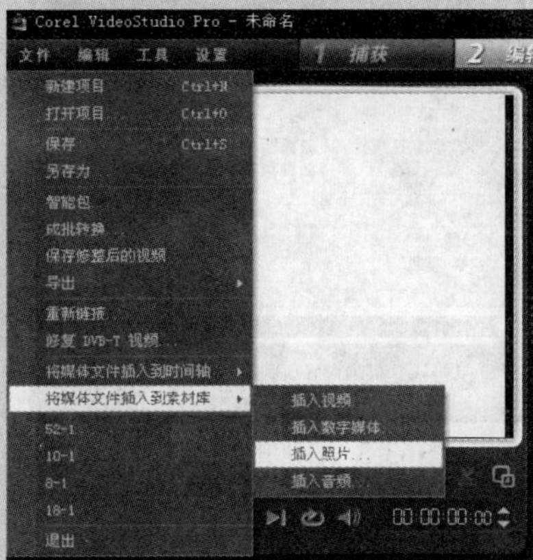

图62-1 选择“插入照片”命令

02 弹出“浏览照片”对话框，选择需要打开的图像文件，如图62-2所示。

图62-2 “浏览照片”对话框

03 单击“打开”按钮，即可通过“插入照片”命令添加图像，效果如图62-3所示。

图62-3 插入的图像素材

专家提醒

执行该命令时，在“浏览照片”对话框中，按住【Ctrl】键的同时，在需要添加的素材上分别单击鼠标左键，可选择多个不连续的图像素材；按住【Shift】键的同时，在第1张素材和最后1张素材上分别单击鼠标左键，可选择所有的图像素材。

第63集 通过按钮添加图像素材

素材：素材\第5章\63–3.jpg

效果：无

视频：视频\第5章\第63集.swf

时长：30秒

难度：★★

关键技术：单击“添加”按钮

01 进入会声会影高级编辑器，单击“画廊”下三角按钮，在弹出的列表框中选择“照片”选项，单击“照片”右侧的“添加”按钮，如图63-1所示。

图63-1 单击“添加”按钮

02 弹出“浏览照片”对话框，选择需要的图像素材，如图63-2所示。

图63-2 选择需要的图像素材

03 单击“打开”按钮，即可通过按钮添加图像素材，效果如图63-3所示。

图63-3 添加的图像素材

专家提醒

会声会影的素材库中提供了各种类型的素材，用户可以直接从中取用，但有时提供的素材并不能满足用户的需要，此时，用户可以将常用的素材添加至素材库中。

第64集 通过时间轴添加图像素材

素材：素材\第5章\64—3.jpg

效果：效果\第5章\第64集.vsp

视频：视频\第5章\第64集.swf

时长：31秒

难度：★★

关键技术：选择“插入照片”命令

01 进入会声会影高级编辑器，在时间轴面板中单击鼠标右键，在弹出的快捷菜单中选择“插入照片”命令，如图64-1所示。

02 弹出“浏览照片”对话框，选择需要打开的图像文件，如图64-2所示。

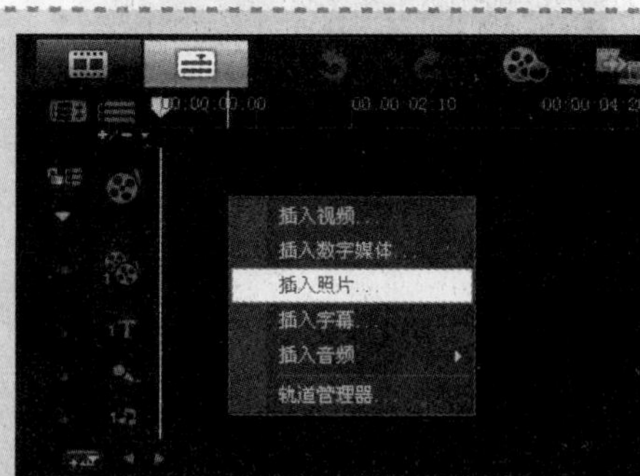

图64-1 选择“插入照片”命令

图64-2 选择需要打开的图像

专家提醒

通过时间轴用户可以更方便快捷地添加图像素材，提高工作效率。

03 单击“打开”按钮，即可通过时间轴添加图像素材，效果如图64-3所示。

图64-3 添加的图像素材

5.2 添加视频素材

第65集 直接添加素材库中的视频素材

素材：无

效果：效果\第5章\第65集.vsp

视频：视频\第5章\第65集.swf

时长：35秒

难度：★★

关键技术：选择“视频”选项

01 进入会声会影高级编辑器，单击“画廊”下三角按钮，在弹出的列表框中选择“视频”选项，65-1所示。

图65-1 选择“视频”选项

02 在视频素材库中选择V14视频素材，按住鼠标左键的同时拖曳V14视频素材至时间轴面板的视频轨中，释放鼠标左键，即可直接添加素材库中的视频素材，如图65-2所示。

图65-2 拖曳至时间轴面板中

第66集 通过“插入视频”命令添加视频

素材：素材\第5章\66-3.mpg

效果：效果\第5章\第66集.vsp

视频：视频\第5章\第66集.swf

时长：32秒

难度：★★

关键技术：选择“插入视频”命令

01 进入会声会影高级编辑器，选择“文件”|“将媒体文件插入到素材库”|“插入视频”命令，如图66-1所示。

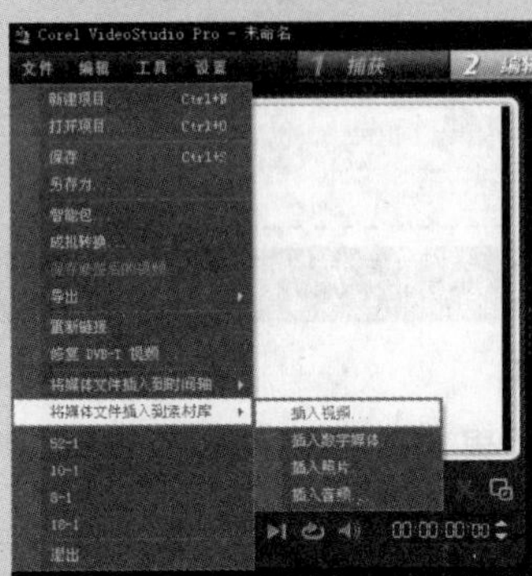

图66-1 选择“插入视频”命令

02 弹出“浏览视频”对话框，选择需要的视频素材，如图66-2所示。

图66-2 选择需要的视频素材

03 单击“打开”按钮，即可添加视频素材，单击“播放”按钮，即可预览视频，效果如图66-3所示。

图66-3 预览添加的视频素材

专家提醒

用户将视频添加到素材后，可以在素材库中选择添加的视频文件，按住鼠标左键并拖曳至时间轴中的视频轨中，添加该视频文件。

第67集　通过时间轴添加视频素材

素材：素材\第5章\67-3.mpg

效果：效果\第5章\第67集.vsp

视频：视频\第5章\第67集.swf

时长：34秒

难度：★★

关键技术：选择“插入视频”命令

01 进入会声会影高级编辑器，在时间轴面板中单击鼠标右键，在弹出的快捷菜单中选择“插入视频”命令，如图67-1所示。

02 弹出“打开视频文件”对话框，选择需要的视频素材，如图67-2所示。

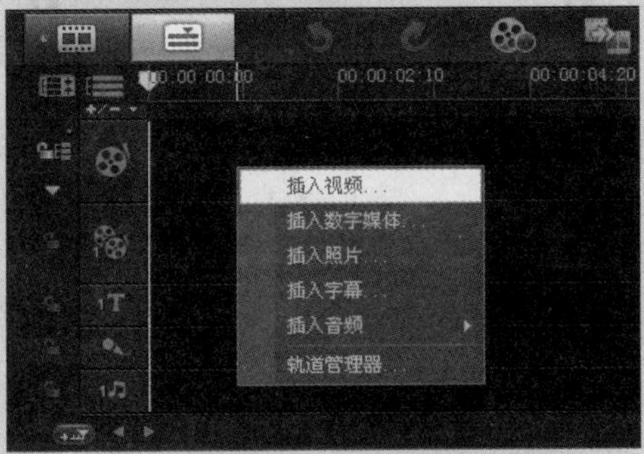

图67-1 选择“插入视频”命令

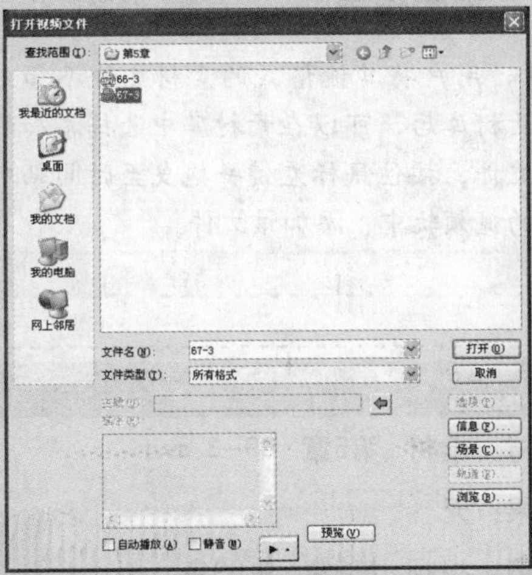

图67-2 选择需要的视频素材

03 单击“打开”按钮，即可添加视频素材，单击“播放”按钮，即可预览视频，效果如图67-3所示。

图67-3 播预览添加的视频素材

专家提醒

用户除了可以直接从摄像机中捕获视频，以及取用视频素材库中的视频文件外，还可以在网络上下载其他需要的视频文件，再添加至视频素材库中，方便随时调用。

5.3 添加其他格式的素材

第68集 添加png格式的文件

素材：素材\第5章\68-2.png

效果：无

视频：视频\第5章\第68集.swf

时长：28秒

难度：★

关键技术：选择png格式

01 进入会声会影高级编辑器，选择“文件”|“将媒体文件插入到素材库”|“插入照片”命令，弹出“浏览照片”对话框，选择需要的png格式文件，如图68-1所示。

02 单击“打开”按钮，即可添加png格式的素材文件，效果如图68-2所示。

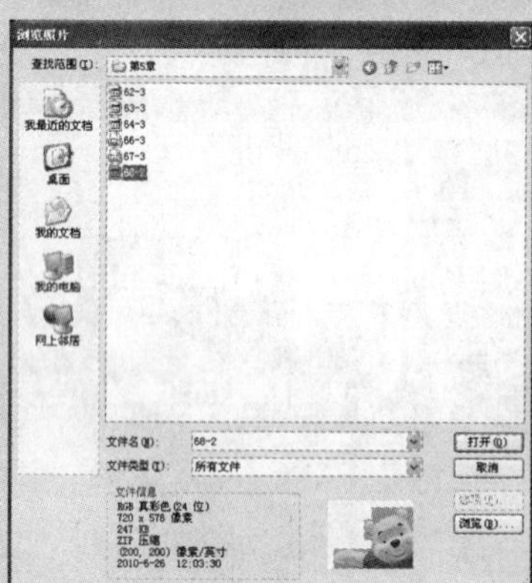

图68-1 选择需要的文件

图68-2 添加的素材文件

专家提醒

用户将其他格式的素材文件添加到素材库后，可以在素材库中选择添加的文件，按住鼠标左键并拖曳至时间轴中的视频轨中，添加该文件。

第69集 添加swf格式素材

素材：素材\第5章\69-3.swf

效果：无

视频：视频\第5章\第69集.swf

时长：50秒

难度：★

关键技术：选择swf素材

01 进入会声会影高级编辑器，单击“图形”按钮，单击“画廊”下三角按钮，在弹出的列表框中选择“Flash动画”选项，进入Flash动画素材库，如图69-1所示。

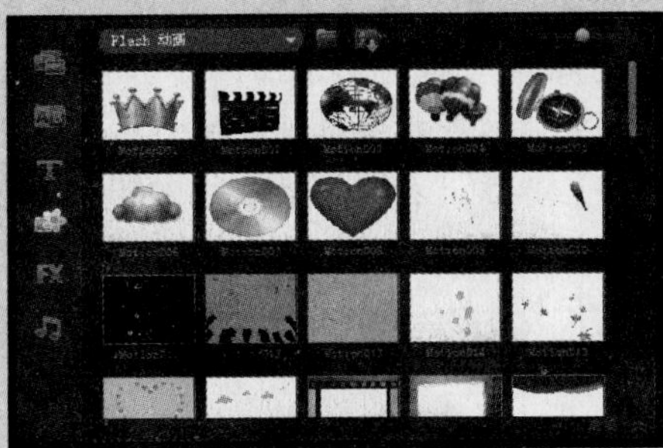

图69-1 Flash动画素材库

02 单击“Flash动画”右侧的“添加”按钮，弹出“浏览Flash动画”对话框，选择需要的swf素材，如图69-2所示。

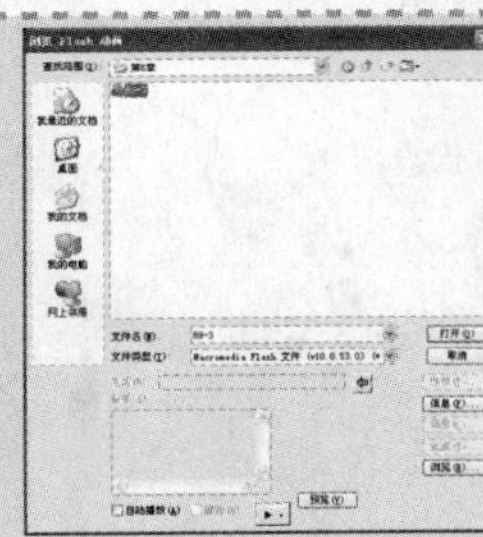

图69-2 选择需要的素材

03 单击“打开”按钮，即可添加swf素材，单击“播放”按钮，即可预览视频，效果如图69-3所示。

图69-3 预览添加的素材

专家提醒

在视频轨道上单击鼠标右键，在弹出的快捷菜单中选择“插入视频”命令，即可将swf格式的文件插入到时间轴面板中。

第70集　添加bmp格式素材

素材：素材\第5章\70—2.bmp

效果：效果\第5章\第70集.vsp

视频：视频\第5章\第70集.swf

时长：33秒

难度：★

关键技术：选择bmp素材文件

01 进入会声会影高级编辑器，在时间轴面板中单击鼠标右键，在弹出的快捷菜单中选项“插入照片”命令，弹出“浏览照片”对话框，选择需要的bmp素材文件，如图70-1所示。

02 单击“打开”按钮，即可添加bmp素材，效果如图70-2所示。

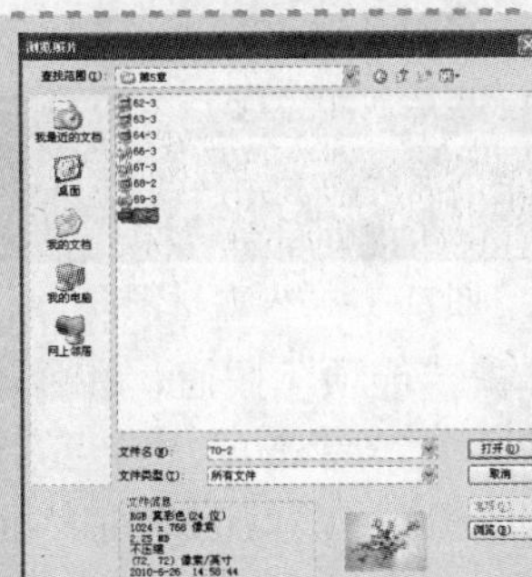

图70-1 选择素材

图70-2 添加的素材

专家提醒

单击"画廊"下三角按钮，在弹出的列表框中选择"照片"选项，单击"画廊"右侧的"添加"按钮，弹出"浏览照片"对话框，选择需要的素材文件，单击"打开"按钮，即可将bmp格式的素材添加到素材库中。

5.4 设置图像重新采样选项

第71集 设置为调到项目大小

素材：素材\第5章\71–1.jpg

效果：效果\第5章\第71集.vsp

视频：视频\第5章\第71集.swf

时长：39秒

难度：★★

关键技术：选择"调到项目大小"选项

01 进入会声会影高级编辑器，在时间轴面板的视频轨中插入一幅图像素材，效果如图71-1所示。

图71-1 插入素材图像

02 单击"选项"按钮，在弹出的"照片"选项卡中，单击"图像重新采样选项"下拉按钮，在弹出的列表框中选择"调到项目大小"选项，如图71-2所示。

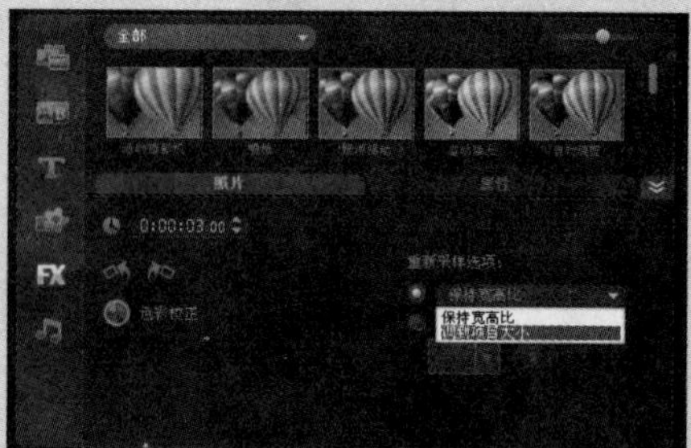

图71-2 选择"调到项目大小"选项

专家提醒

用户在"重新采样选项"选项组中执行操作时，素材智能是静态的图像文件。

03 执行操作后，即可将图像设置为调到项目大小，效果如图71-3所示。

图71-3 保持调到项目大小

专家提醒

在会声会影高级编辑器窗口中编辑影片时，将预览窗口中的素材设置为"调到项目大小"，将会更改素材的宽高比，从而覆盖预览窗口的背景色，只显示素材。

第72集 设置为保持宽高比

素材：素材\第5章\72–1.vsp

效果：效果\第5章\第72集.vsp

视频：视频\第5章\第72集.swf

时长：41秒

难度：★★★

关键技术：选择"保持宽高比"选项

01 进入会声会影高级编辑器，打开一个项目文件，如图72-1所示。

图72-1 素材图像

02 选中时间轴面板的视频轨中的素材，单击"选项"按钮，在弹出的"照片"选项卡中，单击"图像重新采样选项"下拉按钮，在弹出的列表框中选择"保持宽高比"选项，如图72-2所示。

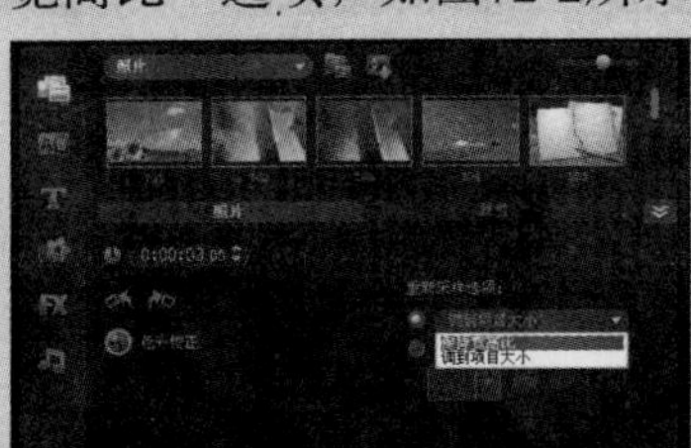

图72-2 选择"保持宽高比"选项

03 执行操作后，即可将图像设置为调到项目大小，效果如图72-3所示。

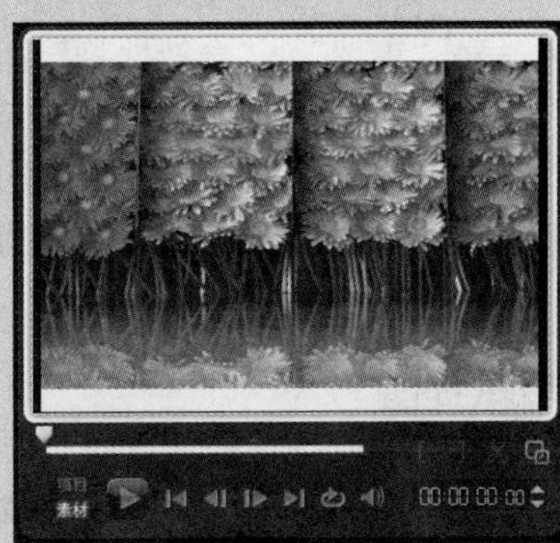

图72-3 保持宽高比

专家提醒

将预览窗口中的素材设置为"保持宽高比"，调入素材将会自动匹配预览窗口的宽高比，保持调入的素材不会变形。

5.5 设置素材的显示模式

第73集 设置仅略图显示模式

素材：素材\第5章\73—1.jpg

效果：效果\第5章\第73集.vsp

视频：视频\第5章\第73集.swf

时长：39秒

难度：★★

关键技术：选择“仅略图”选项

01 进入会声会影高级编辑器，在时间轴面板的视频轨中插入一幅图像素材，效果如图73-1所示。

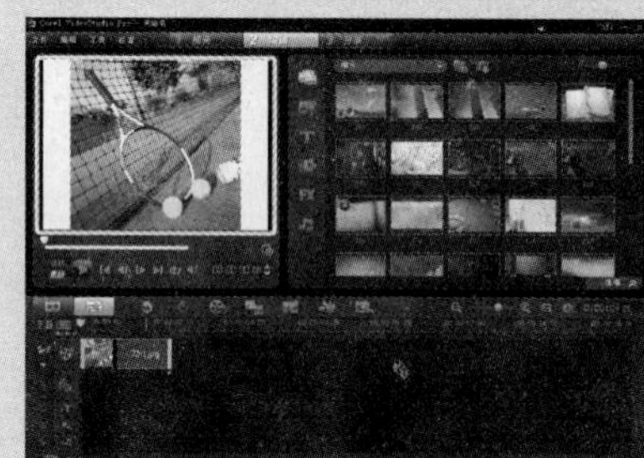

图73-1 素材图像

02 选择“设置”|“参数选择”命令，弹出“参数选择”对话框，单击“素材显示模式”右侧的下拉按钮，在弹出的列表框中选择“仅略图”选项，如图73-2所示。

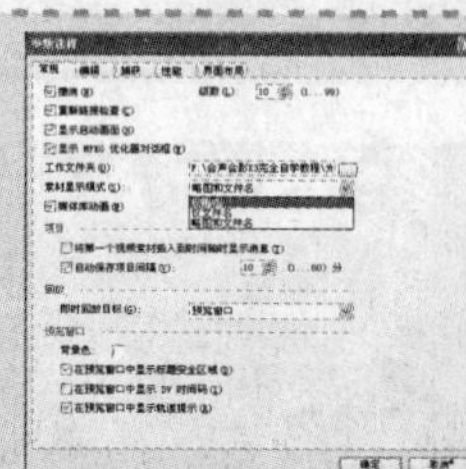

图73-2 “参数选择”对话框

03 单击“确定”按钮，即可将图像设置为“仅略图”显示模式，如图73-3所示。

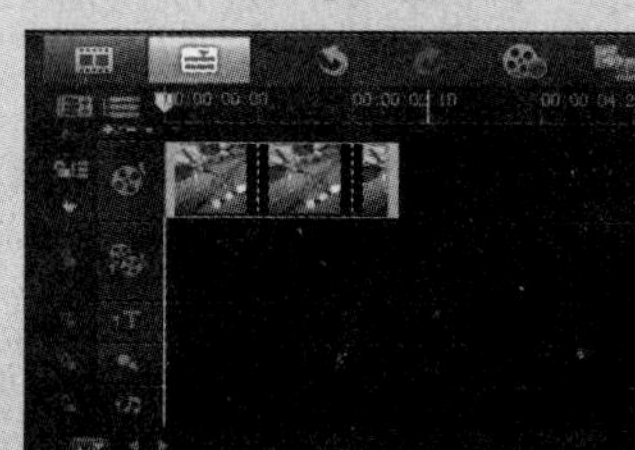

图73-3 仅略图显示模式

专家提醒

在“参数选择”对话框中的“素材显示模式”列表框中，“仅略图”显示方式虽然可以逐格显示素材略图画面，但是显示速度较慢。在不需要逐格查看素材略图画面时，在此选择“略图和文件名”选项较好。

第74集 设置文件名显示模式

素材：素材\第5章\74—1.jpg

效果：效果\第5章\第74集.vsp

视频：视频\第5章\第74集.swf

时长：38秒

难度：★★

关键技术：选择“仅文件名”选项

01 进入会声会影高级编辑器，在时间轴面板的视频轨中插入一幅图像素材，效果如图74-1所示。

图74-1 素材图像

02 选择“设置”|“参数选择”命令，弹出“参数选择”对话框，单击“素材显示模式”右侧的下拉按钮，在弹出的列表框中选择“仅文件名”选项，如图74-2所示。

03 单击“确定”按钮，即可将图像设置为“仅文件名”显示模式，如图74-3所示。

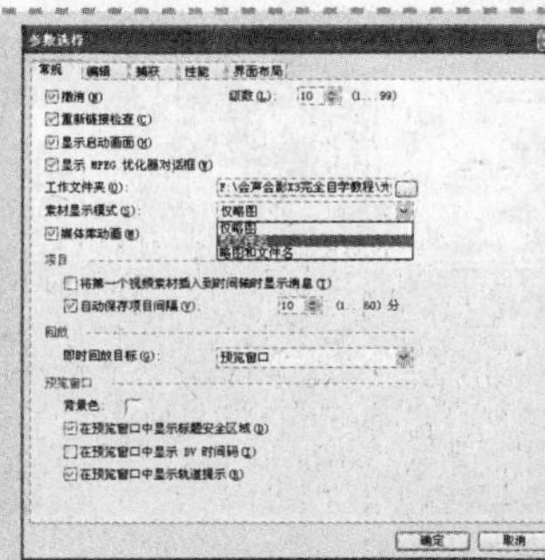

图74-2 “参数选择”对话框

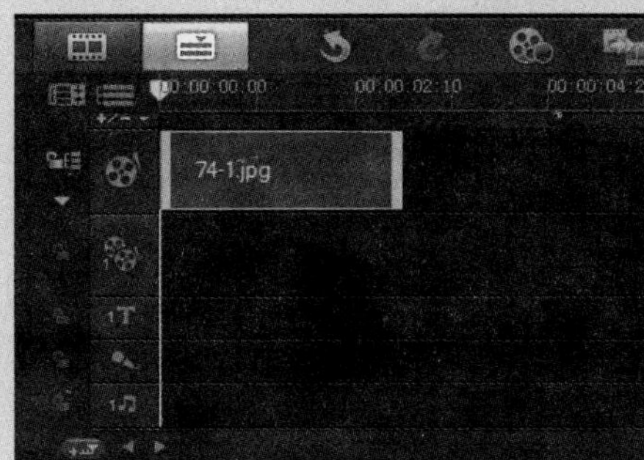

图74-3 仅文件名显示模式

专家提醒

修整视频或图像素材前，用户最好根据个人的需要，将略图以不同的方式进行显示，以方便查看和修整。

第75集 设置略图和文件名显示模式

素材：素材\第5章\75–1.jpg

效果：效果\第5章\第75集.vsp

视频：视频\第5章\第75集.swf

时长：45秒

难度：★★

关键技术：选择“略图和文件名”选项

01 进入会声会影高级编辑器，在时间轴面板的视频轨中插入一幅图像素材，效果如图75-1所示。

02 选择“设置”|“参数选择”命令，弹出“参数选择”对话框，单击“素材显示模式”右侧的下拉按钮，在弹出的列表框中选择“略图和文件名”选项，如图75-2所示。

03 单击“确定”按钮，即可将图像设置为略图和文件名显示模式，如图75-3所示。

图75-1 素材图像

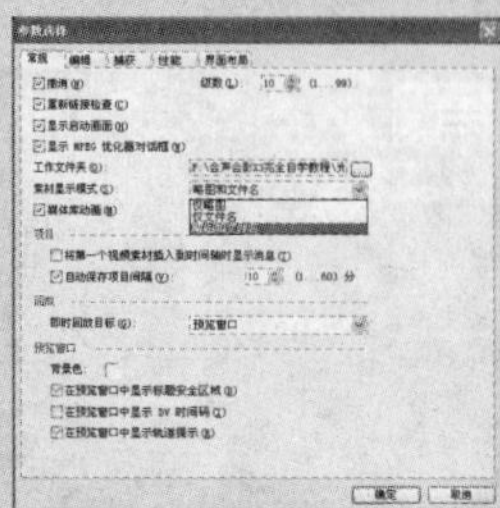

图75-2 “参数选择”对话框

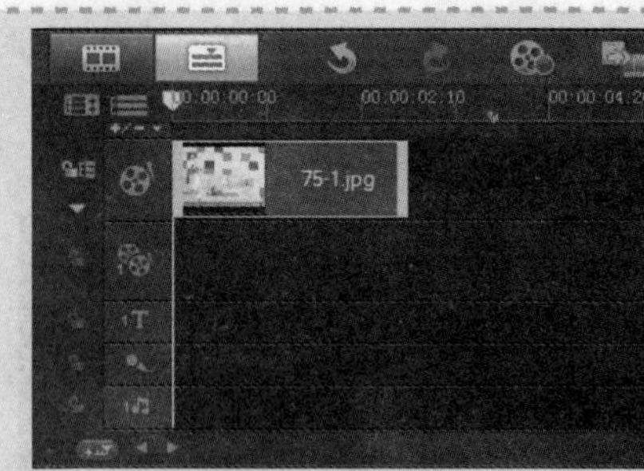

图75-3 仅略图显示模式

专家提醒

在“参数选择”对话框中，“略图和文件名”显示模式是会声会影X3的默认显示模式。

5.6 撤消与重复操作

第76集 撤消操作

素材：素材\第5章\76—1.jpg

效果：无

视频：视频\第5章\第76集.swf

时长：28秒

难度：★

关键技术：选择“撤消”命令

01 进入会声会影高级编辑器，在时间轴面板的视频轨中插入一幅图像素材，效果如图76-1所示。

图76-1 素材图像

02 选择“编辑”|“撤消”命令，如图76-2所示。

图76-2 选择“撤消”命令

03 执行操作后，即可撤消上一步的操作，如图76-3所示。

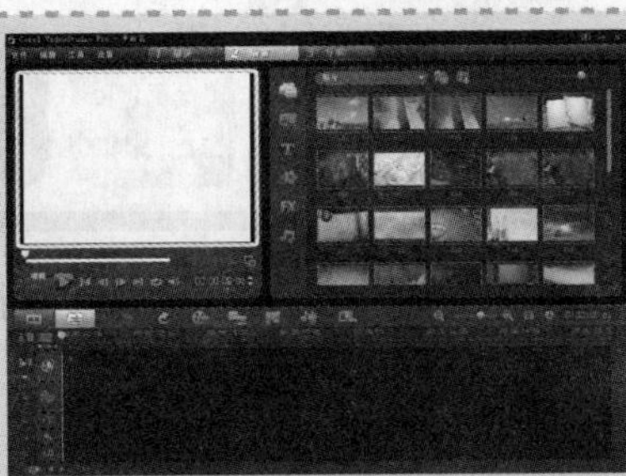

图76-3 撤消操作

专家提醒

按【Ctrl+Z】组合键，也可以快速地撤消上一步操作。

第77集 重复操作

素材：素材\第5章\77–1.jpg

效果：效果\第5章\第77集.vsp

视频：视频\第5章\第77集.swf

时长：29秒

难度：★

关键技术：选择"重复"命令

01 进入会声会影高级编辑器，在时间轴面板的视频轨中插入一幅图像素材，效果如图77-1所示。

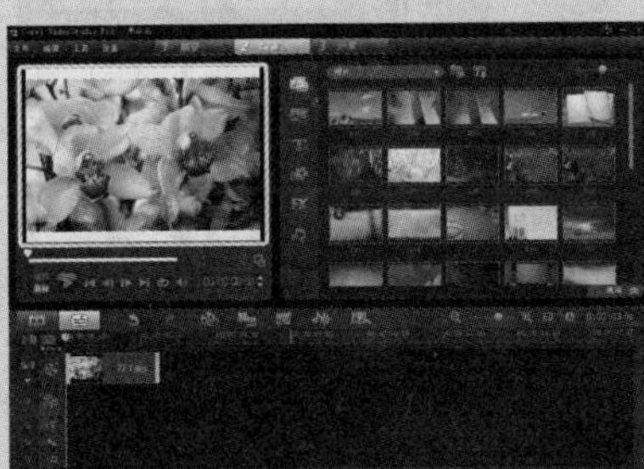

图77-1 插入素材图像

02 选择"编辑"|"撤消"命令，执行撤消操作，如图77-2所示。

图77-2 撤消操作

03 选择"编辑"|"重复"命令，如图77-3所示。

图77-3 选择"重复"命令

04 执行操作后，即可重复上一步操作，效果如图77-4所示。

图77-4 重复操作后的编辑器窗口

专家提醒

用户在运用会声会影X3编辑影片时，若不小心删除了需要的步骤，执行"重复"命令即可恢复上一步操作。

第6章 编辑素材对象

在会声会影X3高级编辑器中插入素材后，用户可以对素材进行编辑和修整，是制作的影片更为生动、美观。在本章中将详细介绍复制与粘贴素材、移动和删除素材、添加摇动和缩放效果、调整白平衡、设置白平衡特效，以及对素材进行校正等内容。

6.1 选取、移动和删除对象

第78集 选取对象

素材：素材\第6章\78—1.vsp

效果：无

视频：视频\第6章\第78集.swf

时长：22秒

难度：★

关键技术：单击鼠标左键

01 进入会声会影高级编辑器，打开一个项目文件，如图78-1所示。

图78-1 项目文件

02 拖曳鼠标指针至时间轴面板的"78-1"素材上，单击鼠标左键，即可选取素材，如图78-2所示。

图78-2 选取素材

专家提醒

选取素材是进行再编辑的首要条件，只有在选择素材的情况下，才能对素材进行编辑。

第79集 移动对象

素材：素材\第6章\79—1.vsp

效果：效果\第6章\第79集.vsp

视频：视频\第6章\第79集.swf

时长：30秒

难度：★★

关键技术：单击鼠标左键的同时拖曳

01 进入会声会影高级编辑器，打开一个项目文件，选择“79-1（b）”照片素材，如图79-1所示。

02 按住鼠标左键的同时拖曳素材至“79-1（a）”照片素材的前方，释放鼠标左键，即可移动对象，如图79-2所示。

图79-1 选取素材

图79-2 移动对象

专家提醒

用户插入到时间轴中的素材有时存在排列顺序不对的情况，此时，可以通过移动素材来调整素材的位置。

第80集 删除对象

素材：素材\第6章\80—1.vsp

效果：效果\第6章\第80集.vsp

视频：视频\第6章\第80集.swf

时长：32秒

难度：★★

关键技术：选择“删除”命令

01 进入会声会影高级编辑器，打开一个项目文件，选择“80-1（b）”照片素材，如图80-1所示。

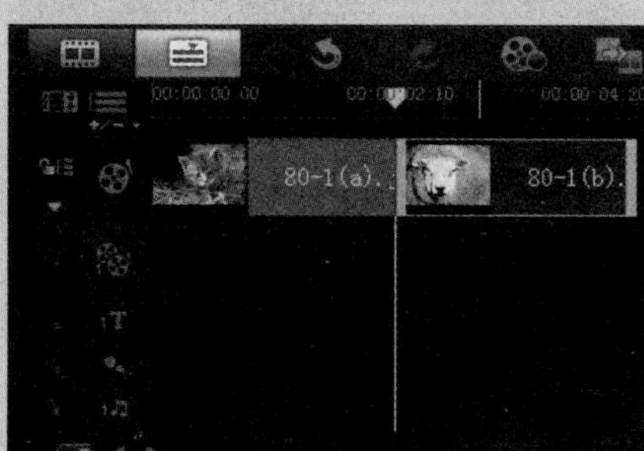

图80-1 选择照片素材

02 单击鼠标右键，在弹出的快捷菜单中选择“删除”命令，如图80-2所示。

图80-2 选择“删除”命令

03 执行操作后，即可删除对象，如图80-3所示。

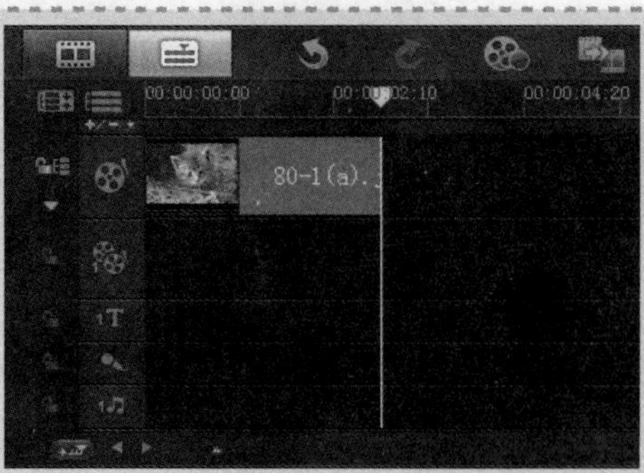

图80-3 删除素材

专家提醒

除了运用上述方法可以删除对象外，还有以下两种方法可删除对象。

- 快捷键：选择需要删除的素材，按【Delete】键，可以快速删除对象。
- 命令：选择需要删除的素材，选择“编辑”|“删除”命令，即可删除素材。

6.2 复制与粘贴素材

第81集 复制时间轴中的素材

素材：素材\第6章\81–1.vsp

效果：无

视频：视频\第6章\第81集.swf

时长：24秒

难度：★

关键技术：选择“复制”命令

01 进入会声会影高级编辑器，打开一个项目文件，选择需要复制的素材，如图81-1所示。

图81-1 选择素材

02 选择“编辑”|“复制”命令，即可复制时间轴面板中的素材，如图81-2所示。

图81-2 选择“复制”命令

专家提醒

除了运用上述方法可以复制素材外，还有以下两种方法可复制素材。

- 快捷键：按【Ctrl+C】组合键，可以快速复制素材。
- 快捷菜单：选择素材，单击鼠标右键，在弹出的快捷菜单中选择“复制”命令，即可复制素材。

第82集 粘贴素材到素材库

素材：素材\第6章\81-1.vsp
效果：效果\第6章\第82集.vsp
视频：视频\第6章\第82集.swf
时长：25秒
难度：★
关键技术：单击“粘贴”按钮

01 在第81集的基础上，打开“照片”素材库，选择“编辑”|“粘贴”命令，如图82-1所示。

图82-1 选择“粘贴”命令

02 执行操作后，即可将时间轴面板中的素材粘贴至素材库中，如图82-2所示。

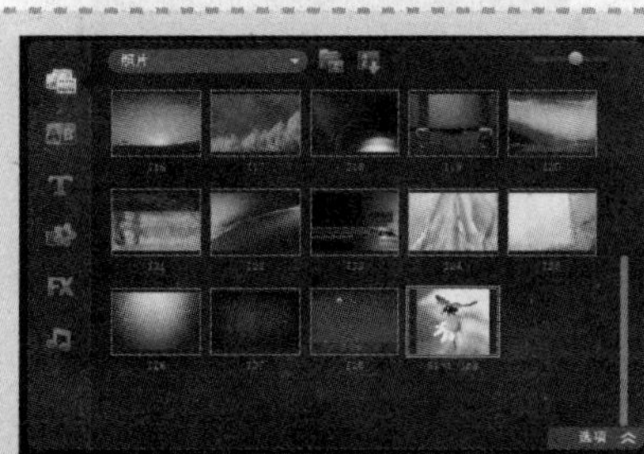

图82-2 粘贴素材

专家提醒

除了运用上述方法可以粘贴素材外，还有以下两种方法可粘粘素材。

- 快捷键：按【Ctrl+V】组合键，可以快速粘贴素材。
- 快捷菜单：选择素材，单击鼠标右键，在弹出的快捷菜单中选择“粘贴”命令，即可粘贴素材。

6.3 编辑视频素材

第83集 扩大预览窗口

素材：素材\第6章\83-1.vsp
效果：无
视频：视频\第6章\第83集.swf
时长：23秒
难度：★
关键技术：单击“扩大”按钮

01 进入会声会影高级编辑器，打开一个项目文件，单击“扩大”按钮，如图83-1所示。

02 执行操作后，即可扩大预览窗口，如图83-2所示。

图83-1 单击“扩大”按钮

图83-2 扩大预览窗口

专家提醒

扩大预览窗口后，在预览窗口的右下角单击“最小化”按钮，即可将预览窗口最小化。

第84集 翻转视频素材

素材：素材\第6章\84-1.mpg

效果：效果\第6章\第84集.vsp

视频：视频\第6章\第84集.swf

时长：27秒

难度：★

关键技术：勾选“反转视频”复选框

01 进入会声会影高级编辑器，插入一段视频素材，如图84-1所示。

图84-1 插入视频素材

02 单击“选项”按钮，展开“视频”选项面板，勾选“反转视频”复选框，如图84-2所示，即可反转视频。

图84-2 勾选“反转视频”复选框

专家提醒

勾选“反转视频”复选框，只会颠倒整个素材的播放顺序，不会改变素材的长度和内容。

第85集　变形视频素材

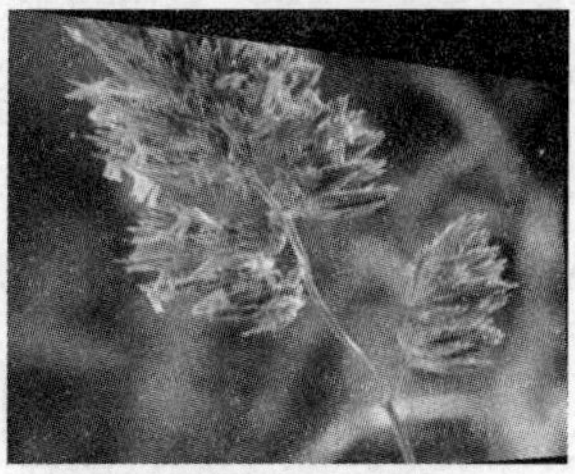

素材：素材\第6章\85—1.mpg

效果：效果\第6章\第85集.vsp

视频：视频\第6章\第85集.swf

时长：1分6秒

难度：★★★★★

关键技术：勾选“变形素材”复选框

01 进入会声会影高级编辑器，插入一段视频素材，单击“选项”按钮，展开选项面板，如图85-1所示。

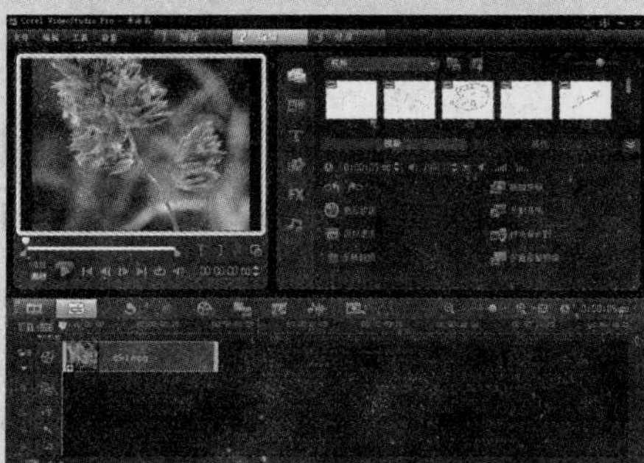

图85-1　展开选项面板

02 切换至“属性”选项面板，勾选“变形素材”复选框，拖曳鼠标至预览窗口右上角的绿色控制点上，如图85-2所示。

图85-2　定位鼠标

03 按住鼠标左键的同时，向左下方拖曳绿色控制点，移至合适的位置释放鼠标左键，即可变形视频素材，如图85-3所示。

04 使用与上同样的方法，向左上方拖曳右下角的绿色控制点，移至合适的位置释放鼠标左键，即可变形视频素材，如图85-4所示。

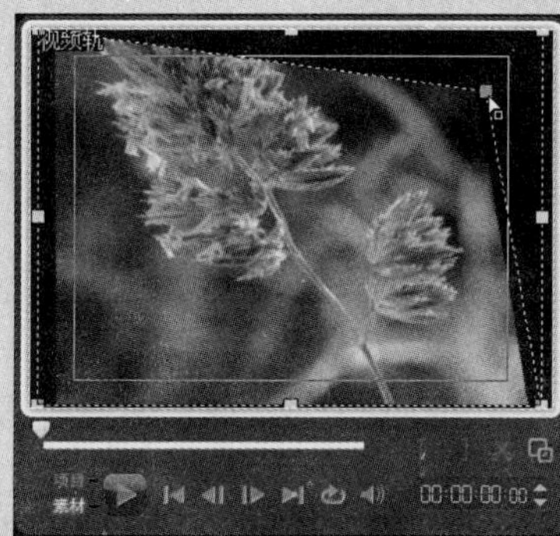

图85-3　变形视频素材

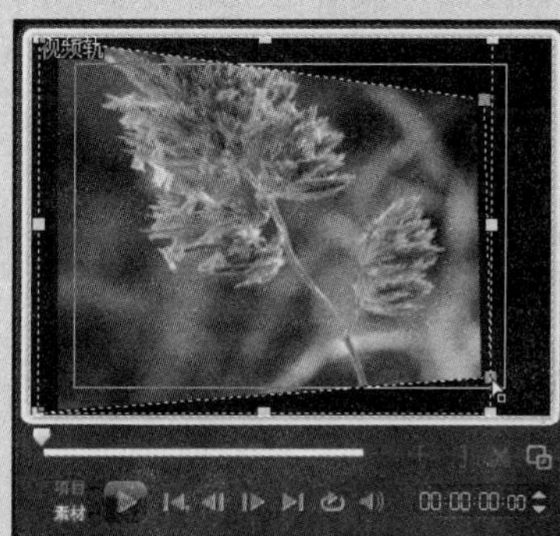

图85-4　变形视频素材

专家提醒

调整预览窗口4个角上的黄色控制点，将等比例缩放素材；调整预览窗口上下的两个黄色控制点，只改变素材的高度；调整预览窗口左右的两个黄色控制点，只改变素材的宽度。

第86集 调整视频素材的区间

素材：素材\第6章\86-1.mpg

效果：效果\第6章\第86集.vsp

视频：视频\第6章\第86集.swf

时长：41秒

难度：★★★★

关键技术：“视频区间”数值框

01 进入会声会影高级编辑器，插入一段视频素材，单击“选项”按钮，展开选项面板，如图86-1所示。

图86-1 展开选项面板

02 在“视频”选项面板中，拖曳鼠标至“视频区间”数值框上的08数值上，单击鼠标左键，呈可编辑状态，如图86-2所示。

图86-2 呈可编辑状态

03 输入05，按【Enter】键确认，如图86-3所示。

图86-3 输入05

04 执行操作后，即可调整视频素材区间，如图86-4所示。

图86-4 调整视频素材区间

专家提醒

在“视频”面板中单击“视频区间”数值框右侧的向上微调按钮，数值框中数值将变大，单击“视频区间”数值框右侧的向下微调按钮，数值框中的数值将变小。

第87集 调整素材的声音大小

素材：素材\第6章\87-1.mpg

效果：效果\第6章\第87集.vsp

视频：视频\第6章\第87集.swf

时长：41秒

难度：★★★★

关键技术：“素材音量”数值框

01 进入会声会影高级编辑器，插入一段视频素材，单击“选项”按钮，展开选项面板，如图87-1所示。

图87-1 展开选项面板

02 在“视频”选项面板中的“素材音量”数值框中输入数值200，按【Enter】键确认，即可调整素材的声音大小，如图87-2所示。

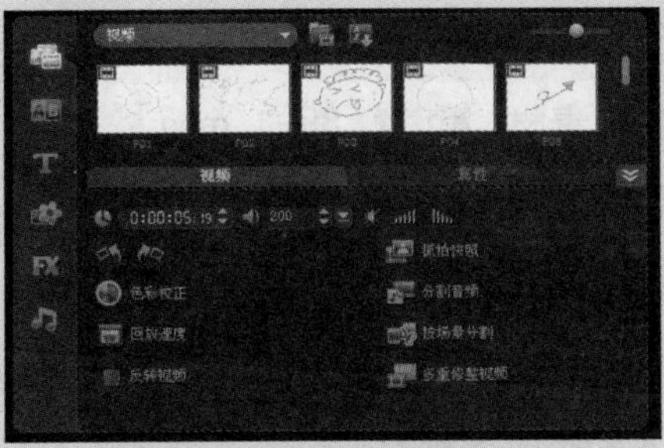

图87-2 输入数值

03 单击导览面板中的“播放”按钮，即可预览视频，效果如图87-3所示。

图87-3 预览视频

专家提醒

除了运用上述方法可以调整视频素材的声音大小外，还有以下两种方法可调整视频素材的声音大小。

- 按钮：单击“素材音量”数值框的向上微调按钮，将素材的音量调大，单击向下微调按钮，将素材的音量调小。
- 滑块：单击向下微调按钮和向下微调按钮右侧的小三角按钮，在弹出的音量列表框中拖曳“当前音量”滑块，即可调整素材的音量大小。

第88集 将视频与音频分割

素材：素材\第6章\88–1.mpg

效果：效果\第6章\第88集.vsp

视频：视频\第6章\第88集.swf

时长：30秒

难度：★★

关键技术：单击“分割音频”按钮

01 进入会声会影高级编辑器，插入一段视频素材，单击“选项”按钮，展开选项面板，如图88-1所示。

02 在“视频”选项面板中，单击“分割音频”按钮，如图88-2所示。

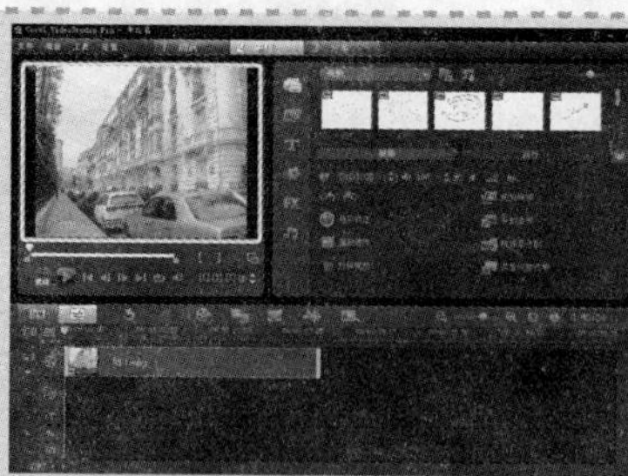

图88-1 展开选项面板

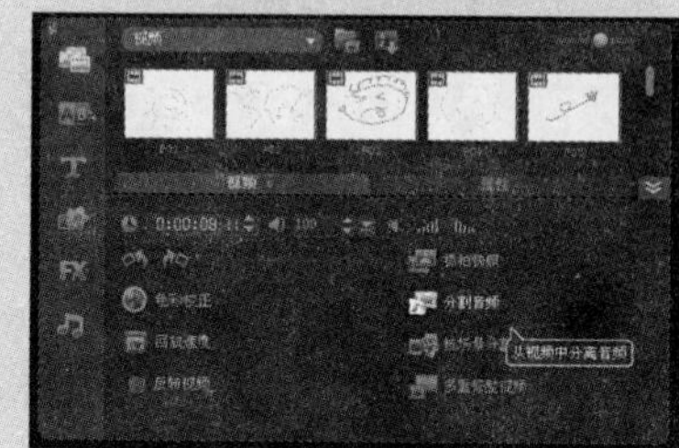

图88-2 单击“分割音频”按钮

03 执行操作后，即可将视频与音频分割，如图88-3所示。

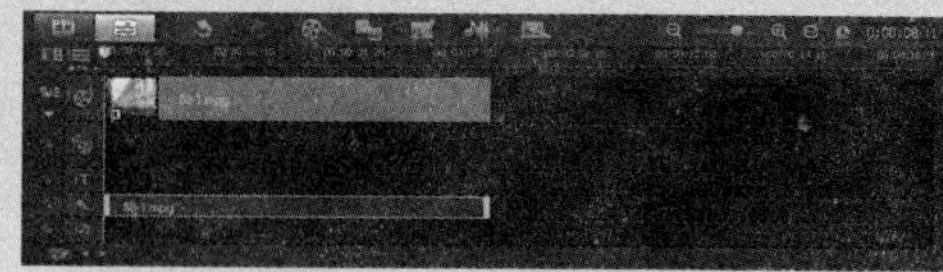

图88-3 分割音频

专家提醒

在时间轴面板中选择素材，单击鼠标右键，在弹出的快捷菜单中选择“分割音频”命令，可以快速地将视频与音频分割。

第89集 设置素材的回放速度

素材：素材\第6章\89—1.mpg

效果：效果\第6章\第89集.vsp

视频：视频\第6章\第89集.swf

时长：52秒

难度：★★★★

关键技术：单击“回放速度”按钮

01 进入会声会影高级编辑器，插入一段视频素材，单击“选项”按钮，展开选项面板，如图89-1所示。

02 在“视频”选项面板中，单击“回放速度”按钮，弹出“回放速度”对话框，在“速度”数值框中输入数值200，如图89-2所示。

图89-1 展开选项面板

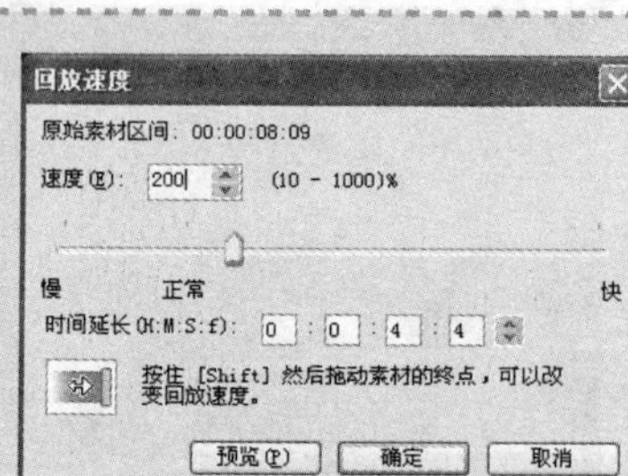

图89-2 “回放速度”对话框

03 单击“确定”按钮，即可设置素材的回放速度，单击导览面板中的“播放”按钮，即可预览视频，效果如图89-3所示。

图89-3 预览视频

专家提醒

将鼠标指针拖曳至时间轴面板中素材的终点位置，鼠标指针呈双向箭头形状，按住【Shift】键的同时向右拖曳鼠标至合适的位置，释放鼠标左键，即可设置素材的回放素材。

第90集 分割场景

素材：素材\第6章\90–1.mpg

效果：效果\第6章\第90集.vsp

视频：视频\第6章\第90集.swf

时长：33秒

难度：★★

关键技术：单击“按场景分割”按钮

01 进入会声会影高级编辑器，插入一段视频素材，单击“选项”按钮，展开选项面板，如图90-1所示。

图90-1 展开选项面板

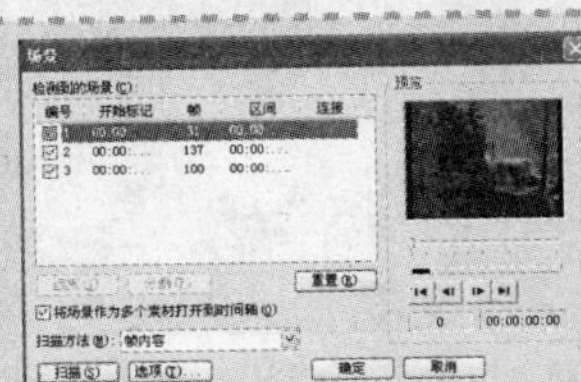

图90-2 单击“扫描”按钮

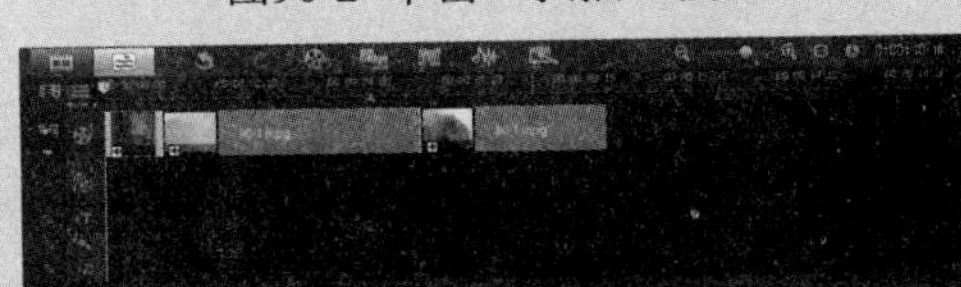

图90-3 分割场景

02 在“视频”选项面板中，单击“按场景分割”按钮，弹出“场景”对话框，单击“扫描”按钮，开始分割场景，如图90-2所示。

03 单击“确定”按钮，即可分割场景，如图90-3所示。

专家提醒

在时间轴面板中选择素材，单击鼠标右键，在弹出的快捷菜单中选择“分割场景”命令，即可分割场景。

6.4 添加摇动与缩放效果

第91集 添加预设的摇动和缩放效果

素材：素材\第6章\91-1.vsp
视频：视频\第6章\第91集.swf
难度：★
效果：效果\第6章\第91集.vsp
时长：27秒
关键技术：选中“摇动和缩放”单选按钮

01 进入会声会影高级编辑器，打开一个项目文件，如图91-1所示。

图91-1 项目文件

02 单击“选项”按钮，展开“照片”选项面板，选中“摇动和缩放”单选按钮，如图91-2所示。

图91-2 选中“摇动和缩放”单选按钮

03 单击“播放”按钮，即可预览添加预设的摇动和缩放效果，如图91-3所示。

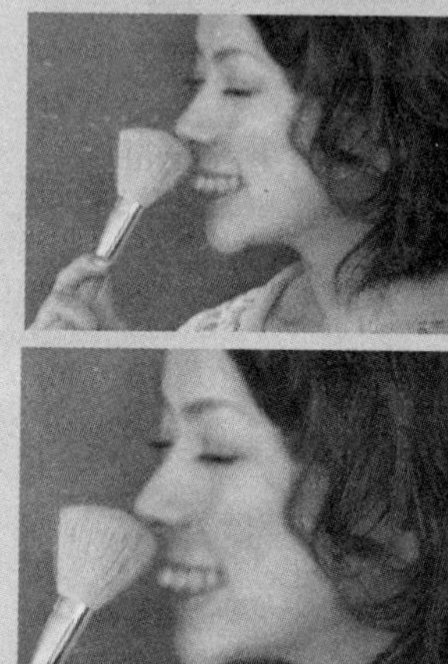
图91-3 预览效果

专家提醒

会声会影中的摇动和缩放功能是针对图像而言的，使用该功能，可以使静态的图像产生动态效果。

第92集 自定义摇动和缩放效果

素材：素材\第6章\92-1.vsp
效果：效果\第6章\第92集.vsp
视频：视频\第6章\第92集.swf
时长：1分21秒
难度：★★★★★
关键技术：选中“摇动和缩放”单选按钮

01 进入会声会影高级编辑器，打开一个项目文件，如图92-1所示。

图92-1 项目文件

02 单击“选项”按钮，展开“照片”选项面板，选中“摇动和缩放”单选按钮，单击“自定义”按钮，弹出“摇动和缩放”对话框，如图92-2所示。

图92-2 “摇动和缩放”对话框

03 单击“停靠”选项组中带红色方框的按钮，设置缩放中心从中心开始，设置“缩放率”为110，如图92-3所示。

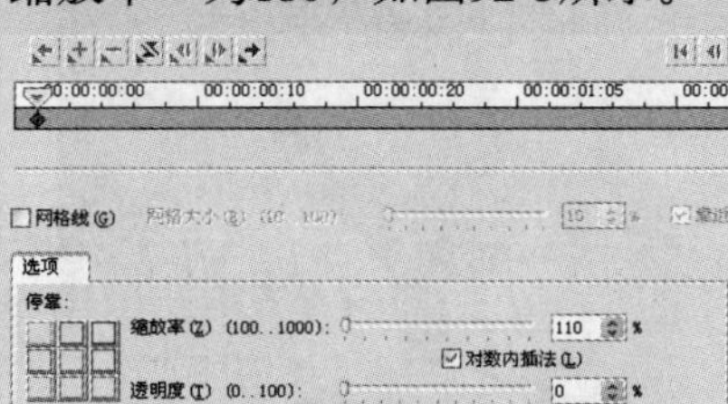

图92-3 设置参数

04 在对话框中，单击预览窗口下方的结束帧，使该帧处于当前状态，单击“停靠”选项组中间带红色方框的按钮，设置缩放中心从中心结束，设置“缩放率”为200，单击“确定”按钮，如图92-4所示。

图92-4 设置结束帧

05 单击“播放”按钮，即可预览自定义摇动和缩放效果，如图92-5所示。

图92-5 预览效果

专家提醒

在“摇动和缩放”对话框中勾选“无摇动”复选框，单击“确定”按钮，然后对影片进行预览，将只会缩放素材，不会摇动素材。

6.5 色彩校正

第93集 调整色调

素材：素材\第6章\93-1.jpg

效果：效果\第6章\第93集.vsp

视频：视频\第6章\第93集.swf

时长：42秒

难度：★★★

关键技术：调整“色调”选项右侧的滑块

01 进入会声会影高级编辑器，插入一幅图像素材，如图93-1所示。

图93-1 插入素材

02 单击“选项”按钮，展开“照片”选项面板，单击“色彩校正”按钮，如图93-2所示。

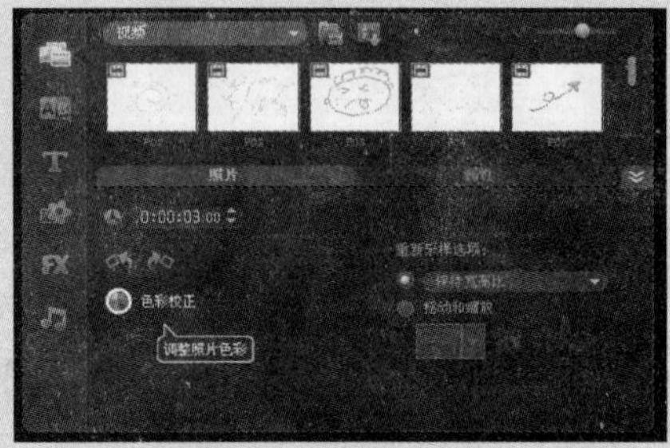

图93-2 单击“色彩校正”按钮

03 弹出选项面板，拖曳“色调”选项右侧的滑块，直至参数显示为-56，如图93-3所示。

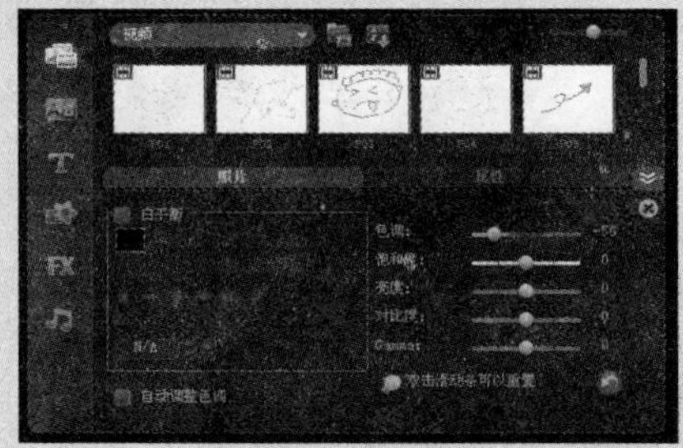

图93-3 设置参数

04 释放鼠标左键，即可调整图像的色调，效果如图93-4所示。

图93-4 调整色调

专家提醒

在调整色调时，若需要返回默认值，可使用以下两种方法。

- 滑块：双击“色调”选项右侧的滑块，即可返回默认值为0。
- 按钮：单击“照片”选项面板右下角的“将滑动条重置为默认值”按钮，即可返回默认值为0。

第94集　自动调整色调

素材：素材\第6章\94—1.jpg

效果：效果\第6章\第94集.vsp

视频：视频\第6章\第94集.swf

时长：34秒

难度：☆☆

关键技术：勾选“自动调整色调”复选框

01 进入会声会影高级编辑器，插入一幅图像素材，如图94-1所示。

图94-1　插入素材

02 单击“选项”按钮，展开“照片”选项面板，单击“色彩校正”按钮，如图94-2所示。

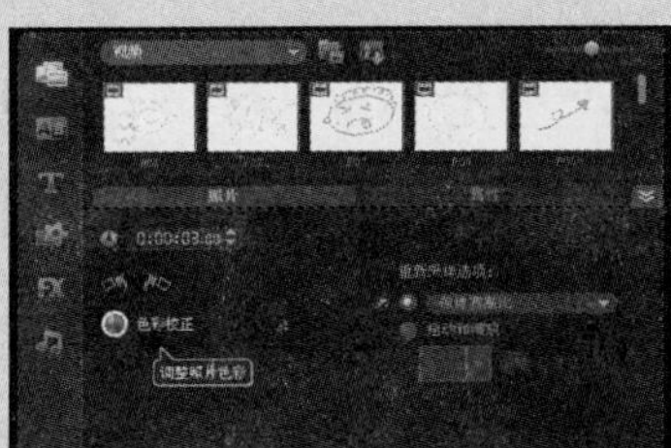

图94-2　单击“色彩校正”按钮

03 弹出选项面板，勾选“自动调整色调”复选框，如图94-3所示。

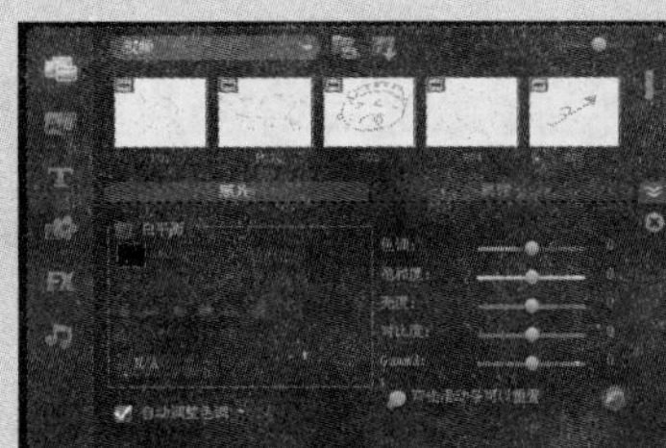

图94-3　勾选复选框

04 执行操作后，即可调整图像的色调，效果如图94-4所示。

图94-4　自动调整色调

专家提醒

勾选“自动调整色调”复选框后，单击其右侧的下三角按钮，在弹出的列表框中可以根据需要选择调整色调的程度。

第95集　调整饱和度

素材：素材\第6章\95—1.jpg

效果：效果\第6章\第95集.vsp

视频：视频\第6章\第95集.swf

时长：47秒

难度：☆☆☆☆

关键技术：调整“色调”选项右侧的滑块

01 进入会声会影高级编辑器，插入一幅图像素材，如图95-1所示。

图95-1 插入素材

02 单击“选项”按钮，展开“照片”选项面板，单击“色彩校正”按钮，如图95-2所示。

图95-2 单击“色彩校正”按钮

03 弹出选项面板，拖曳“饱和度”选项右侧的滑块，直至参数显示为20，如图95-3所示。

图95-3 设置参数

04 执行操作后，即可调整图像的饱和度，效果如图95-4所示。

图95-4 调整饱和度

专家提醒

饱和度是指颜色的强度或纯度，饱和度数值越高，越鲜艳，反之，饱和度数值越低，则使图像显得陈旧或浑浊。

第96集 调整亮度

素材：素材\第6章\96−1.jpg

效果：效果\第6章\第96集.vsp

视频：视频\第6章\第96集.swf

时长：37秒

难度：★★

关键技术：调整“亮度”选项右侧的滑块

01 进入会声会影高级编辑器，插入一幅图像素材，如图96-1所示。

02 单击“选项”按钮，展开“照片”选项面板，单击“色彩校正”按钮，如图96-2所示。

03 弹出选项面板，按住鼠标左键不放并拖曳“亮度”选项右侧的滑块，直至参数显示为22，如图96-3所示。

图96-1 插入素材

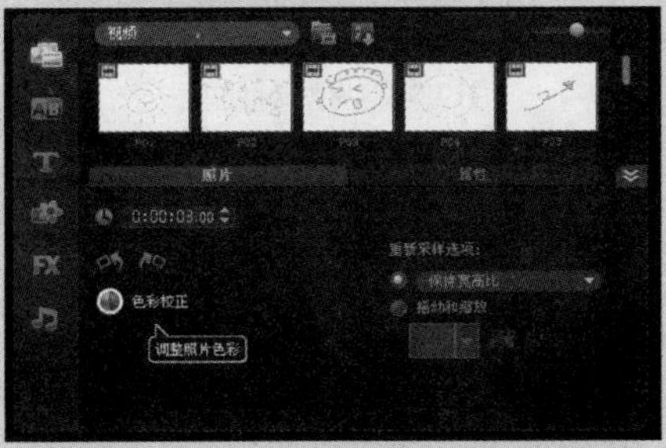

图96-2 单击“色彩校正”按钮

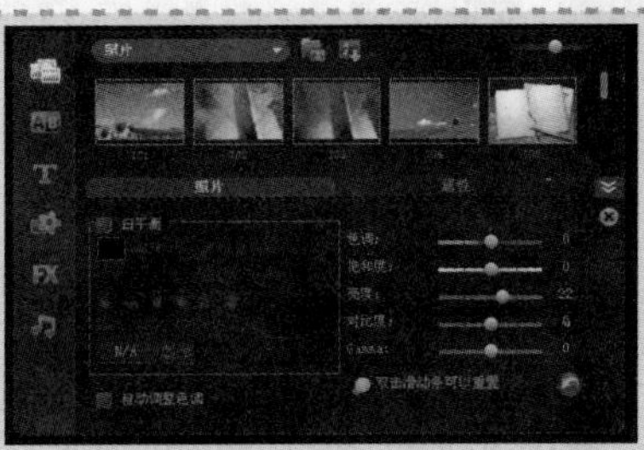

图96-3 设置参数

04 执行操作后，即可调整图像的亮度，效果如图96-4所示。

图96-4 调整亮度

专家提醒

亮度是指颜色的明暗程度，它通常使用-100～100之间的整数来度量。在正常光线下照射的色相被定义为标准色相。一些亮度高于标准色相的，称为该色相的高度；反之称为该色相的阴影。

第97集 调整对比度

素材：素材\第6章\97—1.jpg

效果：效果\第6章\第97集.vsp

视频：视频\第6章\第97集.swf

时长：42秒

难度：★★★★

关键技术：单击“色彩校正”按钮

01 进入会声会影高级编辑器，插入一幅图像素材，如图97-1所示。

02 单击“选项”按钮，展开“照片”选项面板，单击“色彩校正”按钮，如图97-2所示。

图97-1 插入素材

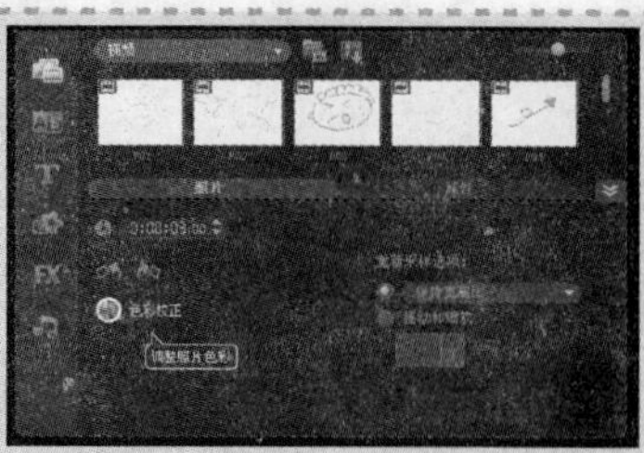

图97-2 单击“色彩校正”按钮

03 弹出选项面板，拖曳“对比度”选项右侧的滑块，直至参数显示为18，如图97-3所示。

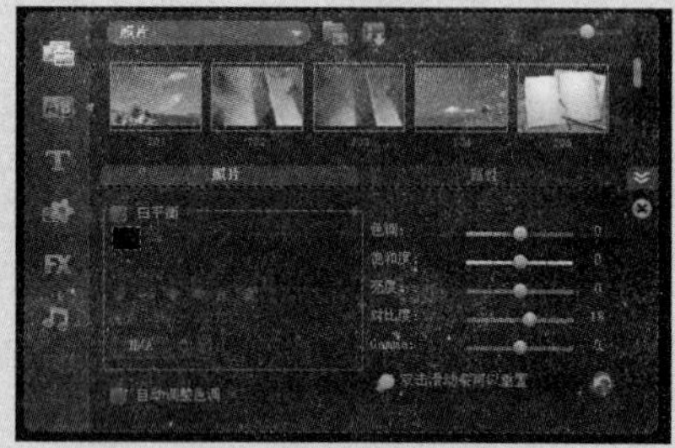

图97-3 设置参数

04 执行操作后，即可调整图像的对比度，效果如图97-4所示。

图97-4 调整对比度

专家提醒

“对比度”选项用于调整图像的对比度，其取值范围为-100～100之间的整数。数值越高，图像对比度越大；反之则降低图像的对比度。

第98集 调整Gamma

素材：素材\第6章\98—1.jpg

效果：效果\第6章\第98集.vsp

视频：视频\第6章\第98集.swf

时长：43秒

难度：★★★★

关键技术：调整“Gamma”选项右侧的滑块

01 进入会声会影高级编辑器，插入一幅图像素材，如图98-1所示。

02 单击“选项”按钮，展开“照片”选项面板，单击“色彩校正”按钮，如图98-2所示。

图98-1 插入素材

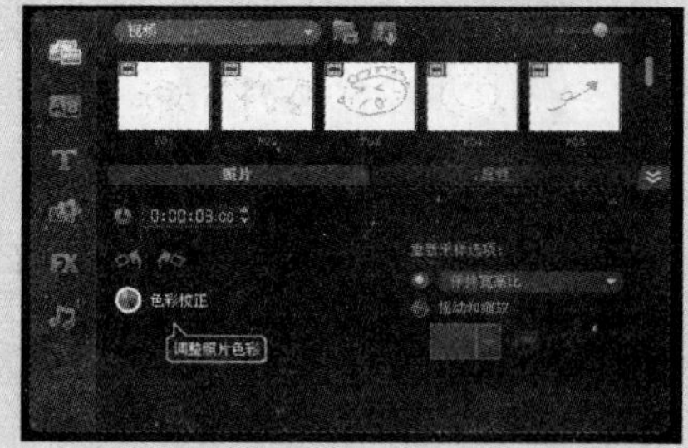

图98-2 单击“色彩校正”按钮

03 弹出选项面板，拖曳“Gamma”选项右侧的滑块，直至参数显示为18，如图98-3所示。

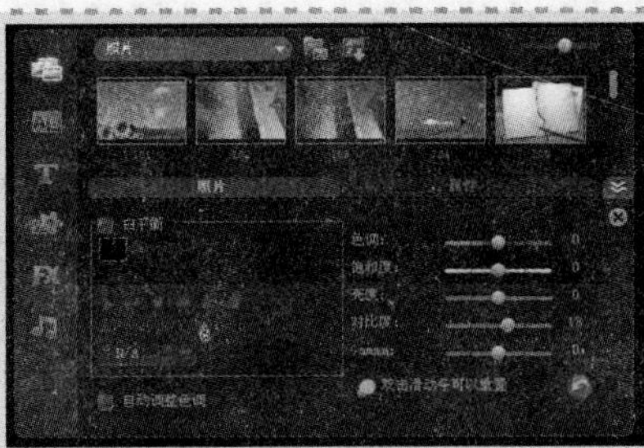

图98-3 设置参数

04 执行操作后，即可调整图像的Gamma，效果如图98-4所示。

图98-4 调整Gamma

专家提醒

会声会影中的Gamma，翻译成中文是“灰阶”的意思，是指液晶屏幕上人们肉眼所见的一个点，即一个像素，它是由红、绿、蓝三个子像素组成的。每一个子像素其背后的光源都可以显现出不同的亮度级别。而灰阶代表了由最暗到最亮之间不同亮度的层次级别，中间的层级越多，所能够呈现的画面效果也就越细腻。

6.6 调整白平衡

第99集 自动计算白点

素材：素材\第6章\99—1.jpg

效果：效果\第6章\第99集.vsp

视频：视频\第6章\第99集.swf

时长：30秒

难度：★★

关键技术：勾选“白平衡”复选框

01 进入会声会影高级编辑器，插入一幅图像素材，如图99-1所示。

图99-1 插入素材

02 单击“选项”按钮，展开“照片”选项面板，单击“色彩校正”按钮，如图99-2所示。

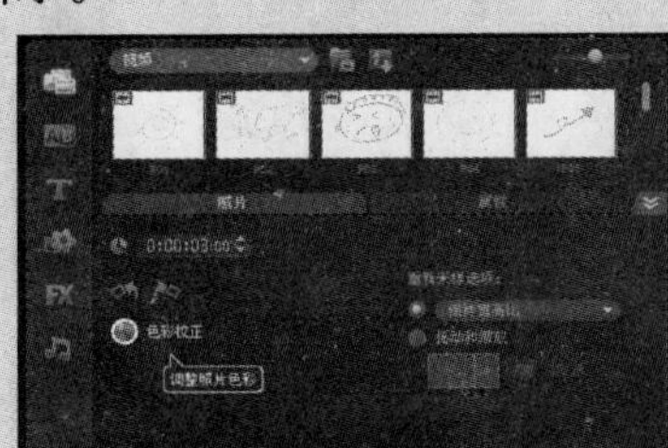

图99-2 单击“色彩校正”按钮

03 弹出选项面板，勾选“白平衡”复选框，如图99-3所示。

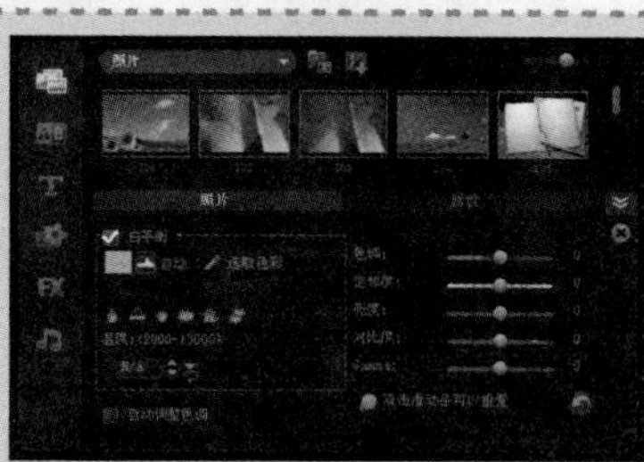

图99-3 选中复选框

04 执行操作后，即可自动计算白点，效果如图99-4所示。

图99-4 自动计算白点

专家提醒

人的眼睛可针对不同的色温进行自动调节，所以白纸无论是在阳光下还是在白炽灯下，看起来始终是白色的。与人眼不同，数码相机中的图像传感器记录了光源的色温，这在照片中就显示为色偏。

第100集　选取色彩

素材：素材\第6章\100–1.jpg

效果：效果\第6章\第100集.vsp

视频：视频\第6章\第100集.swf

时长：44秒

难度：★★

关键技术：单击“选取色彩”按钮

01 进入会声会影高级编辑器，插入一幅图像素材，如图100-1所示。

图100-1 插入素材

02 单击“选项”按钮，展开“照片”选项面板，单击“色彩校正”按钮，弹出选项面板，勾选“白平衡”复选框，单击“白平衡”选项组中的“选取色彩”按钮，如图100-2所示。

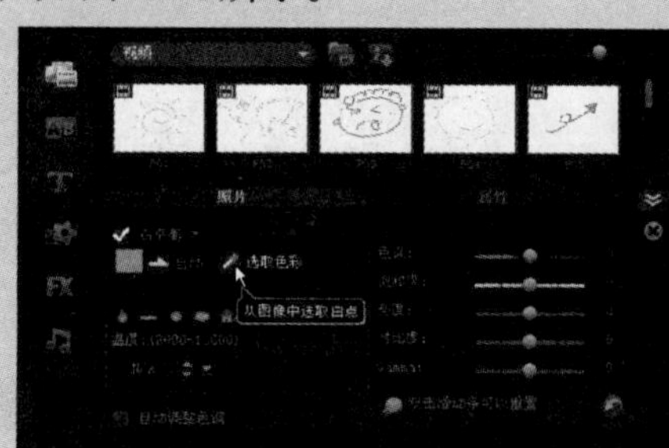

图100-2 单击“选取色彩”按钮

03 拖曳鼠标指针至预览窗口中需要选取色彩的素材位置上，当鼠标指针呈吸管形状时，单击鼠标左键，如图100-3所示。

图100-3 单击鼠标

04 执行操作后，即可选取色彩，效果如图100-4所示。

图100-4 选取色彩

专家提醒

只有在勾选“白平衡”复选框时能选取色彩。

第101集 显示预览帧

素材：素材\第6章\101−1.jpg

效果：效果\第6章\第101集.vsp

视频：视频\第6章\第101集.swf

时长：1分2秒

难度：★★★★★

关键技术：勾选“显示预览”复选框

01 进入会声会影高级编辑器，插入一幅图像素材，如图101-1所示。

图101-1 插入素材

02 单击“选项”按钮，展开“照片”选项面板，单击“色彩校正”按钮，弹出选项面板，勾选“白平衡”复选框，单击“白平衡”选项组中的“选取色彩”按钮，拖曳鼠标指针至预览窗口中的合适位置，单击鼠标左键，如图101-2所示。

图101-2 单击鼠标左键

03 在“白平衡”选项组中勾选“选取色彩”按钮下方的“显示预览”复选框，“白平衡”选项组的右侧即可显示预览帧，如图101-3所示。

图101-3 勾选复选框

04 执行操作后，即可预览效果，效果如图101-4所示。

图101-4 显示预览效果

专家提醒

只有单击“选取色彩”按钮，勾选“显示预览”复选框，才能在右侧的预览窗口中显示预览。

6.7 设置白平衡特效

第102集 添加钨光效果

素材：素材\第6章\102—1.jpg

效果：效果\第6章\第102集.vsp

视频：视频\第6章\第102集.swf

时长：38秒

难度：★★

关键技术：单击“钨光”按钮

01 进入会声会影高级编辑器，插入一幅图像素材，如图102-1所示。

图102-1 插入素材

02 单击“选项”按钮，展开“照片”选项面板，单击“色彩校正”按钮，弹出选项面板，勾选“白平衡”复选框，如图102-2所示。

图102-2 选中复选框

03 单击“白平衡”选项组中的“钨光”按钮，如图102-3所示。

图102-3 单击“钨光”按钮

04 执行操作后，即可添加钨光效果，如图102-4所示。

图102-4 钨光效果

专家提醒

钨光白平衡也称为“白炽灯”或者“室内光”，一般用于有灯泡照片的环境中。当相机的白平衡系统显示不用闪光灯时，则会自动决定白平衡的位置。

第103集　添加荧光效果

素材：素材\第6章\103−1.jpg

效果：效果\第6章\第103集.vsp

视频：视频\第6章\第103集.swf

时长：32秒

难度：★★

关键技术：单击“荧光”按钮

01 进入会声会影高级编辑器，插入一幅图像素材，如图103-1所示。

图103-1　插入素材

02 单击“选项”按钮，展开“照片”选项面板，单击“色彩校正”按钮，弹出选项面板，勾选“白平衡”复选框，单击“荧光”按钮，即可添加荧光效果，如图103-2所示。

图103-2　添加荧光效果

专家提醒

荧光效果适合于在荧光下做白平衡调节，因为荧光的类型有很多种，如冷白和暖白，因此有些相机不只一种荧光白平衡调节。

第104集　添加日光效果

素材：素材\第6章\104−1.jpg

效果：效果\第6章\第104集.vsp

视频：视频\第6章\第104集.swf

时长：31秒

难度：★★

关键技术：单击“日光”按钮

01 进入会声会影高级编辑器，插入一幅图像素材，如图104-1所示。

图104-1 插入素材

02 单击“选项”按钮，展开“照片”选项面板，单击“色彩校正”按钮，弹出选项面板，勾选“白平衡”复选框，单击“日光”按钮，即可添加日光效果，如图104-2所示。

图104-2 添加日光效果

第105集 添加云彩效果

素材：素材\第6章\105-1.jpg

效果：效果\第6章\第105集.vsp

视频：视频\第6章\第105集.swf

时长：31秒

难度：★★

关键技术：单击“云彩”按钮

01 进入会声会影高级编辑器，插入一幅图像素材，如图105-1所示。

图105-1 插入素材

02 单击“选项”按钮，展开“照片”选项面板，单击“色彩校正”按钮，弹出选项面板，勾选“白平衡”复选框，单击“云彩”按钮，即可添加云彩效果，如图105-2所示。

图105-2 添加云彩效果

第106集 添加阴影效果

素材：素材\第6章\106-1.jpg

效果：效果\第6章\第106集.vsp

视频：视频\第6章\第106集.swf

时长：28秒

难度：★

关键技术：单击“阴影”按钮

01 进入会声会影高级编辑器，插入一幅图像素材，如图106-1所示。

图106-1 插入素材

02 单击“选项”按钮，展开“照片”选项面板，单击“色彩校正”按钮，弹出选项面板，勾选“白平衡”复选框，单击“阴影”按钮，即可添加阴影效果，如图106-2所示。

图106-2 添加阴影效果

第107集 添加阴暗效果

素材：素材\第6章\107-1.jpg

效果：效果\第6章\第107集.vsp

视频：视频\第6章\第107集.swf

时长：29秒

难度：★

关键技术：单击“阴暗”按钮

01 进入会声会影高级编辑器，插入一幅图像素材，如图107-1所示。

图107-1 插入素材

02 单击“选项”按钮，展开“照片”选项面板，单击“色彩校正”按钮，弹出选项面板，勾选“白平衡”复选框，单击“阴暗”按钮，即可添加阴暗效果，如图107-2所示。

图107-2 添加阴暗效果

第108集 自定义温度

素材：素材\第6章\108-1.jpg

效果：效果\第6章\第108集.vsp

视频：视频\第6章\第108集.swf

时长：51秒

难度：★★★★

关键技术：N/A文本框

01 进入会声会影高级编辑器，插入一幅图像素材，如图108-1所示。

图108-1 插入素材

02 单击“选项”按钮，展开“照片”选项面板，单击“色彩校正”按钮，弹出选项面板，勾选“白平衡”复选框，在“温度”下方的“N/A”文本框中单击鼠标左键，文本框呈可编辑状态，输入10000，如图108-2所示。

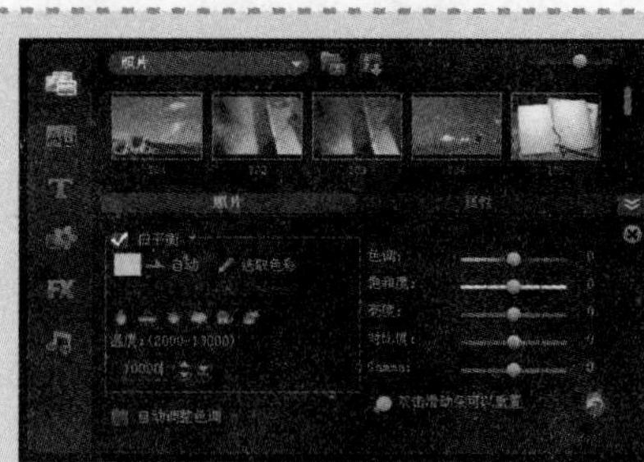

图108-2 设置参数值

03 按【Enter】键确认操作，即可自定义温度，效果如图108-3所示。

图108-3 自定义温度效果

第7章 捕获视频素材

在进行视频编辑之前，用户需要捕获视频素材。捕获视频素材也就是从摄像机、电视、VCD以及DVD等视频源获取视频数据，然后通过视频捕获卡或者IEEE1394卡接受和翻译数据，最后将视频信号保存至计算机的硬盘中。

7.1 设置磁盘分区格式

第109集 查看磁盘分区格式和磁盘空间

素材：无　　效果：无

视频：视频\第7章\第109集.swf　　时长：32秒

难度：★★　　关键技术：“我的电脑”窗口

01 在桌面上双击“我的电脑”图标，弹出“我的电脑”窗口，拖曳鼠标至“本地磁盘(C:)”磁盘上，单击鼠标左键，如图109-1所示。

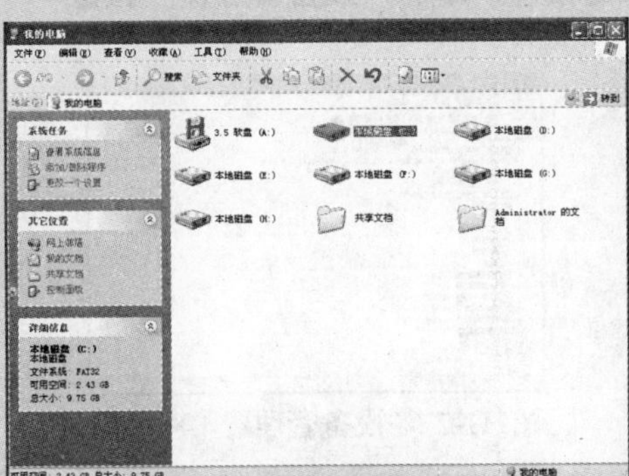

图109-1 “我的电脑”窗口

02 执行操作后，在该窗口左侧的“详细信息”选项区中显示了该磁盘的磁盘分区格式，以及磁盘空间等信息，如图109-2所示。

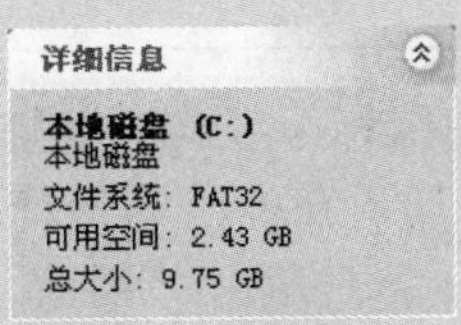

图109-2 磁盘信息

专家提醒

打开“我的电脑”窗口，拖曳鼠标至“本地磁盘(C:)”磁盘上，稍等片刻，即可显示该磁盘空间信息。

第110集 NTFS分区格式转换方法

素材：无　　效果：无

视频：视频\第7章\第110集.swf　　时长：28秒

难度：★　　关键技术：“运行”对话框

01 在桌面上单击“开始”按钮，在弹出的列表框中选择“运行”命令，如图110-1所示。

02 弹出“运行”对话框，在“打开”文本框中输入CONVERT F:/fs:ntfs/v，如图110-2所示，单击“确定”按钮，即可完成NTFS分区格式的转换。

图110-1 选择“运行”命令

图110-2 “运行”对话框

专家提醒

除了可以在Windows XP系统中转换外，还可以在安装Windows XP系统时，进行磁盘分区。

7.2 设置与整理电脑磁盘

第111集 启动IDE磁盘的DMA设置

素材：无
视频：视频\第7章\第111集.swf
难度：★★★★★
效果：无
时长：1分25秒
关键技术：单击“设备管理器”按钮

01 拖曳鼠标至“我的电脑”图标上，单击鼠标右键，在弹出的快捷菜单中选择“属性”命令，弹出“系统属性”对话框，切换至“硬件”选项卡，单击“设备管理器”按钮，如图111-1所示。

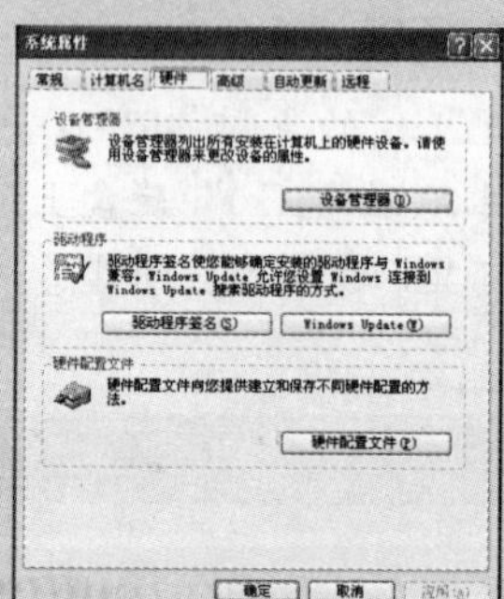

图111-1 “系统属性”对话框

02 弹出“设备管理器”对话框，单击“IDE ATA/ATAPI控制器”选项左侧的加号按钮⊞，展开相应的结构树，在“次要 IDE 通道”选项上双击鼠标左键，如图111-2所示。

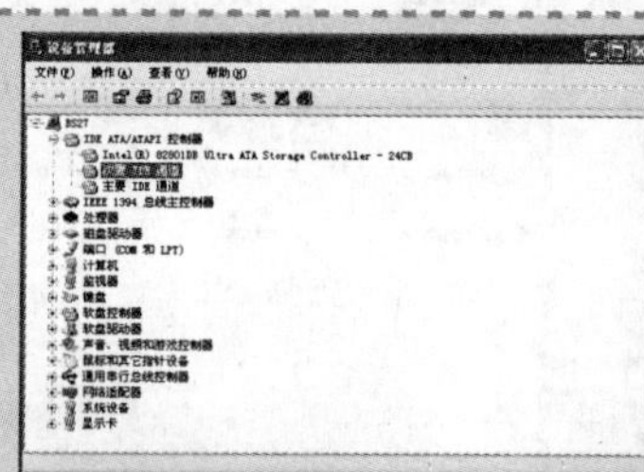

图111-2 “设备管理器”对话框

03 弹出“次要 IDE 通道属性”对话框，切换至“高级设置”选项卡，单击“传送模式”下拉按钮，在弹出的列表框中选择“DMA（若可用）”选项，如图111-3所示。

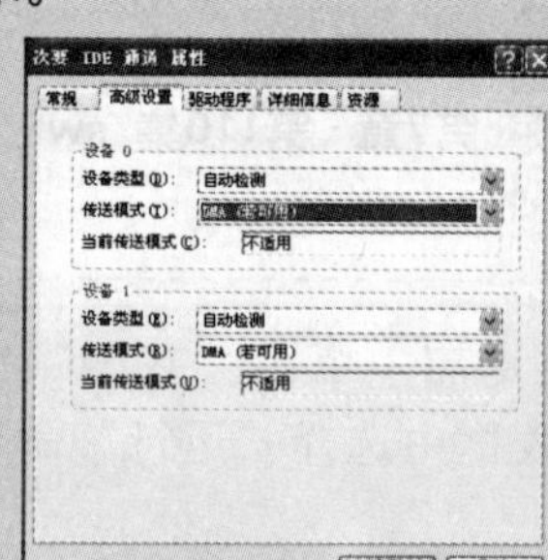

图111-3 选择“DMA（若可用）”选项

04 单击“确定”按钮，返回到“设备管理器”对话框，使用与上同样的方法，对“主要 IDE 通道”选项进行相应的设置，如图111-4所示。单击“确定”按钮，即可完成对启动IDE磁盘的DMA设置。

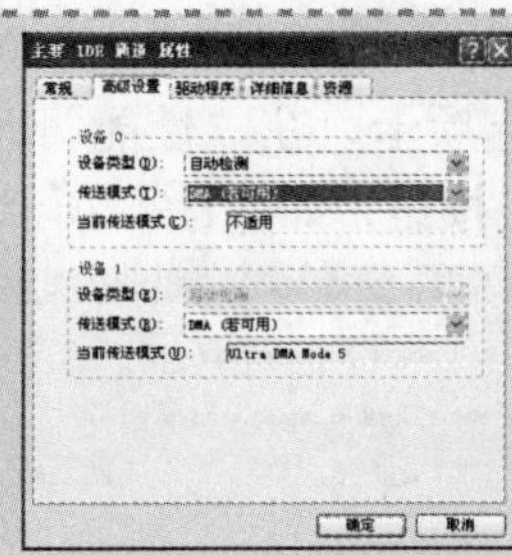

图111-4 启动IDE磁盘的DMA设置

专家提醒

磁盘DMA功能可以不经过CPU直接通过系统主内存传送数据，加快了磁盘传送速度，有效地避免了捕获时可能发生的丢帧问题。

第112集 禁用写入缓存

素材： 无　　**效果：** 无

视频： 视频\第7章\第112集.swf　　**时长：** 35秒

难度： ★★　　**关键技术：** “策略”选项卡

01 进入“设备管理器”窗口，展开“磁盘驱动器”结构树，在Maxtor 6Y080L0项上单击鼠标右键，在弹出的快捷菜单中选择“属性”命令，如图112-1所示。

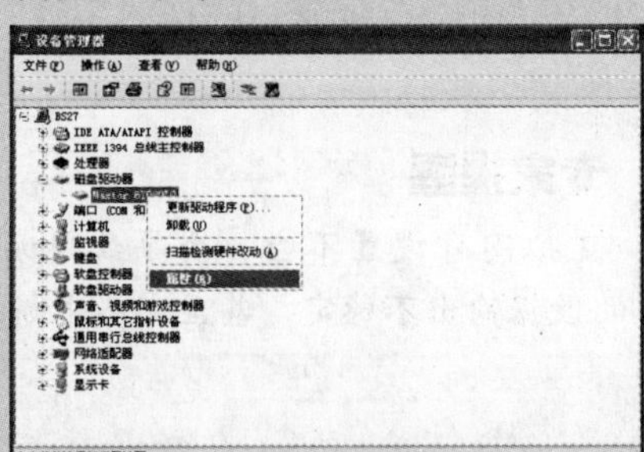

图112-1 选择“属性”命令

02 弹出“Maxtor 6Y080L0 属性”对话框，切换至“策略”选项卡，取消勾选“启动磁盘上的写入缓存”复选框，如图112-2所示。单击“确定”按钮，即可完成对禁用写入缓存的设置。

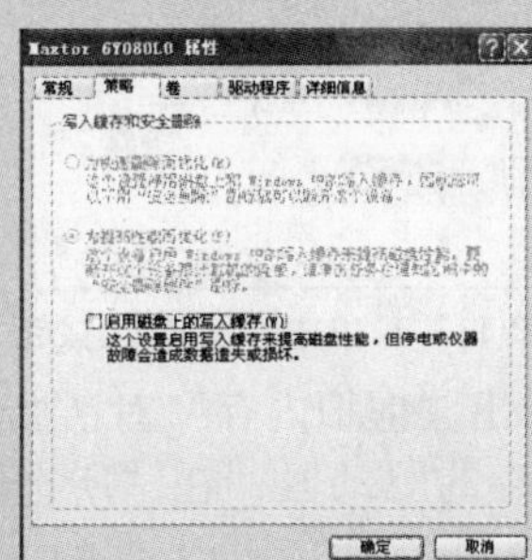

图112-2 取消勾选复选框

专家提醒

禁用磁盘上的写入缓存，可以避免断电或硬件出现故障时，导致数据丢失或损坏。

第113集 设置虚拟内存

素材： 无　　**效果：** 无

视频： 视频\第7章\第113集.swf　　**时长：** 60秒

难度： ★★★★★　　**关键技术：** “虚拟内存”对话框

01 进入“系统属性”对话框，切换至“高级”选项卡，在“性能”选项组中单击“设置”按钮，如图113-1所示。

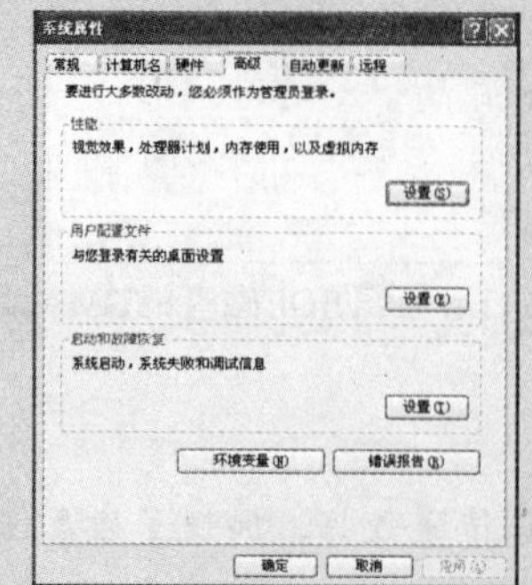

图113-1 单击“设置”按钮

02 弹出“性能选项”对话框，切换至“高级”选项卡，在“虚拟内存”选项组中单击“更改”按钮，如图113-2所示。

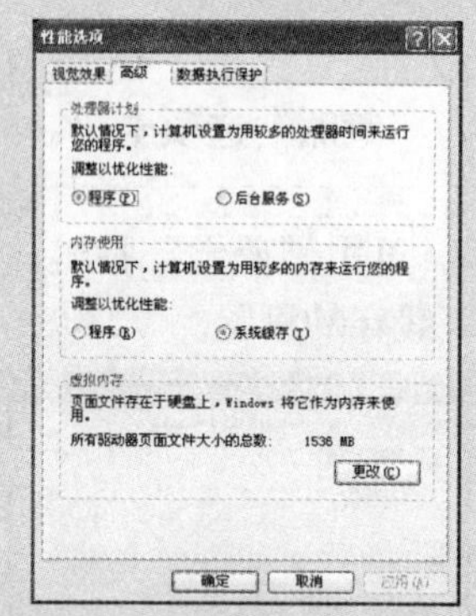

图113-2 单击“更改”按钮

03 弹出“虚拟内存”对话框，选择存放虚拟内存的驱动器，在“所选驱动器的页面文件大小”选项组中，选中“自定义大小”单选按钮，如图113-3所示。

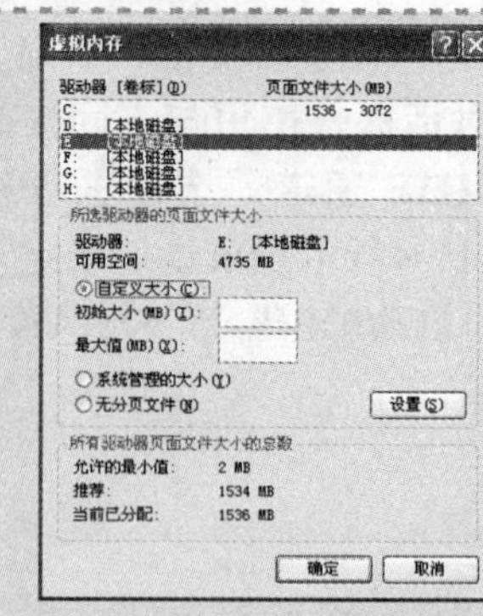

图113-3 选择存放虚拟内存的驱动器

04 分别在“初识大小”与“最大值”文本框中输入需要的数值，如图113-4所示。单击“确定”按钮，即可完成对虚拟内存的设置。

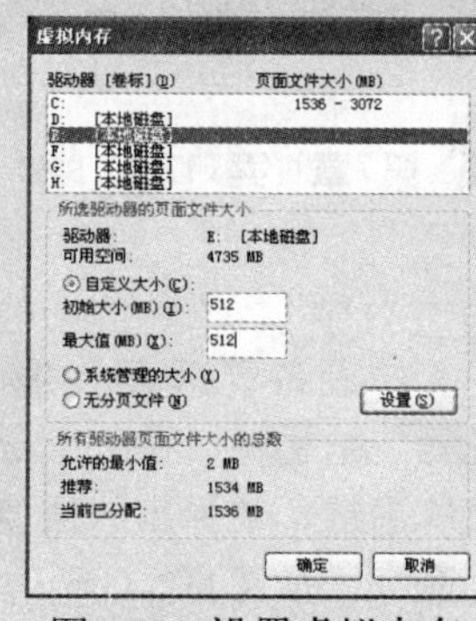

图113-4 设置虚拟内存

专家提醒

虚拟内存设置不当，会导致视频编辑的数据输出不稳定，甚至突然中断。

第114集 磁盘清理

素材： 无

效果： 无

视频： 视频\第7章\第114集.swf

时长： 48秒

难度： ★★★★

关键技术： 单击“磁盘清理”按钮

01 在桌面上双击“我的电脑”图标，弹出“我的电脑”窗口，在“本地磁盘（C:）”磁盘上单击鼠标右键，在弹出的快捷菜单中选择“属性”命令，弹出“本地磁盘（C:）属性”对话框，在“常规”选项卡中，单击“磁盘清理”按钮，如图114-1所示。

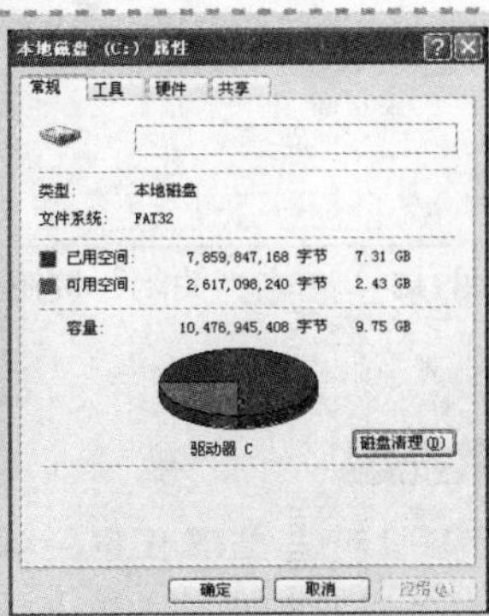

图114-1 单击“磁盘清理”按钮

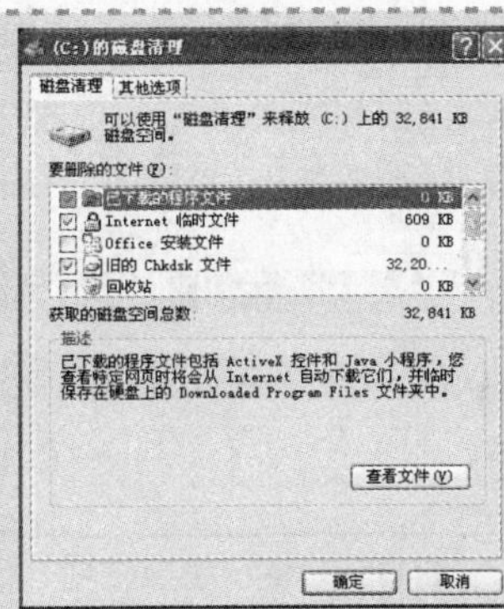

图114-2 勾选需要清理的复选框

02 弹出相应的磁盘清理对话框，在“要删除的文件”选项区中，勾选相应的复选框，单击“确定”按钮，如图114-2所示。

03 弹出信息提示框，单击“是”按钮，如图114-3所示，即可完成磁盘清理。

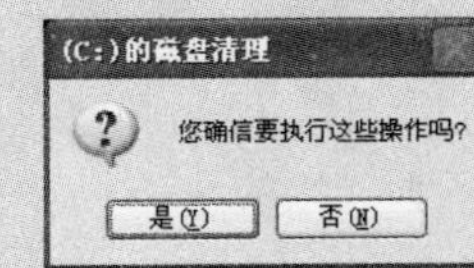

图114-3 单击“是”按钮

专家提醒

在弹出的相应磁盘清理对话框中，切换至“其他选项”选项卡，可以对“Windows组件”、“安装的程序”以及“系统还原”等进行清理。

第115集 磁盘碎片整理

素材： 无　　**效果：** 无

视频： 视频\第7章\第115集.swf　　**时长：** 53秒

难度： ★★★★　　**关键技术：** 选择“磁盘碎片整理程序”命令

01 选择“开始”|“所有程序”|“附件”|“系统工具”|“磁盘碎片整理程序”命令，弹出“磁盘碎片整理程序”对话框，选择需要清理的磁盘，如图115-1所示。

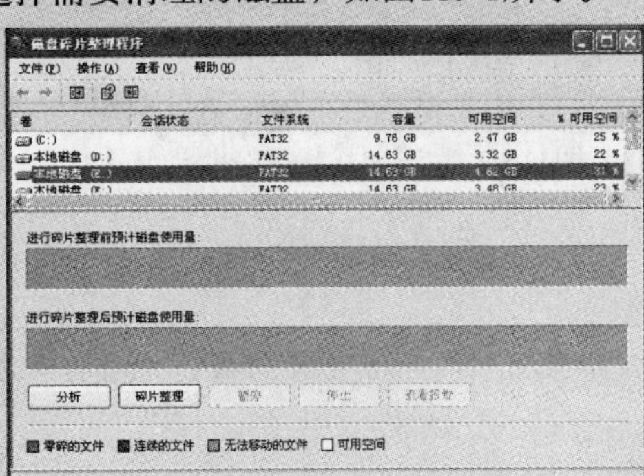

图115-1 “磁盘碎片整理程序”对话框

02 单击“分析”按钮，系统将自动对所选磁盘进行分析，稍等片刻，分析完毕后，弹出相应的对话框，提示用户进行碎片整理信息，如图115-2所示。

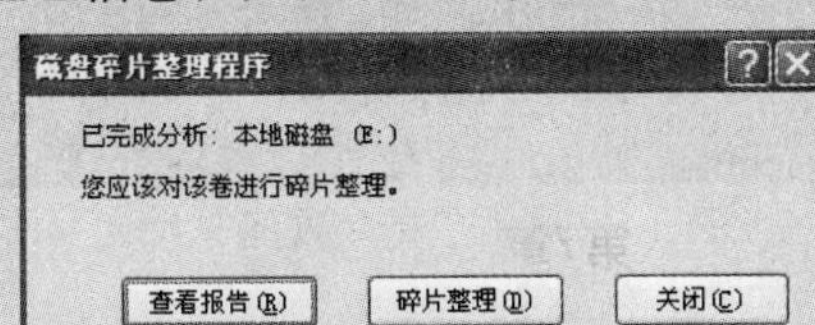

图115-2 “磁盘碎片整理程序”对话框

03 单击“碎片整理”按钮，系统开始对磁盘碎片进行整理，并显示整理进度，如图115-3所示。

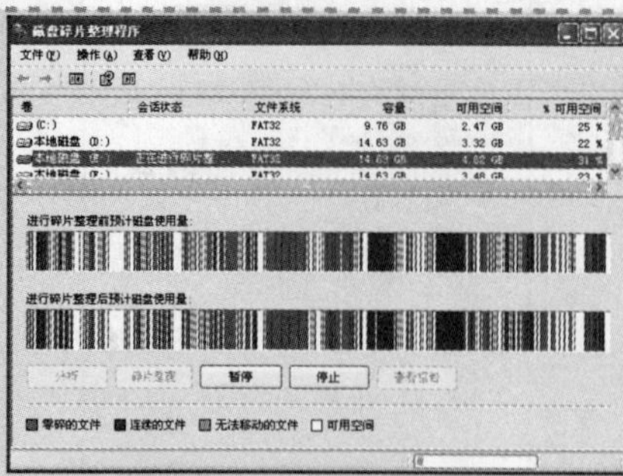

图115-3 显示整理进度

04 磁盘整理完成后，弹出相应的对话框，提示已完成碎片整理信息，如图115-4所示，单击“关闭”按钮即可。

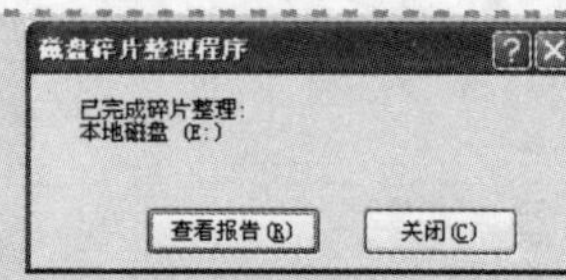

图115-4 单击“关闭”按钮

专家提醒

在“磁盘碎片整理程序”对话框中对磁盘碎片进行整理时，单击“暂停”按钮，可暂停整理碎片，单击“停止”按钮，即可取消整理碎片。

7.3 捕获的特殊技巧

第116集 捕获视频时按场景分割

素材：无

效果：无

视频：视频\第7章\第116集.swf

时长：33秒

难度：★★

关键技术：勾选“按场景分割”复选框

01 将DV摄像机连接到计算机上，进入会声会影高级编辑器，单击“捕获”标签，切换至“捕获”选项卡，单击“捕获视频”按钮，如图116-1所示。

图116-1 单击“捕获视频”按钮

02 进入捕获视频界面，勾选“按场景分割”复选框，捕获视频时即可按场景分割，如图116-2所示。

图116-2 勾选“按场景分割”复选框

专家提醒

设置捕获视频时按场景分割后，捕获视频时按拍摄的时间顺序开始捕获并按场景进行分割。

第117集　设置捕获文件的保存路径

素材：无　　**效果：无**

视频：视频\第7章\第117集.swf　　**时长：42秒**

难度：★★★　　**关键技术：单击“捕获文件夹”按钮**

01 将DV摄像机连接到计算机上，进入会声会影高级编辑器，单击“捕获”标签，切换至“捕获”选项卡，单击“捕获视频”按钮，进入捕获视频界面，单击“捕获文件夹”按钮，如图117-1所示。

图117-1　单击“捕获文件夹”按钮

02 弹出“浏览文件夹”对话框，选择需要保存的路径，如图117-2所示。

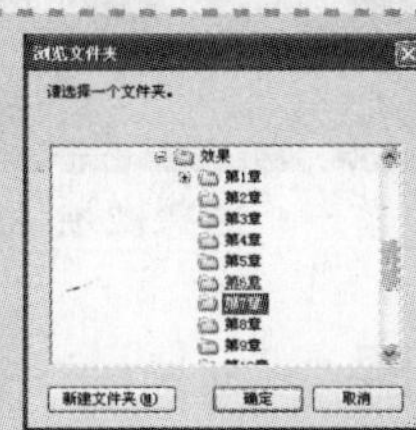

图117-2　选择保存路径

03 单击“确定”按钮，即可完成对捕获文件保存路径的设置，如图117-3所示。

图117-3　完成保存路径的设置

专家提醒

在使用会声会影捕获视频前，还需要根据影片的剩余空间情况正确设置工作文件和预览文件夹，用于保存编辑完成的项目和捕获的视频素材。

第118集　捕获指定时间长度的视频

素材：无　　**效果：无**

视频：视频\第7章\第118集.swf　　**时长：1分58秒**

难度：★★★★★　　**关键技术：“捕获区间”数值框**

01 将DV摄像机连接到计算机上，进入会声会影高级编辑器，并切换至“捕获”选项卡，单击“捕获视频”按钮，进入捕获视频界面，在“捕获区间”数值框中输入0:00:20:00，单击“捕获视频”按钮，如图118-1所示。

02 即可开始捕获视频，经过20s后，程序将自动停止捕获，即可在素材库中显示按指定时间捕获的视频，如图118-2所示。

图118-1 单击“捕获视频”按钮

图118-2 按指定时间捕获视频

专家提醒

使用会声会影捕获视频，必须保持30GB以上可用磁盘空间，以免出现丢帧或磁盘空间不足的情况。

第119集 直接捕获为DVD格式

素材：无

效果：无

视频：视频\第7章\第119集.swf

时长：60秒

难度：★★★★★

关键技术：“视频属性”对话框

01 将DV摄像机连接到计算机上，进入会声会影X3编辑器，并切换至“捕获”选项卡，单击“捕获视频”按钮，进入捕获视频界面，在选项面板中，单击“格式”列表框右侧的下三角按钮，在弹出的列表框中选择“DVD”选项，单击“选项”按钮，在弹出的列表框中选择“视频属性”选项，如图119-1所示。

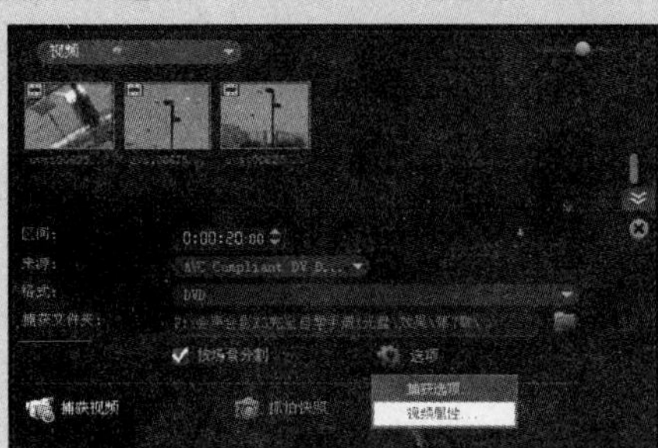

图119-1 选择“视频属性”选项

02 弹出“视频属性”对话框，单击“当前的配置文件”下拉按钮，在弹出的列表框中选择需要的选项，如图119-2所示。

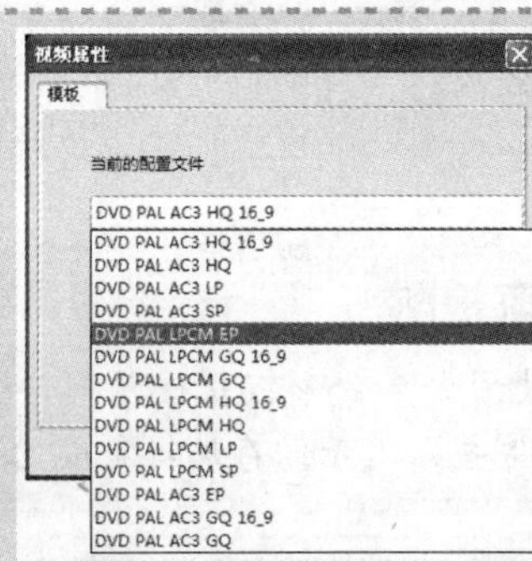

图119-2 “视频属性”对话框

03 执行操作后，即可选择需要的选项，如图119-3所示。单击“确定”按钮，即可直接捕获为DVD格式。

图119-3 选择需要的选项

专家提醒

“格式”列表框用于保存捕获的文件格式，用户可以根据使用的设备以及输出要求，选择文件格式。

7.4 从视频中捕获静态图像

第120集　设置静态图像保存格式

素材：无　　效果：无

视频：视频\第7章\第120集.swf　　时长：30秒

难度：★★　　关键技术：选择“JPEG”选项

01 将DV摄像机连接到计算机上，进入会声会影高级编辑器，选择“设置”|“参数选择”命令，弹出“参数选择”对话框，切换至“捕获”选项卡，如图120-1所示。

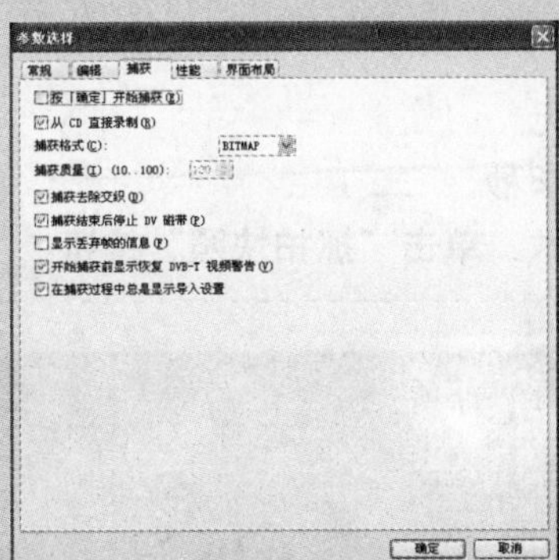

图120-1 切换至“捕获”选项卡

02 单击“捕获格式”右侧的下三角按钮，在弹出的列表框中选择“JPEG”选项，如图120-2所示。单击“确定”按钮，即可设置镜头图像保存格式。

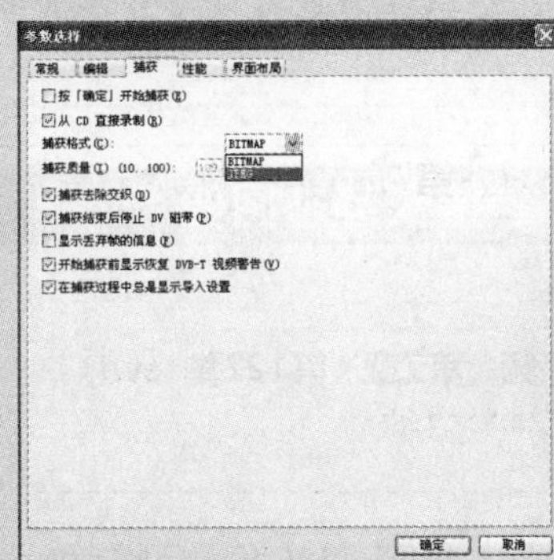

图120-2 选择“JPEG”选项

专家提醒

在选项面板中，单击“抓拍快照”按钮，可以将视频输入设备中的当前帧作为静态图像捕获到会声会影中。

第121集　设置图像捕获位置

素材：无　　效果：无

视频：视频\第7章\第121集.swf　　时长：40秒

难度：★★★　　关键技术：单击“播放”按钮

01 将DV摄像机连接到计算机上，进入会声会影高级编辑器，并切换至“捕获”选项卡，单击“捕获视频”按钮，进入捕获视频界面，在预览窗口中单击“播放”按钮，如图121-1所示。

图121-1 单击“播放”按钮

02 开始播放DV带中的影片，播放至合适位置后，单击“暂停”按钮，即可完成对图像捕获位置的设置，如图121-2所示。

图121-2 单击“暂停”按钮

专家提醒

用户可以在预览窗口下方单击相应的导航按钮，找到需要捕获的的起始点或图像位置。

第122集 捕获静态图像

素材：无　　效果：无
视频：视频\第7章\第122集.swf　　时长：28秒
难度：★　　关键技术：单击“抓拍快照”按钮

01 将DV摄像机连接到计算机上，进入会声会影高级编辑器，并切换至“捕获”选项卡，单击“捕获视频”按钮，进入捕获视频界面，单击“抓拍快照”按钮，如图122-1所示。

图122-1 单击“抓拍快照”按钮

02 执行操作后，即可在素材库中显示捕获的静态图像，如图122-2所示。

图122-2 捕获静态图像

专家提醒

在选项面板中，单击“选项”按钮，在弹出的列表框中选择“捕获选项”选项，弹出“捕获选项”对话框，勾选“捕获到素材库”复选框，捕获视频或图像后，在素材库中添加一个当前捕获素材的缩略图。

第123集　设置禁止音频播放

素材：无　　效果：无
视频：视频\第7章\第123集.swf　　时长：38秒
难度：★★　　关键技术：单击“禁止音频预览”按钮

01 将DV摄像机连接到计算机上，进入会声会影高级编辑器，并切换至“捕获”选项卡，单击“捕获视频”按钮进入捕获视频界面，单击“捕获视频”按钮，如图123-1所示。

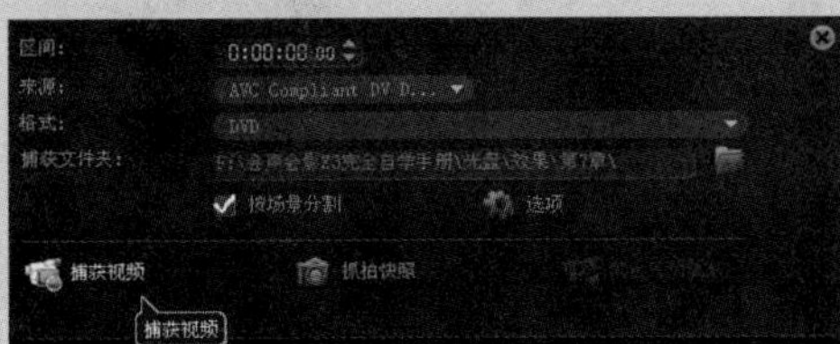

图123-1 单击“捕获视频”按钮

02 捕获至合适位置后，单击“禁止音频预览”按钮，即可完成禁止音频播放的设置，如图123-2所示。

图123-2 单击“禁止音频预览”按钮

专家提醒

设置禁止音频播放之后，单击“允许音频预览”按钮，即可恢复音频播放。

7.5 导入图像与视频

第124集　从VCD光盘中导入视频

素材：无　　效果：无
视频：视频\第7章\第124集.swf　　时长：1分24秒
难度：★★★★★　　关键技术：按住鼠标并拖曳

01 进入会声会影高级编辑器，将VCD光盘放入计算机的光盘驱动器中，进入“我的电脑”窗口，在VideoCD磁盘上单击鼠标右键，在弹出的快捷菜单中选择“打开”命令，弹出相应的对话框，在MPEGAV文件夹中选择名称为AVSEQ05的文件，如图124-1所示。

图124-1 选择需要的选项

02 按住鼠标左键的同时，将其拖曳至时间轴面板的视频轨中，单击“播放”按钮，即可预览从VCD光盘中导入的视频文件，如图124-2所示。

图124-2 预览视频文件

专家提醒

在日常生活与工作中，VCD光盘也是一种很好的视频源，会声会影X3能够直接识别VCD光盘中后缀为DAT的视频文件。

第125集 从DVD/DVD-VR光盘中导入视频

素材：无　　**效果**：无

视频：视频\第7章\第125集.swf　　**时长**：秒

难度：★★★★★　　**关键技术**：单击“从数字媒体导入”按钮

01 进入会声会影高级编辑器，切换至“捕获”选项卡，将DVD光盘放入计算机的光盘驱动器中，单击“从数字媒体导入”按钮，如图125-1所示。

图125-1 单击“从数字媒体导入”按钮

02 弹出“选取‘导入源文件夹’”对话框，选取需要的文件夹，单击“确定”按钮，如图125-2所示。

图125-2 单击“确定”按钮

03 弹出“从数字媒体导入”对话框，选取导入磁盘，单击“起始”按钮，如图125-3所示，即可开始分析磁盘中的文件。

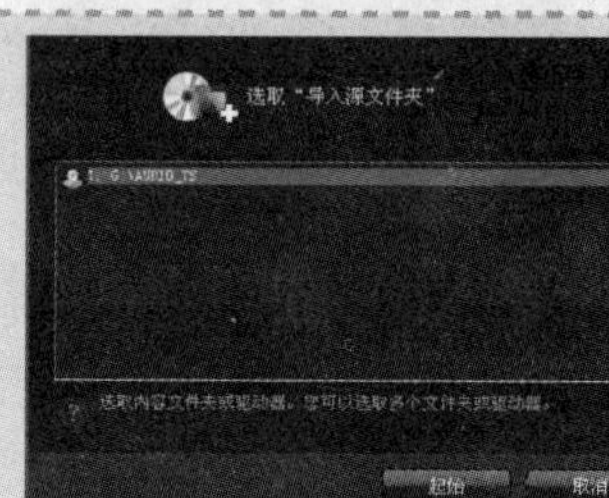

图125-3 单击“起始”按钮

04 执行操作后，弹出“从数字媒体导入”对话框，选择需要导入的文件，单击“开始导入”按钮，如图125-4所示。

图125-4 单击“开始导入”按钮

05 弹出信息提示框，显示导入的进度，如图125-5所示。

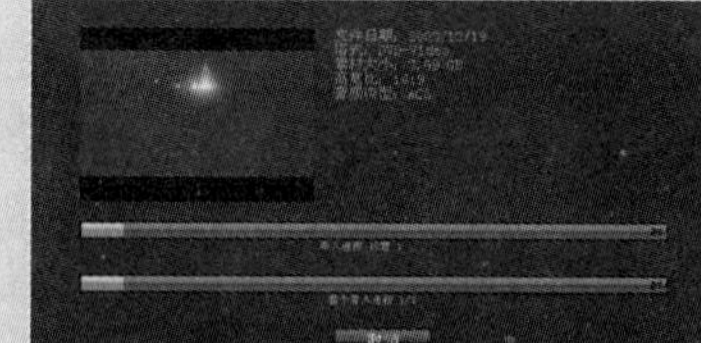

图125-5 信息提示框

06 导入完成后，弹出“导入设置”对话框，单击“确定”按钮，即可在“视频”素材库中查看到导入的文件，如图125-6所示。

图125-6 导入的文件

专家提醒

用户可以将DVD影片中的精彩场景截取到电脑中，与捕获DV带里的内容一样，插入DVD光盘后导入文件实际上是一个复制传输的过程。

第126集 从移动设备中导入图像

素材：无	效果：无
视频：视频\第7章\第126集.swf	时长：46秒
难度：★★★	关键技术：单击“从移动设备导入”按钮

01 进入会声会影高级编辑器，切换至“捕获”选项卡，将移动设备通过USB接口与电脑连接上，单击“从移动设备导入”按钮，如图126-1所示。

图126-1 单击“从移动设备导入”按钮

02 弹出“从硬盘/外部设备导入媒体文件”对话框，在“设备”选项组中选择2个选项，在该对话框的上方不勾选“视频”复选框，再勾选“照片”复选框，如图126-2所示。

图126-2 勾选“照片”复选框

03 在“设备”选项组的右侧选择需要导入的图像素材，单击“确定”按钮，弹出“导入设置”对话框，如图126-3所示。

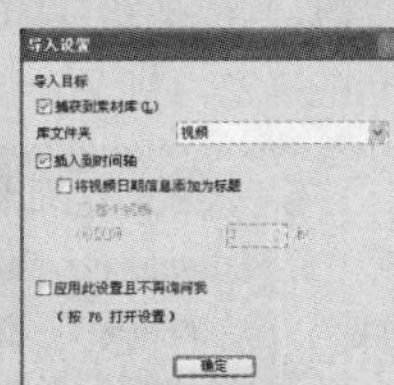

图126-3 “导入设置”对话框

04 单击“确定”按钮，即可从移动设备中导入图像素材，如图126-4所示。

图126-4 导入素材图像

专家提醒

在“从硬件/外部设备导入媒体文件”对话框中单击“设置”按钮，可以设置浏览文件、导出文件以及保存导入的位置。

第 8 章　编辑视频素材

在会声会影中可以对视频进行相应的剪辑，如标记修剪视频素材、按场景分割视频和多重修整视频等。在进行视频编辑时，用户最好掌握一些剪辑视频的方法，以便制作出更为完美、流畅的影片。

8.1 剪辑视频素材

第127集　剪辑视频素材

素材：素材\第8章\127-1.mpg

效果：效果\第8章\第127集.vsp

视频：视频\第8章\第127集.swf

时长：39秒

难度：★★

关键技术：鼠标指针呈双向箭头

01 进入会声会影高级编辑器，插入一段视频素材，如图127-1所示。

图127-1 插入视频素材

02 拖曳鼠标指针至时间轴面板的视频素材的末端位置，当鼠标指针呈双向箭头时，按住鼠标左键的同时，向左拖曳鼠标，如图127-2所示。

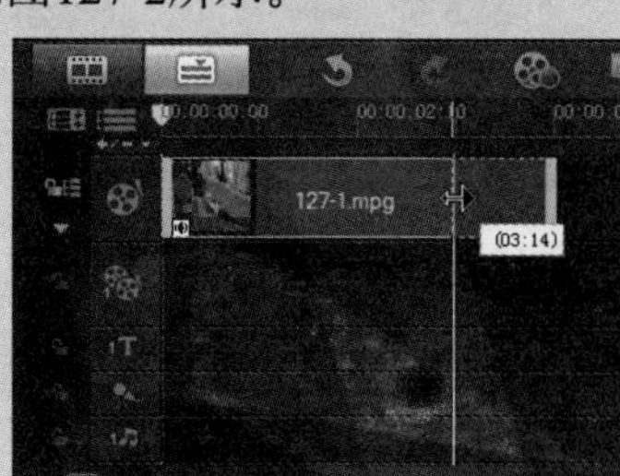

图127-2 拖曳鼠标

03 拖曳至合适的位置后，释放鼠标左键，单击"播放"按钮，即可预览剪辑后的影片，效果如图127-3所示。

图127-3 预览影片

专家提醒

在拖曳鼠标时，鼠标的右下方会出现一个淡黄色的时间提示框，提示用户修剪的范围。

第128集 通过修整拖柄剪辑视频

素材：素材\第8章\128-1.mpg

效果：效果\第8章\第128集.vsp

视频：视频\第8章\第128集.swf

时长：43秒

难度：★★★★

关键技术：向左拖曳

01 进入会声会影高级编辑器，插入一段视频素材，如图128-1所示。

图128-1 插入视频素材

02 拖曳鼠标指针至导览窗口下方的修整标记上，当鼠标指针呈双向箭头时，按住鼠标左键的同时向左拖曳修整标记，如图128-2所示。

图128-2 拖曳鼠标

03 拖曳至合适的位置后，释放鼠标左键，单击"播放"按钮，预览影片，效果如图128-3所示。

图128-3 预览影片

专家提醒

如果用户需要将视频的前部分除掉，则可以拖曳鼠标至左端的修整标记处，按住鼠标左键向右拖曳，即可剪辑视频的前部分。

第129集 通过时间轴剪辑视频

素材：素材\第8章\129-1.mpg

效果：效果\第8章\第129集.vsp

视频：视频\第8章\第129集.swf

时长：51秒

难度：★★★★

关键技术：单击"开始标记"按钮

01 进入会声会影高级编辑器，插入一段视频素材，如图129-1所示。

图129-1 插入视频素材

02 拖曳鼠标指针至时间轴上方的滑块处，按住鼠标左键的同时向左拖曳鼠标至合适的位置，释放鼠标左键，并在导览窗口的右下角单击“开始标记”按钮，在时间轴上方会显示一条红线，如图129-2所示。

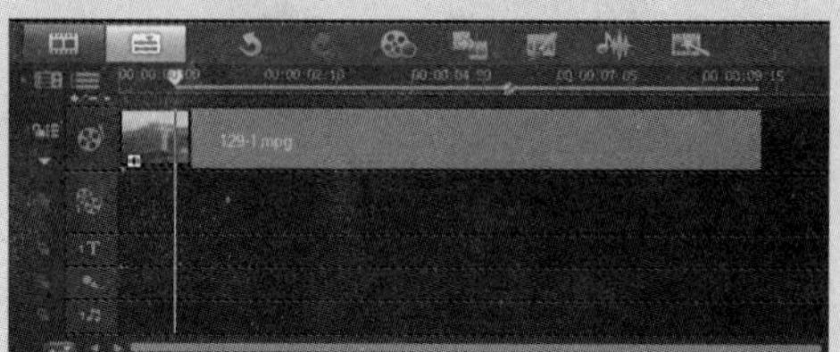

图129-2 显示一条红线

03 执行操作后，单击“播放”按钮，预览影片，效果如图129-3所示。

图129-3 预览影片

专家提醒

拖曳鼠标指针至时间轴上方的滑块处，按住鼠标左键的同时向左拖曳鼠标至合适的位置，释放鼠标左键，单击导览窗口下方的“结束标记”按钮，可将视频的后半部分给剪辑掉。

第130集 通过按钮剪辑视频

素材：素材\第8章\130-1.mpg

效果：效果\第8章\第130集.vsp

视频：视频\第8章\第130集.swf

时长：36秒

难度：★★

关键技术：单击“按照飞梭栏的位置分割素材”按钮

01 进入会声会影高级编辑器，插入一段视频素材，如图130-1所示。

02 拖曳导览窗口下方的“擦洗器”滑块至合适位置，单击“按照飞梭栏的位置分割素材”按钮，如图130-2所示。

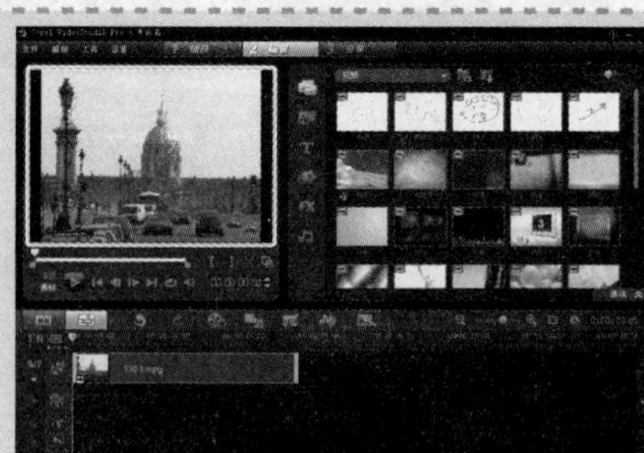

图130-1 插入视频素材

图130-2 单击按钮

专家提醒

按【Ctrl+I】组合键，可以快速通过按钮剪辑视频。

03 执行操作后，即可剪辑视频，单击“播放”按钮，预览影片，效果如图130-3所示。

图130-3 预览影片

专家提醒

多次单击“按照飞梭栏的位置分割素材”按钮，可以对视频进行多次剪辑。

8.2 多重修整视频

第131集 打开“多重修整视频”对话框

素材：素材\第8章\131-1.mpg

效果：无

视频：视频\第8章\第131集.swf

时长：26秒

难度：★

关键技术：选择“多重修整视频”命令

01 进入会声会影高级编辑器，插入一段视频素材，如图131-1所示。

图131-1 插入视频素材

02 选择“编辑”|“多重修整视频”命令，如图131-2所示。

图131-2 选择“多重修整视频”命令

03 执行操作后，即可打开“多重修整视频”对话框，如图131-3所示。

专家提醒

单击“选项”按钮，在“视频”选项面板中单击“多重修整视频”按钮，也可以打开“多重修整视频”对话框。

图131-3 “多重修整视频”对话框

第132集 快速搜索间隔

素材：素材\第8章\132—1.mpg

效果：无

视频：视频\第8章\第132集.swf

时长：60秒

难度：★★★★★

关键技术：“多重修整视频”对话框

01 进入会声会影高级编辑器，插入一段视频素材，选择“编辑”|“多重修整视频”命令，弹出“多重修整视频”对话框，如图132-1所示。

02 拖曳导览窗口下方的“擦洗器”滑块，移至合适位置后释放鼠标左键，再单击“向后搜索”按钮，如图132-2所示。

图132-1 “多重修整视频”对话框

03 执行操作后，视频素材将返回到第1帧，如图132-3所示。

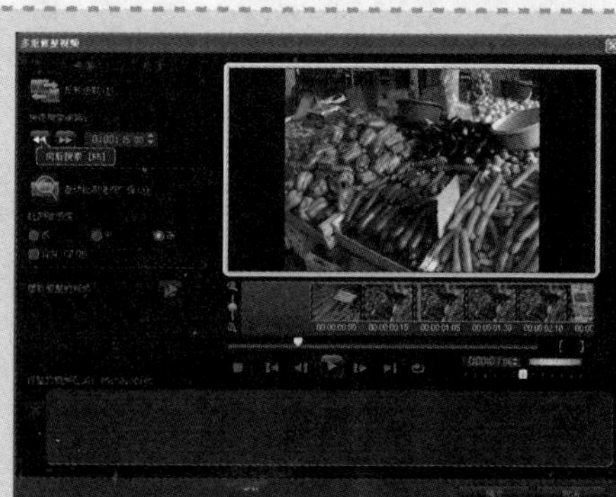

图132-2 单击“向后搜索”按钮

图132-3 返回到第1帧

04 单击“向前搜索”按钮▶▶，视频素材将返回到最后1帧，如图132-4所示。

图132-4 返回到最后1帧

专家提醒

按【F5】键可以快速向后搜索，按【F6】键可以快速向前搜索。

05 执行操作后，即可快速搜索间隔。

专家提醒

在“多重修整视频”对话框中单击“快速搜索间隔”数值框右侧的向上微调按钮，数值框中的数值将变大，单击向下微调按钮，数值框中是数值将变小。

第133集 进行反转选取

素材：素材\第8章\133–1.mpg

效果：无

视频：视频\第8章\第133集.swf

时长：1分19秒

难度：★★★★★

关键技术：单击“反转选取”按钮

01 进入会声会影高级编辑器，插入一段视频素材，选择“编辑”|“多重修整视频”命令，弹出“多重修整视频”对话框，如图133-1所示。

图133-1 “多重修整视频”对话框

02 拖曳“擦洗器”滑块至需要提取视频片段的开始位置，单击“设置开始标记”按钮，“擦洗器”下方的滑块处将出现一个红色小三角形，即标记提取素材的起始位置，如图133-2所示。

图133-2 单击“设置开始标记”按钮

03 拖曳“擦洗器”滑块至需要提取视频片段的结束位置，单击“设置结束标记”按钮，即标记提取素材的结束位置，如图133-3所示。

图133-3 单击“设置结束标记”按钮

04 单击“反转选取”按钮，即可对素材进行反转选取，如图133-4所示。

图133-4 单击“反转选取”按钮

05 执行操作后，单击“播放”按钮，即可预览反转选取的素材，效果如图133-5所示。

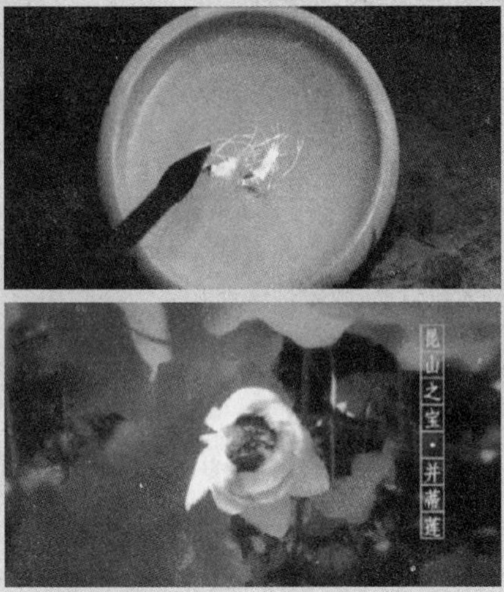

图133-5 预览影片

专家提醒

按【Alt+I】组合键可以快速进行反转选取。

第134集 播放修整的视频

素材：素材\第8章\134—1.mpg

效果：无

视频：视频\第8章\第134集.swf

时长：39秒

难度：★★

关键技术：单击“仅播放修整的视频”按钮

01 进入会声会影高级编辑器，插入一段视频素材，如图134-1所示。

02 进入“多重修整视频”对话框，提取视频片段，单击“仅播放修整的视频”按钮，如图134-2所示。

图134-1 插入视频素材

图134-2 单击按钮

03 执行操作后，即可在窗口中预览修整的视频片段，效果如图134-3所示。

图134-3 预览影片

专家提醒

按【Shift+Space】组合键可以播放修整的视频。

第135集 删除所选素材

素材：素材\第8章\135-1.mpg

效果：无

视频：视频\第8章\第135集.swf

时长：33秒

难度：★★

关键技术：单击“删除所选素材”按钮

01 进入会声会影高级编辑器，插入一段视频素材，打开“多重修整视频”对话框，如图135-1所示。

图135-1 插入视频素材

02 提取视频片段，单击“删除所选素材”按钮 ✕，如图135-2所示，即可删除媒体库中所选的素材。

图135-2 单击按钮

专家提醒

在媒体库中选择素材，按【Delete】键可以快速删除所选素材。

第136集 通过设置参数转到特点时间码

素材：素材\第8章\136–1.mpg

效果：无

视频：视频\第8章\第136集.swf

时长：42秒

难度：★★★★

关键技术：“转到特定的时间码”选项区

01 进入会声会影高级编辑器，插入一段视频素材，进入“多重修整视频”对话框，如图136-1所示。

图136-1 “多重修整视频”对话框

02 在导览窗口的下方单击“转到特定的时间码”选项区中的任意一个数值，激活数值呈可编辑状态，设置参数后按【Enter】键确认，即可转到特定的时间码，如图136-2所示。

图136-2 转到特定的时间码

第137集 通过“飞梭轮”转到特定时间码

素材：素材\第8章\137–1.mpg

效果：无

视频：视频\第8章\第137集.swf

时长：28秒

难度：★

关键技术：拖曳“飞梭轮”

01 进入会声会影高级编辑器，插入一段视频素材，进入“多重修整视频”对话框，如图137-1所示。

02 在导览窗口的下方按住并拖曳“飞梭轮”滑块至合适的位置，如图137-2所示，执行操作后，即可转到特定时间码。

图137-1 “多重修整视频”对话框

图137-2 转到特定的时间码

专家提醒

拖曳“飞梭轮”滑块至最左端，显示素材的第1帧，拖曳“飞梭轮”滑块至最右端，显示素材的最后一帧。

8.3 保存剪辑后的视频

第138集 保存到视频素材库

素材：素材\第8章\138-1.mpg

效果：效果\第8章\第138集.vsp

视频：视频\第8章\第138集.swf

时长：55秒

难度：★★★★

关键技术：选择“保存修整后的视频”命令

01 进入会声会影高级编辑器，插入一段视频素材，进入“多重修整视频”对话框，如图138-1所示。

图138-1 “多重修整视频”对话框

02 在对话框中提取视频片段，如图138-2所示。

图138-2 提取视频片段

03 单击“确定”按钮，返回到会声会影高级编辑器，选择“文件”|“保存修整后的视频”命令，如图138-3所示。

04 进行渲染后，即可在素材库中显示保存的视频素材，如图138-4所示。

图138-3 选择“保存修整后的视频”命令

图138-4 保存的视频素材

05 单击“播放”按钮，即可预览影片，效果如图138-5所示。

图138-5 预览影片

第139集 输出为新视频文件

素材：素材\第8章\139–1.mpg

效果：效果\第8章\第139集.mpg

视频：视频\第8章\第139集.swf

时长：1分11秒

难度：★★★★★

关键技术：单击“创建视频文件”按钮

01 进入会声会影高级编辑器，插入一段视频素材，进入“多重修整视频”对话框，如图139-1所示。

02 在对话框中提取视频片段，如图139-2所示。

图139-1 视频素材

图139-2 提取视频片段

03 单击“确定”按钮，返回到会声会影高级编辑器，单击“分享”标签，切换至“分享”选项卡，如图139-3所示。

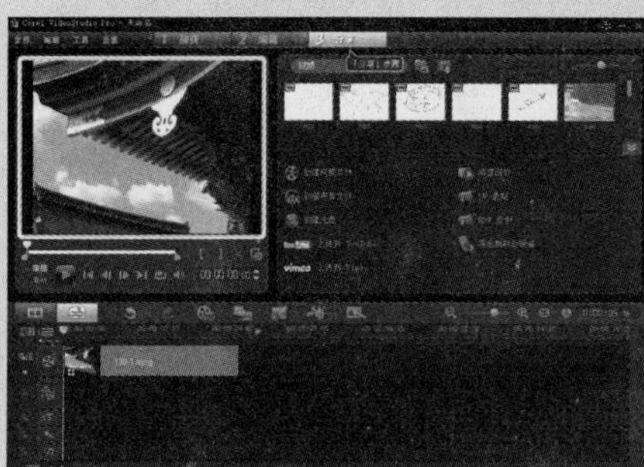

图139-3 “分享”步骤面板

04 单击“创建视频文件”按钮，在弹出的列表框中选择“自定义”选项，如图139-4所示。

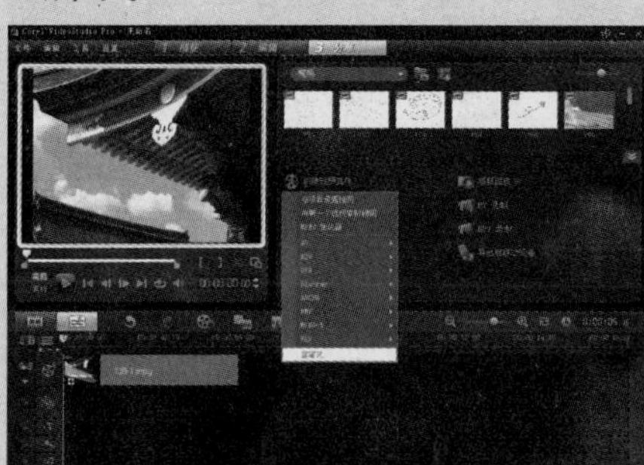

图139-4 选择“自定义”选项

05 弹出“创建视频文件”对话框，设置保存的文件名以及路径，如图139-5所示。

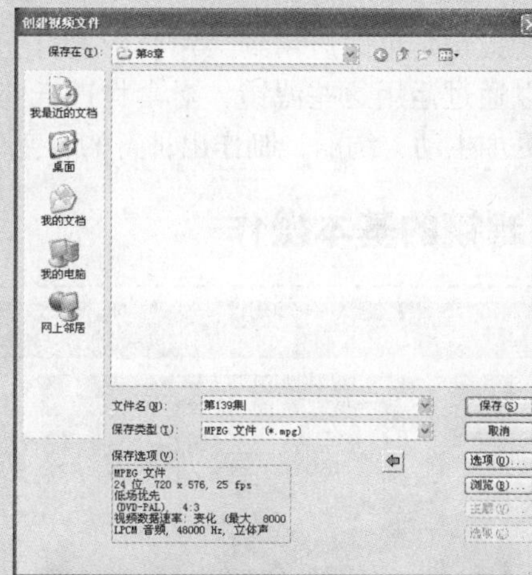

图139-5 “创建视频文件”对话框

06 单击“保存”按钮，开始渲染，如图139-6所示。渲染完成后，即可输出为新视频文件。

图139-6 开始渲染

第9章　神奇的滤镜

滤镜是指可以应用到会声会影素材上的效果，它可以改变素材文件的外观和样式。用户可以通过运用这些滤镜，对素材进行处理，掩盖一些由于拍摄造成的缺陷，并且可以使画面更加生动、绚丽，制作出神奇的、变幻莫测的视觉效果。

9.1 滤镜的基本操作

第140集 添加滤镜

素材：素材\第9章\140-1.jpg

效果：效果\第9章\第140集.vsp

视频：视频\第9章\第140集.swf

时长：53秒

难度：★★★★

关键技术：单击“滤镜”按钮

01 进入会声会影高级编辑器，插入一幅图像素材，如图140-1所示。

图140-1 插入素材图像

02 单击“滤镜”按钮FX展开滤镜素材库，显示所有的滤镜效果，如图140-2所示。

图140-2 显示滤镜库

03 在素材库中选择“气泡”滤镜，如图140-3所示。

图140-3 选择“气泡”滤镜

04 按住鼠标左键的同时拖曳“气泡”滤镜至时间轴面板的素材图像的上方，如图140-4所示。

图140-4 按住并拖曳鼠标

05 释放鼠标左键，为图像添加滤镜效果，单击“播放”按钮，即可预览添加的滤镜效果，如图140-5所示。

图140-5 预览滤镜效果

专家提醒

用户如果需要制作特殊的视频效果，则可以为视频素材添加相应的视频滤镜，使视频素材产生符合需要的效果。

第141集 删除滤镜

素材：素材\第9章\141-1.vsp

效果：效果\第9章\第141集.vsp

视频：视频\第9章\第141集.swf

时长：29秒

难度：★

关键技术：单击“删除滤镜”按钮

01 进入会声会影高级编辑器，打开一个项目文件，如图141-1所示。

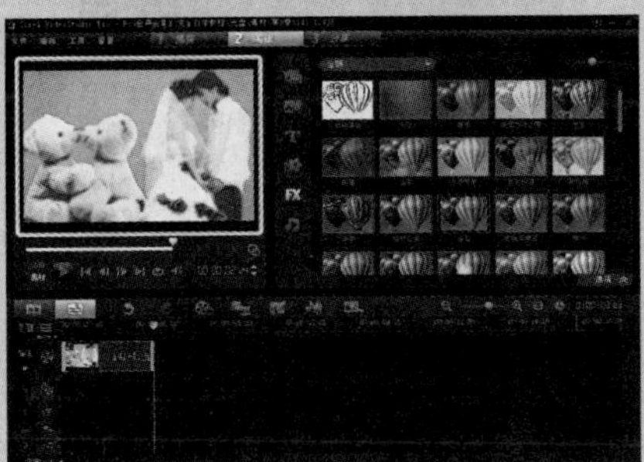

图141-1 项目文件

02 单击“选项”按钮，展开选项面板，切换至“属性”面板，如图141-2所示。

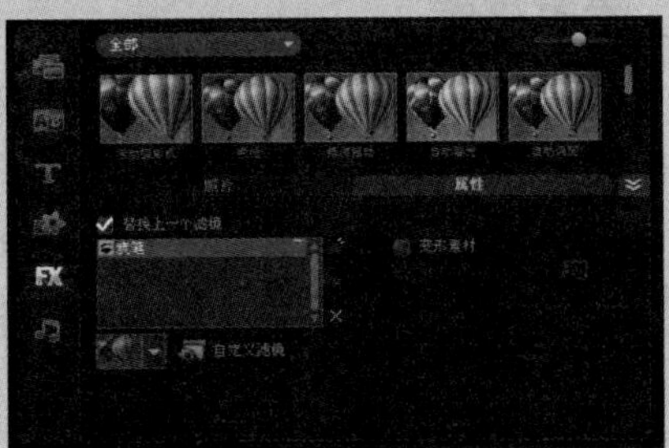

图141-2 “属性”面板

03 在“属性”面板中，单击“删除滤镜”按钮，如图141-3所示。

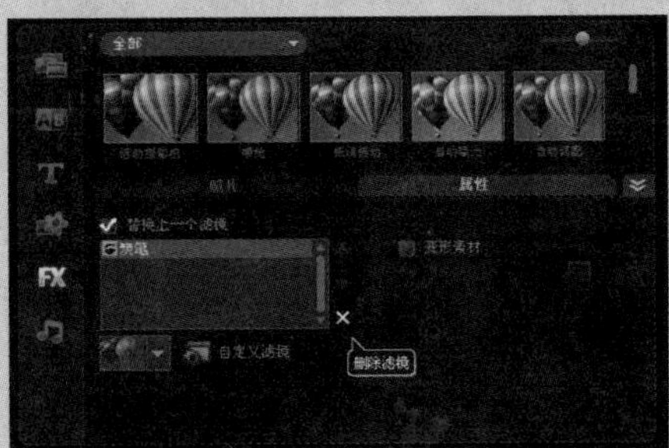

图141-3 单击“删除滤镜”按钮

04 执行操作后，即可删除滤镜效果，如图141-4所示。

图141-4 删除滤镜后的效果

专家提醒

若用户为一个视频素材添加了几个滤镜后，发现某个滤镜并未达到字距所需要的效果时，可以将该滤镜效果删除。

第142集 替换滤镜

素材：素材\第9章\142-1.vsp

效果：效果\第9章\第142集.vsp

视频：视频\第9章\第142集.swf

时长：58秒

难度：★★★★

关键技术：勾选“替换上一个滤镜”复选框

01 进入会声会影高级编辑器，打开一个项目文件，如图142-1所示。

图142-1 项目文件

02 单击“选项”按钮，展开选项面板，切换至“属性”面板，勾选“替换上一个滤镜”复选框，在滤镜素材库中选择“修剪”滤镜，按住鼠标左键并拖曳至时间轴面板的素材图像上方，释放鼠标左键，即可替换为“修剪”滤镜，如图142-2所示。

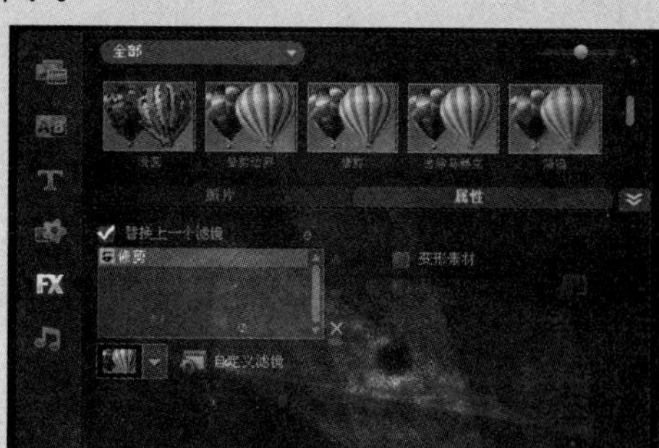

图142-2 “属性”面板

03 单击“播放”按钮，即可预览替换后的滤镜效果，如图142-3所示。

图142-3 预览滤镜效果

专家提醒

在替换视频滤镜此搜索时，要先勾选“属性”面板中的“替换上一个滤镜”复选框，如果该复选框没有被勾选，那么系统将不会将之前的视频滤镜效果替换为新的滤镜效果。

第143集　应用多种滤镜

素材：素材\第9章\143–1.jpg

效果：效果\第9章\第143集.vsp

视频：视频\第9章\第143集.swf

时长：1分10秒

难度：★★★★★

关键技术：勾选“替换上一个滤镜”复选框

01 进入会声会影高级编辑器，插入一幅素材图像，如图143-1所示。

图143-1　素材图像

02 在滤镜素材库中选择“云彩”滤镜，并将该滤镜拖曳至时间轴面板的素材图像上方，释放鼠标左键，添加云彩滤镜，效果如图143-2所示。

图143-2　添加云彩滤镜

03 单击“选项”按钮，展开选项面板，切换至“属性”面板，取消勾选“替换上一个滤镜”复选框，如图143-3所示。

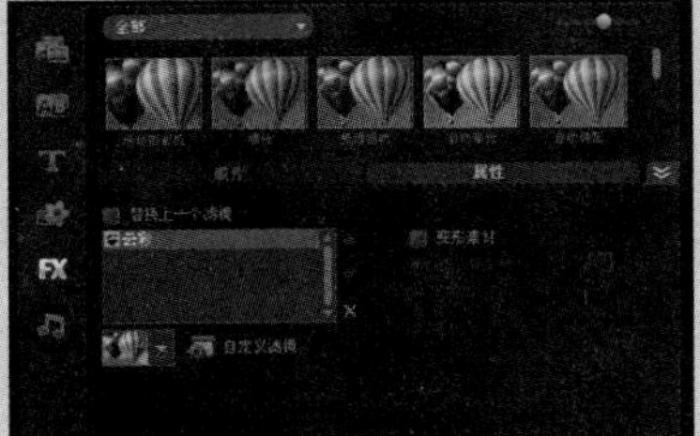

图143-3　取消勾选“替换上一个滤镜”复选框

04 在滤镜素材库中选择“视频摇动和缩放”滤镜，按住鼠标左键并拖曳至时间轴面板的素材图像上方，释放鼠标左键，即可添加该滤镜，如图143-4所示。

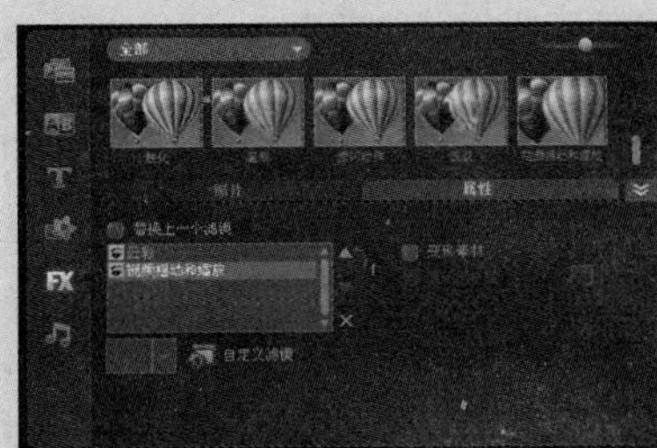

图143-4　添加滤镜

05 单击“播放”按钮，即可预览添加的滤镜效果，如图143-5所示。

图143-5　预览滤镜效果

专家提醒

当一个图像素材应用多个视频滤镜时，所产生的效果是多个视频滤镜效果的叠加。会声会影允许用户最多只能在同一个素材上添加5个视频滤镜效果。

9.2 设置视频滤镜

第144集 选择滤镜预设模式

素材：素材\第9章\144-1.jpg

效果：效果\第9章\第144集.vsp

视频：视频\第9章\第144集.swf

时长：57秒

难度：★★★★

关键技术：“属性”面板

01 进入会声会影高级编辑器，插入一幅图像素材，如图144-1所示。

图144-1 素材图像

02 为图像素材添加“光芒”滤镜效果，单击“选项”按钮，展开选项面板，切换至“属性”面板，单击滤镜列表框右侧的下拉按钮，在弹出的列表框中选择第4排第1个滤镜预设模式，如图144-2所示。

图144-2 选择滤镜预设模式

03 单击“播放”按钮，即可预览选择滤镜预设模式后的效果，如图144-3所示。

图144-3 应用滤镜预设模式

专家提醒

所谓预设模式，是指会声会影通过对滤镜效果的某些参数进行调节后，形成一个固定的效果，并嵌套在系统中，用户可以通过直接选择这些预设模式，快速地对滤镜效果进行设置。选择不同的预设模式，图像画面所产生的效果也会不同。

第145集　自定义视频滤镜

素材：素材\第9章\145—1.jpg

效果：效果\第9章\第145集.vsp

视频：视频\第9章\第145集.swf

时长：1分7秒

难度：★★★★★

关键技术：单击“自定义滤镜”按钮

01 进入会声会影高级编辑器，插入一幅图像素材，如图145-1所示。

图145-1 素材图像

02 为图像素材添加“光芒”滤镜效果，如图145-2所示。

图145-2 添加光芒滤镜

03 单击“选项”按钮，展开选项面板，切换至“属性”面板，单击“自定义滤镜”按钮，如图145-3所示。

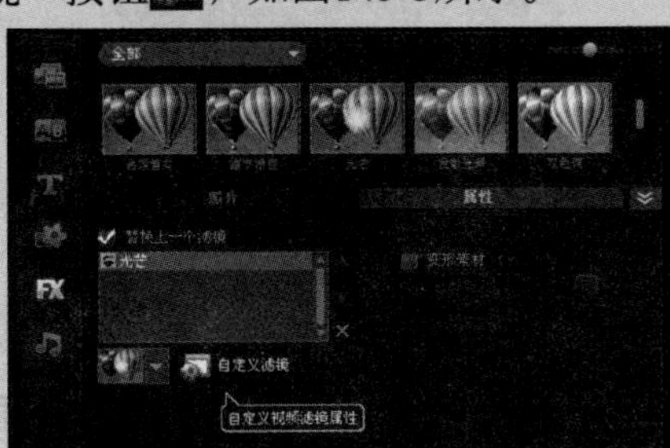

图145-3 单击“自定义滤镜”按钮

04 弹出“光芒”对话框，设置“半径”为60、“长度”为33、“宽度”为33、“阻光度”为61，如图145-4所示。

图145-4 “光芒”对话框

05 单击“确定”按钮，在会声会影高级编辑窗口中，单击“播放”按钮，即可预览滤镜效果，如图145-5所示。

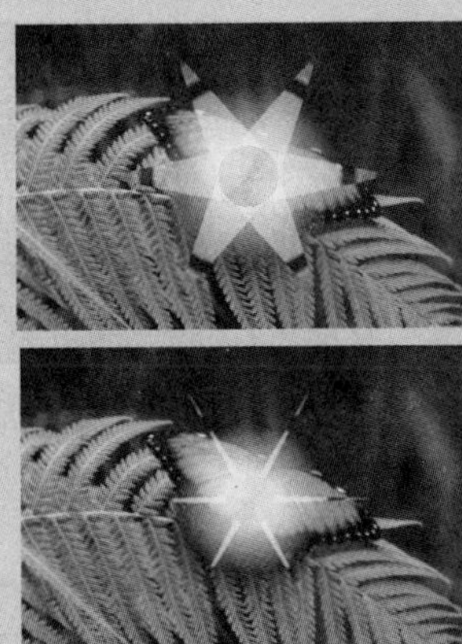

图145-5 预览滤镜效果

专家提醒

在会声会影中每种视频滤镜的属性均不相同，针对不同的视频滤镜效果所弹出的“自定义”对话框的名称及其中的属性参数均有所不同。

9.3 应用“二维映射”滤镜

第146集 应用“翻转”滤镜

素材：素材\第9章\146—1.mpg

效果：效果\第9章\第146集.vsp

视频：视频\第9章\第146集.swf

时长：53秒

难度：★★★★

关键技术：选择“二维映射”选项

01 进入会声会影高级编辑器，插入一幅视频素材，如图146-1所示。

图146-1 视频素材

02 单击“滤镜”按钮，展开滤镜素材库，单击“画廊”下三角按钮，在弹出的列表框中选择“二维映射”选项，如图146-2所示。

图146-2 选择“二维映射”选项

03 在“二维映射”滤镜库中选择“翻转”滤镜，如图146-3所示。

图146-3 选择“翻转”滤镜

04 按住鼠标左键并拖曳至时间轴面板视频素材上，添加“翻转”滤镜，如图146-4所示。

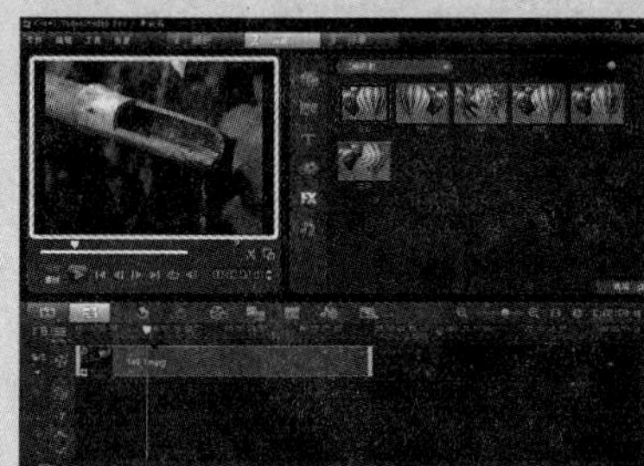

图146-4 添加“翻转”滤镜

05 单击“播放”按钮，即可预览滤镜效果，如图146-5所示。

图146-5 预览滤镜效果

专家提醒

添加“翻转”滤镜后并不会影响原来的视频影片，只是将素材的方向翻转。

第147集　应用“涟漪”滤镜

素材：素材\第9章\147-1.jpg

效果：效果\第9章\第147集.vsp

视频：视频\第9章\第147集.swf

时长：42秒

难度：★★★

关键技术：“涟漪”滤镜

01 进入会声会影高级编辑器，插入一幅图像素材，如图147-1所示。

图147-1 素材图像

02 在“二维映射”滤镜素材库中选择“涟漪”滤镜，将其添加到素材图像上，如图147-2所示。

图147-2 添加“涟漪”滤镜

03 单击“播放”按钮，即可预览滤镜效果，如147-3所示。

专家提醒

“涟漪”滤镜用于在图像上添加波纹，从而产生仿佛通过水面来查看画面的效果，类似于水流动时产生的涟漪效果。

图147-3 预览滤镜效果

第148集　应用“波纹”滤镜

素材：素材\第9章\148-1.jpg

效果：效果\第9章\第148集.vsp

视频：视频\第9章\第148集.swf

时长：28秒

难度：★

关键技术：“波纹”滤镜

01 进入会声会影高级编辑器，插入一幅图像素材，如图148-1所示。

图148-1 素材图像

02 在“二维映射”滤镜素材库中选择“波纹”滤镜，将其添加到素材图像上，如图148-2所示。

图148-2 添加“波纹”滤镜

03 单击“播放”按钮，即可预览滤镜效果，如148-3所示。

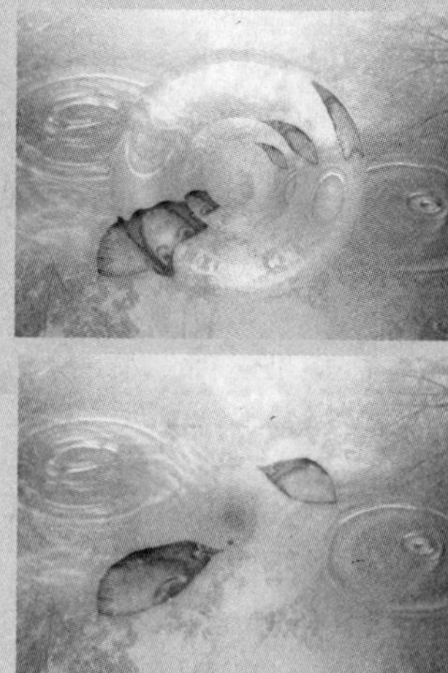

图148-3 预览滤镜效果

专家提醒

“波纹”滤镜主要用于在图像上添加波纹，从而产生类似于透过滚动的水珠查看画面的效果。

第149集 应用“水流”滤镜

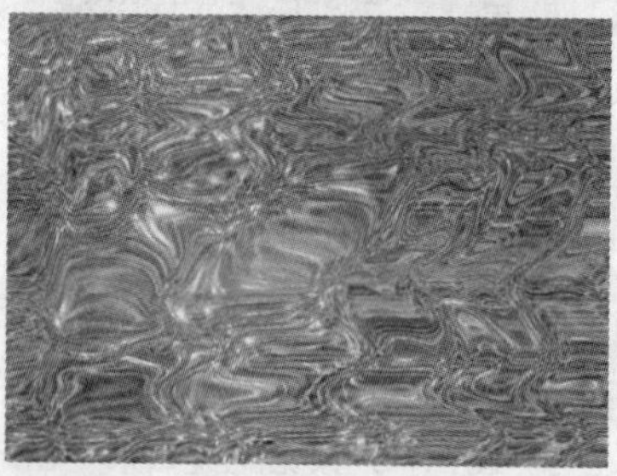

素材：素材\第9章\149—1.jpg

效果：效果\第9章\第149集.vsp

视频：视频\第9章\第149集.swf

时长：32秒

难度：★★

关键技术：“水流”滤镜

01 进入会声会影高级编辑器，插入一幅图像素材，如图149-1所示。

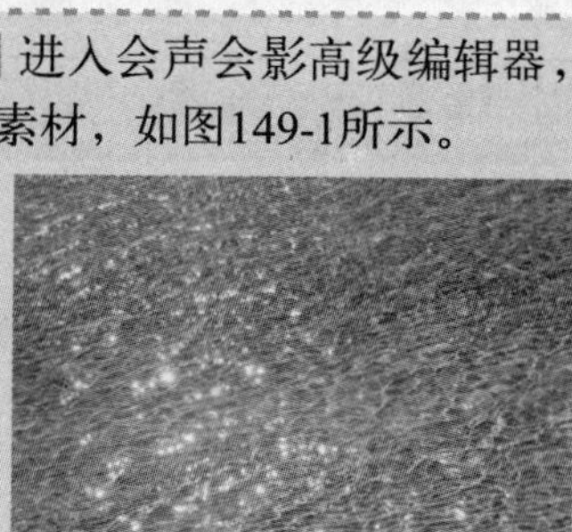

图149-1 素材图像

02 在“二维映射”滤镜素材库中选择“水流”滤镜，将其添加到素材图像上，如图149-2所示。

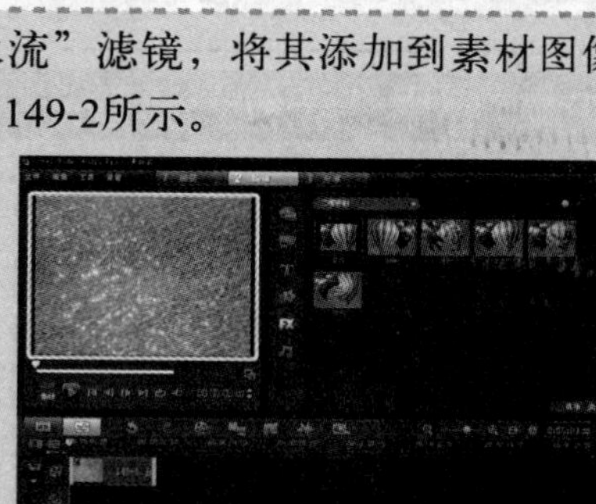

图149-2 添加“水流”滤镜

03 单击“播放”按钮，即可预览滤镜效果，如149-3所示。

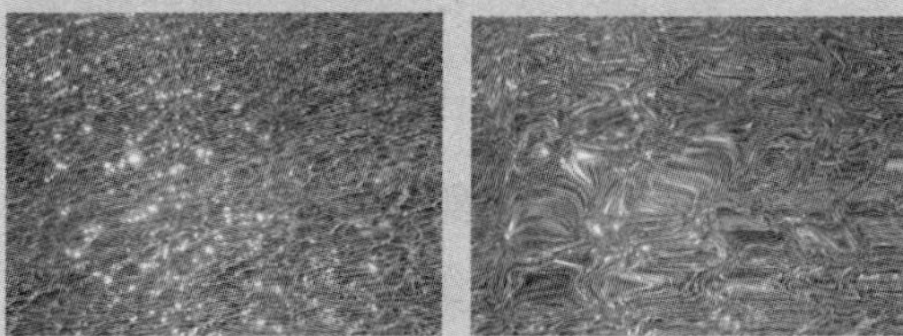

图149-3 预览滤镜效果

专家提醒

“水流”滤镜主要用于在画面上添加流水效果，仿佛通过流动的水观看图像。

第150集 应用“漩涡”滤镜

素材：素材\第9章\150—1.jpg

效果：效果\第9章\第150集.vsp

视频：视频\第9章\第150集.swf

时长：27秒

难度：★

关键技术：“漩涡”滤镜

01 进入会声会影高级编辑器，插入一幅图像素材，如图150-1所示。

图150-1 素材图像

02 在“二维映射”滤镜素材库中选择“漩涡”滤镜，将其添加到素材图像上，如图150-2所示。

图150-2 添加“漩涡”滤镜

03 单击“播放”按钮，即可预览滤镜效果，如150-3所示。

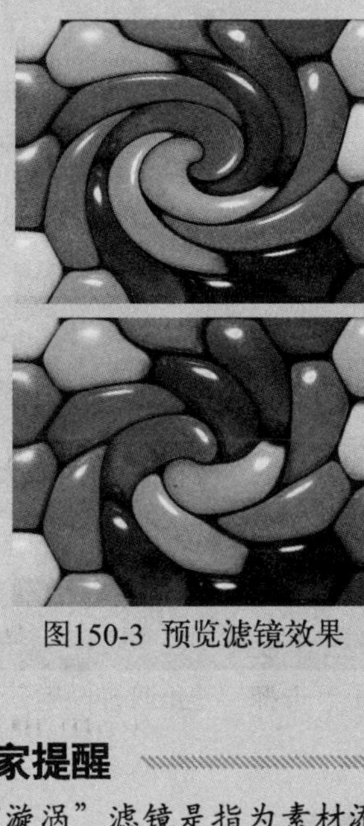

图150-3 预览滤镜效果

专家提醒

“漩涡”滤镜是指为素材添加一个螺旋形的水涡，按顺时针方向旋转的一种效果，主要是运用旋转扭曲的效果来制作梦幻般的彩色漩涡画面。

9.4 应用“三维纹理映射”滤镜

第151集 应用“鱼眼”滤镜

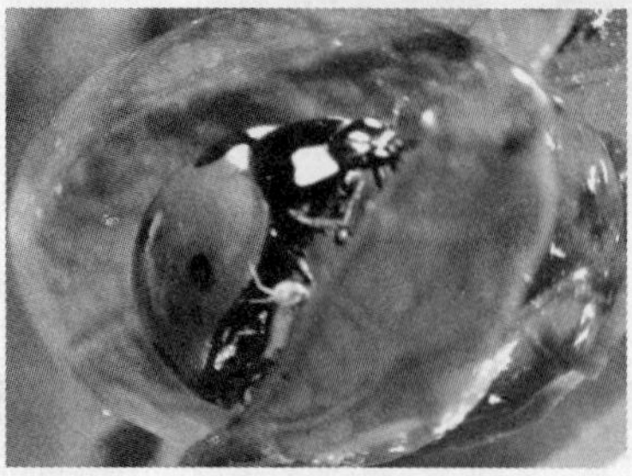

素材：素材\第9章\151-1.jpg

效果：效果\第9章\第151集.vsp

视频：视频\第9章\第151集.swf

时长：45秒

难度：★★★

关键技术：选择“三维纹理映射”选项

01 进入会声会影高级编辑器，插入一幅素材图像，如图151-1所示。

02 单击“滤镜”按钮，展开滤镜素材库，单击“画廊”下三角按钮，在弹出的列表框中选择“三维纹理映射”选项，如图151-2所示。

图151-1 视频素材

图151-2 选择“三维纹理映射”选项

03 在“三维纹理映射”滤镜库中选择“鱼眼”滤镜，按住鼠标左键并拖曳至时间轴面板视频素材上，添加“鱼眼”滤镜，如图151-3所示。

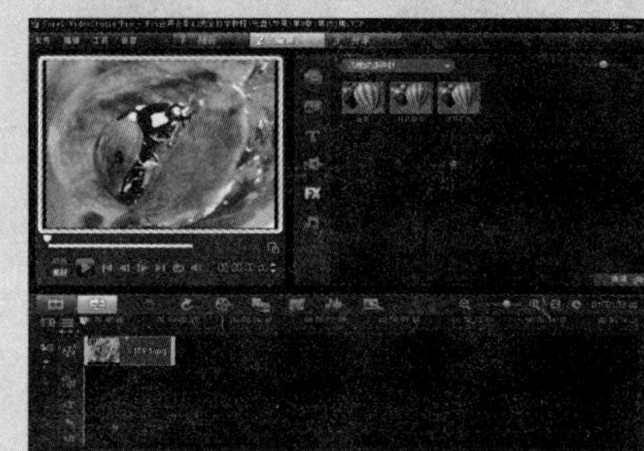

图151-3 添加“鱼眼”滤镜

04 单击“播放”按钮，即可预览滤镜效果，如图151-4所示。

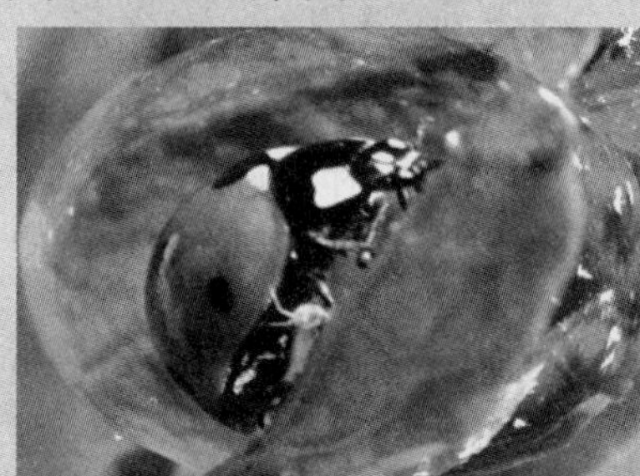

图151-4 预览滤镜效果

专家提醒

“鱼眼”滤镜主要是模仿鱼眼，当素材图像添加该效果后，会像鱼眼一样放大突出显示出来。

第152集　应用“往内挤压”滤镜

素材：素材\第9章\152–1.jpg

效果：效果\第9章\第152集.vsp

视频：视频\第9章\第152集.swf

时长：30秒

难度：★★

关键技术：“往内挤压”滤镜

01 进入会声会影高级编辑器，插入一幅图像素材，如图152-1所示。

图152-1 素材图像

02 在“三维纹理映射”滤镜素材库中选择“往内挤压”滤镜，将其添加到素材图像上，如图152-2所示。

图152-2 添加“往内挤压”滤镜

03 单击“播放”按钮，即可预览滤镜效果，如152-3所示。

图152-3 预览滤镜效果

专家提醒

在素材库中选择滤镜后，单击导览面板中的“播放”按钮，即可预览滤镜效果，以便用户对视频滤镜效果进行选择。

第153集　应用“往外扩展”滤镜

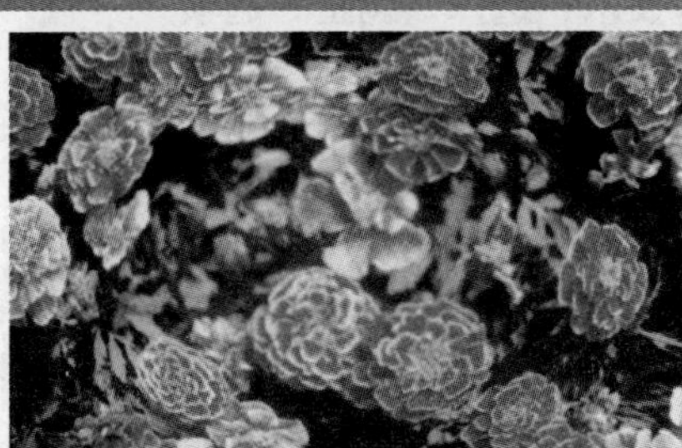

素材：素材\第9章\153–1.jpg

效果：效果\第9章\第153集.vsp

视频：视频\第9章\第153集.swf

时长：30秒

难度：★★

关键技术：“往外扩展”滤镜

01 进入会声会影高级编辑器，插入一幅图像素材，如图153-1所示。

图153-1 素材图像

02 在“三维纹理映射”滤镜素材库中选择“往外扩张”滤镜，将其添加到素材图像上，如图153-2所示。

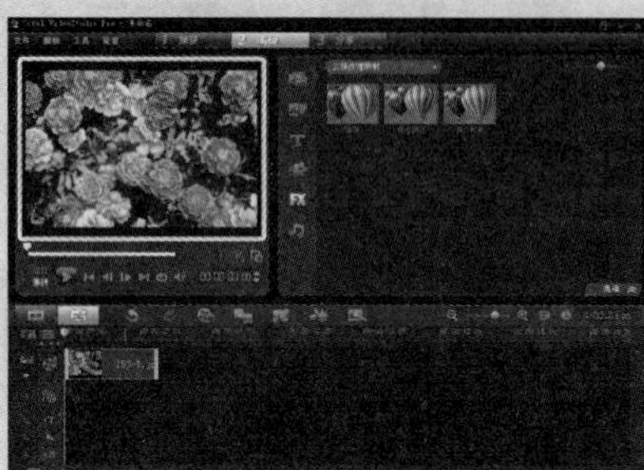

图153-2 添加“波纹”滤镜

专家提醒

“往外扩展”滤镜主要是指从图像中心向外扩张变形，给人带来强烈的视觉冲击。

03 单击“播放”按钮，即可预览滤镜效果，如153-3所示。

图153-3 预览滤镜效果

9.5 应用“调整”滤镜

第154集 应用“调整”滤镜

素材：素材\第9章\154-1.jpg

效果：效果\第9章\第154集.vsp

视频：视频\第9章\第154集.swf

时长：31秒

难度：★★

关键技术：选择“调整”选项

01 进入会声会影高级编辑器，插入一幅素材图像，如图154-1所示。

02 单击“滤镜”按钮，展开滤镜素材库，单击“画廊”下三角按钮，在弹出的列表框中选择“调整”选项，如图154-2所示。

图154-1 视频素材

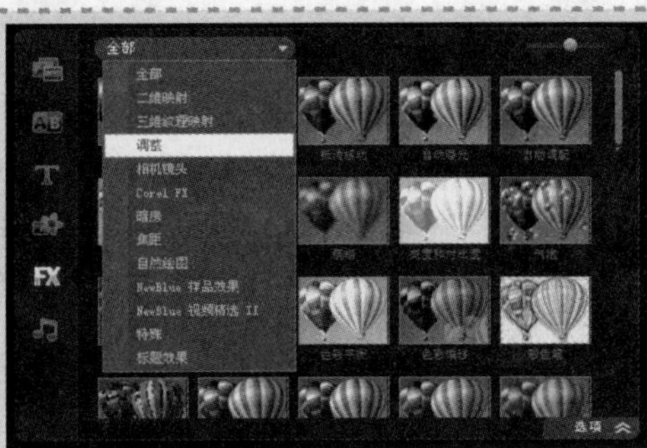

图154-2 选择“调整”选项

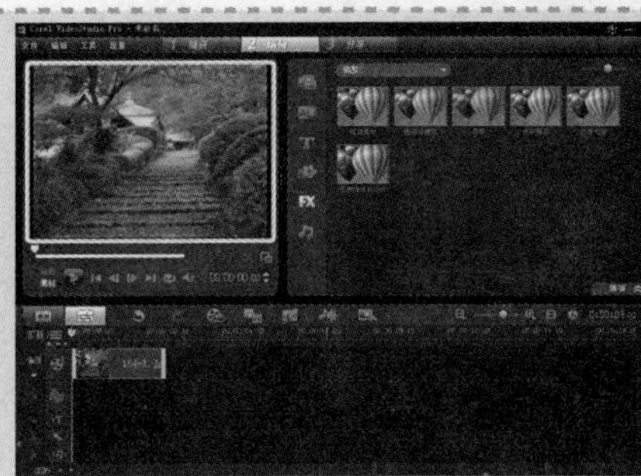

图154-3 添加“降噪”滤镜

03 在“调整”滤镜库中选择“降噪”滤镜，按住鼠标左键并拖曳至时间轴面板视频素材上，添加“降噪”滤镜，如图154-3所示。

04 单击“播放”按钮，即可预览滤镜效果，如图154-4所示。

图154-4 预览滤镜效果

第155集　应用“视频摇动和缩放”滤镜

素材：素材\第9章\155-1.jpg

效果：效果\第9章\第155集.vsp

视频：视频\第9章\第155集.swf

时长：29秒

难度：★

关键技术：“视频摇动和缩放”滤镜

01 进入会声会影高级编辑器，插入一幅图像素材，如图155-1所示。

图155-1 素材图像

02 在“调整”滤镜素材库中选择“视频摇动和缩放”滤镜，将其添加到素材图像上，如图155-2所示。

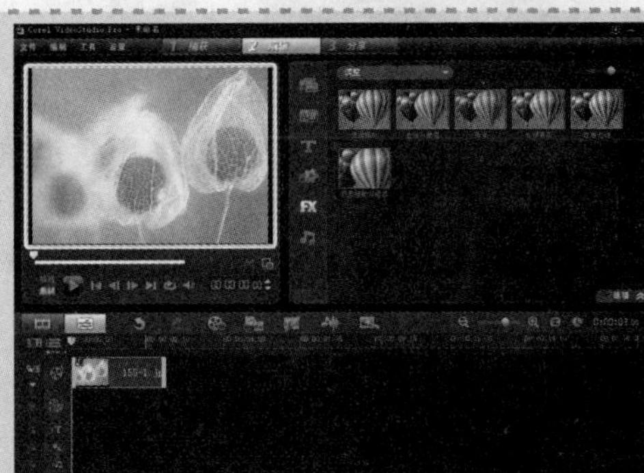

图155-2 添加“视频摇动和缩放”滤镜

03 单击“播放”按钮，即可预览滤镜效果，如图155-3所示。

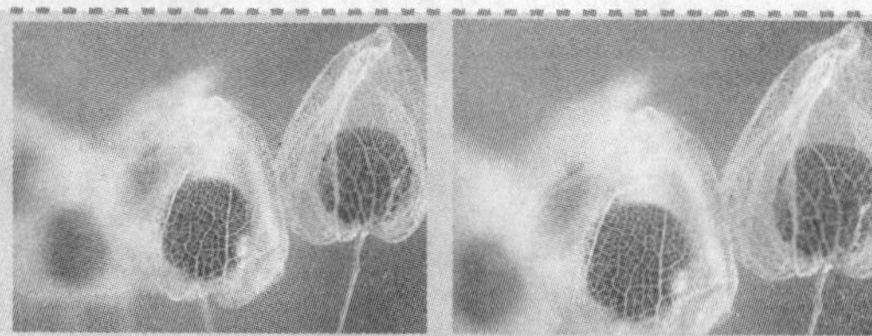

图155-3 预览滤镜效果

专家提醒

运用“视频摇动和缩放”滤镜，可以使图像显出由于镜头运动而产生的摇动和缩放的效果，让用户产生视觉上的缩放感。

9.6 应用“相机镜头”滤镜

第156集 应用“发散光晕”滤镜

素材：素材\第9章\156—1.jpg

效果：效果\第9章\第156集.vsp

视频：视频\第9章\第156集.swf

时长：51秒

难度：★★★★

关键技术：“发散光晕”滤镜

01 进入会声会影高级编辑器，插入一幅素材图像，如图156-1所示。

图156-1 视频素材

02 单击“滤镜”按钮，展开滤镜素材库，单击“画廊”下三角按钮，在弹出的列表框中选择“相机镜头”选项，如图156-2所示。

图156-2 选择“相机镜头”选项

03 在“相机镜头”滤镜库中选择“发散光晕”滤镜，按住鼠标左键并拖曳至时间轴面板视频素材上，添加“发散光晕”滤镜，如图156-3所示。

图156-3 添加“发散光晕”滤镜

04 单击“播放”按钮，即可预览滤镜效果，如图156-4所示。

图156-4 预览滤镜效果

第157集 应用“万花筒”滤镜

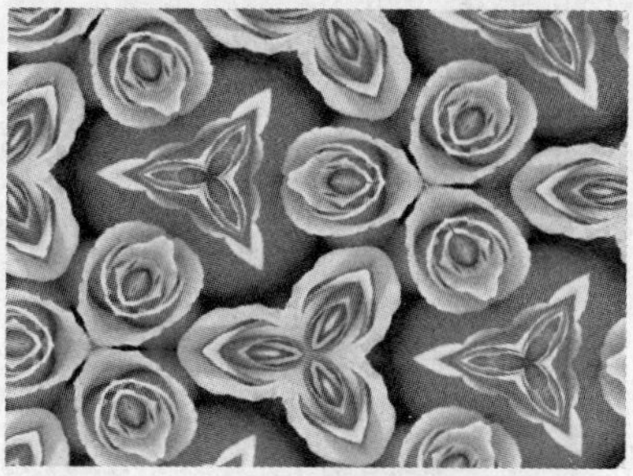

素材：素材\第9章\157—1.jpg

效果：效果\第9章\第157集.vsp

视频：视频\第9章\第157集.swf

时长：30秒

难度：★★

关键技术：“万花筒”滤镜

01 进入会声会影高级编辑器，插入一幅图像素材，如图157-1所示。

图157-1 素材图像

02 在“相机镜头”滤镜素材库中选择“万花筒”滤镜，将其添加到素材图像上，如图157-2所示。

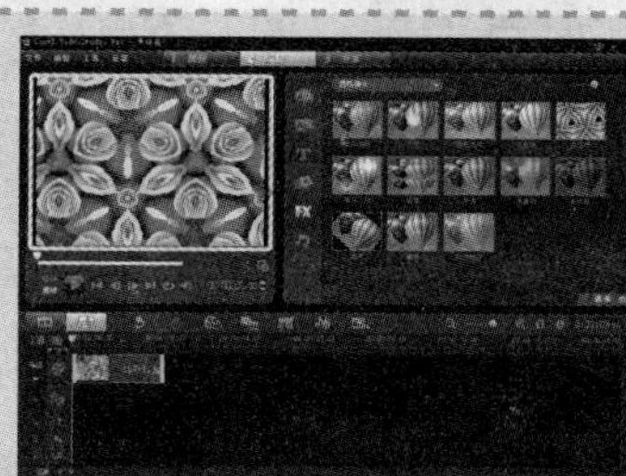

图157-2 添加“万花筒”滤镜

03 单击“播放”按钮，即可预览滤镜效果，如图157-3所示。

图157-3 预览滤镜效果

第158集 应用“镜头闪光”滤镜

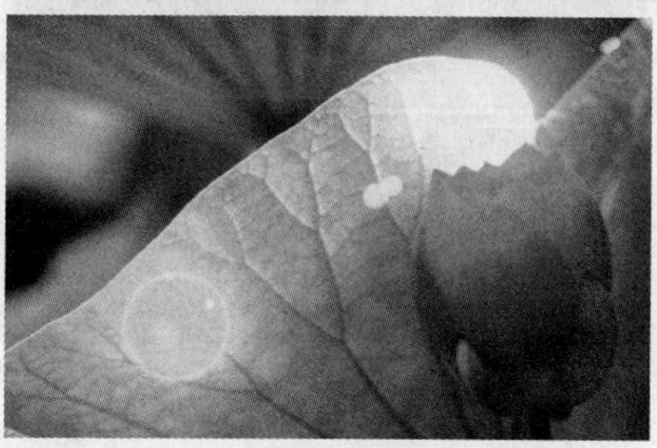

素材：素材\第9章\158—1.jpg

效果：效果\第9章\第158集.vsp

视频：视频\第9章\第158集.swf

时长：32秒

难度：★★

关键技术：“镜头闪光”滤镜

01 进入会声会影高级编辑器，插入一幅图像素材，如图158-1所示。

02 在“相机镜头”滤镜素材库中选择“镜头闪光”滤镜，将其添加到素材图像上，如图158-2所示。

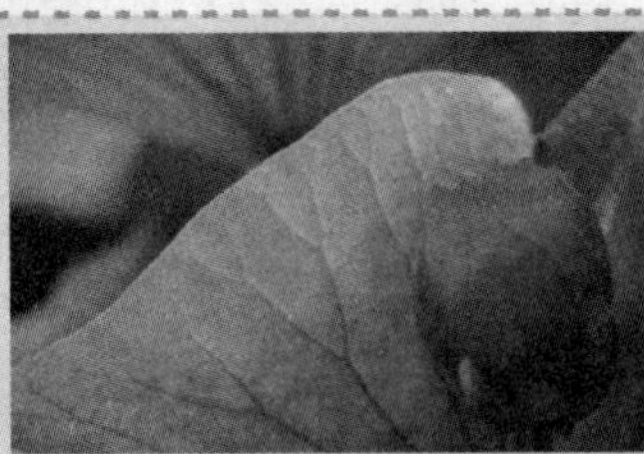

图158-1 素材图像

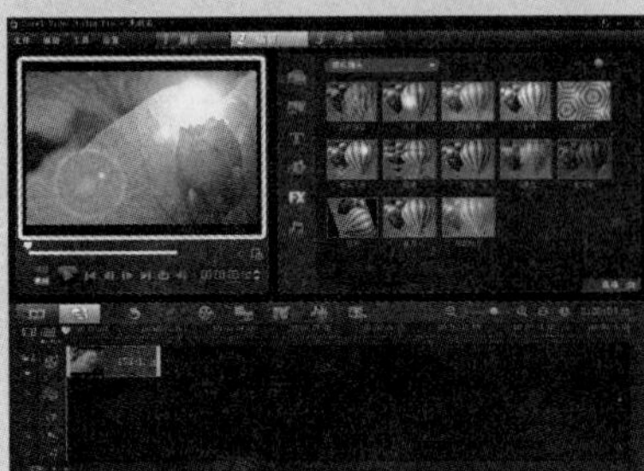

图158-2 添加“镜头闪光”滤镜

03 单击“播放”按钮，即可预览滤镜效果，如图158-3所示。

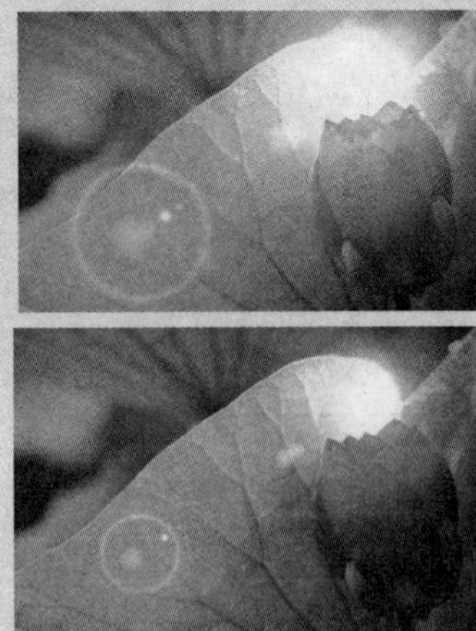

图158-3 预览滤镜效果

第159集 应用“老电影”滤镜

素材：素材\第9章\159—1.jpg

效果：效果\第9章\第159集.vsp

视频：视频\第9章\第159集.swf

时长：30秒

难度：★★

关键技术：“老电影”滤镜

01 进入会声会影高级编辑器，插入一幅图像素材，如图159-1所示。

图159-1 素材图像

02 在“相机镜头”滤镜素材库中选择“老电影”滤镜，将其添加到素材图像上，如图159-2所示。

03 单击“播放”按钮，即可预览滤镜效果，如图159-3所示。

图159-2 添加“老电影”滤镜

专家提醒

“老电影”滤镜可以创建色彩单一，播放时会出现抖动、刮痕，光线变化忽明忽暗的画面效果，让这个影片充满怀旧的气氛。

图159-3 预览滤镜效果

第160集 应用“镜像”滤镜

素材：素材\第9章\160-1.jpg

效果：效果\第9章\第160集.vsp

视频：视频\第9章\第160集.swf

时长：31秒

难度：★★

关键技术：“镜像”滤镜

01 进入会声会影高级编辑器，插入一幅图像素材，如图160-1所示。

图160-1 素材图像

02 在“相机镜头”滤镜素材库中选择“镜像”滤镜，将其添加到素材图像上，如图160-2所示。

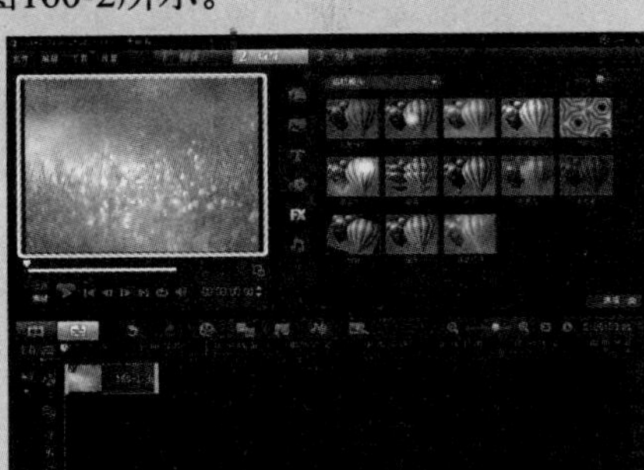

图160-2 添加“镜像”滤镜

03 单击“播放”按钮，即可预览滤镜效果，如图160-3所示。

图160-3 预览滤镜效果

专家提醒

“镜像”滤镜可以将画面分割、重复，在同一画面上显示多个副本。

9.7 应用Corel FX滤镜

第161集 应用“FX漩涡”滤镜

素材：素材\第9章\161-1.jpg

效果：效果\第9章\第161集.vsp

视频：视频\第9章\第161集.swf

时长：49秒

难度：★★★

关键技术：选择“Corel FX”选项

01 进入会声会影高级编辑器，插入一幅素材图像，如图161-1所示。

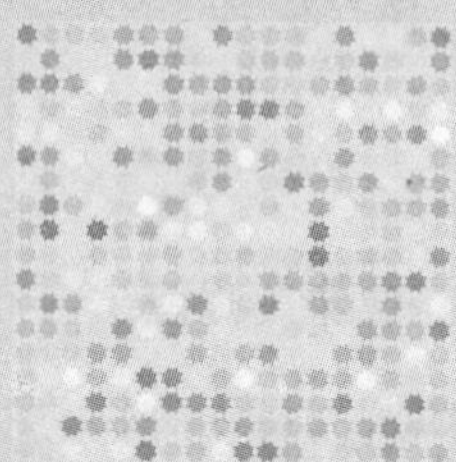

图161-1 素材图像

02 单击“滤镜”按钮，展开滤镜素材库，单击“画廊”下三角按钮，在弹出的列表框中选择“Corel FX”选项，如图161-2所示。

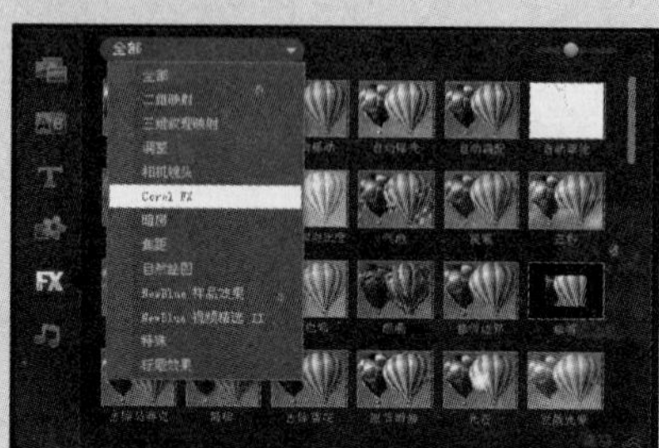

图161-2 选择“Corel FX”选项

03 在Corel FX滤镜库中选择“FX漩涡”滤镜，按住鼠标左键并拖曳至时间轴面板视频素材上，添加“FX漩涡”滤镜，如图161-3所示。

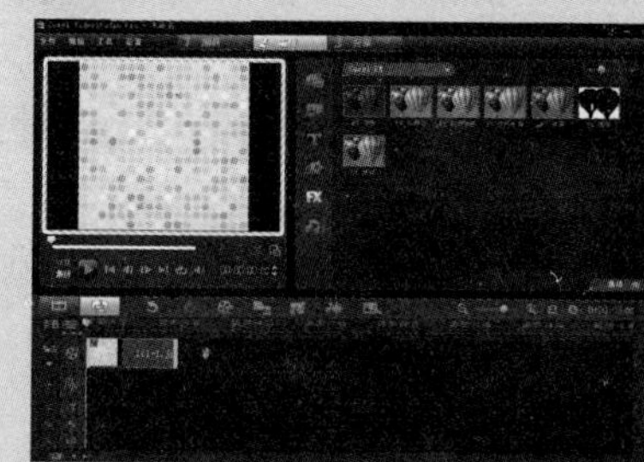

图161-3 添加“FX漩涡”滤镜

04 单击“播放”按钮，即可预览滤镜效果，如图161-4所示。

图161-4 预览滤镜效果

第162集 应用“FX马赛克”滤镜

素材：素材\第9章\162-1.jpg

效果：效果\第9章\第162集.vsp

视频：视频\第9章\第162集.swf

时长：32秒

难度：★★

关键技术：“FX马赛克”滤镜

01 进入会声会影高级编辑器，插入一幅图像素材，如图162-1所示。

图162-1 素材图像

02 在Corel FX滤镜素材库中选择“FX马赛克”滤镜，将其添加到素材图像上，如图162-2所示。

03 单击“播放”按钮，即可预览滤镜效果，如图162-3所示。

图162-2 添加“FX马赛克”滤镜

图162-3 预览滤镜效果

第163集 应用“FX往外扩展”滤镜

素材：素材\第9章\163—1.jpg

效果：效果\第9章\第163集.vsp

视频：视频\第9章\第163集.swf

时长：35秒

难度：★★

关键技术：“FX往外扩展”滤镜

01 进入会声会影高级编辑器，插入一幅图像素材，如图163-1所示。

图163-1 素材图像

02 在Corel FX滤镜素材库中选择“FX往外扩展”滤镜，将其添加到素材图像上，如图163-2所示。

03 单击“播放”按钮，即可预览滤镜效果，如图163-3所示。

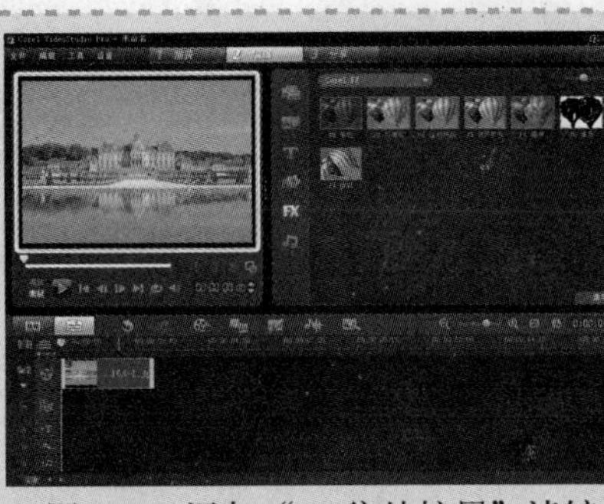

图163-2 添加“FX往外扩展”滤镜

图163-3 预览滤镜效果

9.8 应用“暗房”滤镜

第164集 应用“自动曝光”滤镜

素材：素材\第9章\164-1.jpg

效果：效果\第9章\第164集.vsp

视频：视频\第9章\第164集.swf

时长：47秒

难度：★★★

关键技术：选择“暗房”选项

01 进入会声会影高级编辑器，插入一幅素材图像，如图164-1所示。

图164-1 视频素材

02 单击“滤镜”按钮，展开滤镜素材库，单击“画廊”下三角按钮，在弹出的列表框中选择“暗房”选项，如图164-2所示。

图164-2 选择“暗房”选项

专家提醒

“自动曝光”滤镜只有一种滤镜预设模式，它最主要的作用是通过调整图像的光线来达到曝光，主要适合在光线比较暗的素材上使用。

03 在“暗房”滤镜素材库中选择“自动曝光”滤镜，按住鼠标左键并拖曳至时间轴面板视频素材上，添加“自动曝光”滤镜，如图164-3所示。

图164-3 添加“自动曝光”滤镜

04 单击“播放”按钮，即可预览滤镜效果，如图164-4所示。

图164-4 预览滤镜效果

第165集　应用“亮度和对比度”滤镜

素材：素材\第9章\165-1.jpg

效果：效果\第9章\第165集.vsp

视频：视频\第9章\第165集.swf

时长：43秒

难度：★★★

关键技术：“亮度和对比度”滤镜

01 进入会声会影高级编辑器，插入一幅图像素材，如图165-1所示。

图165-1　素材图像

02 在“暗房”滤镜素材库中选择“亮度和对比度”滤镜，将其添加到素材图像上，如图165-2所示。

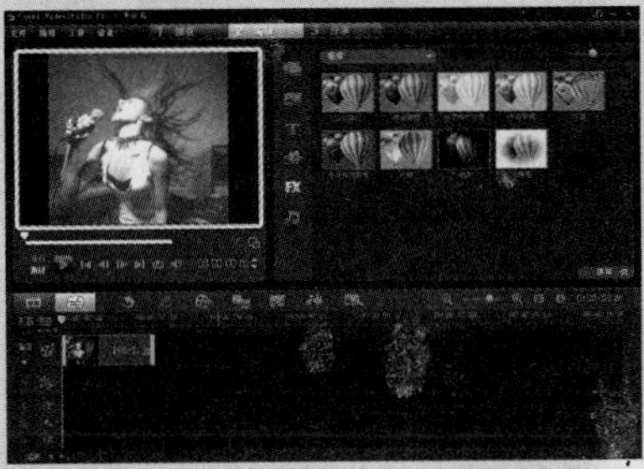

图165-2　添加“亮度和对比度”滤镜

03 单击“播放”按钮，即可预览滤镜效果，如图165-3所示。

图165-3　预览滤镜效果

专家提醒

电视机屏幕中播放的画面要比计算机屏幕中的亮一些，若制作的影片最终在电视机中播放，用户在应用“亮度和对比度”滤镜进行调节时要比预想的调暗一些。

第166集　应用“色调和饱和度”滤镜

素材：素材\第9章\166-1.jpg

效果：效果\第9章\第166集.vsp

视频：视频\第9章\第166集.swf

时长：27秒

难度：★

关键技术：“色调和饱和度”滤镜

01 进入会声会影高级编辑器，插入一幅图像素材，如图166-1所示。

图166-1 素材图像

02 在“暗房”滤镜素材库中选择“色调和饱和度”滤镜，将其添加到素材图像上，如图166-2所示。

图166-2 添加“色调和饱和度”滤镜

03 单击“播放”按钮，即可预览滤镜效果，如图166-3所示。

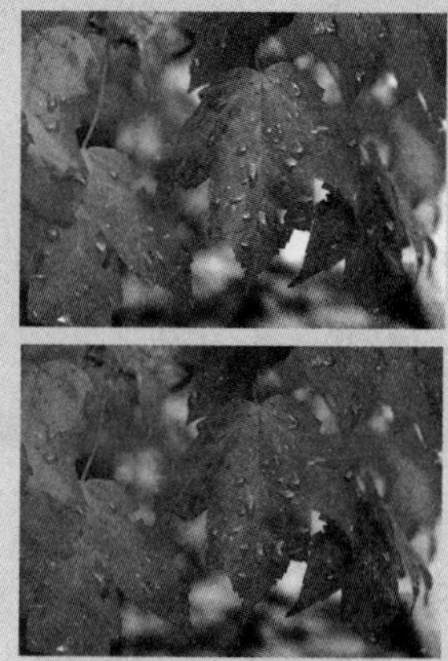

图166-3 预览滤镜效果

专家提醒

“暗房”滤镜素材库主要是运用从胶片到相片的一个转变过程为影片带来由暗到亮的转变效果。

第167集 应用“肖像画”滤镜

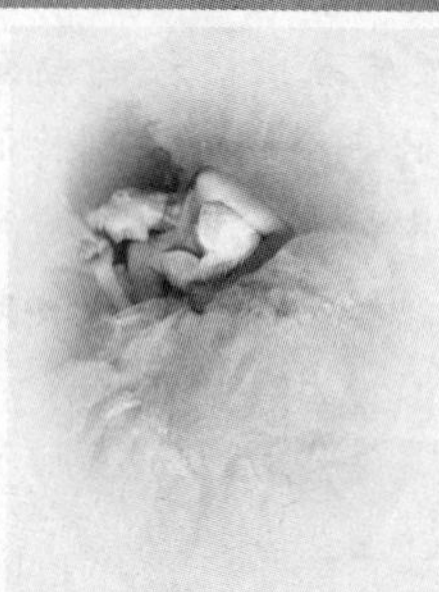

素材：素材\第9章\167-1.jpg

效果：效果\第9章\第167集.vsp

视频：视频\第9章\第167集.swf

时长：32秒

难度：★★

关键技术：“肖像画”滤镜

01 进入会声会影高级编辑器，插入一幅图像素材，如图167-1所示。

图167-1 素材图像

02 在“暗房”滤镜素材库中选择“肖像画”滤镜，将其添加到素材图像上，如图167-2所示。

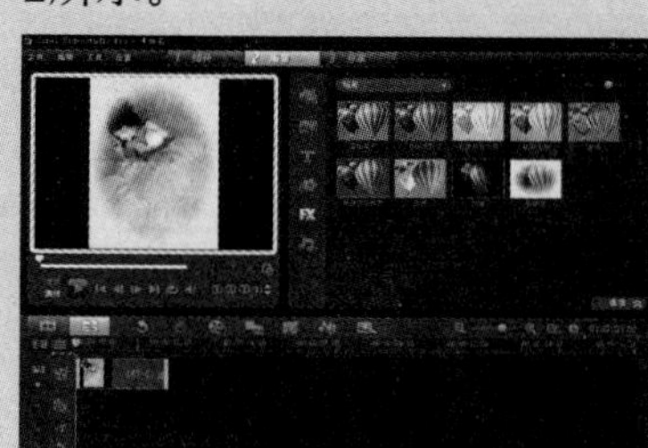

图167-2 添加“肖像画”滤镜

03 单击“播放”按钮，即可预览滤镜效果，如图167-3所示。

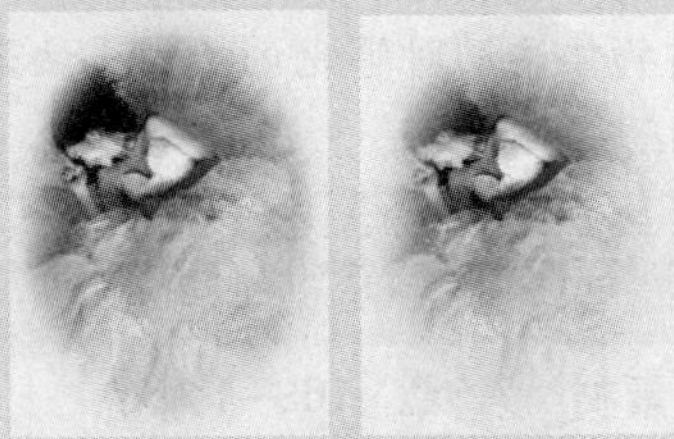

图167-3 预览滤镜效果

专家提醒

单击“自定义滤镜”按钮，在弹出的“肖像画”对话框中可以对镂空罩色彩、形状、柔和度进行设置。

9.9 应用“焦距”滤镜

第168集 应用“模糊”滤镜

素材：素材\第9章\168-1.jpg

效果：效果\第9章\第168集.vsp

视频：视频\第9章\第168集.swf

时长：45秒

难度：★★★

关键技术：选择“焦距”选项

01 进入会声会影高级编辑器，插入一幅素材图像，如图168-1所示。

图168-1 视频素材

02 单击“滤镜”按钮，展开滤镜素材库，单击“画廊”下三角按钮，在弹出的列表框中选择“焦距”选项，如图168-2所示。

图168-2 选择“焦距”选项

03 在“焦距”滤镜素材库中选择“模糊”滤镜，按住鼠标左键并拖曳至时间轴面板视频素材上，添加“模糊”滤镜，如图168-3所示。

图168-3 添加“模糊”滤镜

04 单击“播放”按钮，即可预览滤镜效果，如图168-4所示。

图168-4 预览滤镜效果

专家提醒

使用“模糊”滤镜可以产生运动模糊，它是模仿物体运动时曝光的摄影手法来增加图像的运动效果。

第169集 应用“平均”滤镜

素材：素材\第9章\169−1.jpg

效果：效果\第9章\第169集.vsp

视频：视频\第9章\第169集.swf

时长：28秒

难度：★

关键技术：“平均”滤镜

01 进入会声会影高级编辑器，插入一幅图像素材，如图169-1所示。

图169-1 素材图像

02 在“焦距”滤镜素材库中选择“平均”滤镜，将其添加到素材图像上，如图169-2所示。

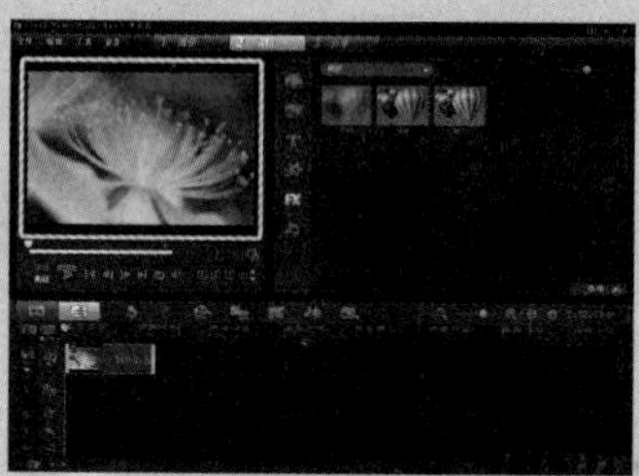

图169-2 添加“平均”滤镜

专家提醒

焦距是运用了光学系统中光的聚焦或光的发散来衡量距离的，主要是指从中心向外扩散的距离。

03 单击“播放”按钮，即可预览滤镜效果，如图169-3所示。

图169-3 预览滤镜效果

第170集 应用“锐化”滤镜

素材：素材\第9章\170−1.jpg

效果：效果\第9章\第170集.vsp

视频：视频\第9章\第170集.swf

时长：29秒

难度：★

关键技术：“锐化”滤镜

01 进入会声会影高级编辑器，插入一幅图像素材，如图170-1所示。

图170-1 素材图像

02 在“焦距”滤镜素材库中选择“锐化”滤镜，将其添加到素材图像上，如图170-2所示。

图170-2 添加“锐化”滤镜

03 单击“播放”按钮，即可预览滤镜效果，如图170-3所示。

图170-3 预览滤镜效果

专家提醒

“锐化”滤镜的名称来源于传统胶片的合成技术，即通过混合模糊的父母与原始的正片来增强图像的效果。

9.10 应用“自然绘图”滤镜

第171集 应用“油画”滤镜

素材：素材\第9章\171-1.jpg

效果：效果\第9章\第171集.vsp

视频：视频\第9章\第171集.swf

时长：48秒

难度：★★★

关键技术：“油画”滤镜

01 进入会声会影高级编辑器，插入一幅素材图像，如图171-1所示。

02 单击“滤镜”按钮，展开滤镜素材库，单击“画廊”下三角按钮，在弹出的列表框中选择“自然绘图”选项，如图171-2所示。

图171-1 视频素材

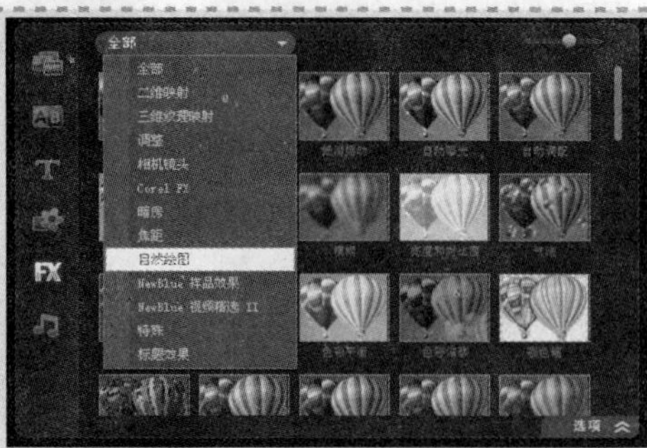

图171-2 选择“自然绘图”选项

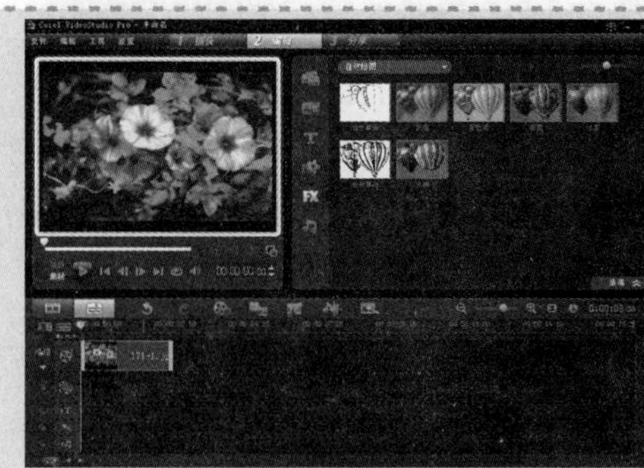

图171-3 添加“油画”滤镜

03 在“自然绘图”滤镜素材库中选择“油画”滤镜，按住鼠标左键并拖曳至时间轴面板视频素材上，添加“油画”滤镜，如图171-3所示。

04 单击“播放”按钮，即可预览滤镜效果，如图171-4所示。

图171-4 预览滤镜效果

专家提醒

使用油画滤镜效果可以为画面带来一种朦胧的意境美。

第172集 应用“自动草绘”滤镜

素材：素材\第9章\172-1.jpg

效果：效果\第9章\第172集.vsp

视频：视频\第9章\第172集.swf

时长：32秒

难度：★★

关键技术：“自动草绘”滤镜

01 进入会声会影高级编辑器，插入一幅图像素材，如图172-1所示。

图172-1 素材图像

02 在“自然绘图”滤镜素材库中选择“自动草绘”滤镜，将其添加到素材图像上，如图172-2所示。

图172-2 添加“自动草绘”滤镜

03 单击“播放”按钮，即可预览滤镜效果，如图172-3所示。

图172-3 预览滤镜效果

专家提醒

“自动草绘”滤镜主要展现的是绘画的一个过程，即素描到初步上色，最后到定色绘画完成。

第173集 应用“彩色笔”滤镜

素材：素材\第9章\173–1.jpg

效果：效果\第9章\第173集.vsp

视频：视频\第9章\第173集.swf

时长：30秒

难度：★★

关键技术：“彩色笔”滤镜

01 进入会声会影高级编辑器，插入一幅图像素材，如图173-1所示。

图173-1 素材图像

02 在“自然绘图”滤镜素材库中选择“彩色笔”滤镜，将其添加到素材图像上，如图173-2所示。

03 单击“播放”按钮，即可预览滤镜效果，如图173-3所示。

图173-2 添加“彩色笔”滤镜

专家提醒

“彩色笔”滤镜是展现运用彩色铅笔绘画的效果。

图173-3 预览滤镜效果

9.11 应用“NewBlue样品效果”滤镜

第174集 应用“水彩”滤镜

素材：素材\第9章\174-1.jpg

效果：效果\第9章\第174集.vsp

视频：视频\第9章\第174集.swf

时长：46秒

难度：★★★

关键技术：选择“NewBlue样品效果”选项

01 进入会声会影高级编辑器，插入一幅素材图像，如图174-1所示。

图174-1 视频素材

02 单击“滤镜”按钮，展开滤镜素材库，单击“画廊”下三角按钮，在弹出的列表框中选择“NewBlue样品效果”选项，如图174-2所示。

图174-2 选择“NewBlue样品效果”选项

03 在“NewBlue样品效果”滤镜素材库中选择“水彩”滤镜，按住鼠标左键并拖曳至时间轴面板视频素材上，添加“水彩”滤镜，如图174-3所示。

图174-3 添加“水彩”滤镜

04 单击“播放”按钮，即可预览滤镜效果，如图174-4所示。

图174-4 预览滤镜效果

第175集　应用“活动摄影机”滤镜

素材：素材\第9章\175—1.jpg

效果：效果\第9章\第175集.vsp

视频：视频\第9章\第175集.swf

时长：30秒

难度：★★

关键技术：“活动摄影机”滤镜

01 进入会声会影高级编辑器，插入一幅图像素材，如图175-1所示。

图175-1　素材图像

02 在“NewBlue样品效果”滤镜素材库中选择“活动摄影机”滤镜，将其添加到素材图像上，如图175-2所示。

图175-2　添加“活动摄影机”滤镜

03 单击“播放”按钮，即可预览滤镜效果，如图175-3所示。

图175-3　预览滤镜效果

专家提醒

“活动摄影机”滤镜主要展现的是摄影机在拍摄的过程中不断的活动，而导致影片效果不断晃动。

第176集　应用“喷枪”滤镜

素材：素材\第9章\176—1.jpg

效果：效果\第9章\第176集.vsp

视频：视频\第9章\第176集.swf

时长：28秒

难度：★

关键技术：“喷枪”滤镜

01 进入会声会影高级编辑器，插入一幅图像素材，如图176-1所示。

图176-1 素材图像

02 在“NewBlue样品效果”滤镜素材库中选择“喷枪”滤镜，将其添加到素材图像上，即可应用喷枪滤镜，如图176-2所示。

图176-2 添加“喷枪”滤镜

第177集 应用“细节增强”滤镜

素材：素材\第9章\177—1.jpg

效果：效果\第9章\第177集.vsp

视频：视频\第9章\第177集.swf

时长：37秒

难度：★★

关键技术：“细节增强”滤镜

01 进入会声会影高级编辑器，插入一幅图像素材，如图177-1所示。

图177-1 素材图像

02 在“NewBlue样品效果”滤镜素材库中选择“细节增强”滤镜，将其添加到素材图像上，即可应用细节增强滤镜，如图177-2所示。

图177-2 添加“细节增强”滤镜

9.12 应用“特殊”滤镜

第178集 应用“云彩”滤镜

素材：素材\第9章\178—1.jpg

效果：效果\第9章\第178集.vsp

视频：视频\第9章\第178集.swf

时长：48秒

难度：★★

关键技术：“云彩”滤镜

01 进入会声会影高级编辑器，插入一幅素材图像，如图178-1所示。

图178-1 视频素材

02 单击“滤镜”按钮，展开滤镜素材库，单击“画廊”下三角按钮，在弹出的列表框中选择“特殊”选项，在“特殊”滤镜素材库中选择“云彩”滤镜，按住鼠标左键并拖曳至时间轴面板视频素材上，添加“云彩”滤镜，如图178-2所示。

图178-2 添加“云彩”滤镜

03 单击“播放”按钮，即可预览滤镜效果，如图178-3所示。

图178-3 预览滤镜效果

专家提醒

“云彩”滤镜用于在视频画面上添加流动的云彩效果，可以模仿天空中的云彩。

第179集 应用“闪电”滤镜

素材：素材\第9章\179—1.jpg

效果：效果\第9章\第179集.vsp

视频：视频\第9章\第179集.swf

时长：31秒

难度：★★

关键技术：“闪电”滤镜

01 进入会声会影高级编辑器，插入一幅图像素材，如图179-1所示。

图179-1 素材图像

02 在“特殊”滤镜素材库中选择“闪电”滤镜，将其添加到素材图像上，如图179-2所示。

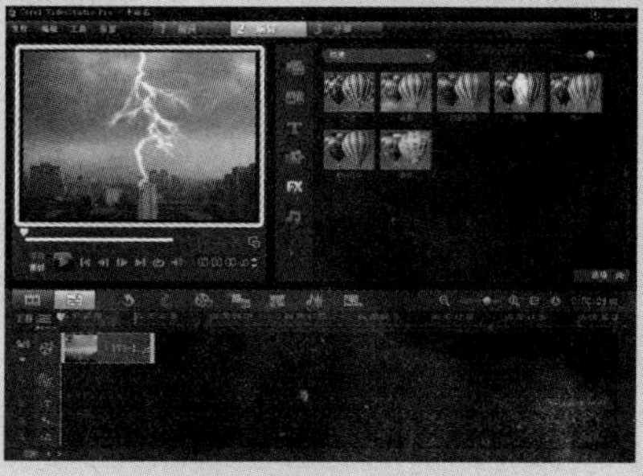

图179-2 添加“闪电”滤镜

03 单击“播放”按钮，即可预览滤镜效果，如图179-3所示。

图179-3 预览滤镜效果

专家提醒

“闪电”滤镜可以模仿大自然中闪电照射的效果。

第180集 应用“雨点”滤镜

素材：素材\第9章\180-1.jpg

效果：效果\第9章\第180集.vsp

视频：视频\第9章\第180集.swf

时长：26秒

难度：★

关键技术：“雨点”滤镜

01 进入会声会影高级编辑器，插入一幅图像素材，如图180-1所示。

图180-1 素材图像

02 在“特殊”滤镜素材库中选择“雨点”滤镜，将其添加到素材图像上，如图180-2所示。

图180-2 添加“雨点”滤镜

专家提醒

“雨点”滤镜可以在画面上添加雨丝的效果，模仿大自然中下雨的场景。

03 单击“播放”按钮，即可预览滤镜效果，如图180-3所示。

图180-3 预览滤镜效果

第181集 应用“幻影动作”滤镜

素材：素材\第9章\181–1.jpg

效果：效果\第9章\第181集.vsp

视频：视频\第9章\第181集.swf

时长：28秒

难度：★

关键技术：“幻影动作”滤镜

01 进入会声会影高级编辑器，插入一幅图像素材，如图181-1所示。

图181-1 素材图像

02 在“特殊”滤镜素材库中选择“幻影动作”滤镜，将其添加到素材图像上，如图181-2所示。

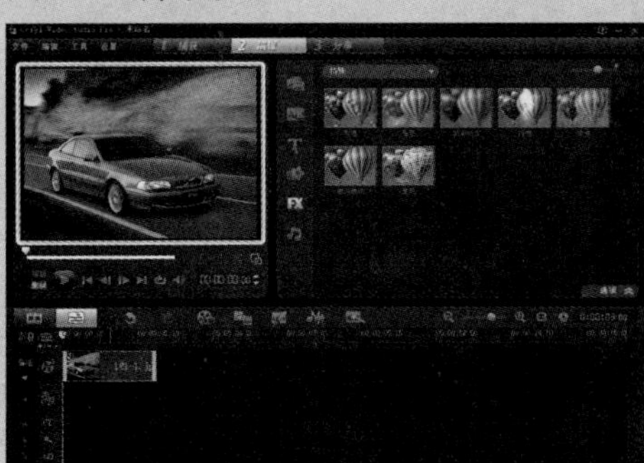

图181-2 添加“幻影动作”滤镜

03 单击“播放”按钮，即可预览滤镜效果，如图181-3所示。

图181-3 预览滤镜效果

第10章 为影片添加转场

在视频编辑工作中，素材与素材之间的连接称为切换。它是使用一些特殊的效果，在素材与素材之间产生自然、流畅和平滑的过渡。会声会影X3为用户提供了上百种转场效果，运用这些转场效果，可以让素材之间过渡更加完美，从而制作出绚丽多彩的视频作品。

10.1 转场效果的基本操作

第182集 自动添加转场效果

素材：素材\第10章\182-1（a）～（b）.jpg

效果：效果\第10章\第182集.vsp

视频：视频\第10章\第182集.swf

时长：54秒

难度：★★★★

关键技术：勾选“自动添加转场效果”复选框

01 进入会声会影高级编辑器，选择“设置”|“参数选择”命令，弹出“参数选择”对话框，切换至“编辑”选项卡，勾选“自动添加转场效果”复选框，如图182-1所示。

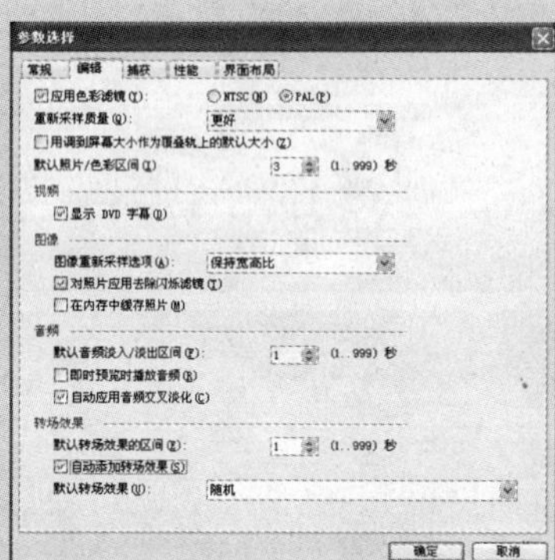

图182-1 “参数选择”对话框

02 单击“确定”按钮，插入两幅图像素材，会声会影即可在素材之间自动添加转场，如图182-2所示。

03 单击“播放”按钮，即可预览自动添加的转场效果，如图182-3所示。

图182-2 添加素材

图182-3 预览影片

专家提醒

会声会影X3提供了很多种默认的转场效果，也就是说，将素材添加到项目后，会声会影X3将自动在素材之间添加转场效果，每次添加的效果也不同。

第183集　手动添加转场效果

素材：素材\第10章\183-1（a）～（b）.jpg

效果：效果\第10章\第183集.vsp

视频：视频\第10章\第183集.swf

时长：60秒

难度：★★★★★

关键技术：按住鼠标左键并拖曳

01 进入会声会影高级编辑器，插入两幅图像素材，单击“转场”按钮，展开转场素材库，如图183-1所示。

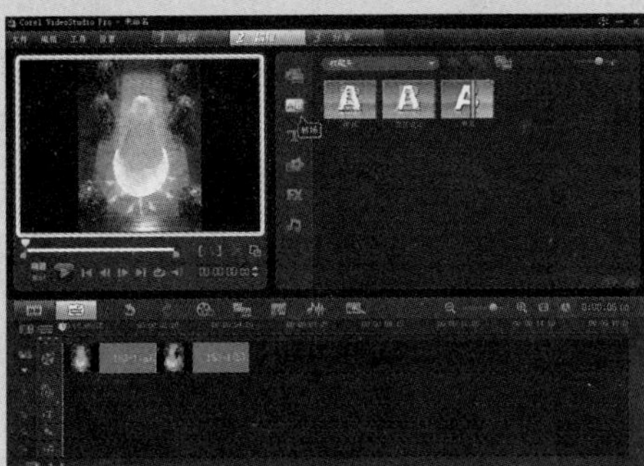

图183-1 图像素材

02 单击“画廊”下三角按钮，在弹出的列表框中选择“全部”选项，如图183-2所示。

图183-2 选择“全部”选项

03 在全部转场素材库中，选择3D转场，按住鼠标左键并拖曳该转场至时间轴面板中两个图像素材之间，如图183-3所示。

图183-3 拖曳转场

04 释放鼠标左键，即可在两幅图像之间添加转场效果，如图183-4所示。

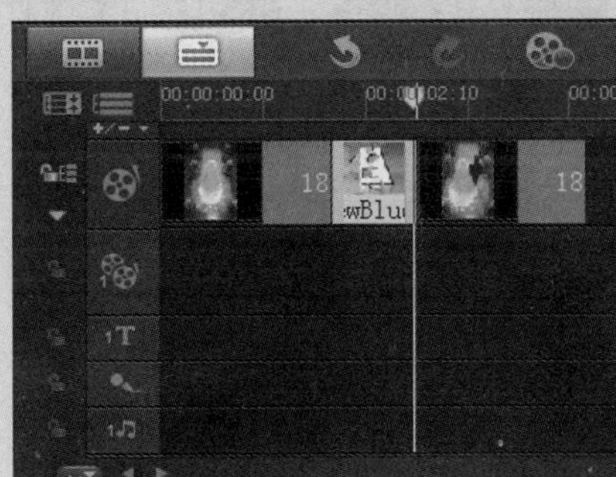

图183-4 添加转场效果

05 单击“播放”按钮，即可预览添加的转场效果，如图183-5所示。

图183-5 预览转场效果

专家提醒

若转场效果运用得当，可以增加影片的观赏性和流畅性，从而提高影片的艺术档次，相反，若运用不当，有时会使观众产生错觉，或者产生画蛇添足的效果，大大降低影片的观赏价值。

第184集 对视频轨应用随机效果

素材：素材\第10章\184-1（a）~（c）.jpg

效果：效果\第10章\第184集.vsp

视频：视频\第10章\第184集.swf

时长：43秒

难度：★★★

关键技术：单击"对视频轨应用随机效果"按钮

01 进入会声会影高级编辑器，插入3幅图像素材，如图184-1所示。

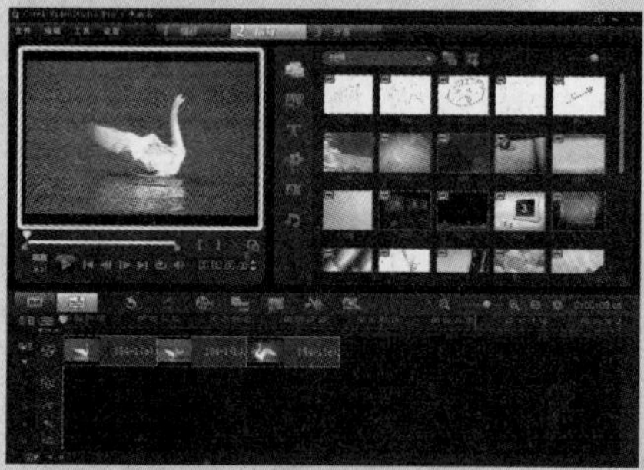

图184-1 图像素材

02 单击"转场"按钮，展开转场素材库，在素材库的右上方单击"对视频轨应用随机效果"按钮，如图184-2所示。

图184-2 单击"对视频轨应用随机效果"按钮

03 执行操作后，即可在素材图像之间添加随机转场效果，单击"播放"按钮，即可预览随机转场效果，如图184-3所示。

图184-3 预览转场效果

专家提醒

在会声会影中进行影片编辑工作时，素材与素材之间的连接称为切换。最常用的切换方法是一个素材与另一个素材紧密相连，使素材之间自然过渡，这种方法称为"硬切换"。

第185集　对视频轨应用当前效果

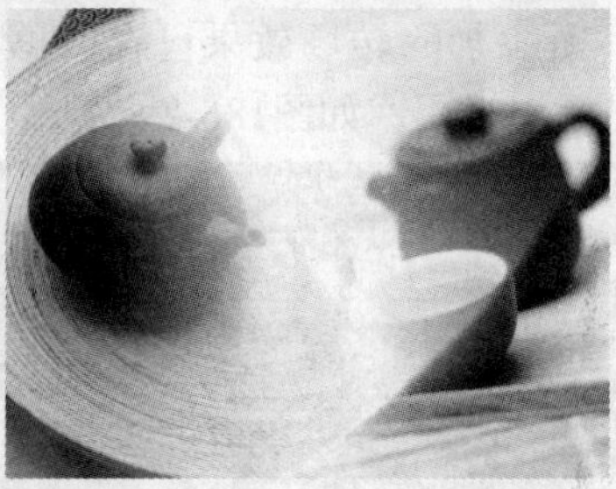

素材：素材\第10章\185-1 (a) ~ (b) .jpg

效果：效果\第10章\第185集.vsp

视频：视频\第10章\第185集.swf

时长：51秒

难度：★★★★

关键技术：单击“对视频轨应用当前效果”按钮

01 进入会声会影高级编辑器，插入两幅素材图像，如图185-1所示。

图185-1 素材图像

02 单击“转场”按钮，展开转场素材库，单击“画廊”下三角按钮，在弹出的列表框中选择“遮罩”选项，在展开的遮罩素材库中，选择“遮罩E”转场效果，单击“对视频轨应用当前效果”按钮，效果如图185-2所示。

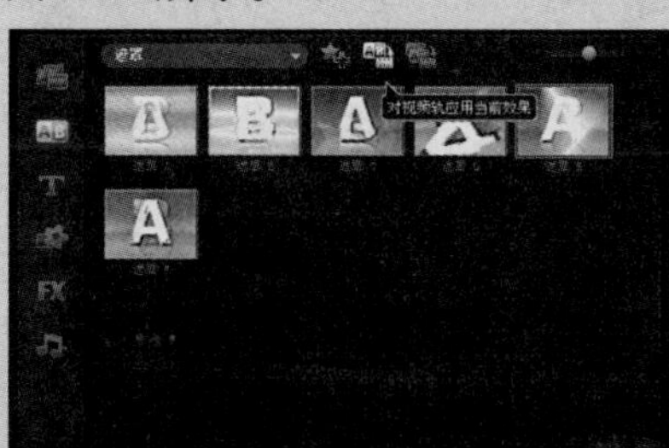

图185-2 单击“对视频轨应用当前效果”按钮

专家提醒

若当前项目中已经运用了转场效果，单击“对视频轨应用当前效果”按钮，将弹出信息提示框，单击“否”按钮，则保留原先的转场效果，并在其他素材之间添加选择的转场效果。

03 执行操作后，各图像之间添加了“遮罩E”转场效果，单击“播放”按钮，即可预览当前转场效果，如图185-3所示。

图185-3 预览转场效果

第186集　添加到收藏夹

素材：无

效果：无

视频：视频\第10章\第186集.swf

时长：44秒

难度：★★★★★

关键技术：单击“添加至收藏夹”按钮

01 进入会声会影高级编辑器，单击“转场”按钮，展开转场素材库，单击“画廊”下三角按钮，在弹出的列表框中选择“果皮”选项，展开果皮转场素材库，选择“拉链”转场效果，单击“添加至收藏夹”按钮，如图186-1所示。

图186-1 单击“添加至收藏夹”按钮

02 执行操作后，单击“画廊”下三角按钮，在弹出的列表框中选择“收藏夹”选项，所添加的转场效果已在收藏夹素材库中显示出来了，如图186-2所示。

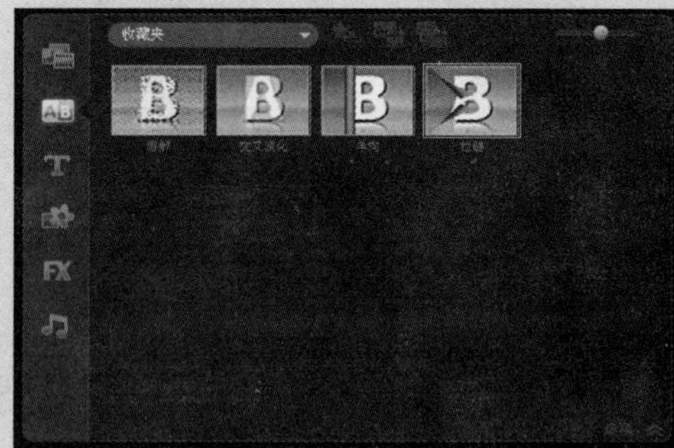

图186-2 添加的转场效果

专家提醒

在素材库中选择转场效果素材，单击鼠标右键，在弹出的快捷菜单中选择“添加到收藏夹”命令，可以快速地将选择的转场效果添加到收藏夹中。

第187集 从收藏夹删除

素材：无　　效果：无

视频：视频\第10章\第187集.swf　　时长：33秒

难度：★★　　关键技术：选择“删除”选项

01 进入会声会影高级编辑器，单击“转场”按钮，展开转场素材库，单击“画廊”下三角按钮，在弹出的列表框中选择“收藏夹”选项，展开收藏夹素材库，选择“拉链”转场效果，单击鼠标右键，在弹出的快捷菜单中选择“删除”命令，如图187-1所示。

图187-1 选择“删除”命令

02 执行操作后，即可从收藏夹删除转场效果，如图187-2所示。

图187-2 删除转场效果

专家提醒

在素材库中选择转场效果，按【Delete】键可以快速地从收藏夹中删除转场效果。

第188集　替换转场效果

素材：素材\第10章\188-1.vsp

效果：效果\第10章\第188集.vsp

视频：视频\第10章\第188集.swf

时长：58秒

难度：★★★★

关键技术：按住鼠标并拖曳

01 进入会声会影高级编辑器，打开一个项目文件，单击“转场”按钮，展开转场素材库，单击“画廊”下三角按钮，在弹出的列表框中选择“全部”选项，在“全部”素材库中选择“箭头”转场效果，按住鼠标并拖曳至时间轴面板中转场效果的上方，如图188-1所示。

图188-1 拖曳转场效果

02 释放鼠标左键，“溶解”转场效果将替换成为“箭头”转场效果，如图188-2所示。

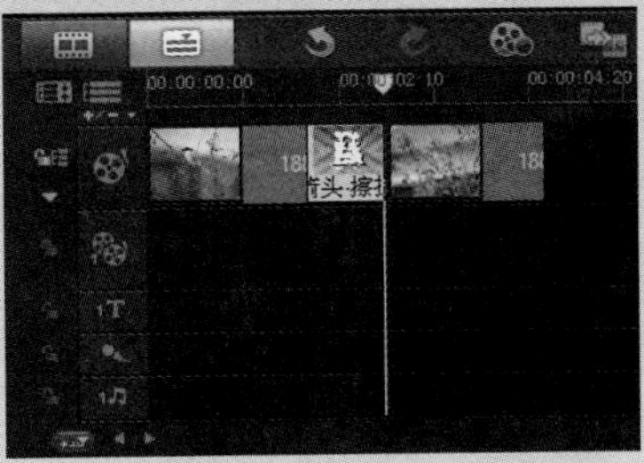

图188-2 替换转场效果

03 单击“播放”按钮，即可预览替换的转场效果，如图188-3所示。

图188-3 预览转场效果

专家提醒

在会声会影的素材之间添加转场效果后，用户还可以根据需要对转场效果进行替换，直至找到合适的转场效果。

第189集　移动转场效果

素材：素材\第10章\189-1.vsp

效果：效果\第10章\第189集.vsp

视频：视频\第10章\第189集.swf

时长：34秒

难度：★★

关键技术：按住鼠标左键并拖曳

01 进入会声会影高级编辑器，打开一个项目文件，如图189-1所示。

图189-1 项目文件

02 在时间轴面板中选择第1个转场，按住鼠标左键的同时将其拖曳至第2幅素材与第3幅素材的中间，释放鼠标左键，即可移动转场效果，如图189-2所示。

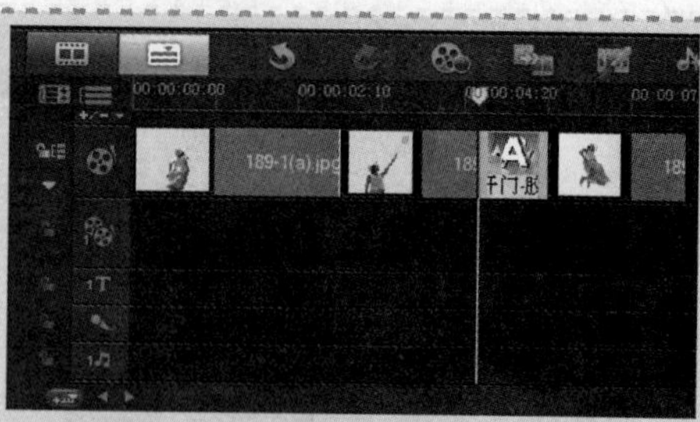

图189-2 移动转场效果

03 单击“播放”按钮，即可预览移动的转场效果，如图189-3所示。

图189-3 预览转场效果

专家提醒

若用户需要调整转场效果的位置，则可先选择需要移动的转场效果，然后再将其拖曳至合适位置。

第190集 删除转场效果

素材：素材\第10章\190-1.vsp
视频：视频\第10章\第190集.swf
难度：★★
效果：效果\第10章\第190集.vsp
时长：31秒
关键技术：选择“删除”命令

01 进入会声会影高级编辑器，打开一个项目文件，选择时间轴面板中的第1个转场，单击鼠标右键，在弹出的快捷菜单中选择“删除”命令，如图190-1所示。

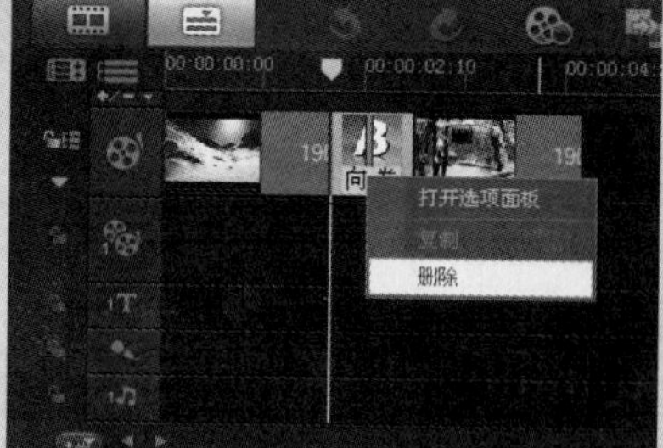

图190-1 选择“删除”命令

02 执行操作后，即可删除转场效果，如图190-2所示。

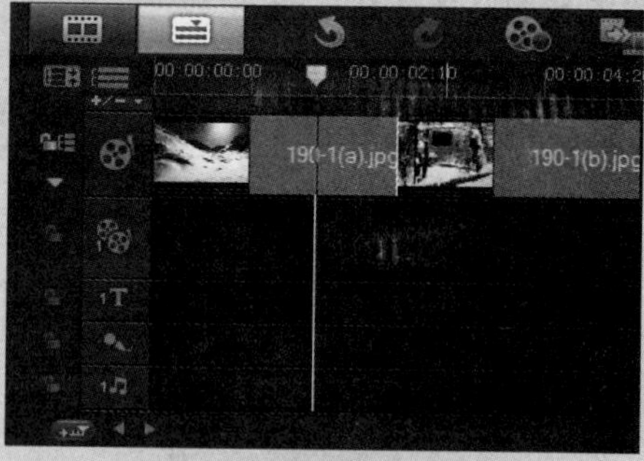

图190-2 删除转场效果

专家提醒

在时间轴面板中选择转场效果，按【Delete】键可以快速地删除转场效果。

10.2 设置转场效果的属性

第191集 设置转场的边框效果

素材：素材\第10章\191-1（a）～（b）.jpg

效果：效果\第10章\第191集.vsp

视频：视频\第10章\第191集.swf

时长：54秒

难度：★★★★

关键技术：设置边框

01 进入会声会影高级编辑器，插入两幅素材图像，在“全部”转场素材库中选择“虹膜”转场效果，并将其添加至素材1与素材2之间，如图191-1所示。

图191-1 添加转场

02 单击“选项”按钮，展开选项面板，设置“边框”为2，按【Enter】键确认，如图191-2所示。

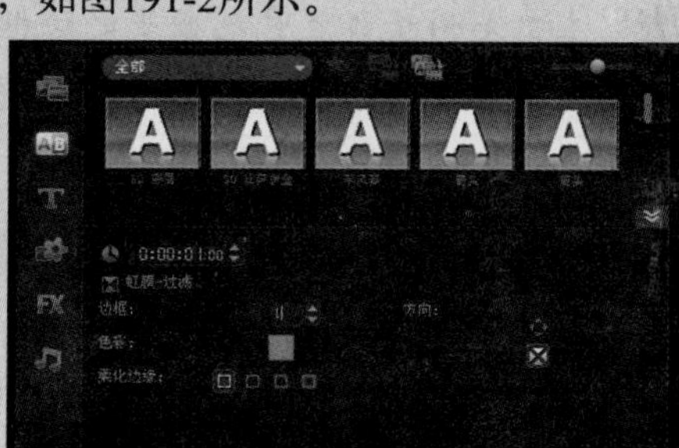

图191-2 设置边框

03 单击“播放”按钮，即可预览设置的边框效果，如图191-3所示。

图191-3 预览影片

专家提醒

会声会影X3中转场边框宽度的取值范围为0～10。

第192集 设置转场的边框颜色

素材：素材\第10章\192-1（a）~（b）.jpg

效果：效果\第10章\第192集.vsp

视频：视频\第10章\第192集.swf

时长：58秒

难度：★★★★

关键技术：单击“边框色彩”按钮

01 进入会声会影高级编辑器，插入两幅素材图像，在“全部”转场素材库中选择“虹膜”转场效果，并将其添加至素材1与素材2之间，如图192-1所示。

图192-1 添加转场

02 单击“选项”按钮，展开选项面板，设置“边框”为2，单击“色彩”右侧的“边框色彩”按钮，在弹出的列表框中选择“橙色”，如图192-2所示。

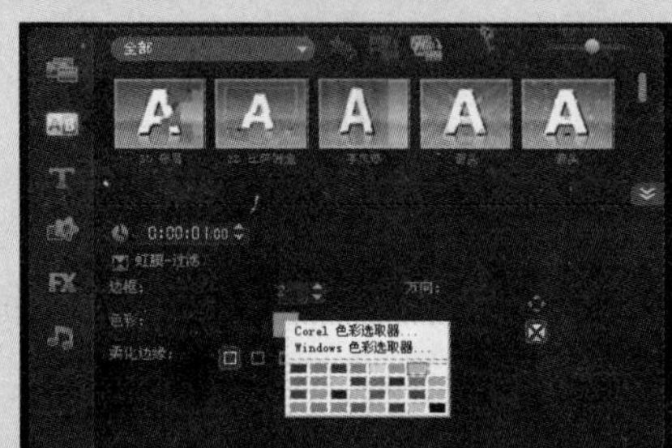

图192-2 选择“橙色”

03 单击“播放”按钮，即可预览设置的边框效果，如图192-3所示。

图192-3 预览影片

专家提醒

在选项面板中的“色彩”选项区中，主要是用于设置转场效果的边框颜色。

第193集 设置转场的时间长度

素材：素材\第10章\193-1.vsp

效果：效果\第10章\第193集.vsp

视频：视频\第10章\第193集.swf

时长：42秒

难度：★★★

关键技术：“区间”数值框

01 进入会声会影高级编辑器，打开一个项目文件，选中需要调整的转场，如图193-1所示。

图193-1 选中需要调整的转场

02 单击“选项”按钮，在选项面板中“区间”数值框中的数值01上单击鼠标左键，将其激活呈可编辑状态，输入数值为03，按【Enter】键确认，如图193-2所示，即可调整转场的区间长度。

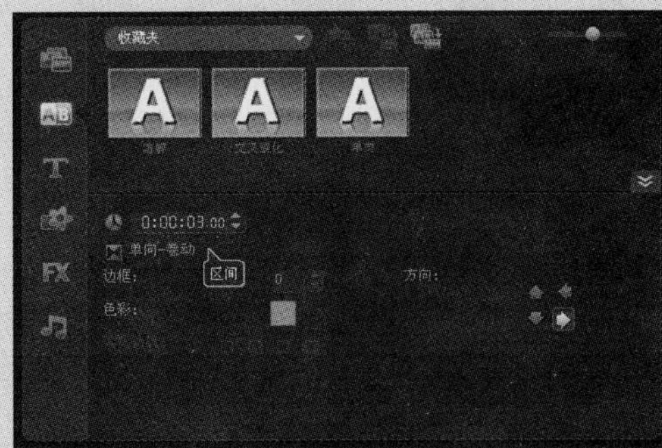

图193-2 输入数值为03

专家提醒

在会声会影中，默认的转场效果时间长度为1s。

第194集 改变转场的方向

素材：素材\第10章\194—1.vsp　　效果：效果\第10章\第194集.vsp

视频：视频\第10章\第194集.swf　　时长：32秒

难度：★★　　关键技术：单击“由左到右”按钮

01 进入会声会影高级编辑器，打开一个项目文件，选中需要调整的转场，如图194-1所示。

图194-1 选中需要调整的转场

02 单击“选项”按钮，在选项面板中的“方向”选项组中单击“由左到右”按钮，如图194-2所示，执行操作后，即可改变转场的方向。

图194-2 单击按钮

10.3 应用“收藏夹”转场效果

第195集 应用“交叉淡化”转场

素材：素材\第10章\195-1（a）~（b）.jpg

效果：效果\第10章\第195集.vsp

视频：视频\第10章\第195集.swf

时长：41秒

难度：★★★

关键技术：选择“交叉淡化”转场效果

01 进入会声会影高级编辑器，插入两幅素材图像，如图195-1所示。

图195-1 插入素材

02 单击“转场”按钮，展开转场素材库，在“收藏夹”素材库中选择“交叉淡化”转场效果，将其拖曳至素材1与素材2之间，释放鼠标左键，如图195-2所示。

图195-2 选择“交叉淡化”转场效果

03 单击“播放”按钮，即可预览效果，如图195-3所示。

图195-3 预览影片

专家提醒

“交叉淡化”的转场效果是以素材1的透明度由100%转变到0%，素材2的透明度由0%转变到100%的一个过程。

第196集 应用“溶解”转场

素材：素材\第10章\196-1（a）~（b）.jpg

效果：效果\第10章\第196集.vsp

视频：视频\第10章\第196集.swf

时长：33秒

难度：★★

关键技术：选择“溶解”转场效果

01 进入会声会影高级编辑器，插入两幅素材图像，如图196-1所示。

图196-1 插入素材

02 单击“转场”按钮，展开转场素材库，在“收藏夹”素材库中选择“溶解”转场效果，将其拖曳至素材1与素材2之间，释放鼠标左键，如图196-2所示。

图196-2 选择“溶解”转场效果

03 单击“播放”按钮，即可预览效果，如图196-3所示。

图196-3 预览影片

第197集 应用“单向”转场

素材：素材\第10章\197–1（a）~（b）.jpg

效果：效果\第10章\第197集.vsp

视频：视频\第10章\第197集.swf

时长：33秒

难度：★★

关键技术：选择“单向”转场效果

01 进入会声会影高级编辑器，插入两幅素材图像，如图197-1所示。

02 单击“转场”按钮，展开转场素材库，在“收藏夹”素材库中选择“单向”转场效果，将其拖曳至素材1与素材2之间，释放鼠标左键，如图197-2所示。

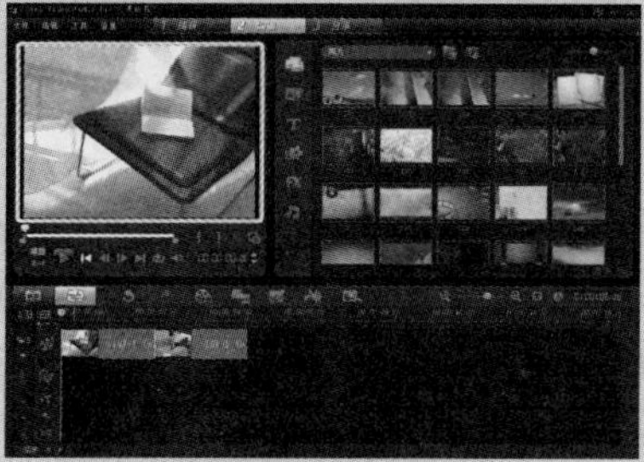

图197-1 插入素材

图197-2 选择“单向”转场效果

03 单击“播放”按钮，即可预览效果，如图197-3所示。

图197-3 预览影片

10.4 应用“三维”转场效果

第198集 应用“折叠盒”转场

素材：素材\第10章\198-1（a）～（b）.jpg

效果：效果\第10章\第198集.vsp

视频：视频\第10章\第198集.swf

时长：51秒

难度：★★★★

关键技术：选择“折叠盒”转场效果

01 进入会声会影高级编辑器，插入两幅素材图像，如图198-1所示。

图198-1 插入素材

02 单击“转场”按钮，展开转场素材库，单击“画廊”下三角按钮，在弹出的列表框中选择“三维”选项，在“三维”素材库中选择“折叠盒”转场效果，将其拖曳至素材1与素材2之间，释放鼠标左键，如图198-2所示。

图198-2 选择“折叠盒”转场效果

03 单击“播放”按钮，即可预览效果，如图198-3所示。

图198-3 预览影片

专家提醒

运用折叠盒转场是将镜头A以折叠的形式折成立体的长方体盒子，然后再显示镜头B。

第199集　应用“手风琴”转场

素材：素材\第10章\199-1（a）～（b）.jpg

效果：效果\第10章\第199集.vsp

视频：视频\第10章\第199集.swf

时长：44秒

难度：★★★

关键技术：选择“手风琴”转场效果

01 进入会声会影高级编辑器，插入两幅素材图像，如图199-1所示。

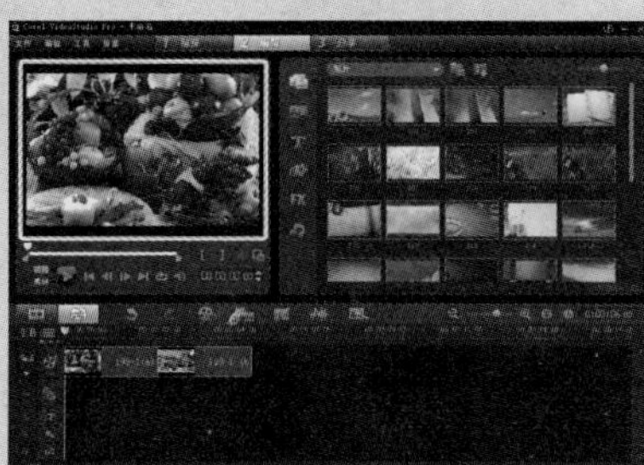

图199-1 插入素材

02 单击“转场”按钮AB，展开转场素材库，单击“画廊”下三角按钮，在弹出的列表框中选择“三维”选项，在“三维”素材库中选择“手风琴”转场效果，将其拖曳至素材1与素材2之间，释放鼠标左键，如图199-2所示。

图199-2 选择“手风琴”转场效果

03 单击“播放”按钮，即可预览效果，如图199-3所示。

图199-3 预览影片

专家提醒

“三维”转场效果主要是运用了空间的前后、上下、左右延伸感，为影片添加了视觉空间效果。

第200集　应用“百叶窗”转场

素材：素材\第10章\200-1（a）～（b）.jpg

效果：效果\第10章\第200集.vsp

视频：视频\第10章\第200集.swf

时长：43秒

难度：★★★

关键技术：选择“百叶窗”转场效果

01 进入会声会影高级编辑器，插入两幅素材图像，如图200-1所示。

图200-1 插入素材

02 单击“转场”按钮AB，展开转场素材库，单击“画廊”下三角按钮，在弹出的列表框中选择“三维”选项，在“三维”素材库中选择“百叶窗”转场效果，将其拖曳至素材1与素材2之间，释放鼠标左键，如图200-2所示。

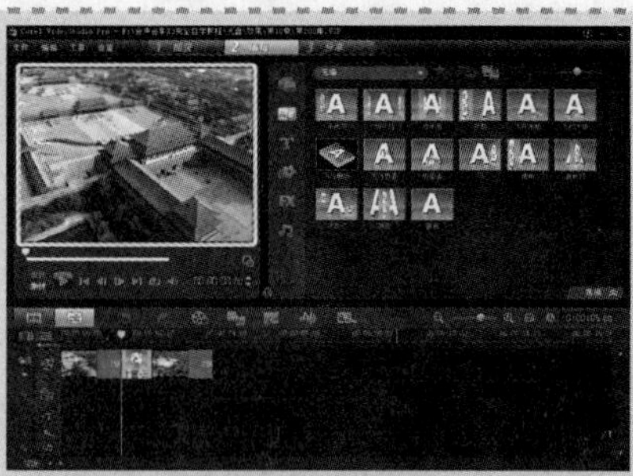

图200-2 选择“百叶窗”转场效果

03 单击“播放”按钮，即可预览效果，如图200-3所示。

图200-3 预览影片

专家提醒

“百叶窗”转场效果是“三维”转场类型中最常用的一种。

第201集 应用“挤压”转场

素材：素材\第10章\201-1（a）～（b）.jpg

效果：效果\第10章\第201集.vsp

视频：视频\第10章\第201集.swf

时长：45秒

难度：★★★

关键技术：选择“挤压”转场效果

01 进入会声会影高级编辑器，插入两幅素材图像，如图201-1所示。

02 单击“转场”按钮AB，展开转场素材库，单击“画廊”下三角按钮，在弹出的列表框中选择“三维”选项，在“三维”素材库中选择“挤压”转场效果，将其拖曳至素材1与素材2之间，释放鼠标左键，如图201-2所示。

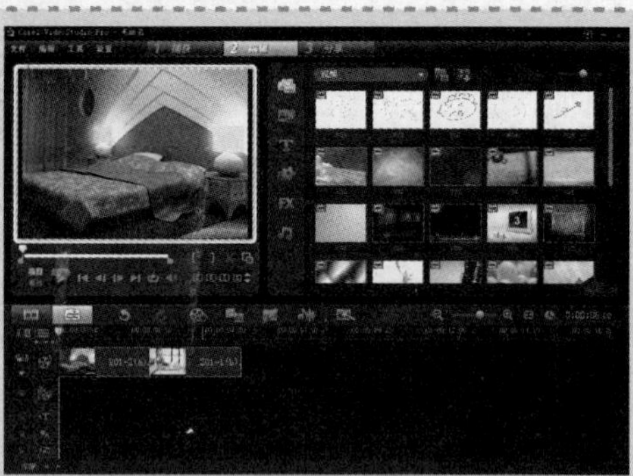

图201-1 插入素材

图201-2 选择“挤压”转场效果

03 单击“播放”按钮，即可预览效果，如图201-3所示。

图201-3 预览影片

第202集 应用“漩涡”转场

素材：素材\第10章\202–1（a）～（b）.jpg

效果：效果\第10章\第202集.vsp

视频：视频\第10章\第202集.swf

时长：43秒

难度：★★★

关键技术：选择“漩涡”转场效果

01 进入会声会影高级编辑器，插入两幅素材图像，如图202-1所示。

图202-1 插入素材

02 单击“转场”按钮，展开转场素材库，单击“画廊”下三角按钮，在弹出的列表框中选择“三维”选项，在“三维”素材库中选择“漩涡”转场效果，将其拖曳至素材1与素材2之间，释放鼠标左键，如图202-2所示。

图202-2 选择“漩涡”转场效果

03 单击“播放”按钮，即可预览效果，如图202-3所示。

图202-3 预览影片

专家提醒

“漩涡”转场效果是将镜头A以类似于碎片飘落的方式飞行，然后再显示镜头B。

10.5 应用“相册”转场效果

第203集 添加相册转场效果

素材：素材\第10章\203-1（a）～（b）.jpg

效果：效果\第10章\第203集.vsp

视频：视频\第10章\第203集.swf

时长：39秒

难度：★★

关键技术：选择“翻转”转场效果

01 进入会声会影高级编辑器，插入两幅素材图像，如图203-1所示。

图203-1 插入素材

02 单击“转场”按钮AB，展开转场素材库，单击“画廊”下三角按钮，在弹出的列表框中选择“相册”选项，在“相册”素材库中选择“翻转”转场效果，将其拖曳至素材1与素材2之间，释放鼠标左键，如图203-2所示。

图203-2 选择“翻转”转场效果

03 单击“播放”按钮，即可预览效果，如图203-3所示。

图203-3 预览影片

专家提醒

相册转场对显卡的要求比较高，如果在使用相册转场时出现异常，用户可以在计算机桌面上单击鼠标右键，在弹出的快捷菜单中选择“属性”命令，弹出“显示属性”对话框，切换至“设计”选项卡，单击“颜色质量”下拉按钮，在弹出的列表框中选择“中（16位）”选项，单击“确定”按钮，即可使用相册转场。

第204集　添加相册封面模板

素材：素材\第10章\204-1.vsp

效果：效果\第10章\第204集.vsp

视频：视频\第10章\第204集.swf

时长：42秒

难度：★★★

关键技术："翻转-相册"对话框

01 进入会声会影高级编辑器，打开一个项目文件，选择素材1与素材2之间的转场效果，单击"选项"按钮，展开选项面板，单击"自定义"按钮，如图204-1所示。

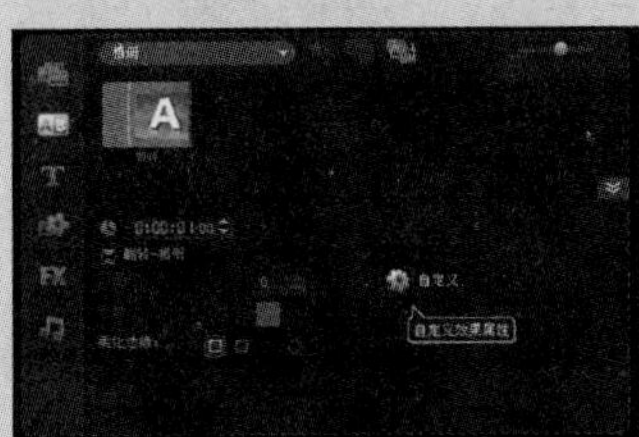

图204-1　插入素材

02 弹出"翻转-相册"对话框，在"相册封面模板"选项组中选择第2个模板，如图204-2所示，单击"确定"按钮。

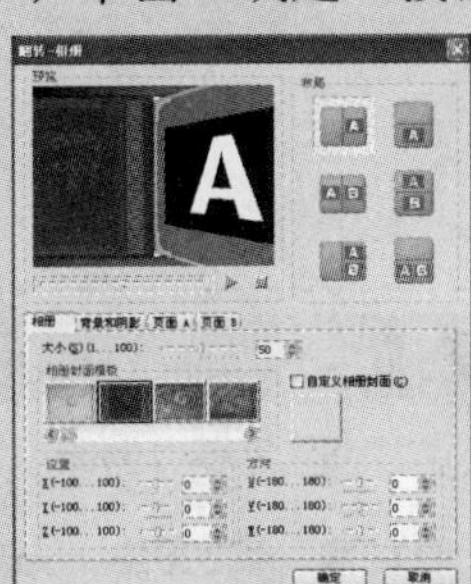

图204-2　选择第2个模板

03 单击"播放"按钮，即可预览效果，如图204-3所示。

图204-3　预览影片

专家提醒

在"翻转-相册"对话框中勾选"自定义相册封面模板"复选框，在弹出的"打开"对话框中选择需要的相册封面模板，单击"打开"按钮，返回到"翻转-相册"对话框，单击"确定"按钮，即可添加自定义的相册封面模板。

第205集　更改相册的背景

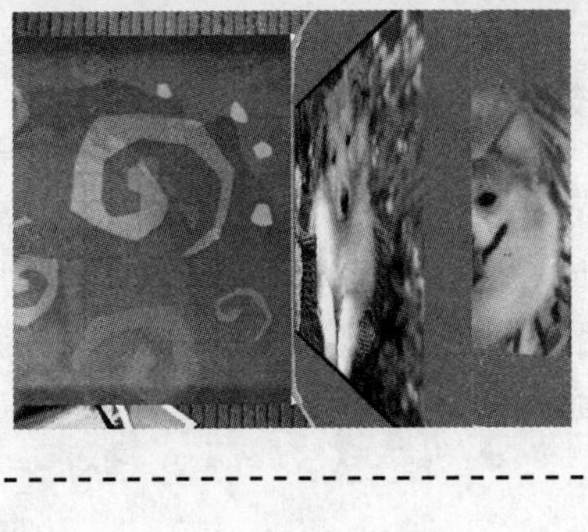

素材：素材\第10章\205-1（a）～（b）.jpg

效果：效果\第10章\第205集.vsp

视频：视频\第10章\第205集.swf

时长：44秒

难度：★★★

关键技术：单击"自定义"按钮

01 进入会声会影高级编辑器，打开一个项目文件，选择素材1与素材2之间的转场效果，单击“选项”按钮，展开选项面板，单击“自定义”按钮，如图205-1所示。

图205-1 插入素材

02 弹出“翻转-相册”对话框，切换至“背景和阴影”选项卡，在“背景模板”选项组中选择第4个模板，如图205-2所示，单击“确定”按钮。

图205-2 选择第4个模板

03 单击“播放”按钮，即可预览效果，如图205-3所示。

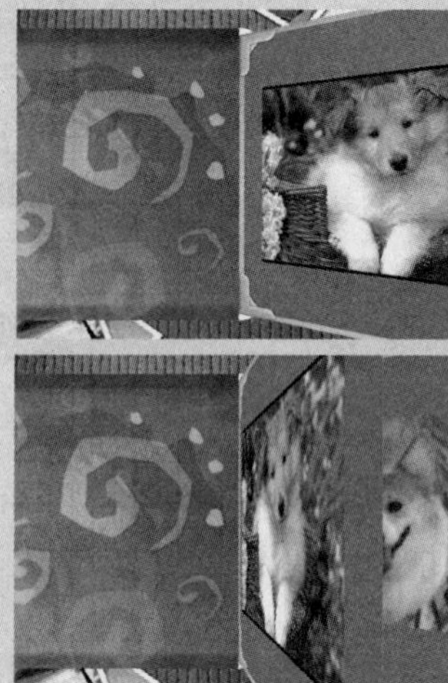

图205-3 预览影片

专家提醒

在“翻转-相册”对话框中勾选“自定义模板”复选框，在弹出的“打开”对话框中选择需要的模板，单击“打开”按钮，返回到“翻转-相册”对话框，单击“确定”按钮，即可更改模板。

第206集 设置页面A

素材：素材\第10章\206-1.vsp

效果：效果\第10章\第206集.vsp

视频：视频\第10章\第206集.swf

时长：39秒

难度：★★

关键技术：“翻转-相册”对话框

01 进入会声会影高级编辑器，打开一个项目文件，选择素材1与素材2之间的转场效果，单击“选项”按钮，展开选项面板，单击“自定义”按钮，如图206-1所示。

02 弹出“翻转-相册”对话框，切换至“页面A”选项卡，在“相册页面模板”选项组中选择第3个模板，如图206-2所示，单击“确定”按钮。

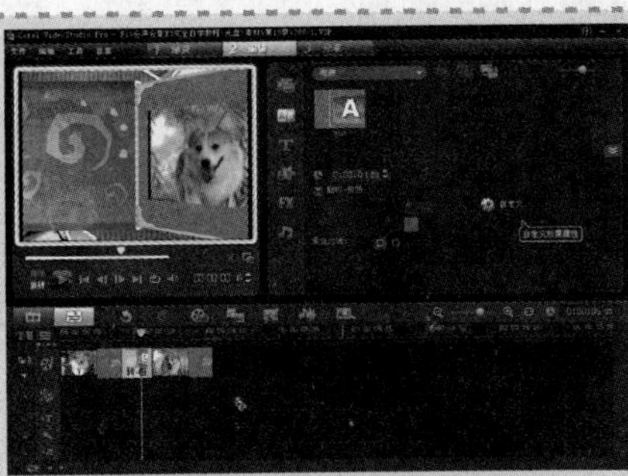

图206-1 打开项目文件

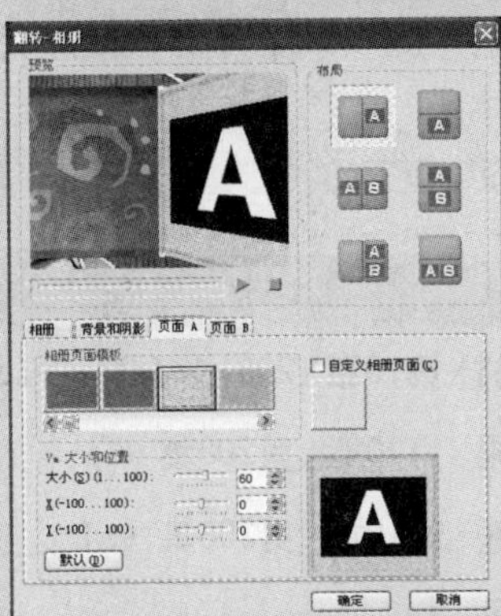

图206-2 选择第3个模板

03 单击“播放”按钮，即可预览效果，如图206-3所示。

图206-3 预览影片

专家提醒

在“翻转-相册”对话框中，切换至“页面A”选项卡，在“Va大小和位置”选项组中用户可以对页面大小、X轴、Y轴等进行调整，制作不同效果的相册。

10.6 应用“取代”转场效果

第207集 应用“棋盘”转场

素材：素材\第10章\207-1（a）～（b）.jpg

效果：效果\第10章\第207集.vsp

视频：视频\第10章\第207集.swf

时长：40秒

难度：★★★

关键技术：选择“棋盘”转场效果

01 进入会声会影高级编辑器，插入两幅素材图像，如图207-1所示。

02 单击“转场”按钮AB，展开转场素材库，单击“画廊”下三角按钮，在弹出的列表框中选择“取代”选项，在“取代”素材库中选择“棋盘”转场效果，将其拖曳至素材1与素材2之间，释放鼠标左键，如图207-2所示。

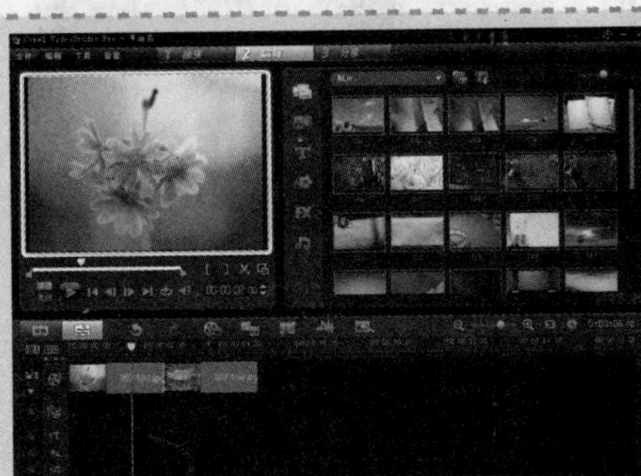

图207-1 插入素材

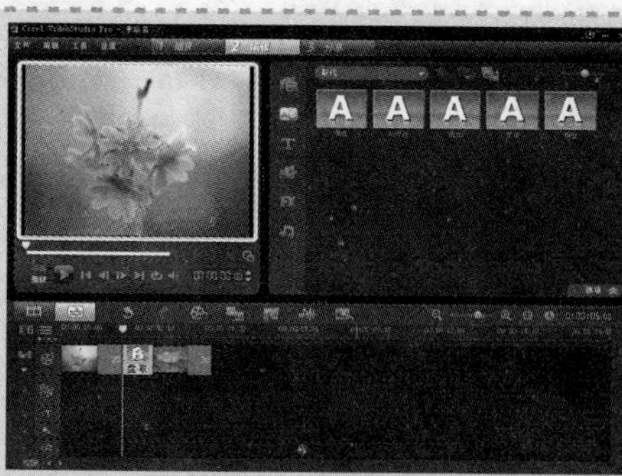

图207-2 选择“棋盘”转场效果

03 单击“播放”按钮，即可预览效果，如图207-3所示。

图207-3 预览影片

专家提醒

添加“棋盘”转场效果后，在“方向”选项组中为用户提供了8种预设的方向。

第208集 应用“对角线”转场

素材：素材\第10章\208—1（a）～（b）.jpg

效果：效果\第10章\第208集.vsp

视频：视频\第10章\第208集.swf

时长：39秒

难度：★★

关键技术：选择“对角线”转场效果

01 进入会声会影高级编辑器，插入两幅素材图像，如图208-1所示。

02 单击“转场”按钮AB，展开转场素材库，单击“画廊”下三角按钮，在弹出的列表框中选择“取代”选项，在“取代”素材库中选择“对角线”转场效果，将其拖曳至素材1与素材2之间，释放鼠标左键，如图208-2所示。

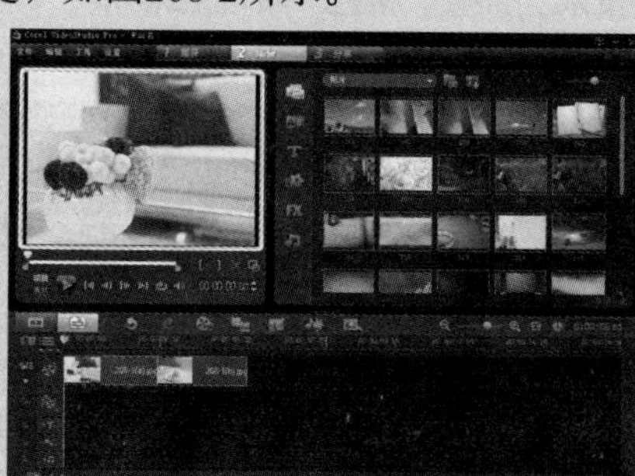

图208-1 插入素材

03 单击“播放”按钮，即可预览效果，如图208-3所示。

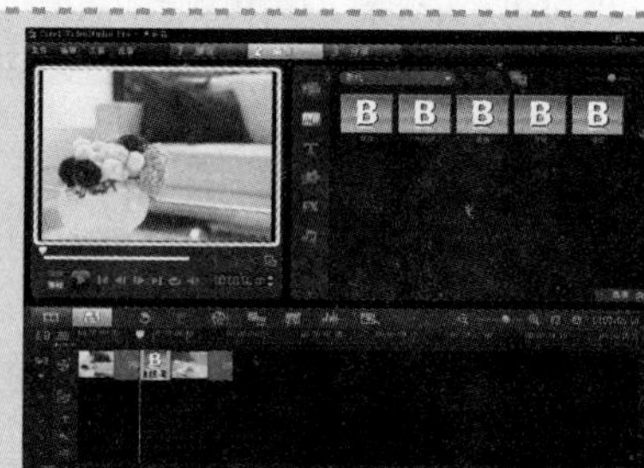

图208-2 选择“对角线”转场效果

图208-3 预览影片

专家提醒

“对角线”转场效果是指素材1由某一方以方块消失的形式消失到对立的另一方，从而显示素材2。

第209集 应用“盘旋”转场

素材：素材\第10章\209-1（a）~（b）.jpg

效果：效果\第10章\第209集.vsp

视频：视频\第10章\第209集.swf

时长：47秒

难度：★★★

关键技术：选择“盘旋”转场效果

01 进入会声会影高级编辑器，插入两幅素材图像，如图209-1所示。

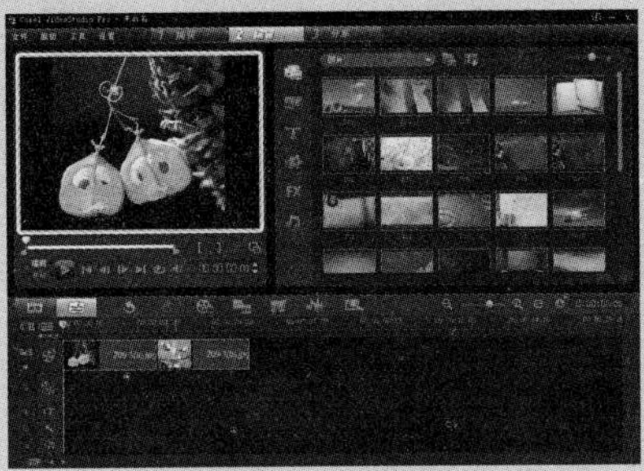

图209-1 插入素材

02 单击“转场”按钮AB，展开转场素材库，单击“画廊”下三角按钮，在弹出的列表框中选择“取代”选项，在“取代”素材库中选择“盘旋”转场效果，将其拖曳至素材1与素材2之间，释放鼠标左键，如图209-2所示。

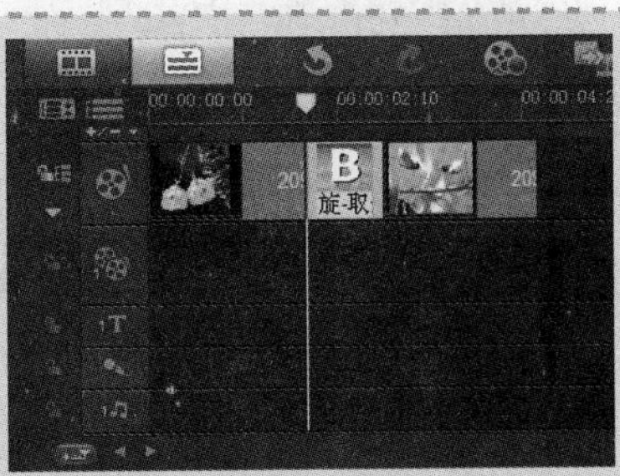

图209-2 选择“盘旋”转场

03 单击“播放”按钮，即可预览效果，如图209-3所示。

图209-3 预览影片

专家提醒

“盘旋”转场效果是指素材1由某一方以方块的形式呈蛇盘旋一样逐渐消失，从而显示素材2。

第210集 应用“交错”转场

素材：素材\第10章\210-1（a）~（b）.jpg

效果：效果\第10章\第210集.vsp

视频：视频\第10章\第210集.swf

时长：40秒

难度：★★★

关键技术：选择“交错”转场效果

01 进入会声会影高级编辑器，插入两幅素材图像，如图210-1所示。

图210-1 插入素材

02 单击“转场”按钮AB，展开转场素材库，单击“画廊”下三角按钮，在弹出的列表框中选择“取代”选项，在“取代”素材库中选择“交错”转场效果，将其拖曳至素材1与素材2之间，释放鼠标左键，如图210-2所示。

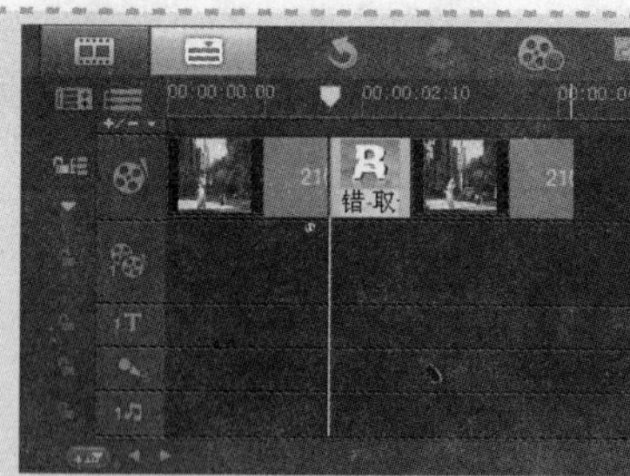

图210-2 选择“交错”转场效果

03 单击“播放”按钮，即可预览效果，如图210-3所示。

图210-3 预览影片

专家提醒

“交错”转场效果是指素材2以海浪前进的形式覆盖素材1。

第211集 应用“墙壁”转场

素材：素材\第10章\211–1（a）～（b）.jpg

效果：效果\第10章\第211集.vsp

视频：视频\第10章\第211集.swf

时长：50秒

难度：★★★★

关键技术：选择“墙壁”转场效果

01 进入会声会影高级编辑器，插入两幅素材图像，如图211-1所示。

02 单击“转场”按钮AB，展开转场素材库，单击“画廊”下三角按钮，在弹出的列表框中选择“取代”选项，在“取代”素材库中选择“墙壁”转场效果，将其拖曳至素材1与素材2之间，释放鼠标左键，如图211-2所示。

图211-1 插入素材

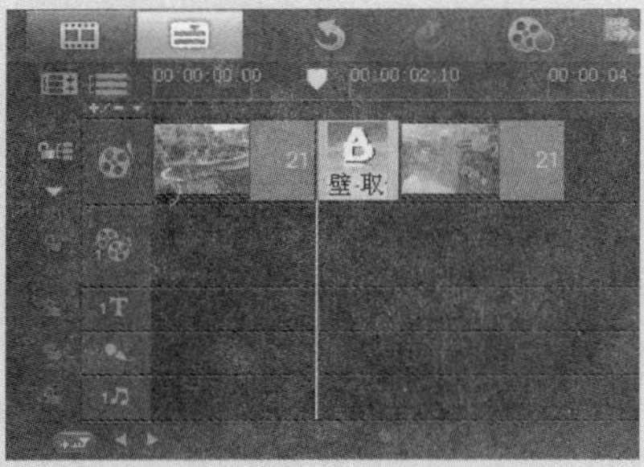

图211-2 选择“墙壁”转场效果

03 单击“播放”按钮，即可预览效果，如图211-3所示。

图211-3 预览影片

10.7 应用“时钟”转场效果

第212集 应用“居中”转场

素材：素材\第10章\212–1（a）～（b）.jpg

效果：效果\第10章\第212集.vsp

视频：视频\第10章\第212集.swf

时长：45秒

难度：★★★

关键技术：选择“时钟”选项

01 进入会声会影高级编辑器，插入两幅素材图像，如图212-1所示。

02 单击“转场”按钮，展开转场素材库，单击“画廊”下三角按钮，在弹出的列表框中选择“时钟”选项，在“时钟”素材库中选择“居中”转场效果，将其拖曳至素材1与素材2之间，释放鼠标左键，如图212-2所示。

专家提醒

“时钟”转场库是会声会影运用了时钟走动的原理，为影片添加类似于时钟走动的转场效果。

图212-1 插入素材

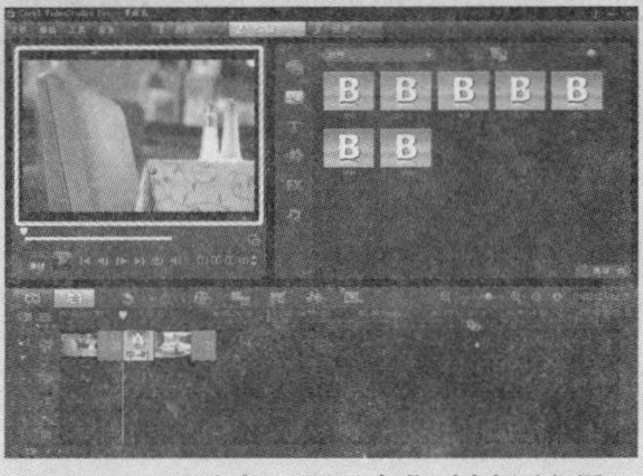

图212-2 选择“居中”转场效果

03 单击“播放”按钮，即可预览效果，如图212-3所示。

图212-3 预览影片

专家提醒

“居中”转场效果是“时钟”转场效果中除了“分割”转场效果以外没有方向选项的转场效果。在“时钟”转场效果中除了“居中”和“分割”转场效果外，其他转场效果都用两个或两个以上的方向可供用户参考。

第213集 应用“分割”转场

素材：素材\第10章\213–1（a）～（b）.jpg

效果：效果\第10章\第213集.vsp

视频：视频\第10章\第213集.swf

时长：45秒

难度：★★★

关键技术：选择“分割”转场效果

01 进入会声会影高级编辑器，插入两幅素材图像，如图213-1所示。

图213-1 插入素材

02 单击“转场”按钮AB，展开转场素材库，单击“画廊”下三角按钮，在弹出的列表框中选择“时钟”选项，在“时钟”素材库中选择“分割”转场效果，将其拖曳至素材1与素材2之间，释放鼠标左键，如图213-2所示。

图213-2 选择“分割”转场效果

03 单击“播放”按钮，即可预览效果，如图213-3所示。

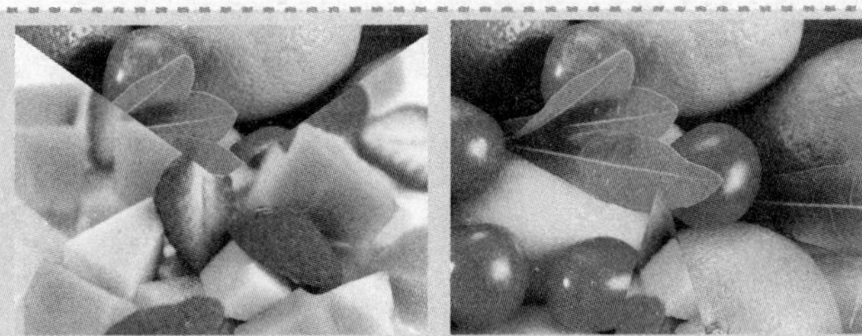

图213-3 预览影片

专家提醒

“分割”转场效果是指素材1以时钟的12点为中心分别向两边旋转至6点合并消失，从而显示素材2。

第214集 应用“转动”转场

素材：素材\第10章\214–1（a）～（b）.jpg

效果：效果\第10章\第214集.vsp

视频：视频\第10章\第214集.swf

时长：39秒

难度：★★

关键技术：选择“转动”转场效果

01 进入会声会影高级编辑器，插入两幅素材图像，如图214-1所示。

图214-1 插入素材

02 单击“转场”按钮AB，展开转场素材库，单击“画廊”下三角按钮，在弹出的列表框中选择“时钟”选项，在“时钟”素材库中选择“转动”转场效果，将其拖曳至素材1与素材2之间，释放鼠标左键，如图214-2所示。

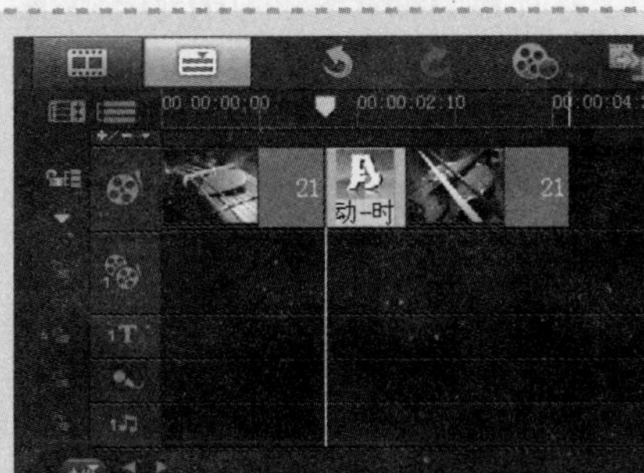

图214-2 选择“转动”转场效果

03 单击“播放”按钮，即可预览效果，如图214-3所示。

图214-3 预览影片

第215集 应用“扭曲”转场

素材：素材\第10章\215-1（a）~（b）.jpg

效果：效果\第10章\第215集.vsp

视频：视频\第10章\第215集.swf

时长：41秒

难度：★★★

关键技术：选择“扭曲”转场效果

01 进入会声会影高级编辑器，插入两幅素材图像，如图215-1所示。

图215-1 插入素材

02 单击“转场”按钮，展开转场素材库，单击“画廊”下三角按钮，在弹出的列表框中选择“时钟”选项，在“时钟”素材库中选择“扭曲”转场效果，将其拖曳至素材1与素材2之间，释放鼠标左键，如图215-2所示。

专家提醒

“扭曲”转场效果是运用了物体受到外力作用而改变原来形态的原理，为影片添加类似于扭曲的转场效果。

图215-2 选择“扭曲”转场效果

专家提醒

“扭曲”转场效果是镜头A以轮辐的形式进行回旋，然后再显示镜头B。

03 单击“播放”按钮，即可预览效果，如图215-3所示。

图215-3 预览影片

10.8 应用“过滤”转场效果

第216集 应用“镜头”转场

素材：素材\第10章\216-1（a）~（b）.jpg

效果：效果\第10章\第216集.vsp

视频：视频\第10章\第216集.swf

时长：40秒

难度：★★★

关键技术：选择“镜头”转场效果

01 进入会声会影高级编辑器，插入两幅素材图像，如图216-1所示。

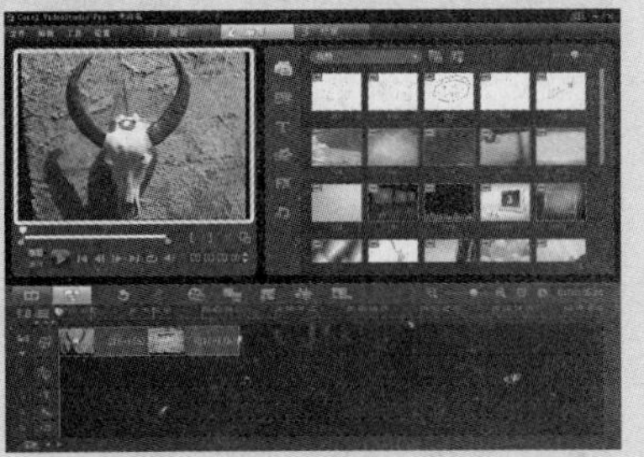

图216-1 插入素材

02 单击“转场”按钮AB，展开转场素材库，单击“画廊”下三角按钮，在弹出的列表框中选择“过滤”选项，在“过滤”素材库中选择“镜头”转场效果，将其拖曳至素材1与素材2之间，释放鼠标左键，如图216-2所示。

图216-2 选择“镜头”转场效果

03 单击“播放”按钮，即可预览效果，如图216-3所示。

图216-3 预览影片

专家提醒

“镜头”转场效果是将镜头A由近及远显示，并同时进行镜头的缩小，然后再显示镜头B。

第217集 应用“漏斗”转场

素材：素材\第10章\217-1（a）~（b）.jpg

效果：效果\第10章\第217集.vsp

视频：视频\第10章\第217集.swf

时长：42秒

难度：★★★

关键技术：选择“漏斗”转场效果

01 进入会声会影高级编辑器，插入两幅素材图像，如图217-1所示。

02 单击“转场”按钮AB，展开转场素材库，单击“画廊”下三角按钮，在弹出的列表框中选择“过滤”选项，在“过滤”素材库中选择“漏斗”转场效果，将其拖曳至素材1与素材2之间，释放鼠标左键，如图217-2所示。

图217-1 插入素材

图217-2 选择“漏斗”转场效果

03 单击“播放”按钮，即可预览效果，如图217-3所示。

图217-3 预览影片

专家提醒

“漏斗”转场效果默认的方向是由左到右，用户还可以选择由下到上等3种方向。

第218集 应用“遮罩”转场

素材：素材\第10章\218–1（a）～（b）.TIF

效果：效果\第10章\第218集.vsp

视频：视频\第10章\第218集.swf

时长：48秒

难度：★★★

关键技术：选择“遮罩”转场效果

01 进入会声会影高级编辑器，插入两幅素材图像，如图218-1所示。

02 单击“转场”按钮AB，展开转场素材库，单击“画廊”下三角按钮，在弹出的列表框中选择“过滤”选项，在“过滤”素材库中选择“遮罩”转场效果，将其拖曳至素材1与素材2之间，释放鼠标左键，如图218-2所示。

图218-1 插入素材

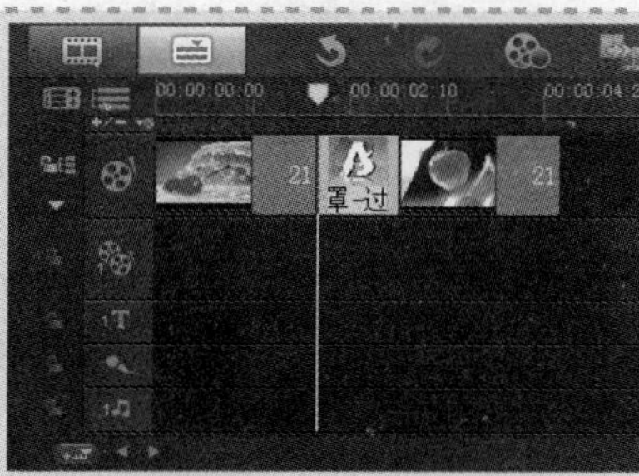

图218-2 选择“遮罩”转场效果

03 单击“播放”按钮，即可预览效果，如图218-3所示。

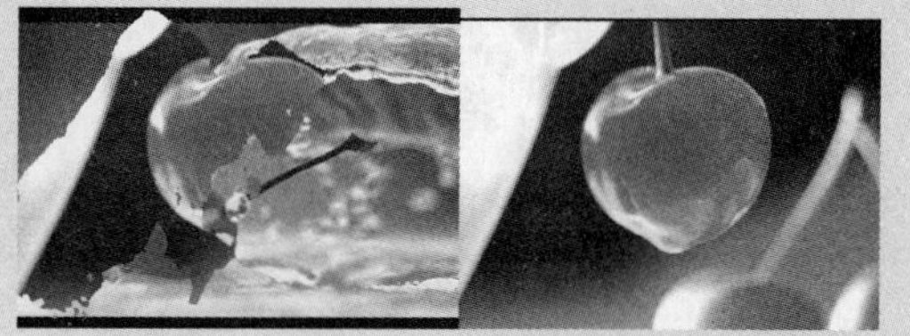

图218-3 预览影片

专家提醒

在选项面板中，单击“打开遮罩”按钮，在弹出的“打开”对话框中选择需要的遮罩图像文件，单击“打开”按钮，完成操作后单击“播放”按钮，即可预览更改后的遮罩形状。

第219集 应用“菱形”转场

素材：素材\第10章\219—1（a）～（b）.jpg

效果：效果\第10章\第219集.vsp

视频：视频\第10章\第219集.swf

时长：39秒

难度：★★

关键技术：选择“菱形”转场效果

01 进入会声会影高级编辑器，插入两幅素材图像，如图219-1所示。

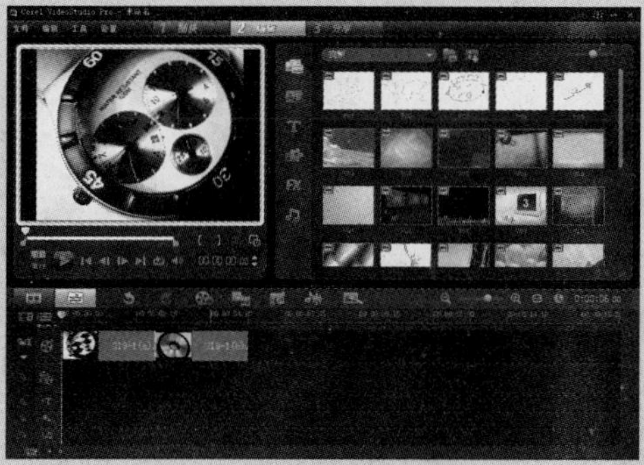

图219-1 插入素材

02 单击“转场”按钮，展开转场素材库，单击“画廊”下三角按钮，在弹出的列表框中选择“过滤”选项，在“过滤”素材库中选择“菱形”转场效果，将其拖曳至素材1与素材2之间，释放鼠标左键，如图219-2所示。

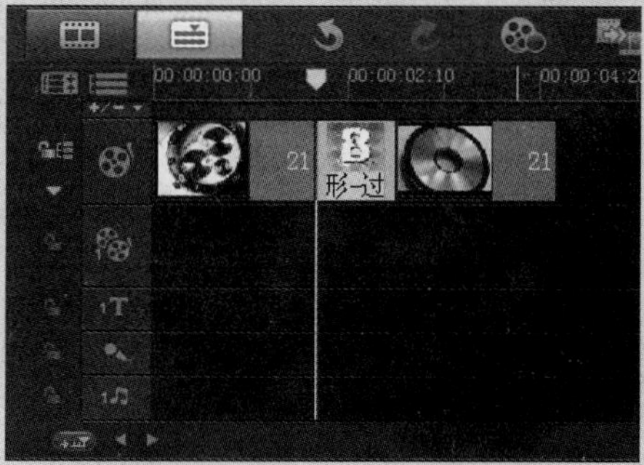

图219-2 选择“菱形”转场效果

03 单击“播放”按钮，即可预览效果，如图219-3所示。

图219-3 预览影片

专家提醒

在“过滤”转场库中共有“箭头”、“喷出”、“交叉淡化”等20种转场效果。

10.9 应用“胶片”转场效果

第220集 应用“交叉”转场

素材：素材\第10章\220–1（a）～（b）.jpg

效果：效果\第10章\第220集.vsp

视频：视频\第10章\第220集.swf

时长：55秒

难度：★★★★

关键技术：选择“交叉”转场效果

01 进入会声会影高级编辑器，插入两幅素材图像，如图220-1所示。

图220-1 插入素材

02 单击“转场”按钮AB，展开转场素材库，单击“画廊”下三角按钮，在弹出的列表框中选择“胶片”选项，在“胶片”素材库中选择“交叉”转场效果，将其拖曳至素材1与素材2之间，释放鼠标左键，如图220-2所示。

图220-2 选择“交叉”转场效果

03 单击“播放”按钮，即可预览效果，如图220-3所示。

图220-3 预览影片

专家提醒

“交叉”转场效果是指素材1从四周中心消失，覆盖素材2的过程。

第221集 应用“翻页”转场

素材：素材\第10章\221-1（a）~（b）.jpg

效果：效果\第10章\第221集.vsp

视频：视频\第10章\第221集.swf

时长：48秒

难度：★★★

关键技术：选择“翻页”转场效果

01 进入会声会影高级编辑器，插入两幅素材图像，如图221-1所示。

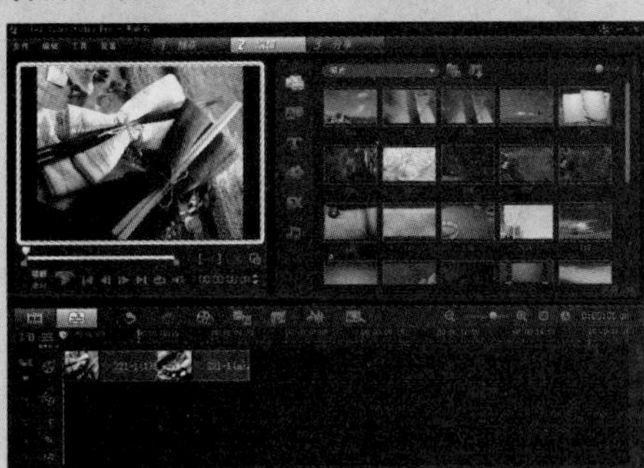

图221-1 插入素材

02 单击“转场”按钮AB，展开转场素材库，单击“画廊”下三角按钮，在弹出的列表框中选择“胶片”选项，在“胶片”素材库中选择“翻页”转场效果，将其拖曳至素材1与素材2之间，释放鼠标左键，如图221-2所示。

图221-2 选择“翻页”转场效果

03 单击“播放”按钮，即可预览效果，如图221-3所示。

图221-3 预览影片

专家提醒

“翻页”转场效果是指素材呈翻阅书时的效果。

第222集 应用“拉链”转场

素材：素材\第10章\222-1（a）～（b）.jpg

效果：效果\第10章\第222集.vsp

视频：视频\第10章\第222集.swf

时长：48秒

难度：★★★

关键技术：选择“拉链”转场效果

01 进入会声会影高级编辑器，插入两幅素材图像，如图222-1所示。

图222-1 插入素材

02 单击“转场”按钮AB，展开转场素材库，单击“画廊”下三角按钮，在弹出的列表框中选择“胶片”选项，在“胶片”素材库中选择“拉链”转场效果，将其拖曳至素材1与素材2之间，释放鼠标左键，如图222-2所示。

图222-2 选择“翻页”转场效果

03 单击“播放”按钮，即可预览效果，如图222-3所示。

图222-3 预览影片

专家提醒

“翻页”转场效果是指素材呈拉链被拉开或被拉上的形式，分别卷展或摊开的一个过程。

10.10 应用“遮罩”转场效果

第223集　应用“遮罩F”转场

素材：素材\第10章\223–1 (a) ~ (b) .jpg

效果：效果\第10章\第223集.vsp

视频：视频\第10章\第223集.swf

时长：52秒

难度：★★★★

关键技术：选择“遮罩F”转场效果

01 进入会声会影高级编辑器，插入两幅素材图像，如图223-1所示。

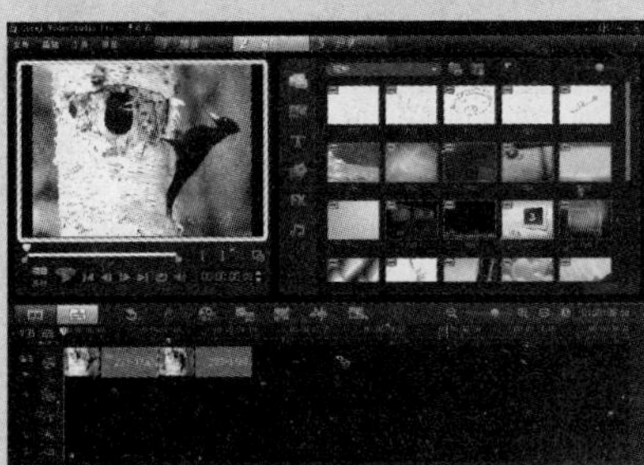

图223-1 插入素材

02 单击“转场”按钮，展开转场素材库，单击“画廊”下三角按钮，在弹出的列表框中选择“遮罩”选项，在“遮罩”素材库中选择“遮罩F”转场效果，将其拖曳至素材1与素材2之间，释放鼠标左键，如图223-2所示。

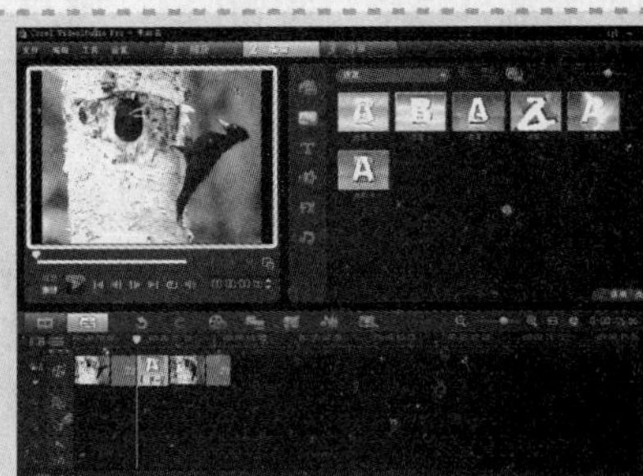

图223-2 选择“遮罩F”转场效果

03 单击“播放”按钮，即可预览效果，如图223-3所示。

图223-3 预览影片

专家提醒

“遮罩F”转场效果是指素材2以星星由小到大从中间扩展飞出的形式覆盖素材1的过程。

第224集　应用“遮罩E”转场

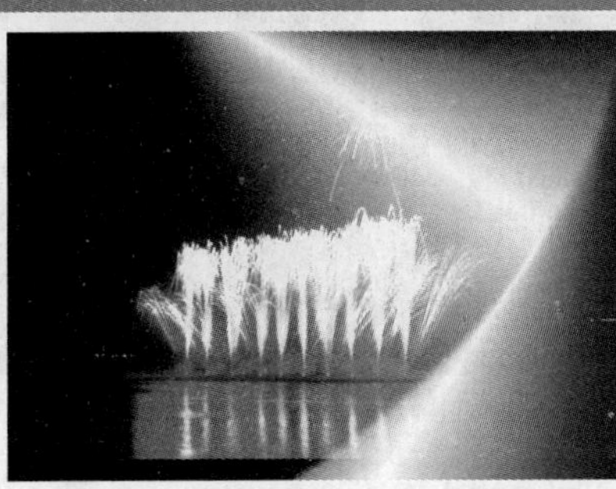

素材：素材\第10章\224–1 (a) ~ (b) .jpg

效果：效果\第10章\第224集.vsp

视频：视频\第10章\第224集.swf

时长：55秒

难度：★★★★

关键技术：选择“遮罩E”转场效果

01 进入会声会影高级编辑器，插入两幅素材图像，如图224-1所示。

图224-1 插入素材

02 单击“转场”按钮AB，展开转场素材库，单击“画廊”下三角按钮，在弹出的列表框中选择“遮罩”选项，在“遮罩”素材库中选择“遮罩E”转场效果，将其拖曳至素材1与素材2之间，释放鼠标左键，如图224-2所示。

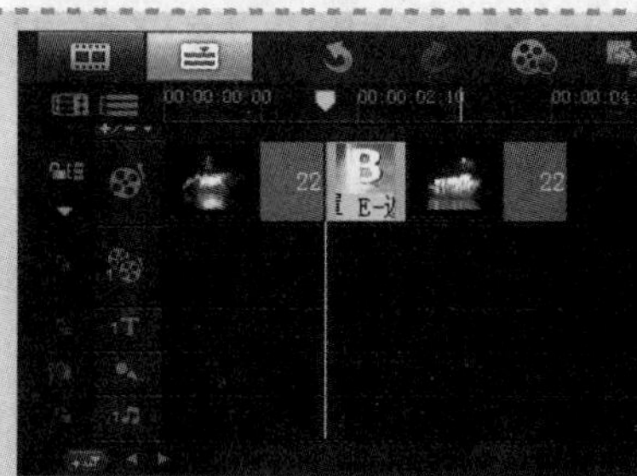

图224-2 选择“遮罩E”转场效果

03 单击“播放”按钮，即可预览效果，如图224-3所示。

图224-3 预览影片

专家提醒

“遮罩”转场素材库是运用了遮罩的原理，为影片添加类似于遮罩的转场效果。

第225集 应用“遮罩C”转场

素材：素材\第10章\225–1（a）～（b）.jpg

效果：效果\第10章\第225集.vsp

视频：视频\第10章\第225集.swf

时长：47秒

难度：★★★

关键技术：选择“遮罩C”转场效果

01 进入会声会影高级编辑器，插入两幅素材图像，如图225-1所示。

02 单击“转场”按钮AB，展开转场素材库，单击“画廊”下三角按钮，在弹出的列表框中选择“遮罩”选项，在“遮罩”素材库中选择“遮罩C”转场效果，将其拖曳至素材1与素材2之间，释放鼠标左键，如图225-2所示。

图225-1 插入素材

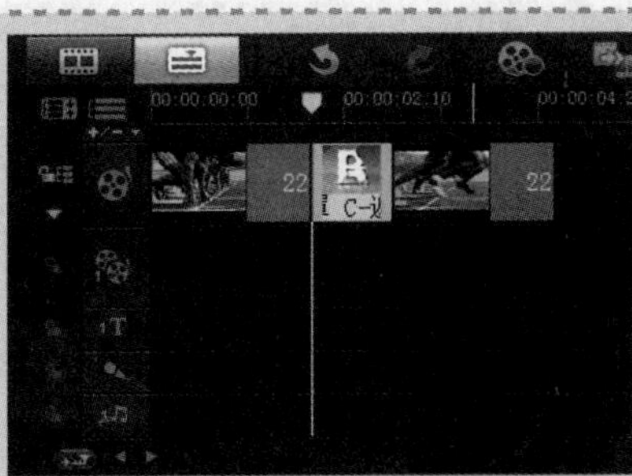
图225-2 选择“遮罩C”转场效果

03 单击“播放”按钮，即可预览效果，如图225-3所示。

图225-3 预览影片

专家提醒

单击选项面板中的“自定义”按钮，在弹出的“遮罩-遮罩C”对话框中可以对遮罩、路径、旋转、大小等进行设置。单击“当前”选项下面的图像按钮，在弹出的“打开”对话框中选择需要的图像文件，单击“打开”按钮，返回到“遮罩-遮罩C”对话框，单击“确定”按钮，即可更换当前的遮罩图形。

10.11 应用“擦拭”转场效果

第226集 应用“百叶窗”转场

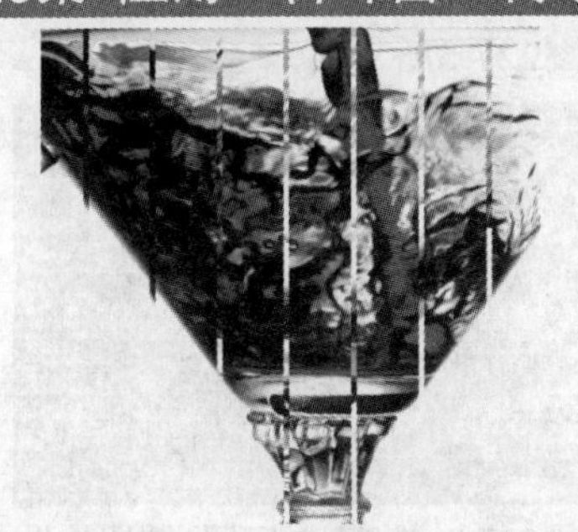

素材：素材\第10章\226-1（a）～（b）.jpg

效果：效果\第10章\第226集.vsp

视频：视频\第10章\第226集.swf

时长：47秒

难度：★★★

关键技术：选择“百叶窗”转场效果

01 进入会声会影高级编辑器，插入两幅素材图像，如图226-1所示。

02 单击“转场”按钮AB，展开转场素材库，单击“画廊”下三角按钮，在弹出的列表框中选择“擦拭”选项，在“擦拭”素材库中选择“百叶窗”转场效果，将其拖曳至素材1与素材2之间，释放鼠标左键，如图226-2所示。

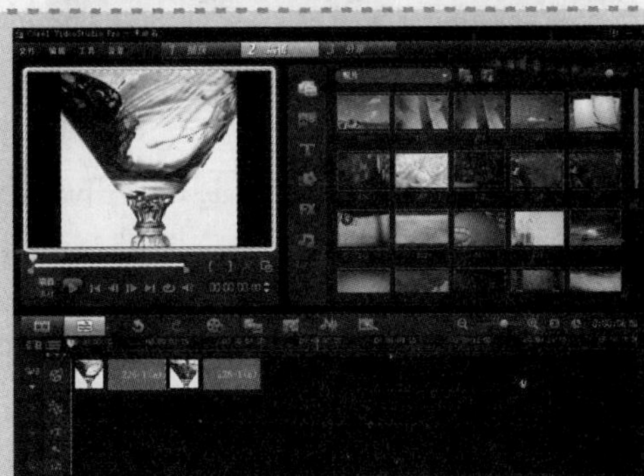
图226-1 插入素材

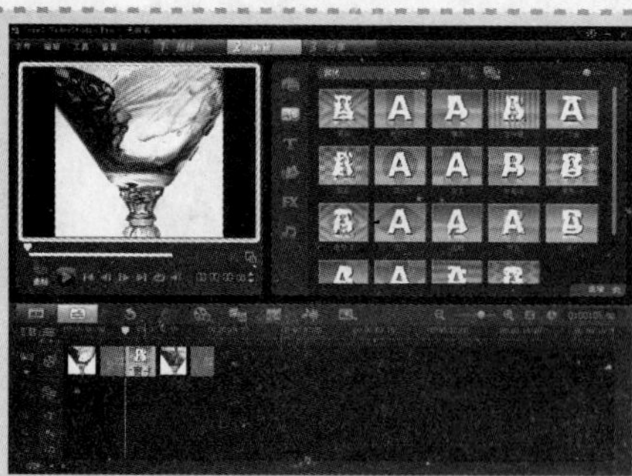

图226-2 选择“百叶窗”转场效果

03 单击“播放”按钮，即可预览效果，如图226-3所示。

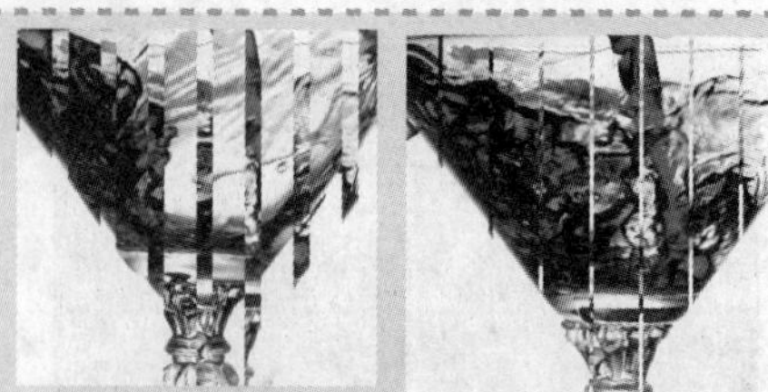

图226-3 预览影片

专家提醒

“百叶窗”转场效果是“擦拭”转场类型中最常用的一种转场效果，运用该转场效果可产生类似于百叶窗的效果。

第227集 应用“流动”转场

素材：素材\第10章\227-1（a）～（b）.jpg

效果：效果\第10章\第227集.vsp

视频：视频\第10章\第227集.swf

时长：47秒

难度：★★★

关键技术：选择“流动”转场效果

01 进入会声会影高级编辑器，插入两幅素材图像，如图227-1所示。

图227-1 插入素材

02 单击“转场”按钮AB，展开转场素材库，单击“画廊”下三角按钮，在弹出的列表框中选择“擦拭”选项，在“擦拭”素材库中选择“流动”转场效果，将其拖曳至素材1与素材2之间，释放鼠标左键，如图227-2所示。

03 单击“播放”按钮，即可预览效果，如图227-3所示。

图227-2 选择“流动”转场效果

图227-3 预览影片

专家提醒

“流动”转场效果是指素材2以类似鱼眼水从玻璃上流下来的效果覆盖素材1。

第228集 应用“条带”转场

素材：素材\第10章\228-1（a）~（b）.TIF

效果：效果\第10章\第228集.vsp

视频：视频\第10章\第228集.swf

时长：47秒

难度：★★★

关键技术：选择“条带”转场效果

01 进入会声会影高级编辑器，插入两幅素材图像，如图228-1所示。

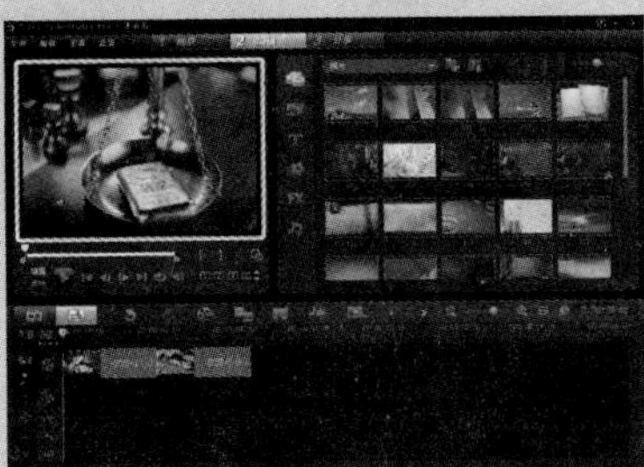

图228-1 插入素材

02 单击“转场”按钮，展开转场素材库，单击“画廊”下三角按钮，在弹出的列表框中选择“擦拭”选项，在“擦拭”素材库中选择“条带”转场效果，将其拖曳至素材1与素材2之间，释放鼠标左键，如图228-2所示。

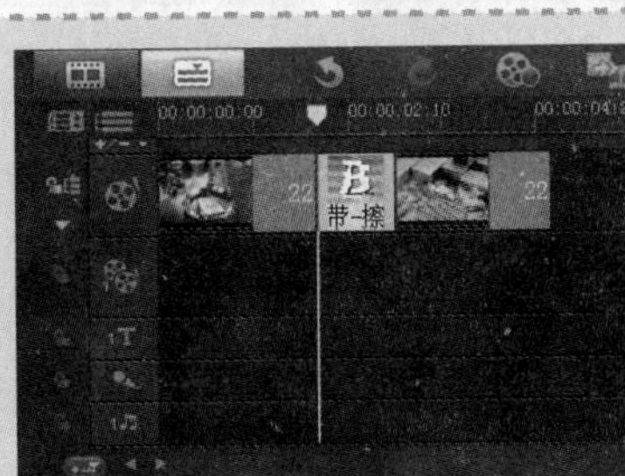

图228-2 选择“条带”转场效果

03 单击“播放”按钮，即可预览效果，如图228-3所示。

图228-3 预览影片

专家提醒

“条带”转场效果是指素材1以水平或垂直的形式进行梳理，显示或覆盖素材2的过程。

第229集 应用“泥泞”转场

素材：素材\第10章\229-1（a）~（b）.jpg

效果：效果\第10章\第229集.vsp

视频：视频\第10章\第229集.swf

时长：48秒

难度：★★★★

关键技术：选择“泥泞”转场效果

01 进入会声会影高级编辑器，插入两幅素材图像，如图229-1所示。

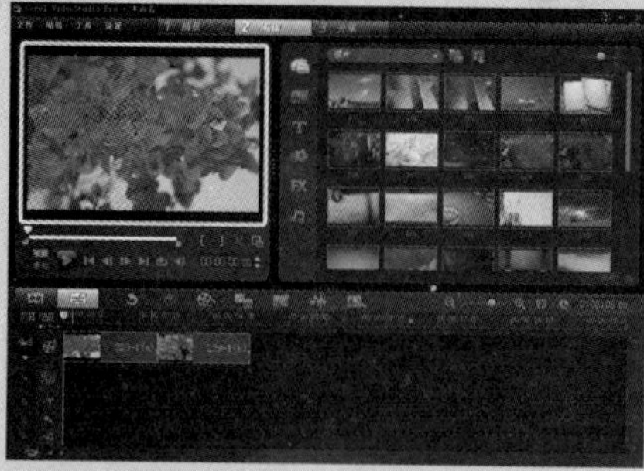

图229-1 插入素材

02 单击“转场”按钮AB，展开转场素材库，单击“画廊”下三角按钮，在弹出的列表框中选择“擦拭”选项，在“擦拭”素材库中选择“泥泞”转场效果，将其拖曳至素材1与素材2之间，释放鼠标左键，如图229-2所示。

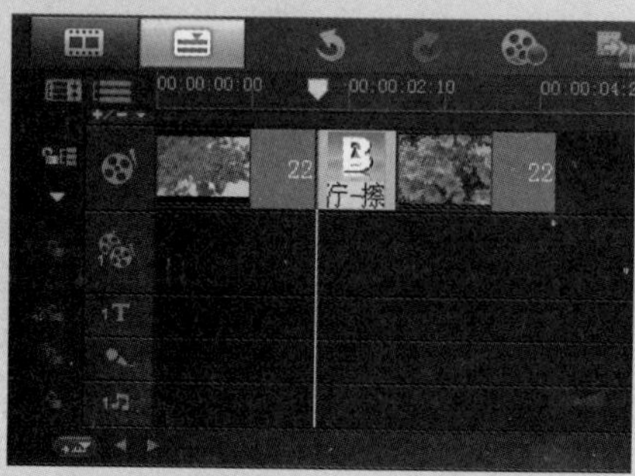

图229-2 选择“泥泞”转场效果

03 单击“播放”按钮，即可预览效果，如图229-3所示。

图229-3 预览影片

专家提醒

“泥泞”转场效果是指素材1以不规则圆的方式从中心向四周扩散，显示素材2的过程。

第11章　添加与编辑覆叠素材

“覆叠”就是画面的叠加，在屏幕上同时显示多个画面效果。覆叠功能是会声会影提供的一种视频编辑方法。将视频添加到时间轴面板的覆叠轨之后，可以对视频素材进行淡入淡出等设置，从而产生视频叠加的效果。

11.1 打开与关闭覆叠轨

第230集 打开覆叠轨

素材：无　　效果：无

视频：视频\第11章\第230集.swf　　时长：31秒

难度：★★　　关键技术：选择“轨道管理器”命令

01 进入会声会影高级编辑器，切换至时间轴视图，在时间轴面板中单击鼠标右键，在弹出的快捷菜单中选择“轨道管理器”命令，如图230-1所示。

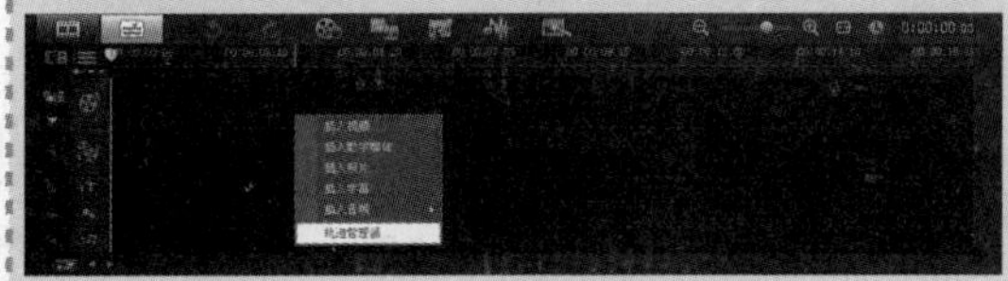

图230-1 选择“轨道管理器”命令

专家提醒

除了运用上述方法可以弹出“轨道管理器”对话框外，用户还可以单选择“设置”|“轨道管理器”命令，弹出“轨道管理器”对话框。

02 弹出“轨道管理器”对话框，勾选“覆叠轨#2”复选框，如图230-2所示。

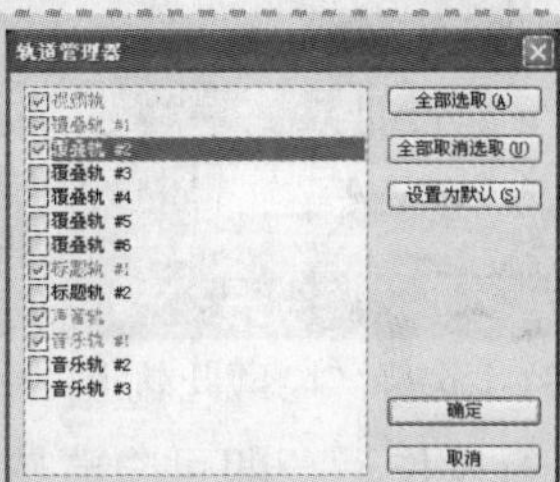

图230-2 “轨道管理器”对话框

03 单击“确定”按钮，即可打开选中的覆叠轨，如图230-3所示。

图230-3 打开覆叠轨

专家提醒

会声会影X3提供了很多种默认的转场效果，也就是说，将素材添加到项目后，会声会影X3将自动在素材之间添加转场效果，每次添加的效果也不同。

第231集 隐藏覆叠轨

素材：无　　效果：无
视频：视频\第11章\第231集.swf　　时长：24秒
难度：★　　关键技术：选择“隐藏此轨道”命令

01 进入会声会影高级编辑器，切换至时间轴视图，在时间轴面板中的“覆叠轨#2”图标上单击鼠标右键，在弹出的快捷菜单中选择“隐藏此轨道”命令，如图231-1所示。

图231-1 选择“隐藏此轨道”命令

02 执行操作后，即可隐藏覆叠轨，如图231-2所示。

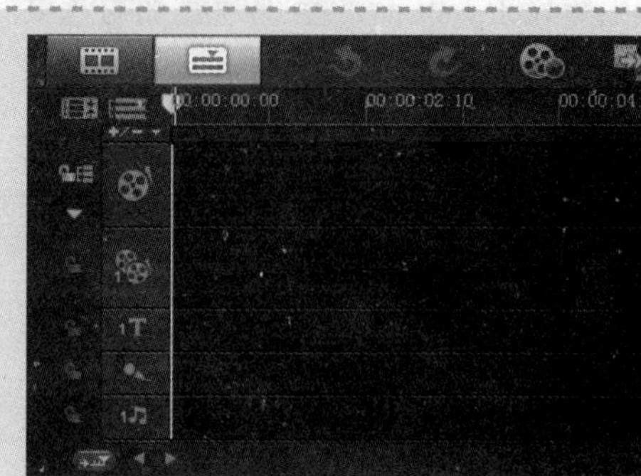
图231-2 隐藏覆叠轨

专家提醒

在“轨道管理器”对话框中，取消勾选“覆叠轨#2”复选框，单击“确定”按钮，即可隐藏覆叠轨。

11.2 添加与删除覆叠图像

第232集 添加单个覆叠图像轨

素材：素材\第11章\232-1（a）～（b）.jpg　　效果：效果\第11章\第232集.vsp
视频：视频\第11章\第232集.swf　　时长：28秒
难度：★　　关键技术：按住鼠标左键并拖曳

01 进入会声会影高级编辑器，插入两幅图像素材，如图232-1所示。

图232-1 插入素材

02 拖曳“232-1（b）”素材至时间轴面板的覆叠轨中，如图232-2所示，即可添加单个覆叠图像。

图232-2 添加素材至覆叠轨中

专家提醒

在会声会影中进行影片编辑工作时，素材与素材之间的连接称为切换。最常用的切换方法是一个素材与另一个素材紧密相连，使素材之间自然过渡，这种方法称为“硬切换”。

第233集　添加多个覆叠图像

素材：素材\第11章\233-1.vsp和233-2（a）～（b）.jpg

效果：效果\第11章\第233集.vsp

视频：视频\第11章\第233集.swf

时长：38秒

难度：★★

关键技术：插入素材图像

01 进入会声会影高级编辑器，打开一个项目文件，如图233-1所示。

图233-1 项目文件

02 插入两幅素材图像至时间轴面板的覆叠轨中，效果如图233-2所示。

图233-2 添加素材至覆叠轨中

03 执行操作后，单击“播放”按钮预览覆叠效果，如图233-3所示。

图233-3 预览效果

专家提醒

覆叠功能将视频素材添加到时间轴窗口的覆叠轨中后，对视频素材的大小、位置以及透明度等属性进行调节，从而产生视频叠加效果。

第234集 删除覆叠图像

素材：素材\第11章\234-1.vsp　效果：效果\第11章\第234集.vsp
视频：视频\第11章\第234集.swf　时长：27秒
难度：★　关键技术：选择“删除”命令

01 进入会声会影高级编辑器，打开一个项目文件，如图234-1所示。

图234-1 项目文件

02 在覆叠轨中选择需要的删除的图像素材，选择“编辑”|“删除”命令，即可删除覆叠图像，如图234-2所示。

图234-2 删除覆叠图像

专家提醒

在覆叠轨中选择需要删除的素材，单击鼠标右键，在弹出的快捷菜单中选择“删除”命令，即可删除选择的素材。

11.3 设置覆叠素材属性

第235集 设置进入动画

素材：素材\第11章\235-1.vsp
效果：效果\第11章\第235集.vsp
视频：视频\第11章\第235集.swf
时长：31秒
难度：★★
关键技术：单击“从右下方进入”按钮

01 进入会声会影高级编辑器，打开一个项目文件，如图235-1所示。

02 选择覆叠轨中的图像素材，单击“选项”按钮，在“属性”面板的“进入”选项组中单击“从右下方进入”按钮，如图235-2所示。

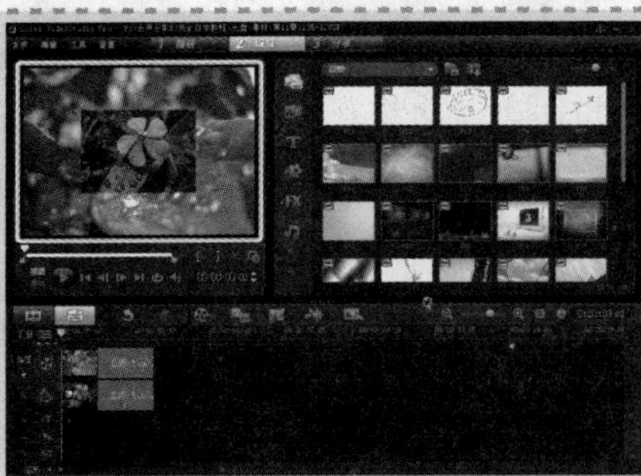

图235-1 项目文件

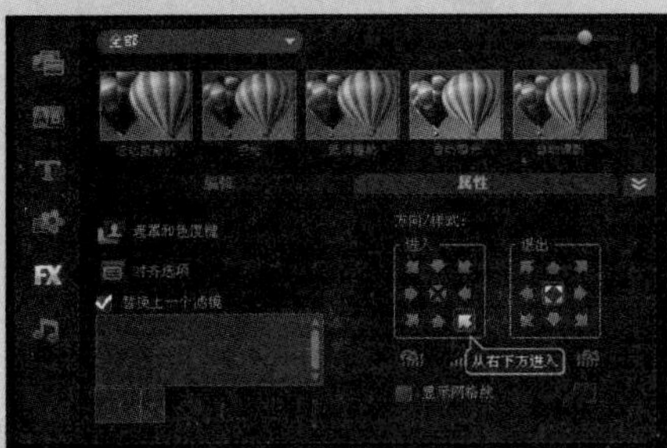

图235-2 单击“从右下方进入”按钮

03 单击“播放”按钮，即可预览设置的进入动画，如图235-3所示。

图235-3 预览效果

专家提醒

在“进入”选项组中包括“从左上方进入”、“从上方进入”、“从右上进入”等8个不同的进入方向和一个“静止”选项。

第236集 设置退出动画

素材：素材\第11章\236—1.vsp

效果：效果\第11章\第236集.vsp

视频：视频\第11章\第236集.swf

时长：37秒

难度：★★

关键技术：“退出”选项组

01 进入会声会影高级编辑器，打开一个项目文件，如图236-1所示。

02 选择覆叠轨中的图像素材，单击“选项”按钮，在“属性”面板的“退出”选项组中单击“从左下方退出”按钮，如图236-2所示。

图236-1 项目文件

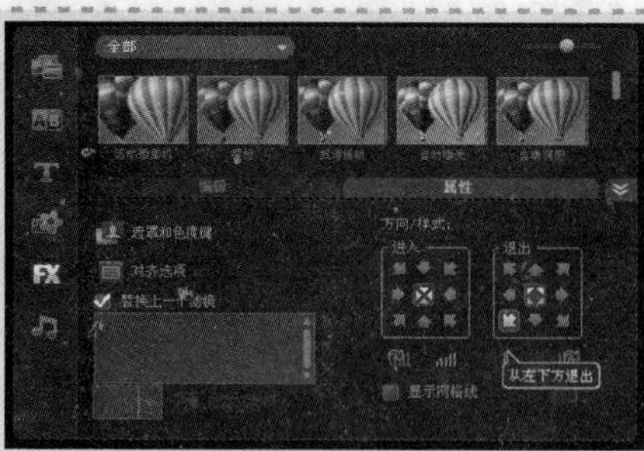

图236-2 单击“从左下方退出”按钮

专家提醒

先选择覆叠轨中的素材，才能执行退出动画的操作。

03 单击“播放”按钮，即可预览效果，如图236-3所示。

图236-3 预览效果

第237集 添加淡入淡出效果

素材：素材\第11章\237−1.vsp

效果：效果\第11章\第237集.vsp

视频：视频\第11章\第237集.swf

时长：37秒

难度：★★

关键技术：单击“淡出动画效果”按钮

01 进入会声会影高级编辑器，打开一个项目文件，如图237-1所示。

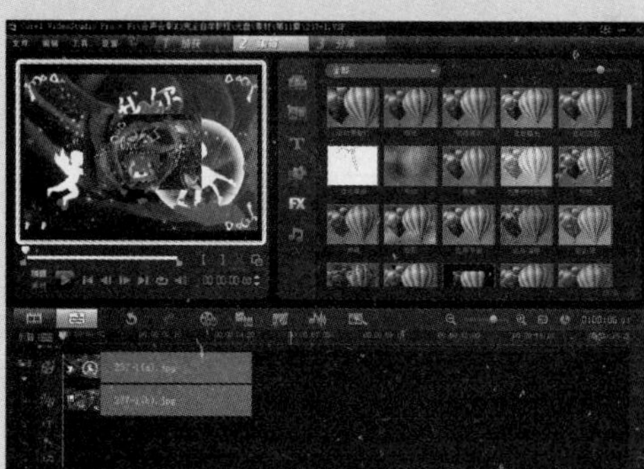

图237-1 项目文件

02 选择覆叠轨中的图像素材，单击“选项”按钮，在“属性”面板中单击“淡入动画效果”按钮和“淡出动画效果”按钮，如图237-2所示。

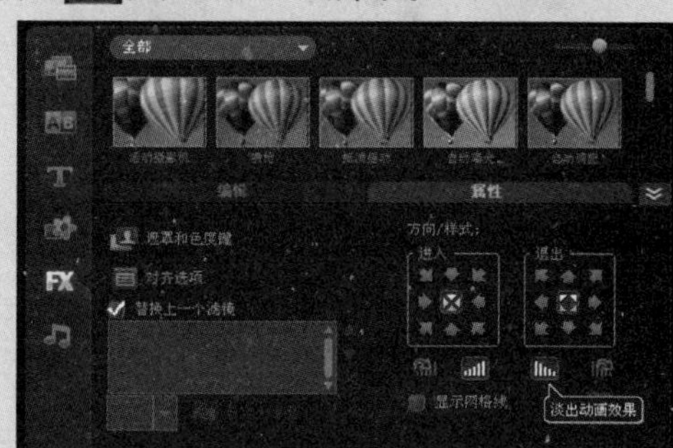

图237-2 单击“淡出动画效果”按钮

03 单击“播放”按钮，即可预览效果，如图237-3所示。

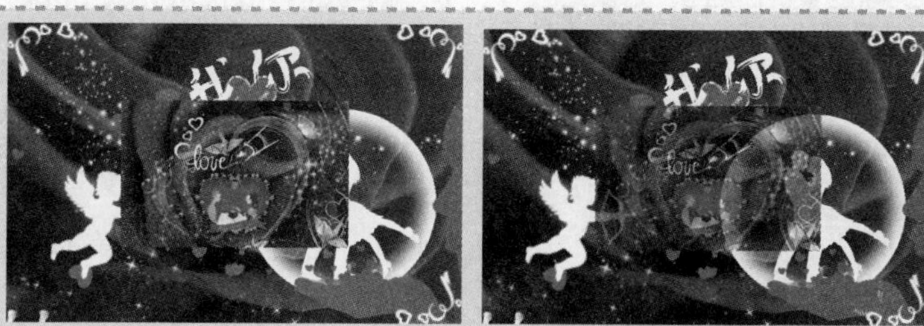

图237-3 预览效果

专家提醒

添加淡入动画效果是指将覆叠轨中的素材设置为以淡入的方式进入。

第238集 设置素材暂停区间前旋转

素材：素材\第11章\238-1.vsp

效果：效果\第11章\第238集.vsp

视频：视频\第11章\第238集.swf

时长：41秒

难度：★★★

关键技术：单击“暂停区间前旋转”按钮

01 进入会声会影高级编辑器，打开一个项目文件，如图238-1所示。

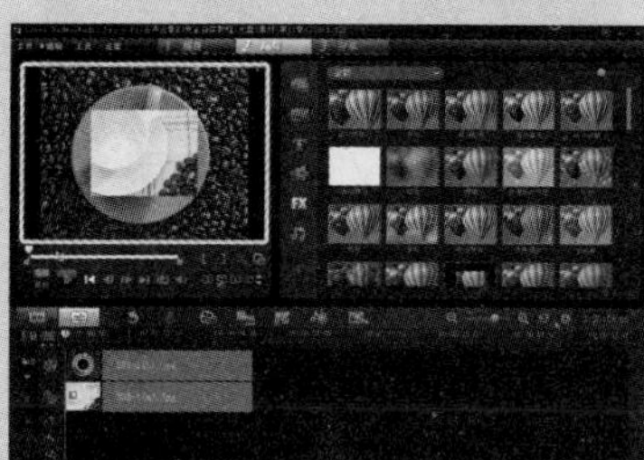

图238-1 项目文件

02 选择覆叠轨中的图像素材，单击“选项”按钮，在“属性”面板中单击“暂停区间前旋转”按钮，如图238-2所示。

图238-2 单击“暂停区间前旋转”按钮

03 单击“播放”按钮，即可预览效果，如图238-3所示。

图238-3 预览效果

专家提醒

单击“暂停区间前旋转”按钮，可以将视频素材逆时针旋转。

第239集 设置素材暂停区间后旋转

素材：素材\第11章\239—1.vsp

效果：效果\第11章\第239集.vsp

视频：视频\第11章\第239集.swf

时长：33秒

难度：★★

关键技术：单击“暂停区间后旋转”按钮

01 进入会声会影高级编辑器，打开一个项目文件，如图239-1所示。

图239-1 项目文件

02 选择覆叠轨中的图像素材，单击“选项”按钮，在“属性”面板中单击“暂停区间后旋转”按钮，如图239-2所示。

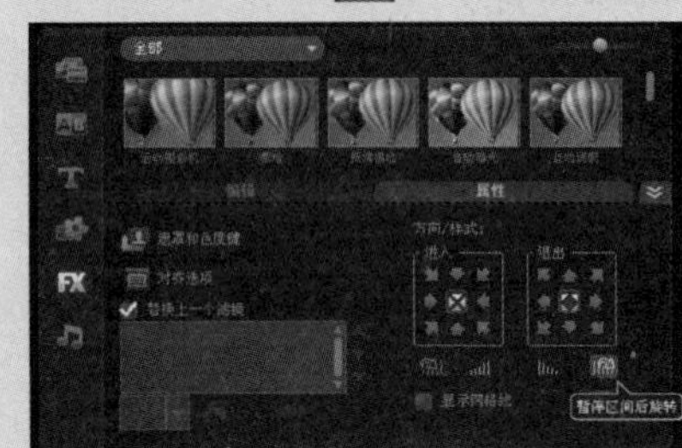

图239-2 单击“暂停区间后旋转”按钮

03 单击“播放”按钮，即可预览效果，如图239-3所示。

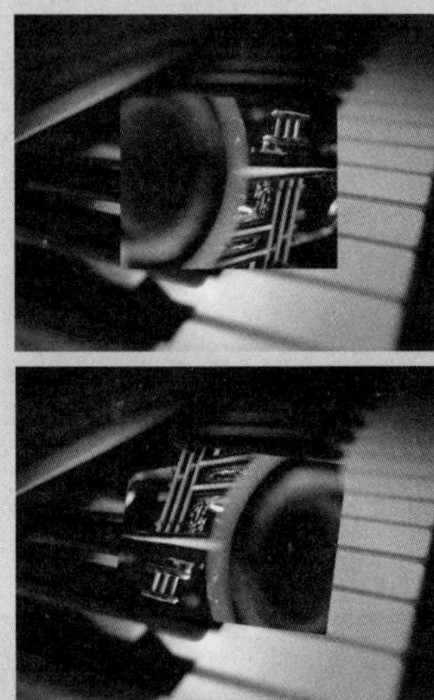

图239-3 预览效果

专家提醒

单击“暂停区间后旋转”按钮，可以将视频素材顺时针旋转。

11.4 设置对齐选项

第240集 停靠在顶部

素材：素材\第11章\240—1.vsp

效果：效果\第11章\第240集.vsp

视频：视频\第11章\第240集.swf

时长：45秒

难度：★★★

关键技术：选择“居左”选项

01 进入会声会影高级编辑器，打开一个项目文件，如图240-1所示。

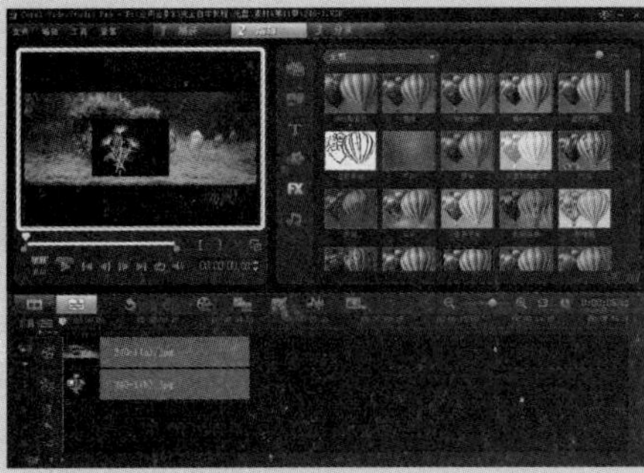

图240-1 项目文件

02 选择覆叠轨中的图像素材，单击“选项”按钮，在“属性”面板中单击“对齐选项”按钮，在弹出的列表框中选择“停靠在顶部”|“居左”选项，如图240-2所示，即可将覆叠图像停靠在顶部。

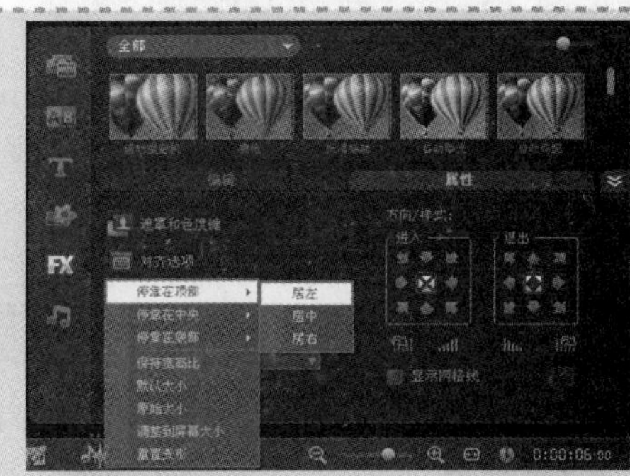

图240-2 选择“居左”选项

专家提醒

单击“对齐选项”按钮，在弹出的列表框中选择“停靠在顶部”选项，在该选项中共包括“居左”、“居中”和“居右”3个选项。

第241集 停靠在底部

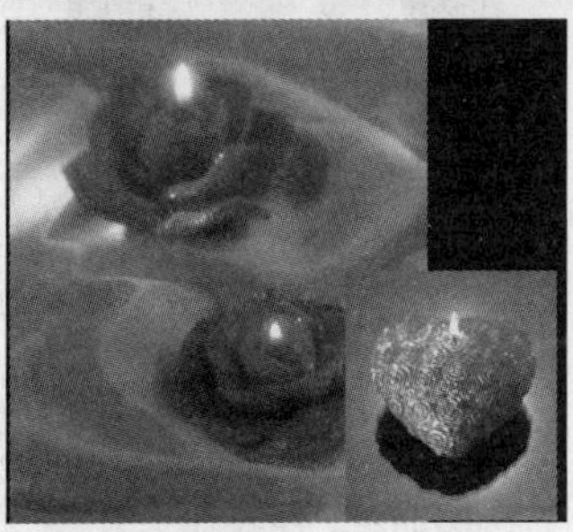

素材：素材\第11章\241-1.vsp

效果：效果\第11章\第241集.vsp

视频：视频\第11章\第241集.swf

时长：32秒

难度：★★

关键技术：选择“居右”选项

01 进入会声会影高级编辑器，打开一个项目文件，如图241-1所示。

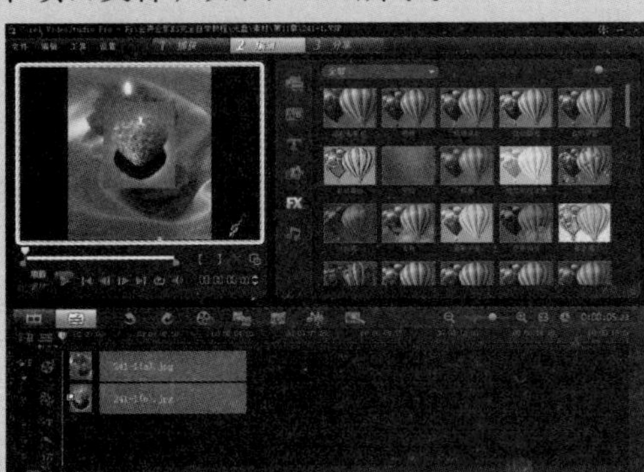

图241-1 项目文件

02 选择覆叠轨中的图像素材，单击“选项”按钮，在“属性”面板中单击“对齐选项”按钮，在弹出的列表框中选择“停靠在底部”|“居右”选项，即可将图像停靠在底部，效果如图241-2所示。

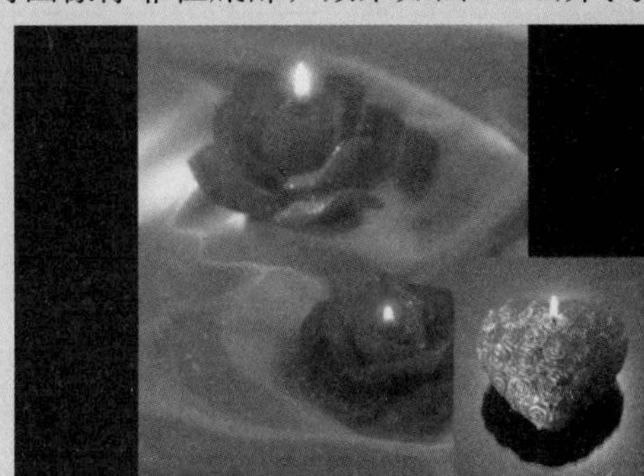

图241-2 停靠在底部

专家提醒

单击“对齐选项”按钮，在弹出的列表框中选择“停靠在底部”选项，在该选项中共包括“居左”、“居中”和“居右”3个选项。

第242集 停靠在中央

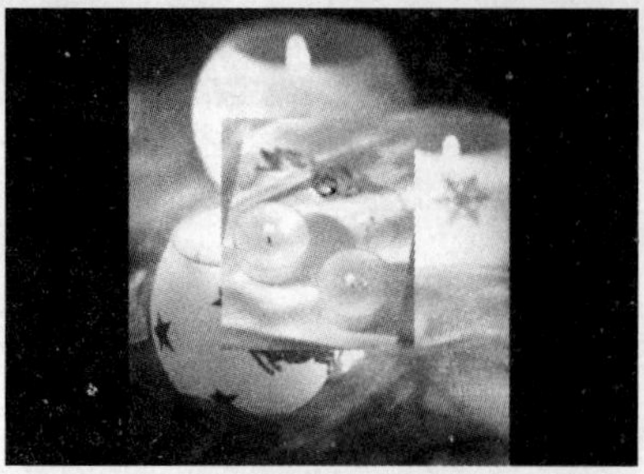

素材：素材\第11章\242-1.vsp

效果：效果\第11章\第242集.vsp

视频：视频\第11章\第242集.swf

时长：38秒

难度：★★

关键技术：选择“居中”选项

01 进入会声会影高级编辑器，打开一个项目文件，如图242-1所示。

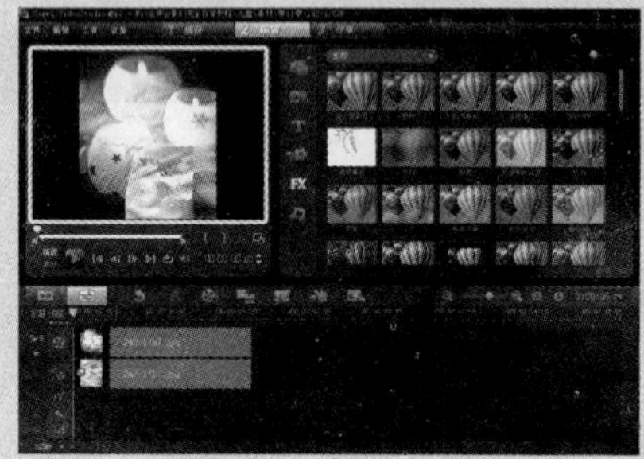

图242-1 项目文件

02 选择覆叠轨中的图像素材，单击“选项”按钮，在“属性”面板中单击“对齐选项”按钮，在弹出的列表框中选择“停靠在中央”|“居中”选项，即可将图像停靠在中间，效果如图242-2所示。

图242-2 停靠在中央

专家提醒

单击“对齐选项”按钮，在弹出的列表框中选择“停靠在中央”选项，在该选项中共包括“居左”、“居中”和“居右”3个选项。

第243集 设置图像保持宽高比

素材：素材\第11章\243-1.vsp

效果：效果\第11章\第243集.vsp

视频：视频\第11章\第243集.swf

时长：36秒

难度：★★

关键技术：选择“保持高宽比”选项

01 进入会声会影高级编辑器，打开一个项目文件，如图243-1所示。

图243-1 项目文件

02 选择覆叠轨中的图像素材，单击“选项”按钮，在“属性”面板中单击“对齐选项”按钮，在弹出的列表框中选择“保持高宽比”选项，即可将图像保持高宽比，效果如图243-2所示。

图243-2 预览图像

第244集 设置图像为默认大小

素材：素材\第11章\244-1.vsp

效果：效果\第11章\第244集.vsp

视频：视频\第11章\第244集.swf

时长：37秒

难度：★★

关键技术：选择“默认大小”选项

01 进入会声会影高级编辑器，打开一个项目文件，如图244-1所示。

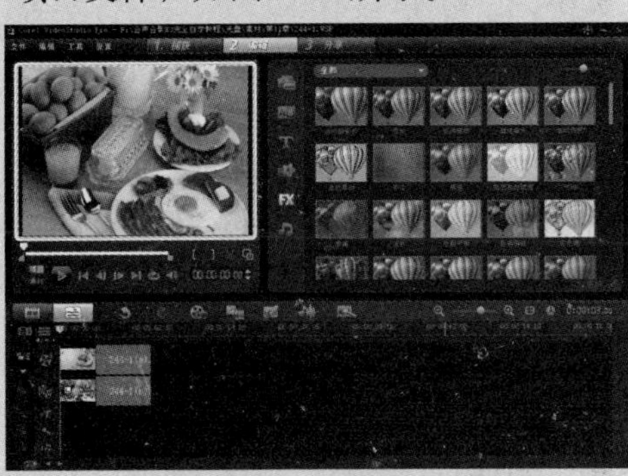

图244-1 项目文件

02 选择覆叠轨中的图像素材，单击“选项”按钮，在“属性”面板中单击“对齐选项”按钮，在弹出的列表框中选择“默认大小”选项，即可将图像设置为默认大小，效果如图244-2所示。

图244-2 预览图像

专家提醒

设置素材图像为默认大小是指将覆叠轨中的素材图像调整到匹配覆叠轨默认的大小。

第245集 设置图像为原始大小

素材：素材\第11章\245-1.vsp

效果：效果\第11章\第245集.vsp

视频：视频\第11章\第245集.swf

时长：33秒

难度：★★

关键技术：选择“原始大小”选项

01 进入会声会影高级编辑器，打开一个项目文件，如图245-1所示。

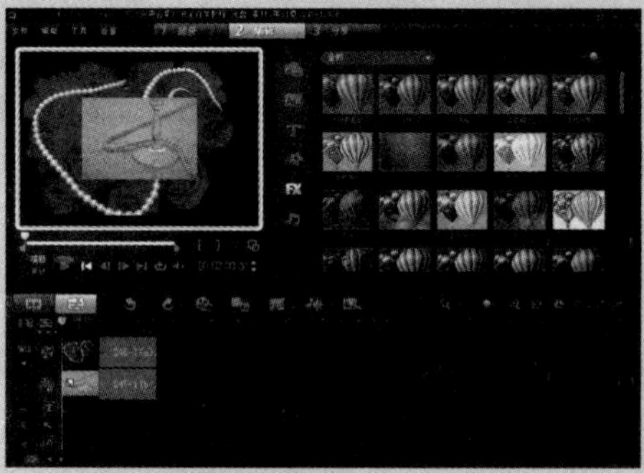

图245-1 项目文件

02 选择覆叠轨中的图像素材，单击“选项”按钮，在“属性”面板中单击“对齐选项”按钮，在弹出的列表框中选择“原始大小”选项，即可将图像设置为原始大小，效果如图245-2所示。

图245-2 预览图像为原始大小效果

专家提醒

设置素材图像为原始大小是指将覆叠轨中的素材图像调整到素材图像本身的大小。

第246集 将图像调整到屏幕大小

素材：素材\第11章\246-1.vsp

效果：效果\第11章\第246集.vsp

视频：视频\第11章\第246集.swf

时长：29秒

难度：★

关键技术：选择“调整到屏幕大小”选项

01 进入会声会影高级编辑器，打开一个项目文件，如图246-1所示。

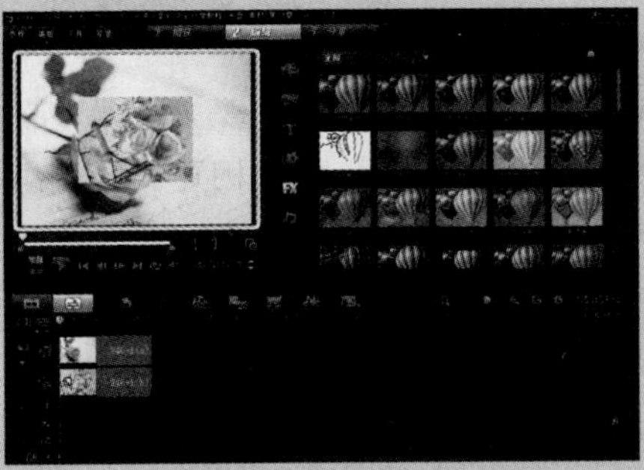

图246-1 项目文件

02 选择覆叠轨中的图像素材，单击“选项”按钮，在“属性”面板中单击“对齐选项”按钮，在弹出的列表框中选择“调整到屏幕大小”选项，即可将图像设置为屏幕大小，效果如图246-2所示。

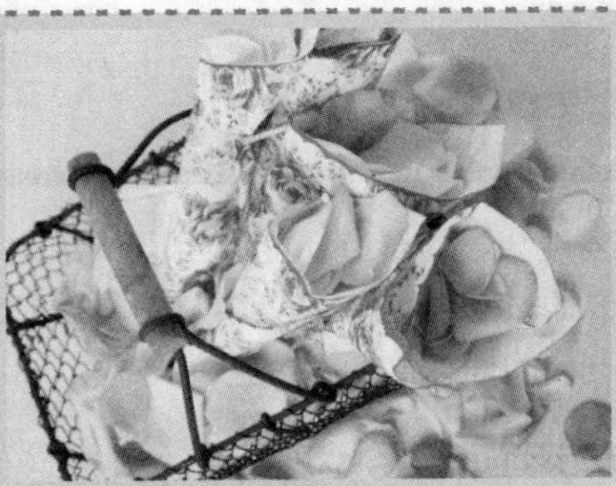

图246-2 设置图像为屏幕大小

专家提醒

将覆叠轨中的素材调整到屏幕大小，素材将会匹配预览窗口的大小。

第12章 覆盖出精彩的影片

会声会影的覆叠功能，可以使用户在编辑视频的过程中有更多的表现方式。在覆叠轨中可以添加图像或视频等素材，覆叠功能可以使视频轨上的视频与图像相互交织，组合成各式各样的视觉效果。

12.1 添加Flash视频素材

第247集 添加Flash动画

素材：素材\第12章\247-1.jpg

效果：效果\第12章\第247集.vsp

视频：视频\第12章\第247集.swf

时长：60秒

难度：★★★★★

关键技术：选择“Flash动画”选项

01 进入会声会影高级编辑器，插入一张素材图像，单击“图形”按钮，单击“画廊”下三角按钮，在弹出的列表框中选择“Flash动画”选项，如图247-1所示。

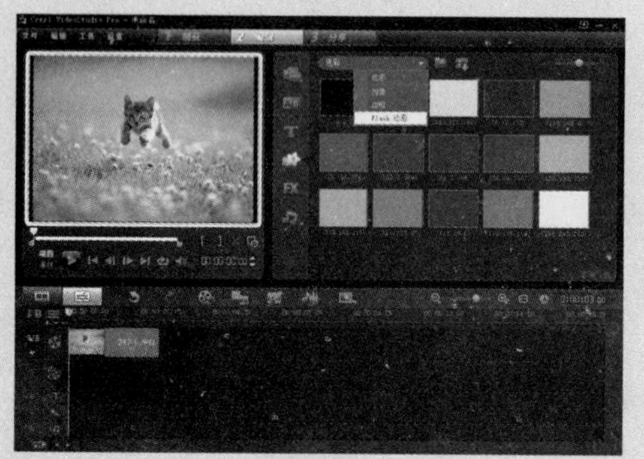

图247-1 项目文件

02 在“Flash动画”素材库中选择MotionF11动画，将其拖曳至覆叠轨中，释放鼠标左键，即可为影片添加Flash动画，效果如图247-2所示。

图247-2 添加Flash动画

03 执行操作后，单击“播放”按钮，即可预览动画，如图247-3所示。

图247-3 预览效果

专家提醒

在“Flash动画”素材库中包括了70种动画效果。

第248集 调整Flash动画大小

素材：素材\第12章\248-1.vsp

效果：效果\第12章\第248集.vsp

视频：视频\第12章\第248集.swf

时长：38秒

难度：★★

关键技术：黄色控制点

01 进入会声会影高级编辑器，打开一个项目文件，选择覆叠轨中的Flash动画，拖曳鼠标指针至预览窗口左上角的黄色控制点上，按住鼠标左键的同时向右下角拖曳鼠标，如图248-1所示。

图248-1 拖曳鼠标

02 拖曳鼠标至合适位置后释放鼠标左键，即可调整Flash动画大小，效果如图248-2所示。

图248-2 调整后的Flash大小

第249集 更改Flash动画的位置

素材：素材\第12章\249-1.vsp

效果：效果\第12章\第249集.vsp

视频：视频\第12章\第249集.swf

时长：37秒

难度：★★

关键技术：拖曳鼠标

01 进入会声会影高级编辑器，打开一个项目文件，选择覆叠轨中的Flash动画，拖曳鼠标指针至预览窗口Flash动画上，按住鼠标左键的同时拖曳鼠标，如图249-1所示。

02 拖曳至合适位置后释放鼠标左键，即可调整Flash动画的位置，效果如图249-2所示。

图249-1 项目文件

图249-2 更改Flash动画

专家提醒

选择覆叠轨中需要调整的Flash动画素材后，才能在预览窗口对Flash动画进行调整。

第250集 加载Flash动画素材

素材：素材\第12章\250-1.swf

效果：无

视频：视频\第12章\第250集.swf

时长：37秒

难度：★★

关键技术：单击“添加”按钮

01 进入会声会影高级编辑器，在“Flash动画”素材库中单击“添加”按钮，如图250-1所示。

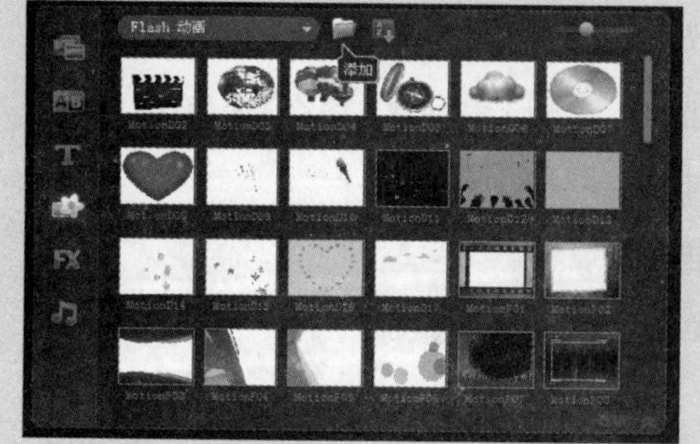

图250-1 单击“添加”按钮

02 弹出“浏览Flash动画”对话框，选择需要打开的文件，单击“打开”按钮，如图250-2所示。

图250-2 单击“打开”对话框

专家提醒

在时间轴面板的覆叠轨中单击鼠标右键，在弹出的快捷菜单中选择“插入视频”命令，弹出“打开视频文件”对话框，选择需要打开的Flash动画文件，单击“打开”按钮，即可添加选择的Flash动画素材。

03 执行操作后，即可加载Flash动画至素材库中，如图250-3所示。

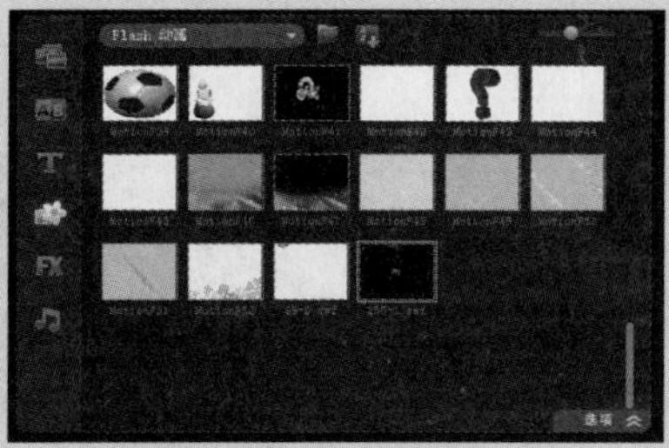

图250-3 加载到素材库

04 单击“播放”按钮，即可预览加载的Flash动画，如图250-4所示。

图250-4 预览动画

第251集　删除Flash动画素材

素材：无

效果：无

视频：视频\第12章\第251集.swf

时长：30秒

难度：★★

关键技术：选择“删除”命令

01 在第250集的基础上，在“Flash动画”素材库中选择“250-1”动画，单击鼠标右键，在弹出的快捷菜单中选择“删除”命令，如图251-1所示。

图251-1 选择“删除”命令

02 执行操作后，弹出信息提示框，单击“确定”按钮即可删除Flash动画素材，如图251-2所示。

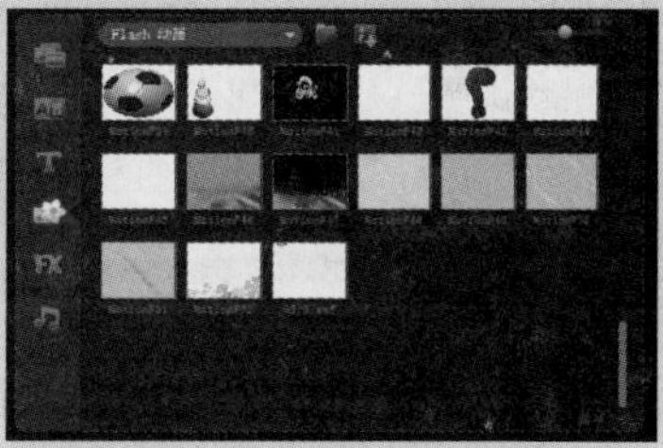

图251-2 删除动画素材

专家提醒

用户在素材库中选择需要删除的素材，按【Delete】键也可以进行删除操作。

12.2 添加对象和边框效果

第252集　添加对象效果

素材：素材\第12章\252—1.jpg

效果：效果\第12章\第252集.vsp

视频：视频\第12章\第252集.swf

时长：36秒

难度：★★

关键技术：选择“对象”选项

01 进入会声会影高级编辑器，插入一个素材图像，单击“图形”按钮，单击“画廊”下三角按钮，在弹出的列表框中选择“对象”选项，如图252-1所示。

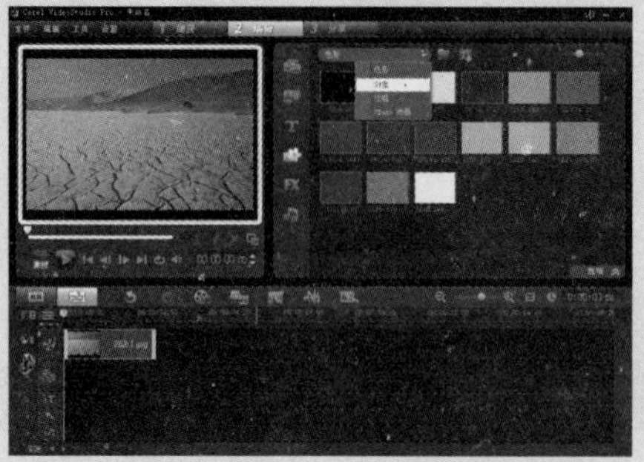

图252-1 选择“对象”选项

02 在“对象”素材库中选择D14对象，将其拖曳至覆叠轨中，释放鼠标左键，即可为影片添加对象，效果如图252-2所示。

图252-2 添加对象后的效果

第253集 添加边框效果

素材：素材\第12章\253–1.jpg

效果：效果\第12章\第253集.vsp

视频：视频\第12章\第253集.swf

时长：42秒

难度：★★★

关键技术：选择“边框”选项

01 进入会声会影高级编辑器，插入一个素材图像，单击“图形”按钮，再单击“画廊”下三角按钮，在弹出的列表框中选择“边框”选项，如图253-1所示。

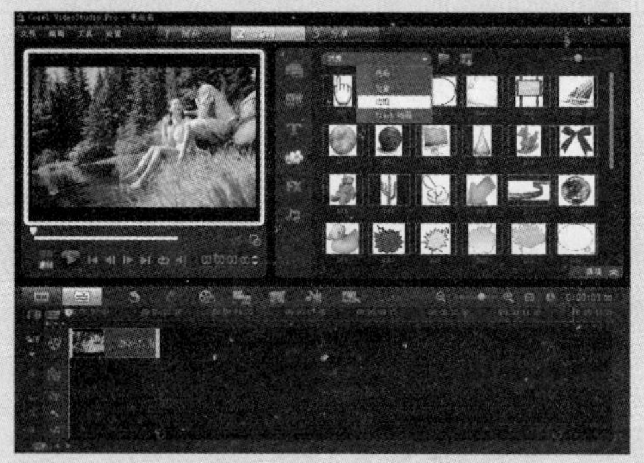

图253-1 选择“对象”选项

02 在“边框”素材库中选择F31对象，将其拖曳至覆叠轨中，释放鼠标左键，即可为影片添加边框，效果如图253-2所示。

图253-2 添加边框后的效果

专家提醒

在“边框”素材库中包括了40多种边框效果。

第254集　加载对象样式

素材：素材\第12章\254-1.jpg

效果：无

视频：视频\第12章\第254集.swf

时长：38秒

难度：★★

关键技术：单击“添加”按钮

01 进入会声会影高级编辑器，在“对象”素材库中单击“添加”按钮，如图254-1所示。

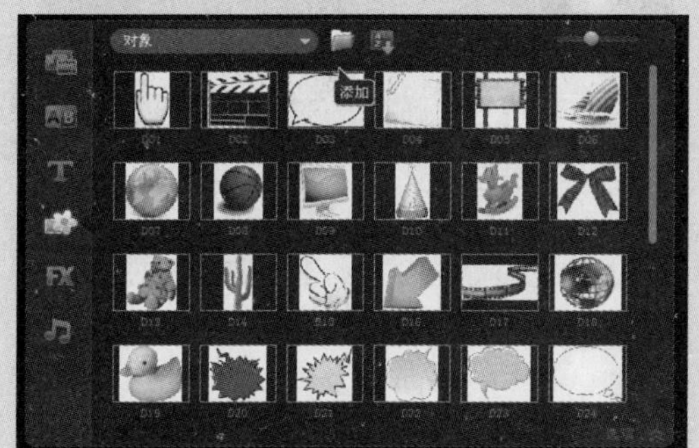

图254-1 单击“添加”按钮

02 弹出“浏览图形”对话框，选择需要打开的文件，单击“打开”按钮，如图254-2所示。

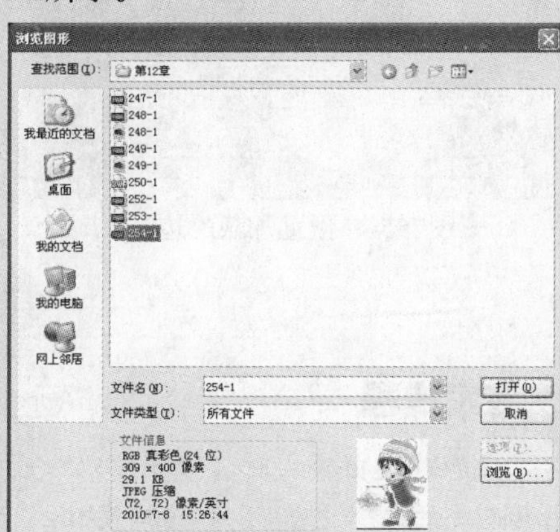

图254-2 单击“打开”按钮

03 执行操作后，即可加载对象至素材库中，如图254-3所示。

图254-3 加载到素材库

04 单击“播放”按钮，即可预览加载的对象，如图254-4所示。

图254-4 预览加载的对象

专家提醒

在“对象”素材库中包括30多种对象效果，添加不同的对象会产生不同的遮罩效果。

第255集 加载边框样式

素材：素材\第12章\255-1.jpg

效果：无

视频：视频\第12章\第255集.swf

时长：34秒

难度：★★

关键技术："浏览图形"对话框

01 进入会声会影高级编辑器，在"边框"素材库中单击"添加"按钮，如图255-1所示。

图255-1 单击"添加"按钮

02 弹出"浏览图形"对话框，选择需要打开的文件，单击"打开"按钮，如图255-2所示。

图255-2 单击"打开"按钮

03 执行操作后，即可加载边框至素材库中，如图255-3所示。

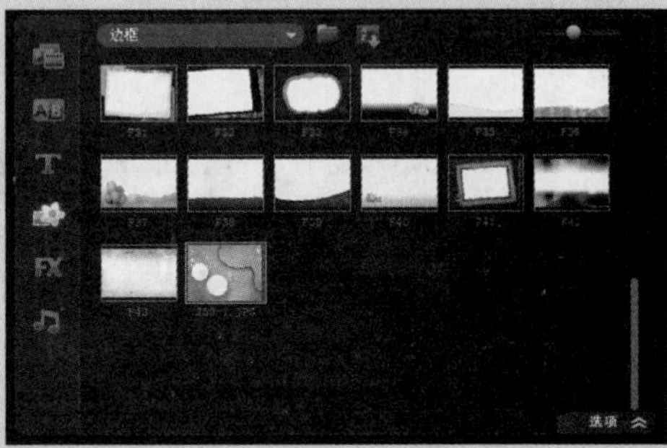

图255-3 加载到素材库

04 单击"播放"按钮，即可预览加载的边框，如图255-4所示。

图255-4 预览加载的边框

专家提醒

在加载边框样式时，除了可以加载jpg格式的文件外，还可以加载png、gif等格式文件，但不能加载avi、mpg、swf、vsp等格式文件。

12.3 设置覆叠对象属性

第256集 设置覆叠对象透明度

素材：素材\第2章\11-1.vsp

效果：无

视频：视频\第2章\第11集.swf

时长：23秒

难度：★

关键技术：单击“时间轴视图”按钮

01 进入会声会影高级编辑器，打开一个项目文件，如图256-1所示。

图256-1 项目文件

02 选择覆叠轨中的素材，单击“选项”按钮，在弹出的“属性”面板中单击“遮罩和色度键”按钮，如图256-2所示。

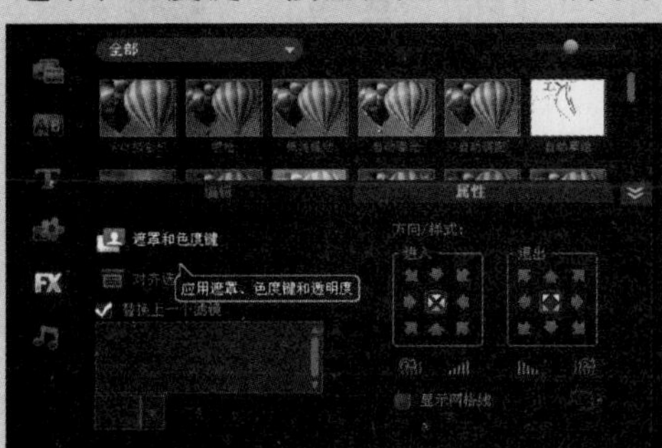

图256-2 单击“遮罩和色度键”按钮

03 弹出选项面板，在“透明度”数值框中输入数值为65，如图256-3所示。

04 单击“播放”按钮，即可预览设置覆叠对象透明度的效果，如图256-4所示。

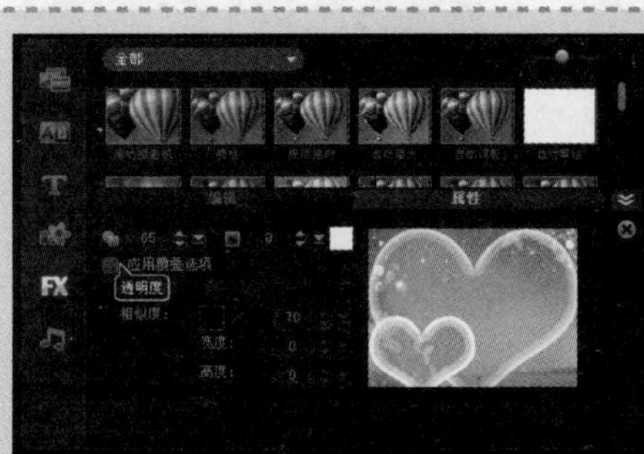

图256-3 设置数值

图256-4 预览覆叠对象透明度效果

专家提醒

单击“属性”面板中的“遮罩和色度键”按钮，在弹出的选项面板中单击“透明度”数值框右侧的下三角按钮，弹出透明度滑块，按住鼠标左键的同时向右拖曳滑块，移至合适的位置后释放鼠标左键，也可调整透明度。

第257集 设置覆叠对象的边框

素材：素材\第12章\257-1.vsp

效果：效果\第12章\第257集.vsp

视频：视频\第12章\第257集.swf

时长：35秒

难度：★★

关键技术：单击“选项”按钮

01 进入会声会影高级编辑器，打开一个项目文件，如图257-1所示。

图257-1 项目文件

02 选择覆叠轨中的素材，单击“选项”按钮，在弹出的“属性”面板中单击“遮罩和色度键”按钮，如图257-2所示。

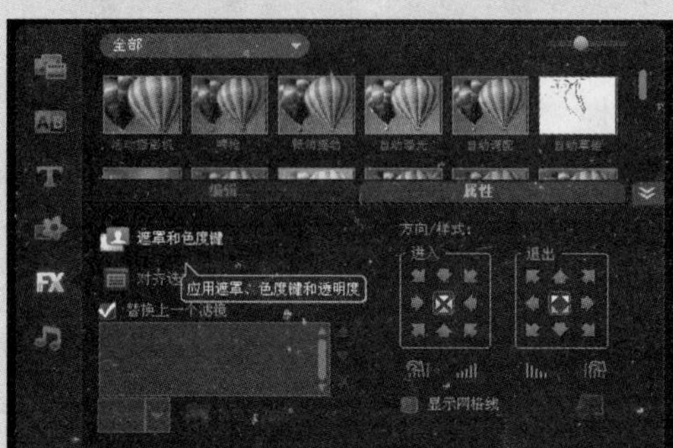

图257-2 单击“遮罩和色度键”按钮

03 弹出选项面板，在“边框”数值框中输入数值为65，如图257-3所示。

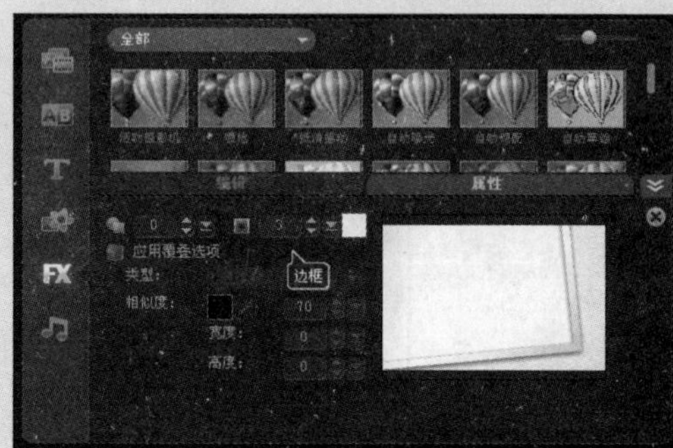

图257-3 设置数值

04 单击“播放”按钮，即可预览设置覆叠对象边框的效果，如图257-4所示。

图257-4 预览覆叠对象的边框效果

专家提醒

在选项面板中的“边框”数值框中只能输入0～10之间的整数。

第258集　设置覆叠对象的边框颜色

素材：素材\第12章\258-1.vsp

效果：效果\第12章\第258集.vsp

视频：视频\第12章\第258集.swf

时长：43秒

难度：★★★

关键技术："属性"面板

01 进入会声会影高级编辑器，打开一个项目文件，如图258-1所示。

图258-1　项目文件

02 选择覆叠轨中的素材，单击"选项"按钮，在弹出的"属性"面板中单击"遮罩和色度键"按钮，如图258-2所示。

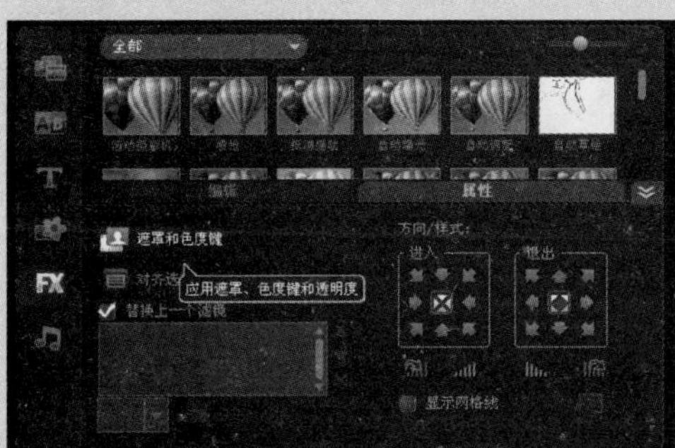

图258-2　单击"遮罩和色度键"按钮

03 弹出选项面板，单击"边框色彩"色块，在弹出的颜色面板中选择橙色，如图258-3所示。

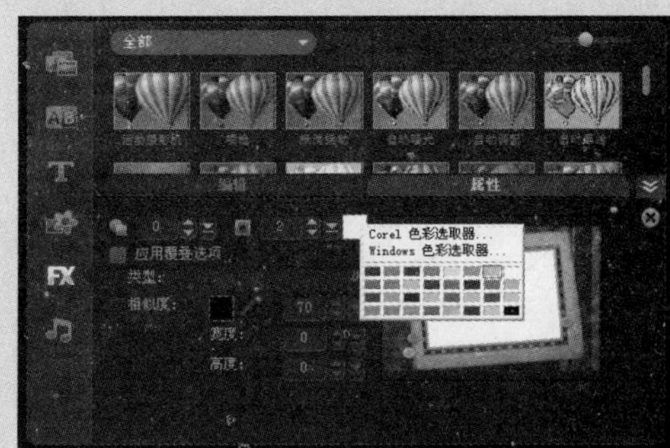

图258-3　设置颜色

04 执行操作后，即可预览设置覆叠对象边框的颜色，效果如图258-4所示。

图258-4　预览覆叠对象的边框颜色效果

专家提醒

当"属性"面板中的"边框"数值为0时，覆叠对象的边框颜色将不可见。

12.4 应用覆叠选项

第259集 设置覆叠遮罩的色彩

素材：素材\第12章\259-1.vsp

效果：效果\第12章\第259集.vsp

视频：视频\第12章\第259集.swf

时长：46秒

难度：★★★

关键技术：单击“遮罩和色度键”按钮

01 进入会声会影高级编辑器，打开一个项目文件，如图259-1所示。

图259-1 项目文件

02 选择覆叠轨中的素材，单击“选项”按钮，在弹出的“属性”面板中单击“遮罩和色度键”按钮，如图259-2所示。

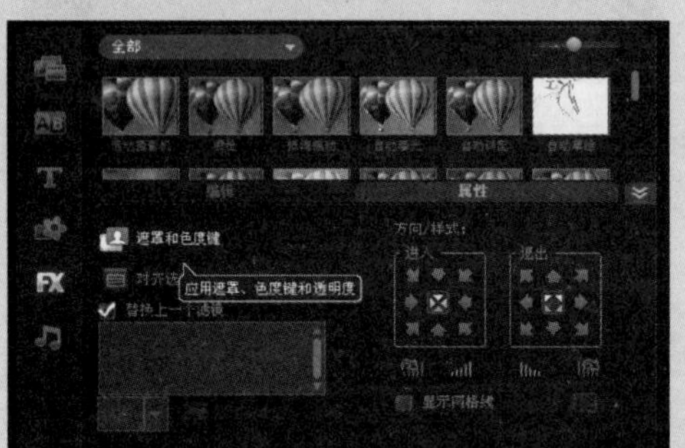

图259-2 单击“遮罩和色度键”按钮

03 弹出选项面板，勾选“应用覆叠选项”复选框，单击“覆叠遮罩的色彩”色块右侧的“吸管”按钮，在预览窗口中的合适位置，单击鼠标左键吸取颜色，如图259-3所示。

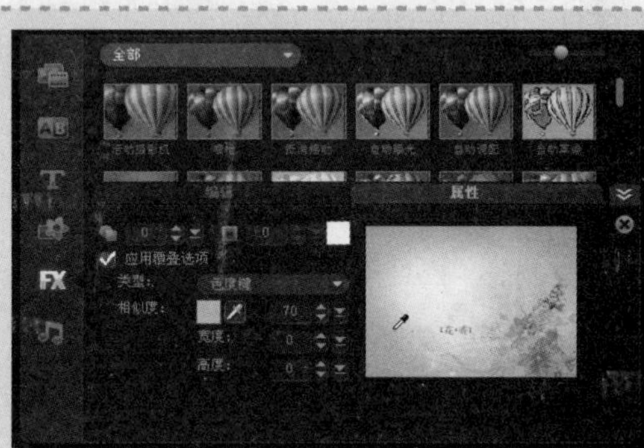

图259-3 吸取颜色

04 执行操作后，即可将覆叠遮罩的色彩设置为吸取的淡蓝色，效果如图259-4所示。

图259-4 预览覆叠遮罩的色彩效果

专家提醒

用户可单击“覆叠遮罩的色彩”色块，在弹出的颜色面板中快速选择需要遮罩的颜色。

第260集　设置遮罩的色彩相似度

素材：素材\第12章\260-1.vsp

效果：效果\第12章\第260集.vsp

视频：视频\第12章\第260集.swf

时长：48秒

难度：★★★

关键技术：单击“遮罩和色度键”按钮

01 进入会声会影高级编辑器，打开一个项目文件，如图260-1所示。

图260-1 项目文件

02 选择覆叠轨中的素材，单击“选项”按钮，在弹出的“属性”面板中单击“遮罩和色度键”按钮，如图260-2所示。

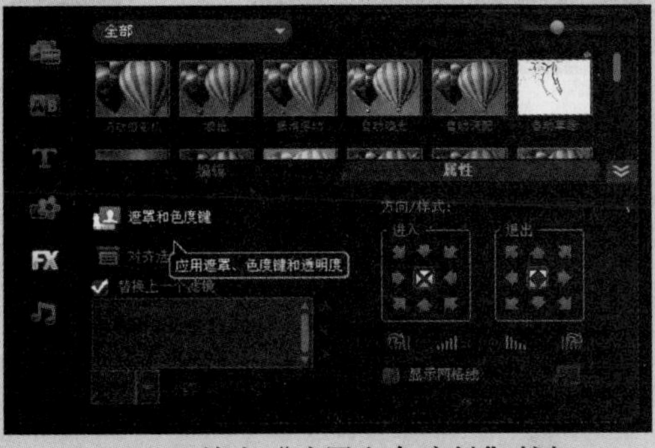

图260-2 单击“遮罩和色度键”按钮

03 弹出选项面板，勾选“应用覆叠选项”复选框，在“相似度”右侧的数值框中输入数值为50，如图260-3所示。

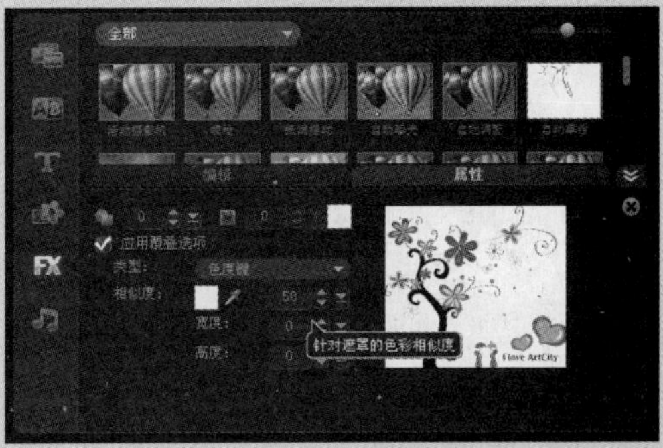

图260-3 设置数值

04 执行操作后，即可预览设置的遮罩色彩相似度效果色，如图260-4所示。

图260-4 预览遮罩色彩相似度

专家提醒

在“属性”面板中的“针对遮罩的色彩相似度”数值框中只能输入0～100之间的数值。

第261集 设置修剪覆叠素材的高度

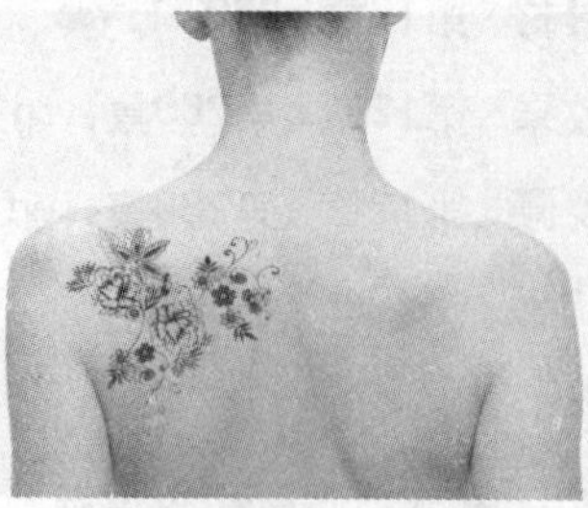

素材：素材\第12章\261—1.vsp

效果：效果\第12章\第261集.vsp

视频：视频\第12章\第261集.swf

时长：40秒

难度：★★★

关键技术：“属性”面板

01 进入会声会影高级编辑器，打开一个项目文件，如图261-1所示。

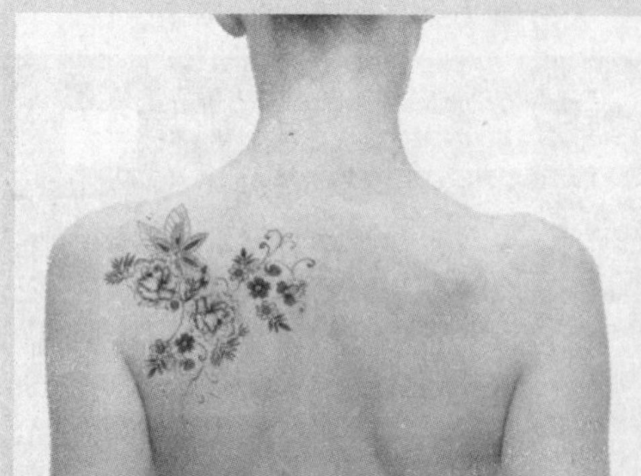

图261-1 项目文件

02 选择覆叠轨中的素材，单击“选项”按钮，在弹出的“属性”面板中单击“遮罩和色度键”按钮，如图261-2所示。

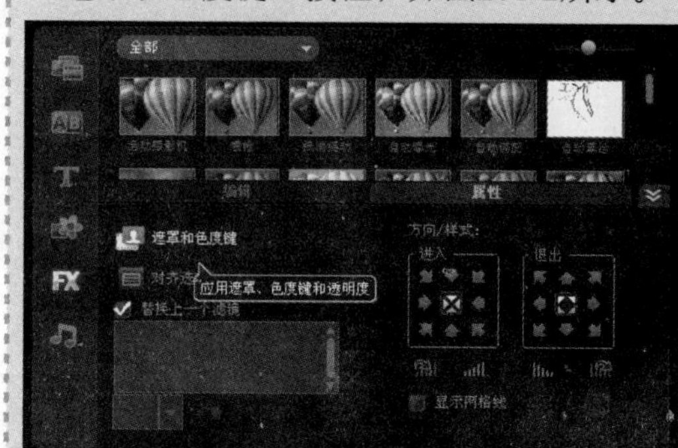

图261-2 单击“遮罩和色度键”按钮

03 弹出选项面板，在“高度”数值框中输入15，如图261-3所示。

专家提醒

在弹出的选项面板中单击“高度”数值框右侧的下三角按钮，弹出高度滑块，按住鼠标左键的同时向右拖曳滑块至合适的位置后释放鼠标左键，也可以调整覆叠对象的高度。

图261-3 设置数值

04 按【Enter】键确认，即可预览修剪覆叠素材的高度，效果如图261-4所示。

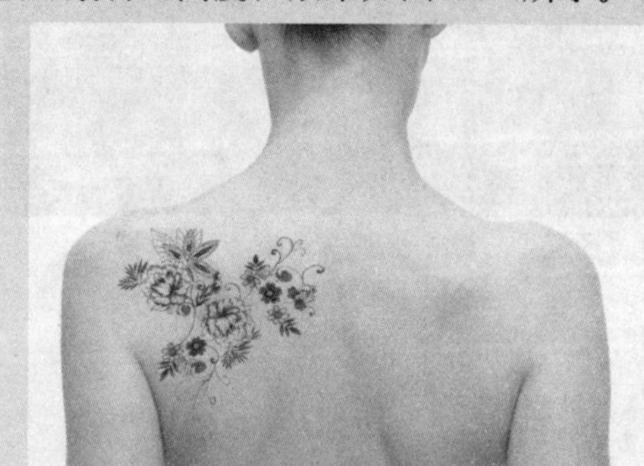

图261-4 修剪覆叠素材的高度后的效果

第262集　设置修剪覆叠素材的宽度

素材：素材\第12章\262-1.vsp

效果：效果\第12章\第262集.vsp

视频：视频\第12章\第262集.swf

时长：39秒

难度：★★

关键技术："宽度"数值框

01 进入会声会影高级编辑器，打开一个项目文件，选择覆叠轨中的素材，单击"选项"按钮，在弹出的"属性"面板中单击"遮罩和色度键"按钮，弹出选项面板，在"宽度"数值框中输入55，如图262-1所示。

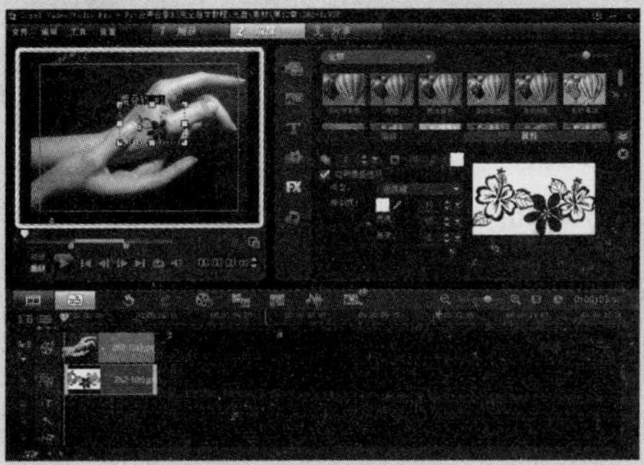

图262-1 设置数值

02 按【Enter】键确认，即可预览修剪覆叠素材的宽度，效果如图262-2所示。

图262-2 修剪覆叠素材的宽度后的效果

专家提醒

在修剪覆叠素材的宽度时，覆叠素材的高度将保持不变。

12.5 设置遮罩效果

第263集　设置椭圆遮罩效果

素材：素材\第12章\263-1.vsp

效果：效果\第12章\第263集.vsp

视频：视频\第12章\第263集.swf

时长：45秒

难度：★★★

关键技术：选择"遮罩帧"选项

01 进入会声会影高级编辑器，打开一个项目文件，选择覆叠轨中的素材，单击"选项"按钮，在弹出的"属性"面板中单击"遮罩和色度键"按钮，弹出选项面板，如图263-1所示。

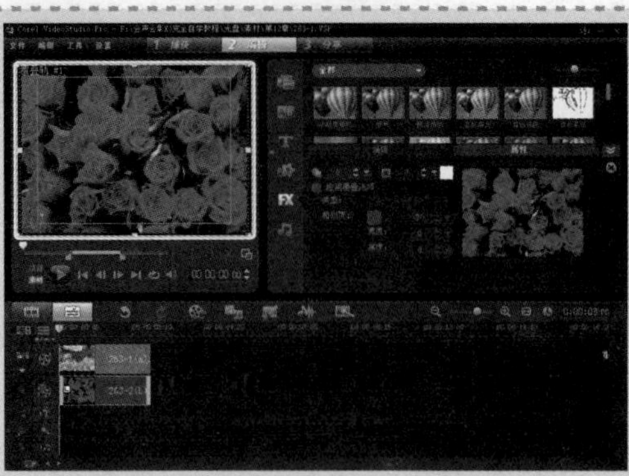

图263-1 弹出选项面板

02 勾选“应用覆叠选项”复选框，单击“类型”下拉按钮，在弹出的列表框中选择“遮罩帧”选项，执行操作后，系统将自动添加椭圆遮罩效果，如图263-2所示。

图263-2 预览椭圆遮罩效果

专家提醒

椭圆遮罩效果是指覆叠轨中的素材以椭圆的性质遮罩在视频轨中素材的上方。

第264集 设置透明圆角矩形遮罩效果

素材：素材\第12章\264-1.vsp

效果：效果\第12章\第264集.vsp

视频：视频\第12章\第264集.swf

时长：45秒

难度：★★★

关键技术：勾选“应用覆叠选项”复选框

01 进入会声会影高级编辑器，打开一个项目文件，选择覆叠轨中的素材，单击“选项”按钮，在弹出的“属性”面板中单击“遮罩和色度键”按钮，弹出选项面板，如图264-1所示。

图264-1 弹出选项面板

02 勾选“应用覆叠选项”复选框，在遮罩样式下拉列表中选择第3排中的第1个遮罩效果，即可预览设置的不透明圆角矩形遮罩效果，如图264-2所示。

图264-2 预览不透明圆角矩形效果

第265集　设置螺旋遮罩效果

素材：素材\第12章\265-1.vsp

效果：效果\第12章\第265集.vsp

视频：视频\第12章\第265集.swf

时长：51秒

难度：★★★★

关键技术：单击“遮罩和色度键”按钮

01 进入会声会影高级编辑器，打开一个项目文件，如图265-1所示。

图265-1 项目文件

02 选择覆叠轨中的素材，单击“选项”按钮，在弹出的“属性”面板中单击“遮罩和色度键”按钮，弹出选项面板，勾选“应用覆叠选项”复选框，在遮罩样式下拉列表中选择第11排中的第1个遮罩效果，即可预览设置的螺旋遮罩效果，如图265-2所示。

图265-2 预览螺旋遮罩效果

第266集　设置胶片遮罩效果

素材：素材\第12章\266-1.vsp

效果：效果\第12章\第266集.vsp

视频：视频\第12章\第266集.swf

时长：56秒

难度：★★★★

关键技术：勾选“应用覆叠选项”复选框

01 进入会声会影高级编辑器，打开一个项目文件，如图266-1所示。

图266-1 项目文件

02 选择覆叠轨中的素材，单击“选项”按钮，在弹出的“属性”面板中单击“遮罩和色度键”按钮，弹出选项面板，勾选“应用覆叠选项”复选框，在遮罩样式下拉列表中选择第2排中的第2个遮罩效果，即可预览设置的胶片遮罩效果，如图266-2所示。

图266-2 预览胶片遮罩效果

第267集 设置画笔涂抹遮罩效果

素材：素材\第12章\267—1.vsp

效果：效果\第12章\第267集.vsp

视频：视频\第12章\第267集.swf

时长：39秒

难度：★★

关键技术：勾选“应用覆叠选项”复选框

01 进入会声会影高级编辑器，打开一个项目文件，如图267-1所示。

图267-1 项目文件

02 选择覆叠轨中的素材，单击“选项”按钮，在弹出的“属性”面板中单击“遮罩和色度键”按钮，弹出选项面板，勾选“应用覆叠选项”复选框，在遮罩样式下拉列表中选择第7排中的第2个遮罩效果，即可预览设置的画笔涂抹遮罩效果，如图267-2所示。

图267-2 预览画笔涂抹遮罩效果

专家提醒

画笔涂抹遮罩效果是指覆叠轨中的素材以画笔涂抹的形状遮罩在视频轨中的素材的上方。

12.6 制作覆叠特效

第268集 制作精美相框

素材：素材\第12章\268-1.jpg

效果：效果\第12章\第268集.vsp

视频：视频\第12章\第268集.swf

时长：43秒

难度：★★★

关键技术：选择“边框”选项

01 进入会声会影高级编辑器，插入一个素材图像，单击“图形”按钮，单击“画廊”下三角按钮，在弹出的列表框中选择“边框”选项，如图268-1所示。

图268-1 选择“边框”选项

02 在“边框”素材库中选择F40对象，将其拖曳至覆叠轨中，释放鼠标左键，即可为影片添加边框，效果如图268-2所示。

图268-2 添加边框后的效果

专家提醒

在“边框”素材库中选择需要添加到覆叠轨中的边框素材，单击鼠标右键，在弹出的快捷菜单中选择“插入到”|“覆叠轨”命令，也可以将选择的边框素材添加到覆叠轨中。

第269集 制作欢乐童年

素材：素材\第12章\269-1.vsp

效果：效果\第12章\第269集.vsp

视频：视频\第12章\第269集.swf

时长：46秒

难度：★★★★

关键技术：选择“Flash动画”选项

01 进入会声会影高级编辑器，打开一个项目文件，单击“图形”按钮，单击“画廊”下三角按钮，在弹出的列表框中选择“Flash动画”选项，如图269-1所示。

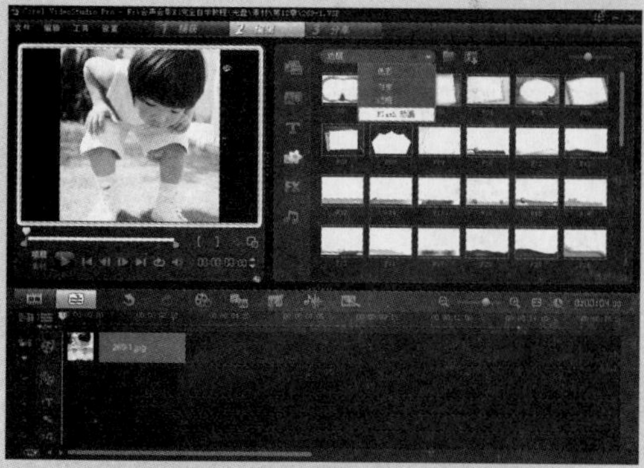

图269-1 选择“Flash动画”选项

02 在“Flash动画”素材库中选择MotionD17对象，将其拖曳至覆叠轨中，释放鼠标左键，即可为影片添加边框，效果如图269-2所示。

图269-2 添加Flash动画后的效果

第270集 制作画中画

素材：素材\第12章\270—1.jpg

效果：效果\第12章\第270集.vsp

视频：视频\第12章\第270集.swf

时长：41秒

难度：★★★

关键技术：选择“边框”选项

01 进入会声会影高级编辑器，插入一幅素材图像，如图270-1所示。

图270-1 素材图像

02 单击“图形”按钮，单击“画廊”下三角按钮，在弹出的列表框中选择“边框”选项，在“边框”素材库中选择F06对象，将其拖曳至覆叠轨中，释放鼠标左键，即可制作画中画效果，如图270-2所示。

图270-2 预览画中画效果

专家提醒

为图像添加画中画覆叠效果可以起到框表的作用，使画面类似于装饰画的效果。

第271集 制作聚焦荷花

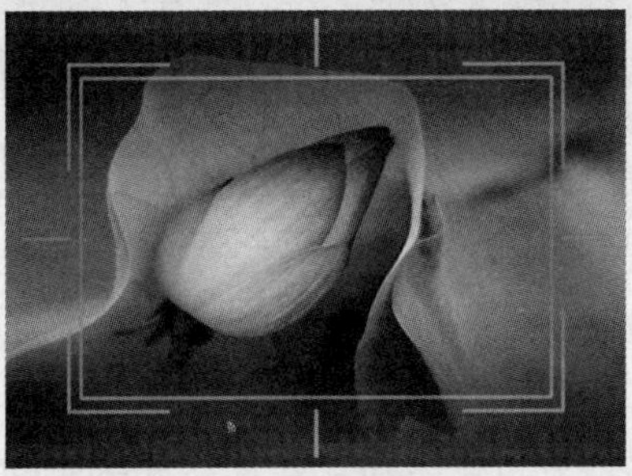

素材：素材\第12章\271-1.vsp

效果：效果\第12章\第271集.vsp

视频：视频\第12章\第271集.swf

时长：41秒

难度：★★★

关键技术："Flash动画"素材库

01 进入会声会影高级编辑器，打开一个项目文件，如图271-1所示。

图271-1 项目文件

02 单击"图形"按钮，单击"画廊"下三角按钮，在弹出的列表框中选择"Flash动画"选项，在"Flash动画"素材库中选择MotionF08对象，将其拖曳至覆叠轨中，释放鼠标左键，即可制作聚焦效果，如图271-2所示。

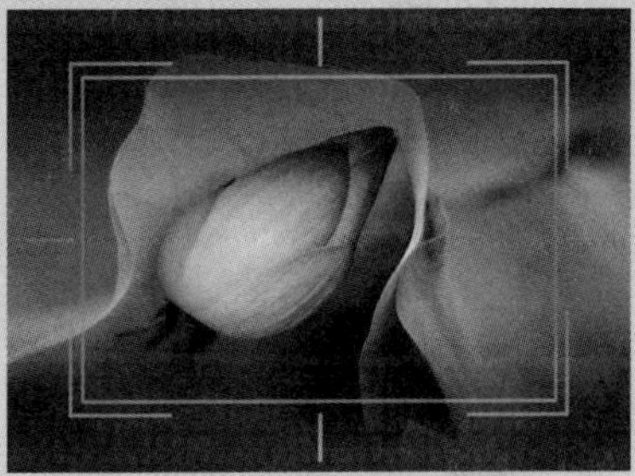

图271-2 预览聚焦效果

专家提醒

为图像添加镜头覆盖效果可以使画面产生镜头的效果。

第272集 制作满天星空

素材：素材\第12章\272-1.vsp

效果：效果\第12章\第272集.vsp

视频：视频\第12章\第272集.swf

时长：40秒

难度：★★★

关键技术：选择"Flash动画"选项

01 进入会声会影高级编辑器，打开一个项目文件，如图272-1所示。

图272-1 项目文件

02 单击“图形”按钮，单击“画廊”下三角按钮，在弹出的列表框中选择“Flash动画”选项，在“Flash动画”素材库中选择MotionF21对象，将其拖曳至覆叠轨中，释放鼠标左键，即可制作满天星空效果，如图272-2所示。

图272-2 预览满天星效果

专家提醒

为图像添加星空覆叠效果可以使画面产生类似于满天繁星的效果。

第273集 制作幸福新婚

素材：素材\第12章\273-1.vsp

效果：效果\第12章\第273集.vsp

视频：视频\第12章\第273集.swf

时长：57秒

难度：★★★★

关键技术：选择“遮罩帧”选项

01 进入会声会影高级编辑器，打开一个项目文件，如图273-1所示。

图273-1 项目文件

02 选择覆叠轨中的素材，单击“选项”按钮，在弹出的“属性”面板中单击“遮罩和色度键”按钮，弹出选项面板，勾选“应用覆叠选项”复选框，单击“类型”下拉按钮，在弹出的列表框中选择“遮罩帧”选项，如图273-2所示。

图273-2 选择“遮罩帧”选项

专家提醒

用户还可以根据需要在制作影片的过程中，将Flash动画、对象、覆叠素材、遮罩素材混合搭配在一起使用，制作出更加完美的影片。

03 在遮罩样式下拉列表中选择第5排中的第1个遮罩效果，如图273-3所示。

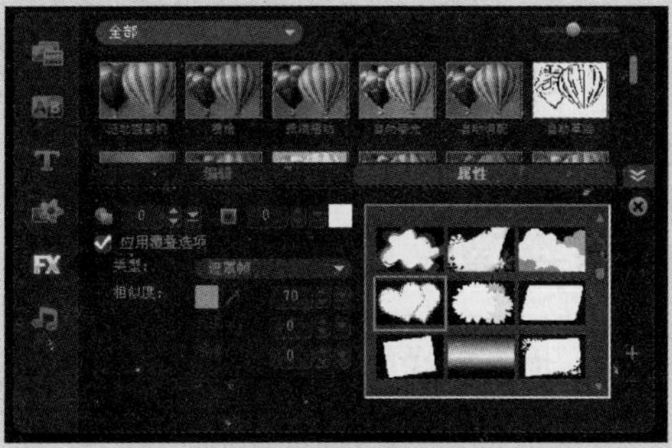

图273-3 选择遮罩

04 执行操作后，制作幸福新婚效果，如图273-4所示。

图273-4 预览幸福新婚效果

第13章　在影片中添加标题字幕

在进行影片的编辑时，在影片中添加漂亮的标题字幕不仅可以传送画面以外的文字信息，有效地帮助观众理解影片，还可以使影片更具有吸引力和感染力。本章主要向用户介绍添加标题字幕、设置标题属性、修饰标题字幕和设置标题对齐方式。

13.1 添加标题字幕

第274集　设置添加标题的帧位置

素材：无
视频：视频\第13章\第274集.swf
难度：★★
效果：无
时长：36秒
关键技术：单击“标题”按钮

01 进入会声会影高级编辑器，从“照片”素材库中插入一幅素材图像，单击“标题”按钮T，展开“标题”素材库，如图274-1所示。

图274-1 项目文件

02 拖曳鼠标至导览窗口下方的飞梭栏上，按住鼠标左键的同时向右拖曳至合适的位置，释放鼠标左键，即可设置添加标题的帧位置，如图274-2所示。

图274-2 设置添加标题的帧位置

专家提醒

设置添加标题的帧位置，是指在播放影片时添加的标题字幕是在设置帧位置处开始显示的。

第275集　添加单个标题字幕

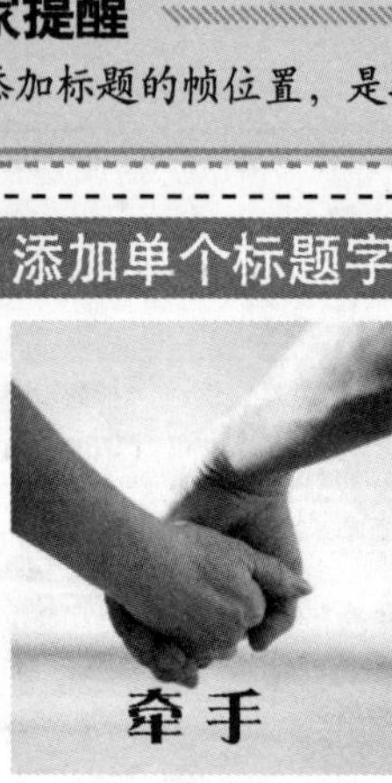

素材：素材\第13章\275-1.jpg
效果：效果\第13章\第275集.vsp
视频：视频\第13章\第275集.swf
时长：1分6秒
难度：★★★★★
关键技术：“标题”素材库

01 进入会声会影高级编辑器，插入一幅素材图像，单击“标题”按钮T，展开“标题”素材库，在导览窗口中双击鼠标左键，出现一个文本输入框，其中有光标不停的闪烁，如图275-1所示。

图275-1 显示的光标

02 在文本框中输入文字“牵手”，选择文本，并在“编辑”面板中设置“字体”为“华康雅宋体W9”、“颜色”为黑色，在预览窗口中按住鼠标左键，拖曳文本至合适的位置，即可完成添加单个标题，效果如图275-2所示。

图275-2 添加单个标题

专家提醒

为影片叠加单个标题时，不能对单个标题应用背景效果，无论标题文字有多长，它都是一个标题，当输入的文字超出窗口范围时，可以拖曳导览窗口右侧的滑块方便查看。

第276集 添加多个标题字幕

素材：素材\第13章\276-1.jpg

效果：效果\第13章\第276集.vsp

视频：视频\第13章\第276集.swf

时长：1分7秒

难度：★★★★★

关键技术：双击鼠标左键

01 进入会声会影高级编辑器，插入一幅素材图像，单击“标题”按钮T，展开“标题”素材库，在导览窗口中双击鼠标左键，在出现的文本框中输入“影音留念”，并在“编辑”面板中设置“字体”为“华康雅宋体W9”、“颜色”为白色，效果如图276-1所示。

图276-1 输入文字

02 在预览窗口的坐下方双击鼠标左键，在文本框中输入文字“旅游心得”，并将文本拖曳至合适的位置，即可添加多个标题字幕，效果如图276-2所示。

专家提醒

多个标题不仅可以应用动画和背景效果，还可以在同一帧建立多个标题。

图276-2 添加多个标题

第277集 多个标题转换为单个标题

素材：素材\第13章\277—1.vsp

效果：效果\第13章\第277集.vsp

视频：视频\第13章\第277集.swf

时长：31秒

难度：★★

关键技术：选中“单个标题”单选按钮

01 进入会声会影高级编辑器，打开一个项目文件，单击“标题”按钮T，展开“标题”素材库，选择导览窗口中下方的字幕，在“编辑”面板中选中“单个标题”单选按钮，如图277-1所示。

图277-1 输入文字

02 弹出信息提示框，单击“是”按钮，即可将多个标题转换为单个标题，效果如图277-2所示。

图277-2 转换为单个标题

专家提醒

在转换标题时，如果选择了多个标题中的任意一个标题，转换时只有选中的标题被保留，未选中的标题内容被删除，如果没有选择任何标题，转换时只保留首次输入的标题。

第278集 单个标题转换为多个标题

素材：素材\第13章\278-1.vsp

视频：视频\第13章\第278集.swf

难度：★★

效果：无

时长：39秒

关键技术：选中“多个标题”单选按钮

01 进入会声会影高级编辑器，打开一个项目文件，单击“标题”按钮T，展开“标题”素材库，选择导览窗口中下方的字幕，在“编辑”面板中选中“多个标题”单选按钮，如图278-1所示。

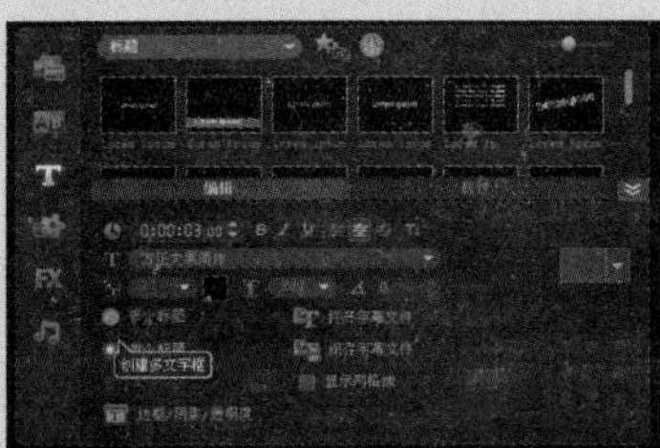

图278-1 选中“多个标题”单选按钮

02 弹出信息提示框，单击“是”按钮，如图278-2所示，即可将单个标题转换为多个标题。

图78-2 单击“是”按钮

第279集 删除标题字幕

素材：素材\第13章\279-1.vsp

效果：效果\第13章\第279集.vsp

视频：视频\第13章\第279集.swf

时长：31秒

难度：★★

关键技术：选择“删除”选项

01 进入会声会影高级编辑器，打开一个项目文件，选择时间轴面板中的标题字幕，单击鼠标右键，在弹出的快捷菜单中选择“删除”命令，如图279-1所示。

图279-1 选择“删除”命令

02 即可删除标题字幕，效果如图279-2所示。

图279-2 删除标题字幕

专家提醒

在时间轴面板中选择标题文字，按【Delete】键，也可以将标题文字删除。

13.2 设置标题属性

第280集 设置标题区间

素材：素材\第13章\280—1.vsp
效果：效果\第13章\第280集.vsp
视频：视频\第13章\第280集.swf
时长：31秒
难度：★★
关键技术："区间"数值框

01 进入会声会影高级编辑器，打开一个项目文件，选择标题轨中的标题字幕，在"编辑"面板中的"区间"数值框中单击03，激活呈可编辑状态，如图280-1所示。

图280-1 激活数值框

02 输入数值02，按【Enter】键确认，即可设置标题区间，如图280-2所示。

图280-2 设置标题区间

专家提醒

设置标题区间将改变标题的长度，适合在制作多幅素材或影片时使用。

第281集 设置标题字体

素材：素材\第13章\281—1.vsp
效果：效果\第13章\第281集.vsp
视频：视频\第13章\第281集.swf
时长：40秒
难度：★★★
关键技术："编辑"面板

01 进入会声会影高级编辑器，打开一个项目文件，选择时间轴面板中的标题字幕，单击"选项"按钮展开"编辑"面板，在导览窗口中选择文字，单击"编辑”面板中的“字体”下拉按钮，在弹出的下拉列表框中选择“汉仪菱心体简”选项，如图281-1所示。

图281-1 设置字体

02 执行操作后，即可设置标题字体，效果如图281-2所示。

图281-2 设置后的字体

第282集 设置字体大小

素材：素材\第13章\282—1.vsp

效果：效果\第13章\第282集.vsp

视频：视频\第13章\第282集.swf

时长：47秒

难度：★★★

关键技术：“字体大小”下拉按钮

01 进入会声会影高级编辑器，打开一个项目文件，选择时间轴面板中的标题字幕，单击“选项”按钮展开“编辑”面板，在导览窗口中选择文字，单击“编辑”面板中的“字体大小”下拉按钮，在弹出的下拉列表框中选择49选项，如图282-1所示。

图282-1 设置字体大小

02 执行操作后，即可设置标题字体的大小，并适当调整标题的位置，效果如图282-2所示。

图282-2 设置后的字体大小

专家提醒

在导览窗口中拖曳黄色调节点也可以改变字体的大小。

第283集 设置字体颜色

素材：素材\第13章\283—1.vsp

效果：效果\第13章\第283集.vsp

视频：视频\第13章\第283集.swf

时长：26秒

难度：★

关键技术：色彩色块

01 在第282集的基础上，选择导览窗口中的标题，单击“编辑”面板中的色彩色块，在弹出的颜色面板中选择白色，如图283-1所示。

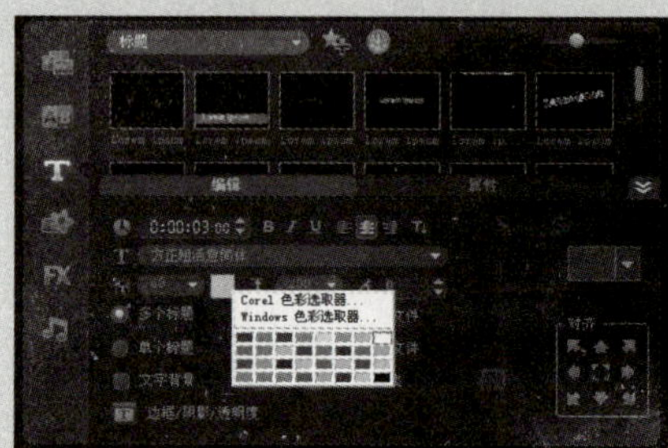

图283-1 设置字体颜色

02 执行操作后，即可设置标题字体的颜色，效果如图283-2所示。

图283-2 设置后的字体颜色

专家提醒

除了可以运用色彩选项中的颜色外，还可以运用Corel色彩选取器和Windows色彩选取器中的颜色。

第284集 设置行间距

素材：素材\第13章\284—1.vsp

效果：效果\第13章\第284集.vsp

视频：视频\第13章\第284集.swf

时长：43秒

难度：★★★

关键技术：单击“行间距”按钮

01 进入会声会影高级编辑器，打开一个项目文件，选择时间轴面板中的标题字幕，单击“选项”按钮展开“编辑”面板，在导览窗口中选择文字，单击“编辑”面板中的“行间距”按钮，在弹出的下拉列表框中选择80选项，如图284-1所示。

图284-1 设置行间距

02 执行操作后，即可设置标题字体的行间距，效果如图284-2所示。

图284-2 设置后的字体行间距

专家提醒

行间距的取值范围为60～999之间的整数。

第285集 设置倾斜角度

素材：素材\第13章\285-1.vsp

效果：效果\第13章\第285集.vsp

视频：视频\第13章\第285集.swf

时长：47秒

难度：★★★

关键技术："按角度旋转"数值框

01 进入会声会影高级编辑器，打开一个项目文件，选择时间轴面板中的标题字幕，单击"选项"按钮展开"编辑"面板，在导览窗口中选择文字，拖曳鼠标指针至"编辑"面板中的"按角度旋转"数值框处，如图285-1所示。

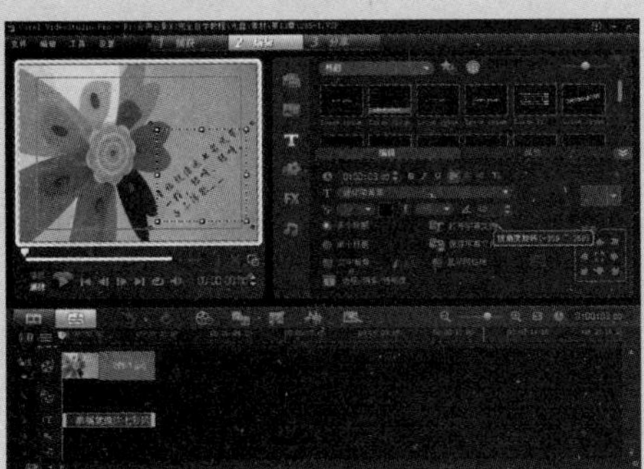

图285-1 设置行间距

02 单击鼠标左键，激活数值框，并输入数值0，即可完成倾斜角度的设置，效果如图285-2所示。

图285-2 设置后的字体行间距

专家提醒

倾斜角度的取值范围为-359～359之间的整数。

第286集 设置粗体标题

素材：素材\第13章\286–1.vsp

效果：效果\第13章\第286集.vsp

视频：视频\第13章\第286集.swf

时长：29秒

难度：★

关键技术：单击“粗体”按钮

01 进入会声会影高级编辑器，打开一个项目文件，选择时间轴面板中的标题字幕，单击“选项”按钮展开“编辑”面板，在导览窗口中选择文字，单击“编辑”面板中的“粗体”按钮B，如图286-1所示。

图286-1 单击“粗体”按钮

02 执行操作后，即可设置粗体标题，效果如图286-2所示。

图286-2 设置粗体标题

第287集 设置斜体标题

素材：素材\第13章\287–1.vsp

效果：效果\第13章\第287集.vsp

视频：视频\第13章\第287集.swf

时长：20秒

难度：★

关键技术：单击“斜体”按钮

01 在第286集的基础上，在导览窗口中选择文字，单击“编辑”面板中的“斜体”按钮I，如图287-1所示。

图287-1 单击“斜体”按钮

02 执行操作后，即可设置斜体标题，效果如图287-2所示。

图287-2 设置斜体标题

第288集 添加标题下划线

素材：素材\第13章\288—1.vsp

效果：效果\第13章\第288集.vsp

视频：视频\第13章\第288集.swf

时长：38秒

难度：★★

关键技术：单击“下划线”按钮

01 进入会声会影高级编辑器，打开一个项目文件，选择时间轴面板中的标题字幕，单击“选项”按钮展开“编辑”面板，在导览窗口中选择文字，单击“编辑”面板中的“下划线”按钮U，如图288-1所示。

图288-1 单击“下划线”按钮

02 执行操作后，即可添加标题下划线，效果如图288-2所示。

图288-2 添加标题下划线

专家提醒

添加标题下划线是指在文字的下方添加一条直线，下划线的颜色是根据字体颜色的改变而改变的。

第289集 更改文本显示方向

素材：素材\第13章\289—1.vsp

效果：效果\第13章\第289集.vsp

视频：视频\第13章\第289集.swf

时长：32秒

难度：★★

关键技术：单击“将方向更改为垂直”按钮

01 进入会声会影高级编辑器，打开一个项目文件，选择时间轴面板中的标题字幕，单击“选项”按钮展开“编辑”面板，在导览窗口中选择文字，单击“编辑”面板中的“将方向更改为垂直”按钮，如图289-1所示。

图289-1 单击“将方向风光为垂直”按钮

02 执行操作后，即可更改文本显示方向，效果如图289-2所示。

图289-2 更改文本显示方向

专家提醒

将文本设置为垂直后，再次单击“将方向更改为垂直”按钮，即可还原到文本默认的现实方向。

第290集 设置文本背景色

素材：素材\第13章\290—1.vsp

效果：效果\第13章\第290集.vsp

视频：视频\第13章\第290集.swf

时长：1分20秒

难度：★★★★★

关键技术：单击“自定义文字背景的属性”按钮

01 进入会声会影高级编辑器，打开一个项目文件，如图290-1所示。

图290-1 项目文件

02 选择时间轴面板中的标题字幕，单击“选项”按钮，展开“编辑”面板，选择导览窗口中的标题文字，在“编辑”面板中勾选“文字背景”复选框，单击“自定义文字背景的属性”按钮，如图290-2所示。

图290-2 单击“自定义文字背景的属性”按钮

03 弹出“文字背景”对话框，选中“单色背景栏”单选按钮，再选中“渐变”单选按钮，单击向左方向按钮，并分别单击“渐变”右侧的两个色块，设置渐变颜色为玫瑰红到粉红，设置“不透明度”为50，如图290-3所示。

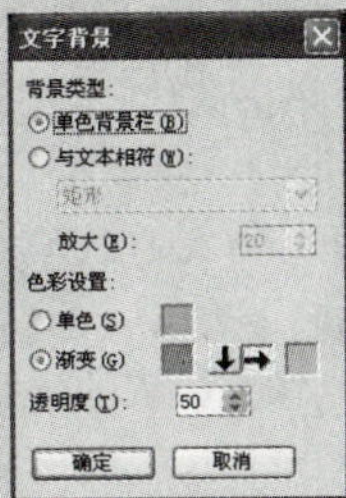

图290-3 设置“文字背景”对话框

04 单击“确定”按钮，即可预览设置的文本背景色，效果如图290-4所示。

图290-4 设置的文字背景色效果

专家提醒

在“文字背景”对话框中选中“与文本相符”单选按钮，可以将文字背景设置为圆角矩形、曲边矩形、椭圆和矩形。

13.3 修饰标题字幕

第291集 设置镂空字体

素材：素材\第13章\291—1.vsp

效果：效果\第13章\第291集.vsp

视频：视频\第13章\第291集.swf

时长：42秒

难度：★★★

关键技术：单击“边框/阴影/透明度”按钮

01 进入会声会影高级编辑器，打开一个项目文件，如图291-1所示。

图291-1 项目文件

02 选择时间轴面板中的标题字幕，单击“选项”按钮展开“编辑”面板，选择导览窗口中的标题文字，在“编辑”面板中单击“边框/阴影/透明度”按钮，如图291-2所示。

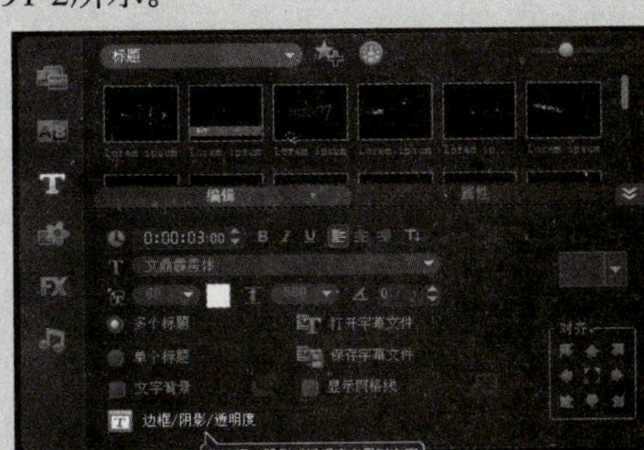

图291-2 单击“边框/阴影/透明度”按钮

03 弹出“边框/阴影/透明度”对话框，勾选“透明文字”复选框，设置“边框宽度”为3，如图291-3所示。

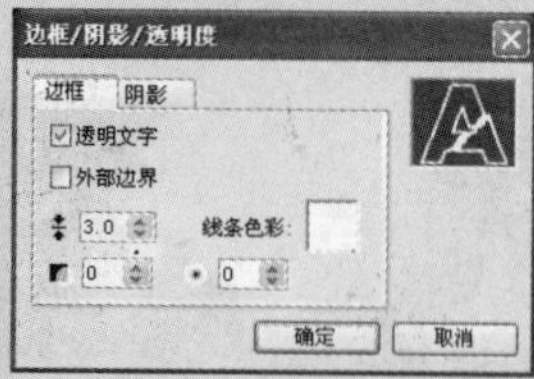

图291-3 “边框/阴影/透明度”对话框

04 单击“确定”按钮，即可预览设置的镂空字体，效果如图291-4所示。

图291-4 预览设置的镂空字体

专家提醒

设置镂空字体是指字体呈空心形状，只显示字体的外部边界。

第292集 设置突起字体

素材：素材\第13章\292-1.vsp

效果：效果\第13章\第292集.vsp

视频：视频\第13章\第292集.swf

时长：49秒

难度：★★★

关键技术：“阴影”选项卡

01 进入会声会影高级编辑器，打开一个项目文件，选择时间轴面板中的标题字幕，单击“选项”按钮展开“编辑”面板，选择导览窗口中的标题文字，在“编辑”面板中单击“边框/阴影/透明度”按钮，弹出“边框/阴影/透明度”对话框，切换至“阴影”选项卡，单击“突起阴影”按钮并设置各选项，如图292-1所示。

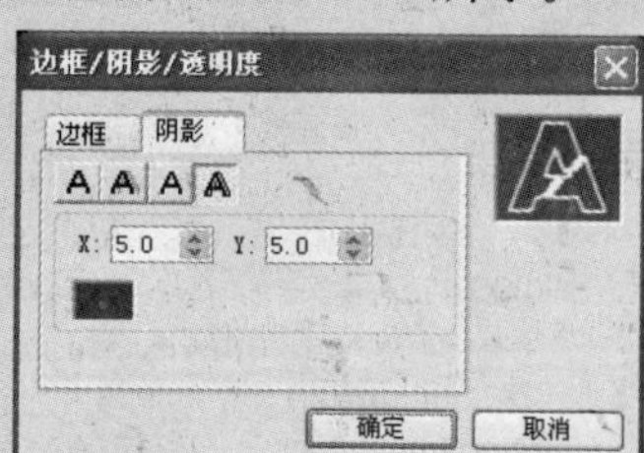

图292-1 设置“边框/阴影/透明度”对话框

02 单击“确定”按钮，即可预览设置的突起字体，效果如图292-2所示。

图292-2 预览突起阴影效果

第293集　设置描边字体

素材：素材\第13章\293—1.vsp

效果：效果\第13章\第293集.vsp

视频：视频\第13章\第293集.swf

时长：51秒

难度：★★★★

关键技术：勾选“外部边界”复选框

01 进入会声会影高级编辑器，打开一个项目文件，如图293-1所示。

图293-1　项目文件

02 选择时间轴面板中的标题字幕，单击“选项”按钮展开“编辑”面板，选择导览窗口中的标题文字，在“编辑”面板中单击“边框/阴影/透明度”按钮，弹出“边框/阴影/透明度”对话框，勾选“外部边界”复选框，如图293-2所示。

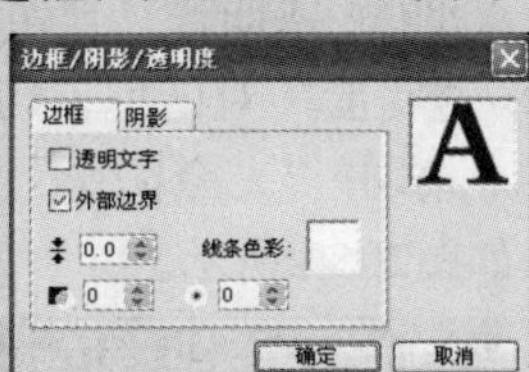

图293-2　勾选“外部边界”复选框

03 设置“边框宽度”和“柔化边缘”均为5，如图293-3所示。

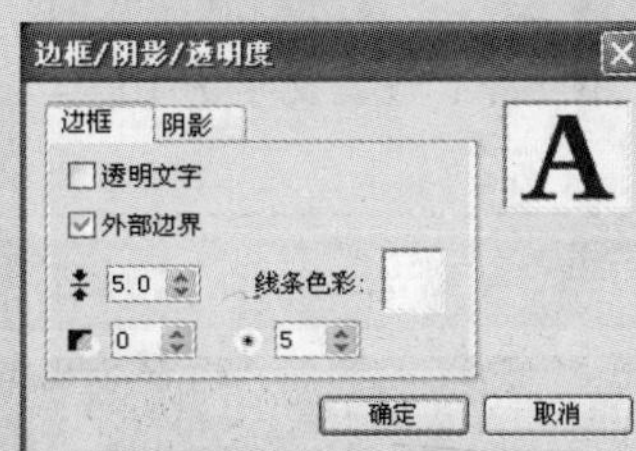

图293-3　设置各项参数

04 单击“确定”按钮，即可预览设置的描边字体，效果如图293-4所示。

图293-4　预览设置的描边字体

第294集　设置透明字体

素材：素材\第13章\294—1.vsp

效果：效果\第13章\第294集.vsp

视频：视频\第13章\第294集.swf

时长：40秒

难度：★★★

关键技术：设置文字透明度

01 进入会声会影高级编辑器，打开一个项目文件，选择时间轴面板中的标题字幕，单击“选项”按钮展开“编辑”面板，选择导览窗口中的标题文字，在“编辑”面板中单击“边框/阴影/透明度”按钮，弹出“边框/阴影/透明度”对话框，设置“文字透明度”为30，如图294-1所示。

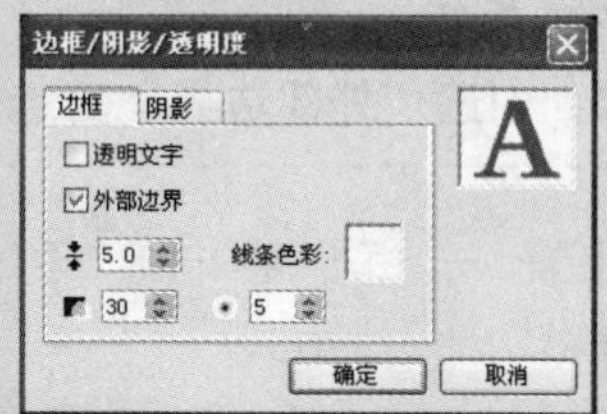

图294-1 设置文字透明度

02 单击“确定”按钮，即可预览设置的字体透明度，效果如图294-2所示。

图294-2 预览设置的字体透明度

专家提醒

“文字透明度”数值框中只能输入0～99之间的整数。

第295集 设置光晕字体

素材：素材\第13章\295-1.vsp

效果：效果\第13章\第295集.vsp

视频：视频\第13章\第295集.swf

时长：51秒

难度：★★★★

关键技术：单击“光晕阴影”按钮

01 进入会声会影高级编辑器，打开一个项目文件，如图295-1所示。

图295-1 项目文件

02 选择时间轴面板中的标题字幕，单击“选项”按钮展开“编辑”面板，选择导览窗口中的标题文字，在“编辑”面板中单击“边框/阴影/透明度”按钮，弹出“边框/阴影/透明度”对话框，切换至“阴影”选项卡，单击“光晕阴影”按钮并设置各选项，如图295-2所示。

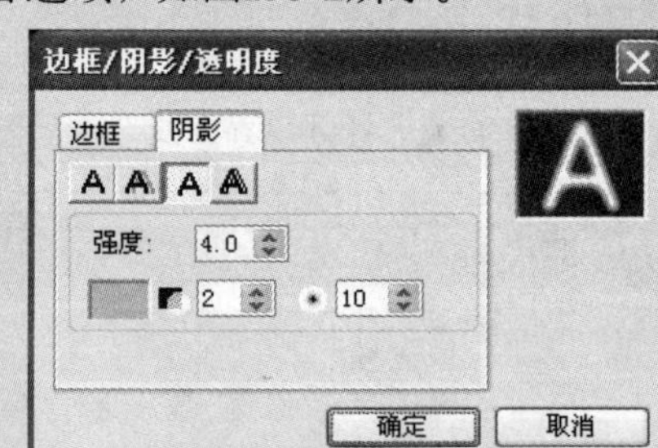

图295-2 设置各参赛

03 单击“确定”按钮，即可预览设置的光晕字体效果，如图295-3所示。

图295-3 预览设置的光晕字体效果

专家提醒

在“强度”数值框中只能输入0～20之间的整数，在“光晕阴影透明度”数值框中只能输入0～99之间的整数，在“光晕阴影柔化边缘”数值框中只能输入0～100之间的整数。

第296集　设置下垂字体

素材：素材\第13章\296-1.vsp

效果：效果\第13章\第296集.vsp

视频：视频\第13章\第296集.swf

时长：1分5秒

难度：★★★★★

关键技术：“下垂阴影”按钮

01 进入会声会影高级编辑器，打开一个项目文件，选择时间轴面板中的标题字幕，单击“选项”按钮展开“编辑”面板，选择导览窗口中的标题文字，在“编辑”面板中单击“边框/阴影/透明度”按钮，弹出“边框/阴影/透明度”对话框，切换至“阴影”选项卡，单击“下垂阴影”按钮并设置各选项，如图296-1所示。

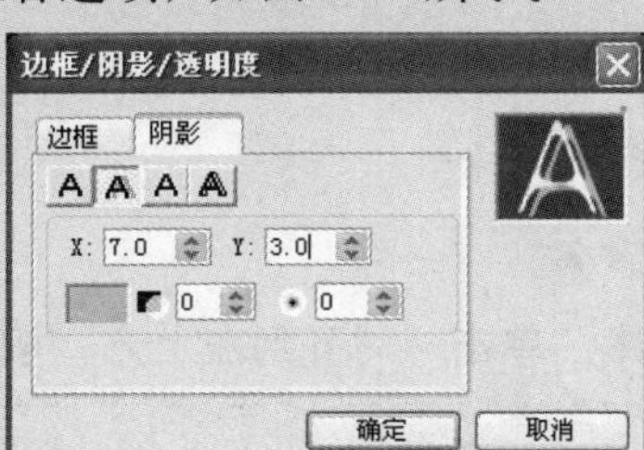

图296-1 设置各参数

02 单击“确定”按钮，即可完成对下垂字体的设置，效果如图296-2所示。

图296-2 预览下垂字体效果

专家提醒

在“下垂阴影”选项组中的X轴和Y轴数值框中都可以输入-99.9～99.9之间的数值。

13.4 设置标题对齐方式

第297集 设置标题为区中

素材：素材\第13章\297-1.vsp

效果：效果\第13章\第297集.vsp

视频：视频\第13章\第297集.swf

时长：35秒

难度：★★

关键技术：单击“居中”按钮

01 进入会声会影高级编辑器，打开一个项目文件，选择时间轴面板中的标题字幕，单击“选项”按钮展开“编辑”面板，选择导览窗口中的标题文字，在“编辑”面板中单击“居中”按钮，如图297-1所示。

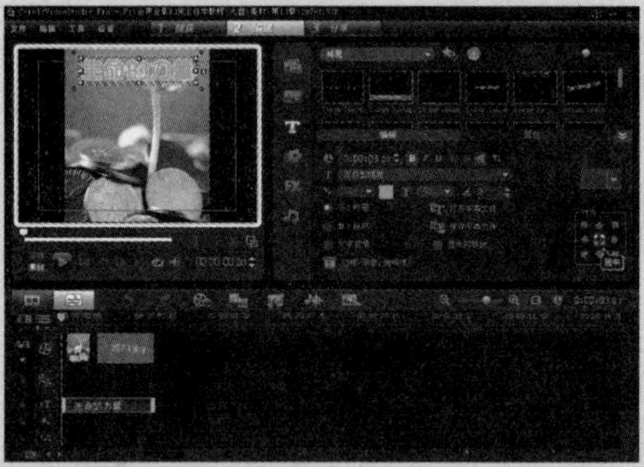

图297-1 单击“居中”按钮

02 执行操作后，即可预览设置的标题为居中，效果如图297-2所示。

图297-2 设置标题为居中

专家提醒

在“对齐”选项组中包括“对齐到左上方”、“对齐到中央”、“对齐到右上方”、“对齐到左边中央”等9种对齐方式。

第298集 对齐到左上方

素材：素材\第13章\298-1.vsp

效果：效果\第13章\第298集.vsp

视频：视频\第13章\第298集.swf

时长：40秒

难度：★★★

关键技术：单击“对齐到左上方”按钮

01 进入会声会影高级编辑器，打开一个项目文件，如图298-1所示。

图298-1 项目文件

02 选择时间轴面板中的标题字幕，单击“选项”按钮展开“编辑”面板，选择导览窗口中的标题文字，在“编辑”面板中单击“对齐到左上方”按钮，即可预览设置的标题对齐到左上方，效果如图298-2所示。

图298-2 对齐到左上方的效果

专家提醒

在设置标题对齐方式时，标题样式是以安全区域为参照对象对齐到左上方。

第299集 对齐到上方中央

素材：素材\第13章\299-1.vsp

效果：效果\第13章\第299集.vsp

视频：视频\第13章\第299集.swf

时长：33秒

难度：★★

关键技术：单击“对齐到上方中央”按钮

01 进入会声会影高级编辑器，打开一个项目文件，如图299-1所示。

图299-1 项目文件

02 选择时间轴面板中的标题字幕，单击“选项”按钮展开“编辑”面板，选择导览窗口中的标题文字，在“编辑”面板中单击“对齐到上方中央”按钮，即可预览设置的标题对齐到上方中央，效果如图299-2所示。

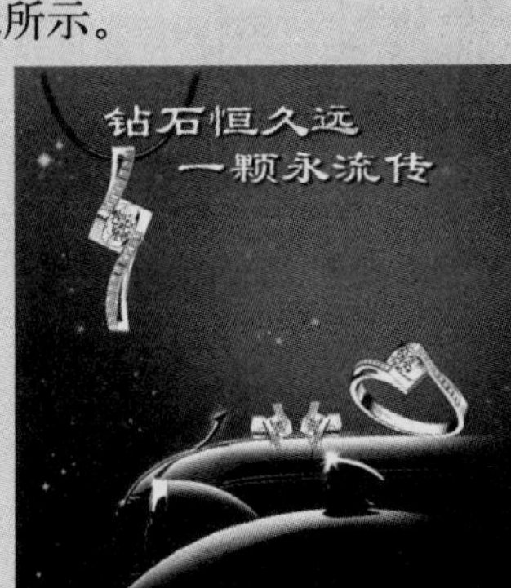

图299-2 对齐到上方中央的效果

第300集 对齐到下方中央

素材：素材\第13章\300-1.vsp

效果：效果\第13章\第300集.vsp

视频：视频\第13章\第300集.swf

时长：37秒

难度：★★

关键技术：单击“对齐到下方中央”按钮

01 进入会声会影高级编辑器，打开一个项目文件，如图300-1所示。

图300-1 项目文件

02 选择时间轴面板中的标题字幕，单击“选项”按钮展开“编辑”面板，选择导览窗口中的标题文字，在“编辑”面板中单击“对齐到下方中央”按钮，即可预览设置的标题对齐到下方中央，效果如图300-2所示。

图300-2 对齐到下方中央的效果

第301集 对齐到左边中央

素材：素材\第13章\301-1.vsp

效果：效果\第13章\第301集.vsp

视频：视频\第13章\第301集.swf

时长：38秒

难度：★★

关键技术：单击“对齐到左边中央”按钮

01 进入会声会影高级编辑器，打开一个项目文件，如图301-1所示。

图300-1 项目文件

02 选择时间轴面板中的标题字幕，单击“选项”按钮展开“编辑”面板，选择导览窗口中的标题文字，在“编辑”面板中单击“对齐到左边中央”按钮，即可预览设置的标题对齐到左边中央，效果如图301-2所示。

图301-2 对齐到左边中央的效果

第302集 对齐到右边中央

素材：素材\第13章\302-1.vsp

效果：效果\第13章\第302集.vsp

视频：视频\第13章\第302集.swf

时长：38秒

难度：★★

关键技术：单击“对齐到右边中央”按钮

01 进入会声会影高级编辑器，打开一个项目文件，如图302-1所示。

图302-1 项目文件

02 选择时间轴面板中的标题字幕，单击“选项”按钮展开“编辑”面板，选择导览窗口中的标题文字，在“编辑”面板中单击“对齐到右边中央”按钮，即可预览设置的标题对齐到右边中央，效果如图302-2所示。

图302-2 对齐到右边中央的效果

第303集 对齐到左下方

素材：素材\第13章\303-1.vsp

效果：效果\第13章\第303集.vsp

视频：视频\第13章\第303集.swf

时长：42秒

难度：★★★

关键技术：单击“对齐到左下方”按钮

01 进入会声会影高级编辑器，打开一个项目文件，如图303-1所示。

图303-1 项目文件

02 选择时间轴面板中的标题字幕，单击“选项”按钮展开“编辑”面板，选择导览窗口中的标题文字，在“编辑”面板中单击“对齐到左下方”按钮，即可预览设置的标题对齐到左下方，效果如图303-2所示。

图302-2 对齐到左边下方的效果

第304集 对齐到右上方

素材：素材\第13章\304-1.vsp

效果：效果\第13章\第304集.vsp

视频：视频\第13章\第304集.swf

时长：42秒

难度：★★★

关键技术：单击“对齐到右上方”按钮

01 进入会声会影高级编辑器，打开一个项目文件，如图304-1所示。

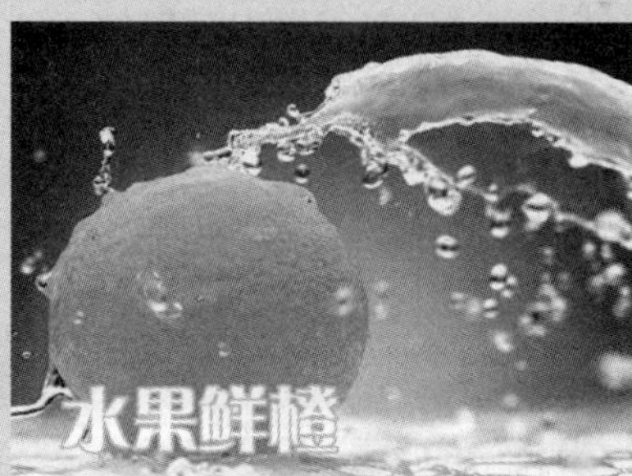

图304-1 项目文件

02 选择时间轴面板中的标题字幕，单击“选项”按钮展开“编辑”面板，选择导览窗口中的标题文字，在“编辑”面板中单击“对齐到右上方”按钮，即可预览设置的标题对齐到右上方，效果如图304-2所示。

图304-2 对齐到右上方的效果

第305集 对齐到右下方

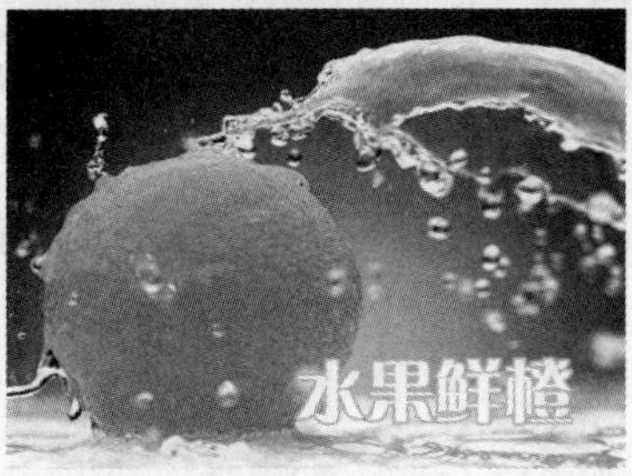

素材：素材\第13章\305-1.vsp

效果：效果\第13章\第305集.vsp

视频：视频\第13章\第305集.swf

时长：36秒

难度：★★

关键技术：单击“对齐到右下方”按钮

01 进入会声会影高级编辑器，打开一个项目文件，如图305-1所示。

图305-1 项目文件

02 选择时间轴面板中的标题字幕，单击“选项”按钮展开“编辑”面板，选择导览窗口中的标题文字，在“编辑”面板中单击“对齐到右下方”按钮，即可预览设置的标题对齐到右下方，效果如图305-2所示。

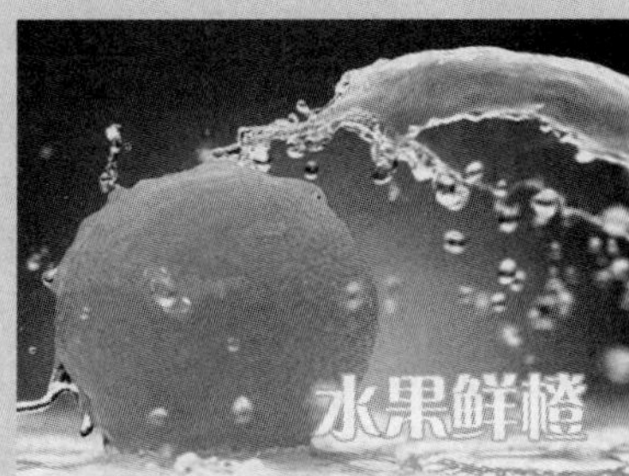

图305-2 对齐到右下方的效果

第14章 在影片中添加动态标题

会声会影X3除了可以对标题进行设置和修饰外，还可以用很短的时间为标题添加动态效果，创建出专业化的字幕。本章以实例的形式全面介绍了添加素材库中的动态标题、添加淡化动画标题等内容。

14.1 添加素材库中的动态标题

第306集 自定义标题预设值

素材：素材\第14章\306-1.vsp

效果：效果\第14章\第306集.vsp

视频：视频\第14章\第306集.swf

时长：53秒

难度：★★★★

关键技术：单击“选取标题样式预设值”按钮

01 进入会声会影高级编辑器，打开一个项目文件，选择时间轴面板中的标题字幕，单击“选项”按钮展开“编辑”面板，选择导览窗口中的标题文字，在“编辑”面板中单击右侧的“选取标题样式预设值”按钮，在弹出的下拉列表框中选择第7排中的第1个标题样式，如图306-1所示。

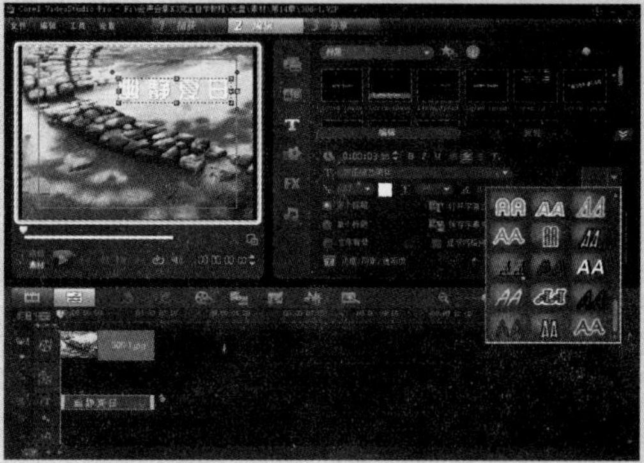

图306-1 选择标题样式

02 执行操作后，即可自定义标题预设值，效果如图306-2所示。

图306-2 自定义标题样式

专家提醒

在“选取标题样式预设值”素材库中包括20多种自定义标题样式。

第307集　添加动态文本1

素材：素材\第14章\307-1.jpg

效果：效果\第14章\第307集.vsp

视频：视频\第14章\第307集.swf

时长：1分8秒

难度：★★★★★

关键技术：按【Delete】键

01 进入会声会影高级编辑器，插入一幅素材图像，如图307-1所示。

图307-1 插入素材

02 按住“标题”按钮，展开“标题”素材库，在素材库中选择第1排中的第1个标题样式，单击鼠标左键并拖曳至标题轨上，双击鼠标左键，在导览窗口中显示添加的标题样式，效果如图307-2所示。

图307-2 添加标题样式

03 在文字上，双击鼠标左键，选择需要删除的标题文本，按【Delete】键将其删除，如图307-3所示。

04 在文本框中输入需要的文字，并根据需要在“编辑”面板中更改文字的属性，效果如图307-4所示。

图307-3 删除文字

图307-4 输入文字

05 单击导览窗口中的“播放”按钮，预览标题模板字幕效果，效果如图307-5所示。

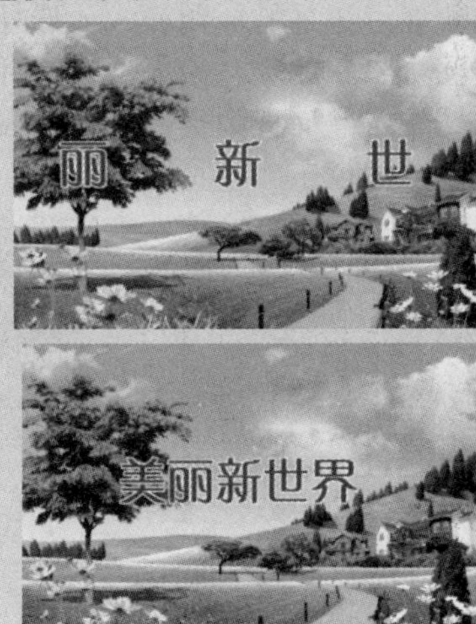

图307-5 预览字幕效果

专家提醒

在“标题”素材库中包括了10多种标题文本样式。

第308集 添加动态文本2

素材：素材\第14章\308-1.jpg

效果：效果\第14章\第308集.vsp

视频：视频\第14章\第308集.swf

时长：1分10秒

难度：★★★★★

关键技术：“标题”素材库

01 进入会声会影高级编辑器，插入一幅素材图像，如图308-1所示。

图308-1 插入素材

02 单击“标题”按钮，展开“标题”素材库，选择第2排中的第1个标题样式，按住鼠标左键并拖曳至标题轨上，双击鼠标左键，显示添加的标题样式，选择需要删除的文本将其删除，输入文字，并根据需要在“编辑”面板中更改文字的属性，效果如图308-2所示。

图308-2 更改标题样式

03 单击导览窗口中的“播放”按钮，预览标题模板字幕效果，效果如图308-3所示。

图308-3 预览字幕效果

专家提醒

多个标题不仅可以应用动画和背景效果，还可以在同一帧建立多个标题。

第309集　添加动态文本3

素材：素材\第14章\309-1.jpg

效果：效果\第14章\第309集.vsp

视频：视频\第14章\第309集.swf

时长：1分16秒

难度：★★★★★

关键技术：输入文字

01 进入会声会影高级编辑器，插入一幅素材图像，如图309-1所示。

图309-1　插入素材

02 单击“标题”按钮，展开“标题”素材库，选择第1排中的第2个标题样式，按住鼠标左键并拖曳至标题轨上，双击鼠标左键，显示添加的标题样式，选择需要删除的文本，按【Delete】键将其删除，输入文字，并根据需要在“编辑”面板中更改文字的属性，效果如图309-2所示。

图309-2　更改标题样式

03 单击导览窗口中的“播放”按钮，预览标题模板字幕效果，效果如图309-3所示。

图309-3　预览字幕效果

第310集　添加动态文本4

素材：素材\第14章\310-1.jpg

效果：效果\第14章\第310集.vsp

视频：视频\第14章\第310集.swf

时长：1分16秒

难度：★★★★★

关键技术：显示添加的标题样式

01 进入会声会影高级编辑器，插入一幅素材图像，如图310-1所示。

图310-1 插入素材

02 单击“标题”按钮，展开“标题”素材库，选择相应的标题样式，按住鼠标左键并拖曳至标题轨上，双击鼠标左键，显示添加的标题样式，逐个选择标题文本中的字母并更改成需要的文字或字母，效果如图310-2所示。

图310-2 更改标题字母

03 单击导览窗口中的“播放”按钮，预览标题模板字幕效果，效果如图310-3所示。

图310-3 预览字幕效果

专家提醒

在“标题”素材库中，上述文本样式是以飞行的方式从导览窗口的左侧旋转飞行一周到窗口中间的标题字幕。

第311集 添加动态文本5

素材：素材\第14章\311-1.jpg

效果：效果\第14章\第311集.vsp

视频：视频\第14章\第311集.swf

时长：1分16秒

难度：★★★★★

关键技术：双击鼠标左键

01 进入会声会影高级编辑器，插入一幅素材图像，如图311-1所示。

02 单击“标题”按钮，展开“标题”素材库，选择第3排中的第2个标题样式，按住鼠标左键并拖曳至标题轨上，双击鼠标左键，显示添加的标题样式，选择需要删除的文本将其删除，输入文字，并根据需要在“编辑”面板中更改文字的属性效果，如图311-2所示。

图311-1 插入素材

图311-2 更改标题字幕

03 单击导览窗口中的“播放”按钮，预览标题模板字幕效果，效果如图311-3所示。

图311-3 预览字幕效果

第312集 添加动态文本6

素材：素材\第14章\312-1.jpg

效果：效果\第14章\第312集.vsp

视频：视频\第14章\第312集.swf

时长：1分39秒

难度：★★★★★

关键技术：显示添加的标题样式

01 进入会声会影高级编辑器，插入一幅素材图像，如图312-1所示。

图312-1 插入素材

02 单击“标题”按钮，展开“标题”素材库，选择第3排中的第1个标题样式，按住鼠标左键并拖曳至标题轨上，双击鼠标左键，显示添加的标题样式，选择需要删除的文本将其删除，输入文字，并根据需要在“编辑”面板中更改文字的属性，如图312-2所示。

图312-2 更改标题字幕

03 单击导览窗口中的"播放"按钮，预览标题模板字幕效果，效果如图312-3所示。

图312-3 预览字幕效果

专家提醒

在"标题"素材库中，上述文本样式是从导览窗口的左侧飞入旋转到窗口中间，然后再从窗口的右侧飞出的标题字幕。

第313集 添加动态文本7

素材：素材\第14章\313—1.jpg

效果：效果\第14章\第313集.vsp

视频：视频\第14章\第313集.swf

时长：1分9秒

难度：★★★★★

关键技术：单击"标题"按钮

01 进入会声会影高级编辑器，插入一幅素材图像，如图313-1所示。

图313-1 插入素材

02 单击"标题"按钮，展开"标题"素材库，选择第2排中的第3个标题样式，按住鼠标左键并拖曳至标题轨上，双击鼠标左键，显示添加的标题样式，选择需要删除的文本将其删除，输入文字，并根据需要在"编辑"面板中更改文字的属性效果，如图313-2所示。

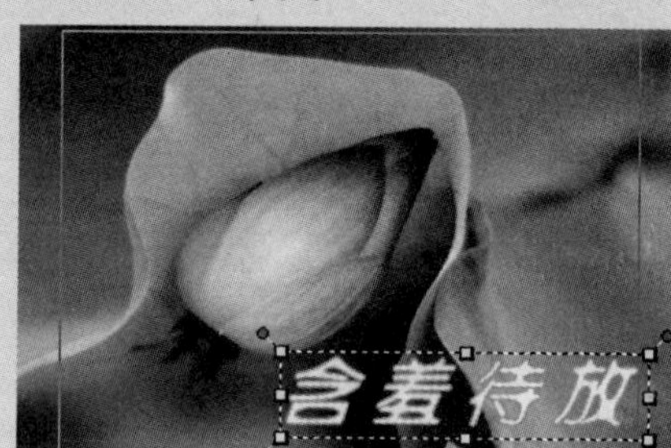

图313-2 更改标题字幕

03 单击导览窗口中的"播放"按钮，预览标题模板字幕效果，效果如图313-3所示。

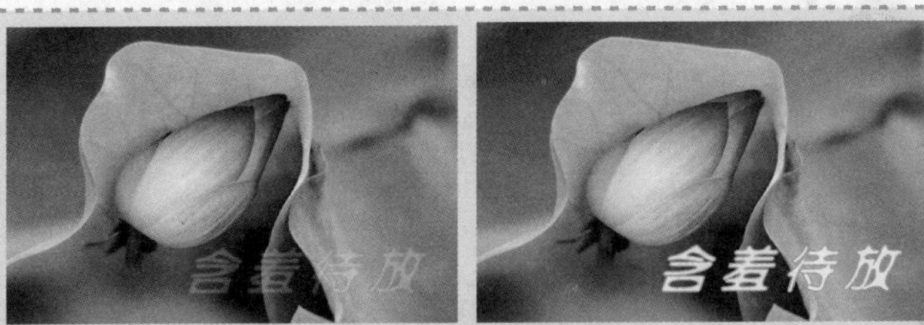

图313-3 预览字幕效果

第314集 添加动态文本8

素材：素材\第14章\314–1.jpg

效果：效果\第14章\第314集.vsp

视频：视频\第14章\第314集.swf

时长：1分27秒

难度：★★★★★

关键技术："编辑"面板

01 进入会声会影高级编辑器，插入一幅素材图像，如图314-1所示。

图314-1 插入素材

02 单击"标题"按钮，展开"标题"素材库，选择第2排中的第3个标题样式，按住鼠标左键并拖曳至标题轨上，双击鼠标左键，显示添加的标题样式，选择需要删除的文本将其删除，输入文字，并根据需要在"编辑"面板中更改文字的属性效果，如图314-2所示。

03 单击导览窗口中的"播放"按钮，预览标题模板字幕效果，效果如图314-3所示。

图314-2 更改标题字幕

图314-3 预览字幕效果

专家提醒

在“标题”素材库中，上述文本样式在导览窗口中，从左至右逐个除了的标题字幕。

14.2 添加淡化动画标题

第315集 选中淡化动画样式

素材：素材\第14章\315-1.vsp

效果：效果\第14章\第315集.vsp

视频：视频\第14章\第315集.swf

时长：47秒

难度：★★★

关键技术：勾选“应用”复选框

01 进入会声会影高级编辑器，打开一个项目文件，如图315-1所示。

图315-1 项目文件

02 选择时间轴面板中的标题字幕，单击“选项”按钮展开“编辑”面板，切换至“属性”面板，选中“动画”单选按钮和勾选“应用”复选框，在“选取动画类型”下拉列表框中选择“淡化”选项，并在下方的列表框中选择第1排中的第2个动画样式，如图315-2所示。

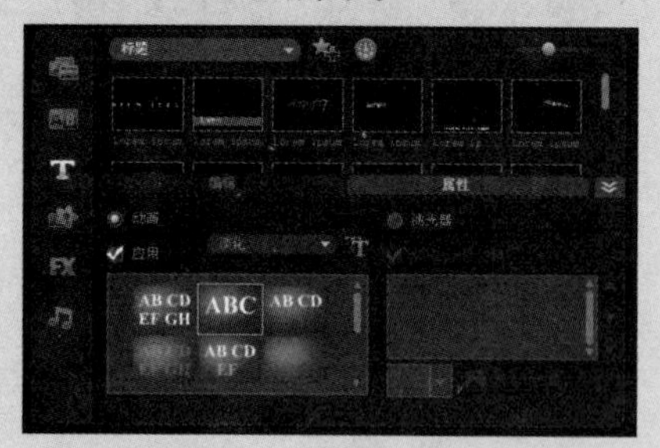

图315-2 选中动画样式

03 单击导览窗口中的“播放”按钮，预览淡化动画标题，效果如图315-3所示。

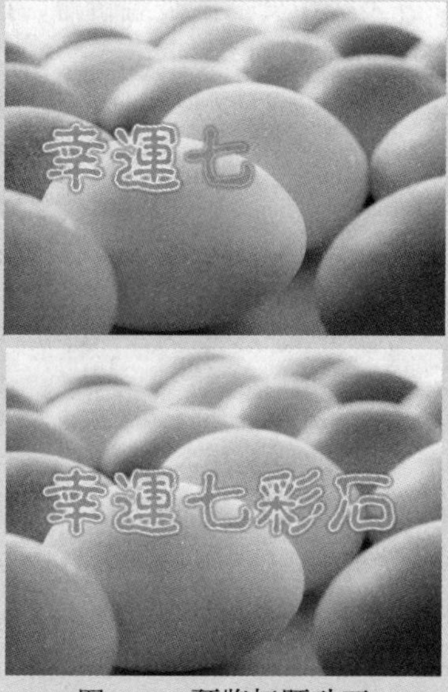

图315-3 预览标题动画

专家提醒

“淡化”动画可以使文字产生淡入、淡出的动画效果。

第316集 设置淡化动画样式

素材：素材\第14章\316—1.vsp

效果：效果\第14章\第316集.vsp

视频：视频\第14章\第316集.swf

时长：41秒

难度：★★★

关键技术：单击“自定义动画属性”按钮

01 进入会声会影高级编辑器，以第315集的效果为例，双击标题轨中的标题文本，切换至“属性”面板，单击“自定义动画属性”按钮，如图316-1所示。

图316-1 项目文件

02 弹出“淡化动画”对话框，单击“单位”下拉按钮，在弹出的列表框中选择“单词”选项，如图316-2所示，单击“确定”按钮。

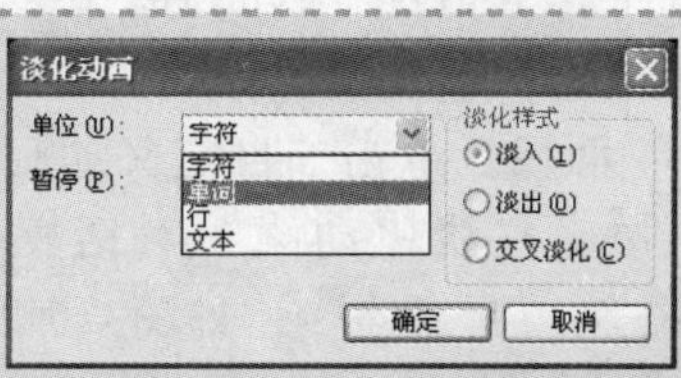

图316-2 选中动画样式

03 单击导览窗口中的“播放”按钮，预览淡化动画标题，效果如图316-3所示。

图316-3 预览标题动画

第317集 设置淡化动画暂停时间

素材：素材\第14章\317—1.vsp

效果：效果\第14章\第317集.vsp

视频：视频\第14章\第317集.swf

时长：47秒

难度：★★★★★

关键技术：单击“自定义动画属性”按钮

01 进入会声会影高级编辑器，打开一个项目文件，如图317-1所示。

图317-1 项目文件

02 双击标题轨中的标题文本，切换至“属性”面板，单击“自定义动画属性”按钮，弹出“淡化动画”对话框，设置“暂停”为“无暂停”，如图317-2所示，单击“确定”按钮。

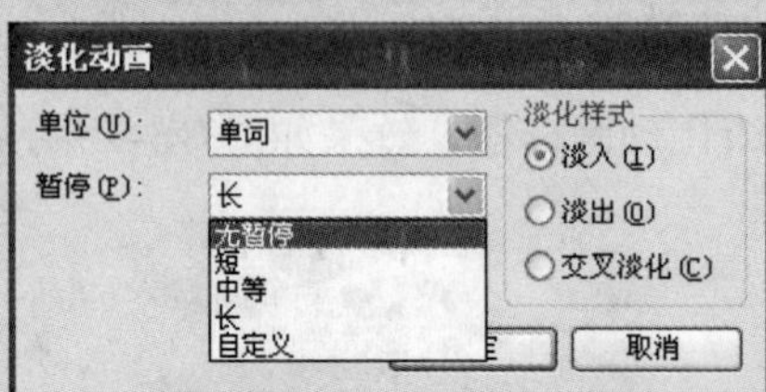

图317-2 选择“无暂停”选项

03 单击导览窗口中的“播放”按钮，即可预览设置淡化动画暂停时间后的效果，如图317-3所示。

图317-3 预览动画效果

专家提醒

单击“暂停”下拉按钮，在弹出的列表框中包括“无暂停”、“短”、“中等”、“长”以及“自定义”5个选项。

第318集 设置淡出动画样式

素材：素材\第14章\318—1.vsp

效果：效果\第14章\第318集.vsp

视频：视频\第14章\第318集.swf

时长：36秒

难度：★★

关键技术：选中“淡出”单选按钮

01 进入会声会影高级编辑器，以第317集的效果为例，双击标题轨中的标题文本，切换至“属性”面板，单击“自定义动画属性”按钮，在弹出的“淡化动画”对话框中，选中“淡出”单选按钮，如图318-1所示，单击“确定”按钮。

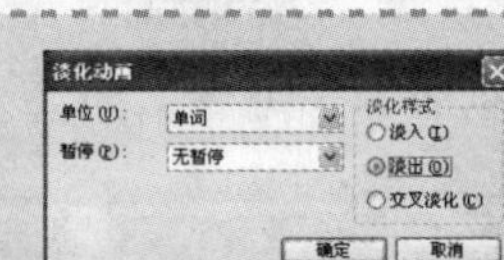

图318-1 选中“淡出”单选按钮

02 单击“播放”按钮，即可在预览窗口中预览设置淡出动画样式后的效果，如图318-2所示。

图318-2 预览动画效果

专家提醒

“淡出”动画样式是指，当导览窗口中的标题文本播放到一定时间后，以淡化的形式结束标题文本。

第319集 设置淡入动画样式

素材：素材\第14章\319—1.vsp

效果：效果\第14章\第319集.vsp

视频：视频\第14章\第319集.swf

时长：38秒

难度：★★

关键技术：选中“淡入”单选按钮

01 进入会声会影高级编辑器，打开一个项目文件，如图319-1所示。

图319-1 项目文件

02 双击标题轨中的标题文本，切换至“属性”面板，单击“自定义动画属性”按钮，在弹出的“淡化动画”对话框中，选中“淡入”单选按钮，如图319-2所示，单击“确定”按钮。

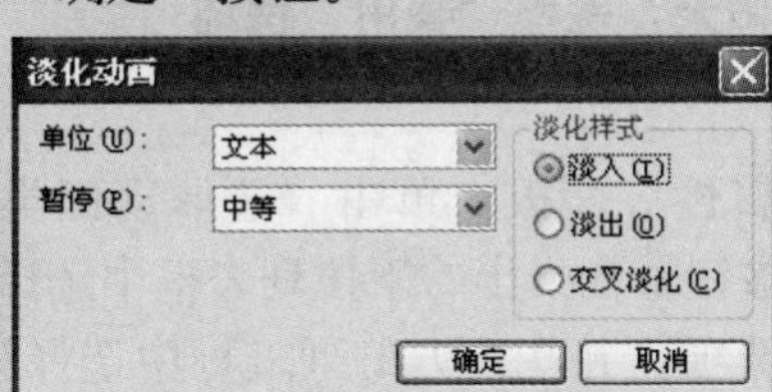

图319-2 选中“淡入”单选按钮

03 单击导览窗口中的“播放”按钮，即可预览设置淡入动画后的效果，如图319-3所示。

图319-3 预览动画效果

第320集 设置交叉淡化动画样式

素材：素材\第14章\320-1.vsp

效果：效果\第14章\第320集.vsp

视频：视频\第14章\第320集.swf

时长：34秒

难度：★★

关键技术："淡化动画"对话框

01 进入会声会影高级编辑器，以第319集的效果为例，双击标题轨中的标题文本，切换至"属性"面板，单击"自定义动画属性"按钮，在弹出的"淡化动画"对话框中，选中"交叉淡化"单选按钮，如图320-1所示。单击"确定"按钮，如图320-1所示。

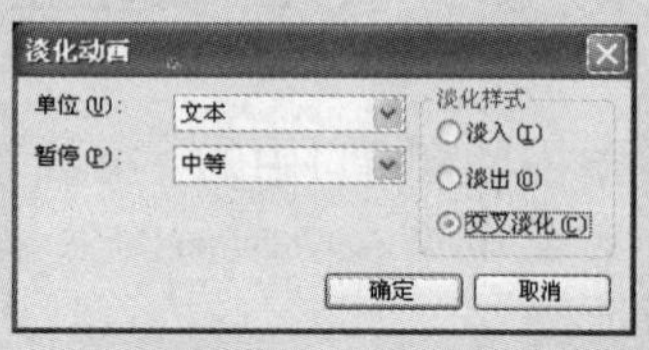

图320-1 选中"交叉淡化"单选按钮

02 单击"播放"按钮，即可预览设置交叉淡化动画样式后的效果，如图320-2所示。

图320-2 预览动画效果

14.3 添加弹出动画标题

第321集 选择弹出动画样式

素材：素材\第14章\321-1.vsp

效果：效果\第14章\第321集.vsp

视频：视频\第14章\第321集.swf

时长：54秒

难度：★★★★

关键技术：选择"弹出"选项

01 进入会声会影高级编辑器，打开一个项目文件，如图321-1所示。

02 选择时间轴面板中的标题字幕，单击"选项"按钮展开"编辑"面板，切换至"属性"面板，单击"选取动画类型"下拉按钮，在弹出的下拉列表框中选择"弹出"选项，并在下方的列表框中选择第1排中的第2个动画样式，如图321-2所示。

图321-1 项目文件

图321-2 选择动画样式

03 单击导览窗口中的“播放”按钮，预览弹出动画样式，效果如图321-3所示。

图321-3 预览动画

专家提醒

“弹出”动画可以使文字产生由画面上的某个分界线弹出显示的动画效果。

第322集 设置弹出动画单位

素材：素材\第14章\322—1.vsp

效果：效果\第14章\第322集.vsp

视频：视频\第14章\第322集.swf

时长：42秒

难度：★★★

关键技术：“弹出动画”对话框

01 进入会声会影高级编辑器，以第321集的效果为例，双击标题轨中的标题文本，切换至“属性”面板，单击“自定义动画属性”按钮，弹出“弹出动画”对话框，单击“单位”下拉按钮，在弹出的列表框中选择“单词”选项，如图322-1所示，单击“确定”按钮。

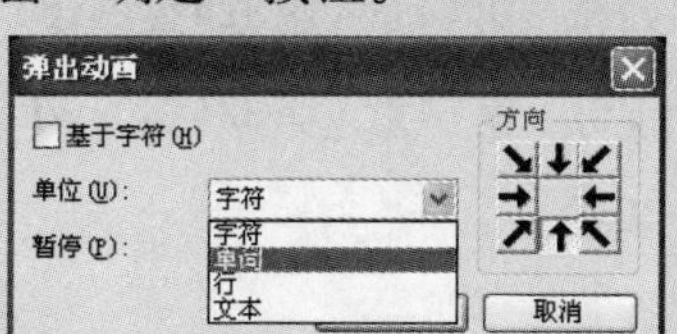

图322-1 项目文件

02 单击导览窗口中的“播放”按钮，预览弹出动画样式，如图322-2所示。

图322-2 预览动画

专家提醒

单击“单位”下拉按钮，在弹出的列表框中包括“字符”、“单词”、“行”以及“文本”4个选项。

第323集 选择弹出动画暂停时间

素材：素材\第14章\323-1.vsp

效果：效果\第14章\第323集.vsp

视频：视频\第14章\第323集.swf

时长：40秒

难度：★★★

关键技术："暂停"下拉按钮

01 进入会声会影高级编辑器，打开一个项目文件，如图323-1所示。

图323-1 项目文件

02 双击标题轨中的标题文本，切换至"属性"面板，单击"自定义动画属性"按钮，弹出"弹出动画"对话框，单击"暂停"下拉按钮，在弹出的列表框中选择"长"选项，如图323-2所示，单击"确定"按钮。

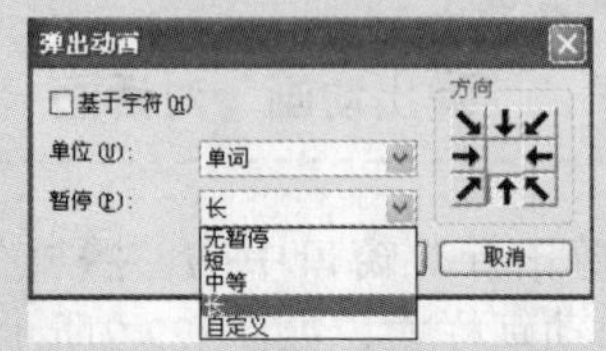

图323-2 选择"长"选项

03 单击导览窗口中的"播放"按钮，预览弹出动画样式，效果如图323-3所示。

图323-3 预览动画

专家提醒

在"暂停"选项中包括"无暂停"、"短"、"中等"、"长"以及"自定义"5个选项。

第324集 设置弹出动画方向

素材：素材\第14章\324-1.vsp

效果：效果\第14章\第324集.vsp

视频：视频\第14章\第324集.swf

时长：38秒

难度：★★★

关键技术：单击"从上到下"按钮

01 进入会声会影高级编辑器，以第323集的效果为例，双击标题轨中的标题文本，切换至“属性”面板，单击“自定义动画属性”按钮，弹出“弹出动画”对话框，在“方向”选项组中单击“从上到下”按钮，如图324-1所示，单击“确定”按钮。

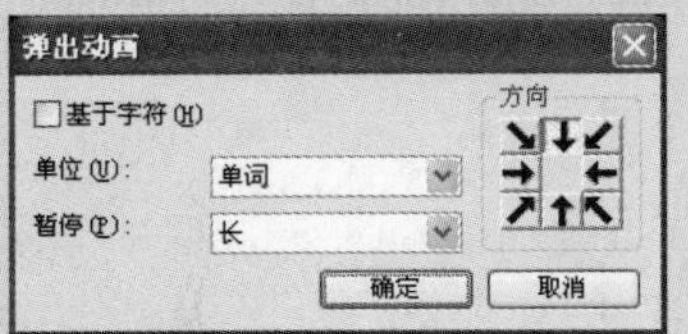

图324-1 单击“从上到下”按钮

02 单击导览窗口中的“播放”按钮，预览弹出动画，效果如图324-2所示。

图324-2 预览动画

专家提醒

在“方向”选项组中包括从左上到右下、从上到下、从右上到左下等8个选项。

14.4 添加翻转动画标题

第325集 选择翻转动画样式

素材：素材\第14章\325−1.vsp

效果：效果\第14章\第325集.vsp

视频：视频\第14章\第325集.swf

时长：39秒

难度：★★★

关键技术：“选取动画类型”下拉列表框

01 进入会声会影高级编辑器，打开一个项目文件，如图325-1所示。

图325-1 项目文件

02 双击标题轨中的标题文本，切换至“属性”面板，在“选取动画类型”下拉列表框中选择“翻转”选项，并在下方的列表框中选择第1排中的第2个动画样式，如图325-2所示。

图325-2 选择动画样式

03 单击导览窗口中的“播放”按钮，预览翻转动画样式，效果如图325-3所示。

图325-3 预览动画

专家提醒

在“翻转”素材库中包括了8种翻转动画样式。

第326集 设置翻转动画进入方式

素材：素材\第14章\326-1.vsp

效果：效果\第14章\第326集.vsp

视频：视频\第14章\第326集.swf

时长：44秒

难度：★★★

关键技术：“翻转动画”对话框

01 进入会声会影高级编辑器，打开一个项目文件，双击标题轨中的标题文本，切换至“属性”面板，单击“自定义动画属性”按钮，弹出“翻转动画”对话框，单击“进入”下拉按钮，在弹出的列表框中选择“右”选项，如图326-1所示，单击“确定”按钮。

图326-1 选择“右”选项

02 单击导览窗口中的“播放”按钮，预览翻转动画样式，效果如图326-2所示。

图326-2 预览动画效果

专家提醒

在“进入”列表框中包括“上”、“下”、“左”、“右”和“中间”5个选项。

第327集　设置翻转动画离开方式

素材：素材\第14章\327-1.vsp

效果：效果\第14章\第327集.vsp

视频：视频\第14章\第327集.swf

时长：48秒

难度：★★★

关键技术：单击“自定义动画属性”按钮

01 进入会声会影高级编辑器，打开一个项目文件，如图327-1所示。

图327-1 项目文件

02 双击标题轨中的标题文本，切换至“属性”面板，双击标题轨中的标题文本，切换至“属性”面板，单击“自定义动画属性”按钮，弹出“翻转动画”对话框，单击“离开”下拉按钮，在弹出的列表框中选择“上”选项，如图327-2所示，单击“确定”按钮。

图327-2 选择动画样式

03 单击导览窗口中的“播放”按钮，预览翻转动画离开方式，效果如图327-3所示。

图327-3 预览动画

第328集　设置翻转动画暂停时间

素材：素材\第14章\328-1.vsp

效果：效果\第14章\第328集.vsp

视频：视频\第14章\第328集.swf

时长：47秒

难度：★★★

关键技术：选择“无暂停”选项

01 进入绘声绘影高级编辑器，打一个项目文件，双击标题轨中的标题文本，切换至“属性”面板，双击标题轨中的标题文本，切换至“属性”面板，单击“自定义动画属性”按钮，弹出“翻转动画”对话框，单击“暂停”下拉按钮，在弹出的列表框中选择“无暂停”选项，如图328-1所示，单击“确定”按钮。

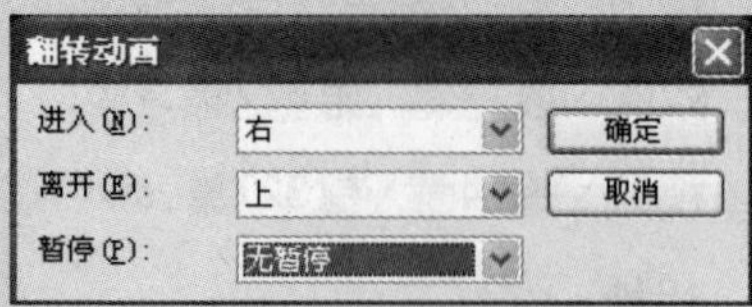

图328-1 选择“无暂停”选项

02 单击导览窗口中的“播放”按钮，预览设置翻转动画暂停时间后的效果，如图328-2所示。

图328-2 预览动画

专家提醒

设置翻转动画暂停时间是指在播放影片时标题文本在导览窗口中暂停时间的长短。

14.5 添加飞行动画标题

第329集 设置飞行动画样式

素材：素材\第14章\329–1.vsp

效果：效果\第14章\第329集.vsp

视频：视频\第14章\第329集.swf

时长：33秒

难度：★★

关键技术：选择“飞行”选项

01 进入会声会影高级编辑器，打开一个项目文件，如图329-1所示。

图329-1 项目文件

02 双击标题轨中的标题文本，切换至“属性”面板，在“选取动画类型”下拉列表框中选择“飞行”选项，并在下方的列表框中选择第2排中的第3个动画样式，如图329-2所示。

图329-2 选择动画样式

03 单击导览窗口中的“播放”按钮，预览飞行动画样式，效果如图329-3所示。

图329-3 预览动画

专家提醒

在"翻转"素材库中包括了8种翻转动画样式。

第330集 设置飞行动画起始单位

素材：素材\第14章\330–1.vsp

效果：效果\第14章\第330集.vsp

视频：视频\第14章\第330集.swf

时长：40秒

难度：★★★

关键技术："飞行动画"对话框

01 进入会声会影高级编辑器，打开一个项目文件，双击标题轨中的标题文本，切换至"属性"面板，单击"自定义动画属性"按钮，弹出"飞行动画"对话框，单击"起始单位"下拉按钮，在弹出的列表框中选择"字符"选项，如图330-1所示，单击"确定"按钮。

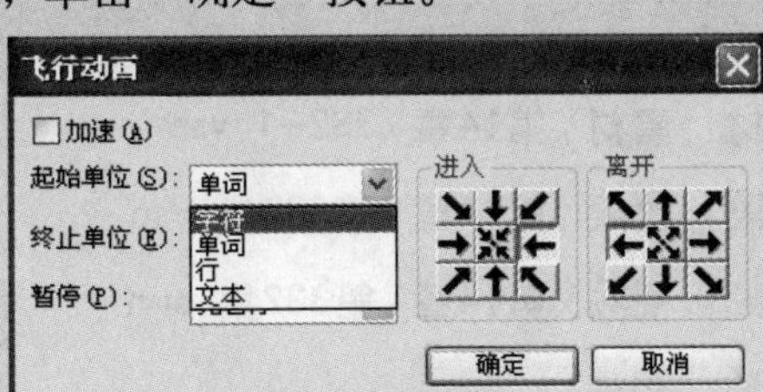

图330-1 选择"字符"选项

02 单击导览窗口中的"播放"按钮，预览设置飞行动画起始单位后的效果，如图330-2所示。

图330-2 预览动画效果

专家提醒

在"起始单位"列表框中包括"字符"、"单词"、"行"和"文本"4个选项。

第331集 设置飞行动画终止单位

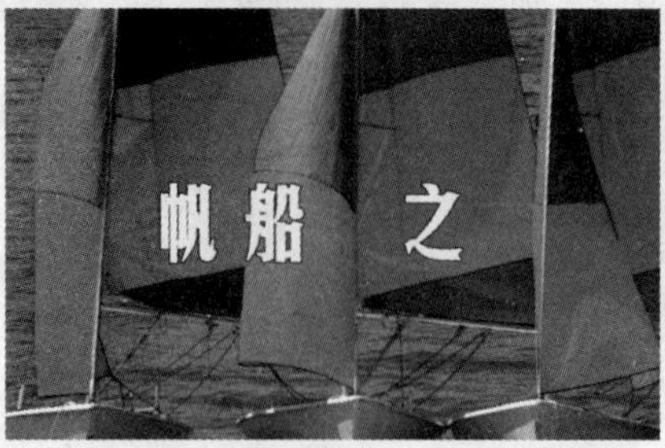

素材：素材\第14章\331-1.vsp

效果：效果\第14章\第331集.vsp

视频：视频\第14章\第331集.swf

时长：42秒

难度：★★★

关键技术："终止单位"下拉按钮

01 进入会声会影高级编辑器，打开一个项目文件，如图331-1所示。

图331-1 项目文件

02 双击标题轨中的标题文本，切换至"属性"面板，单击"自定义动画属性"按钮，弹出"飞行动画"对话框，单击"终止单位"下拉按钮，在弹出的列表框中选择"字符"选项，如图331-2所示，单击"确定"按钮。

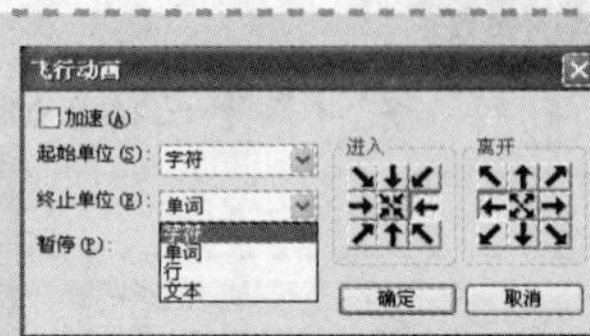

图331-2 选择"字符"选项

03 单击导览窗口中的"播放"按钮，预览设置飞行动画终止单位后的效果，如图331-3所示。

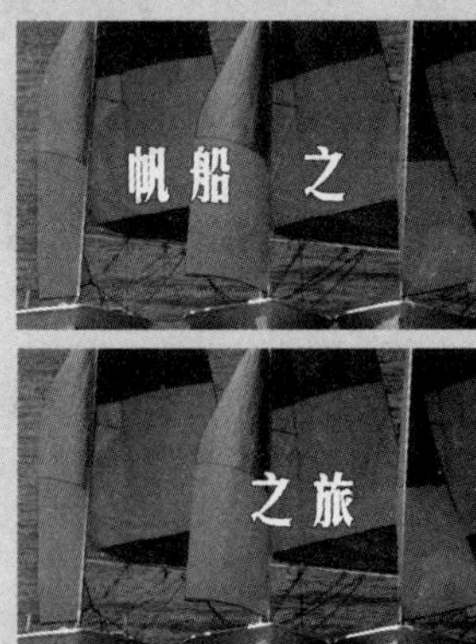

图331-3 预览动画

第332集 设置飞行动画暂停时间

素材：素材\第14章\332-1.vsp

效果：效果\第14章\第332集.vsp

视频：视频\第14章\第332集.swf

时长：36秒

难度：★★

关键技术：设置"暂停"为"短"

01 进入绘声绘影高级编辑器，打开一个项目文件，双击标题轨中的标题文本，切换至“属性”面板，双击标题轨中的标题文本，切换至“属性”面板，单击“自定义动画属性”按钮，弹出“飞行动画”对话框，设置“暂停”为“短”，如图332-1所示，单击“确定”按钮。

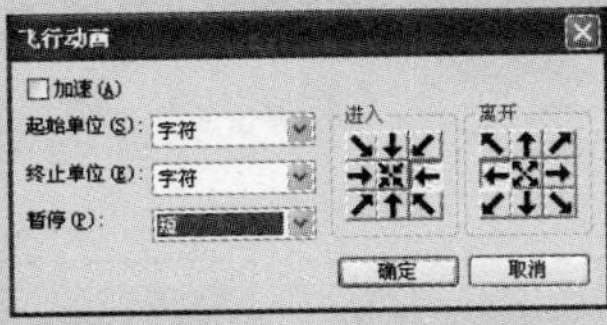

图332-1 选择“短”选项

02 单击导览窗口中的“播放”按钮，预览设置飞行动画暂停时间后的效果，如图332-2所示。

图332-2 预览动画

专家提醒

“飞行”动画可以使字符或单词沿着一定的路径飞行。

第333集 设置飞行动画进入方式

素材：素材\第14章\333—1.vsp

效果：效果\第14章\第333集.vsp

视频：视频\第14章\第333集.swf

时长：43秒

难度：★★★

关键技术：单击“从左向右”按钮，

01 进入会声会影高级编辑器，打开一个项目文件，如图333-1所示。

图333-1 项目文件

02 双击标题轨中的标题文本，切换至“属性”面板，单击“自定义动画属性”按钮，弹出“飞行动画”对话框，在“进入”选项组中单击“从左向右”按钮，如图333-2所示，单击“确定”按钮。

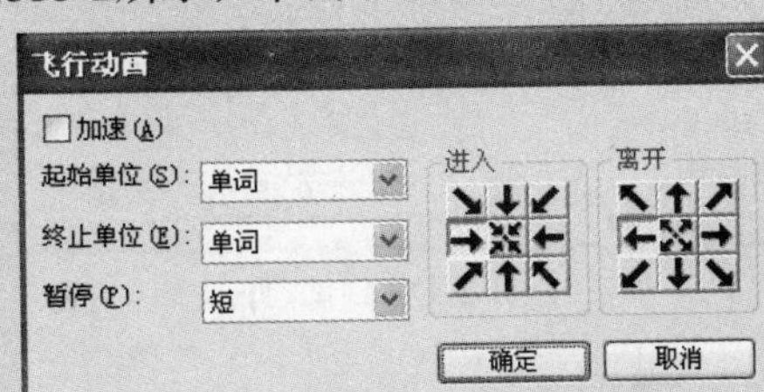

图333-2 选择“字符”选项

03 单击导览窗口中的“播放”按钮，预览设置飞行动画进入方式的效果，如图333-3所示。

图333-3 预览动画

第334集 设置飞行动画离开方式

素材：素材\第14章\334-1.vsp

效果：效果\第14章\第334集.vsp

视频：视频\第14章\第334集.swf

时长：41秒

难度：★★★

关键技术：单击“从左下向右上”按钮

01 进入会声会影高级编辑器，打开一个项目文件，双击标题轨中的标题文本，切换至“属性”面板，单击“自定义动画属性”按钮，弹出“飞行动画”对话框，在“离开”选项组中单击“从右下向左上”按钮，如图334-1所示，单击“确定”按钮。

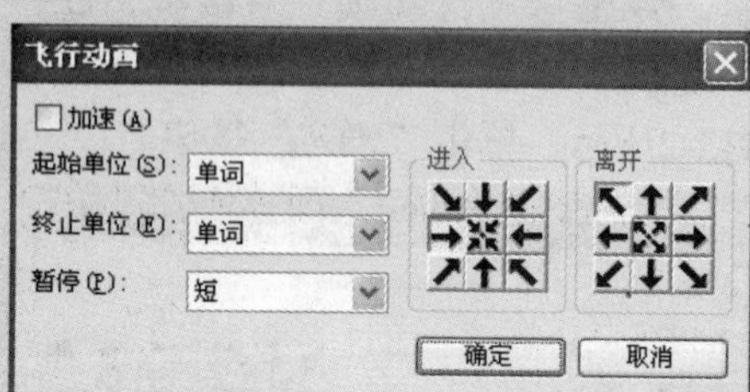

图334-1 项目文件

02 单击导览窗口中的“播放”按钮，预览设置飞行动画离开方式的效果，如图334-2所示。

图334-2 预览动画

专家提醒

在“离开”选项组中包括从右下到左上、从下到上、从左下到右上等9种选项。

14.6 添加缩放动画标题

第335集 选择缩放动画样式

素材：素材\第14章\335–1.vsp

效果：效果\第14章\第335集.vsp

视频：视频\第14章\第335集.swf

时长：41秒

难度：★★★

关键技术：选择“缩放”选项

01 进入会声会影高级编辑器，打开一个项目文件，如图335-1所示。

图335-1 项目文件

02 双击标题轨中的标题文本，切换至“属性”面板，在“选取动画类型”下拉列表框中选择“缩放”选项，并在下方的列表框中选择第1排中的第2个动画样式，如图335-2所示。

03 单击导览窗口中的“播放”按钮，预览缩放动画样式，效果如图335-3所示。

图335-2 选择动画样式

图335-3 预览动画

专家提醒

在“缩放”素材库中包括了8种翻转动画样式。

第336集 设置缩放动画缩放起始

素材：素材\第14章\336–1.vsp

效果：效果\第14章\第336集.vsp

视频：视频\第14章\第336集.swf

时长：35秒

难度：★★★

关键技术：设置“缩放起始”为0

01 进入会声会影高级编辑器，打开一个项目文件，双击标题轨中的标题文本，切换至“属性”面板，单击“自定义动画属性”按钮，弹出“缩放动画”对话框，设置“缩放起始”为0，如图336-1所示，单击“确定”按钮。

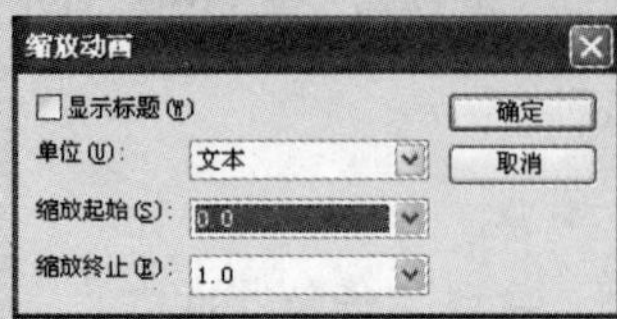

图336-1 项目文件

02 单击导览窗口中的“播放”按钮，预览设置缩放动画的缩放起始，效果如图336-2所示。

图336-2 预览动画

专家提醒

“缩放”动画可以使文字在运动的过程中产生放大或缩小的变化。

第337集 设置缩放动画缩放终止

素材：素材\第14章\337—1.vsp

效果：效果\第14章\第337集.vsp

视频：视频\第14章\第337集.swf

时长：43秒

难度：★★★

关键技术：设置“缩放终止”为0

01 进入会声会影高级编辑器，打开一个项目文件，如图337-1所示。

图337-1 项目文件

02 双击标题轨中的标题文本，切换至“属性”面板，单击“自定义动画属性”按钮，弹出“缩放动画”对话框，设置“缩放终止”为0，如图337-2所示。单击“确定”按钮。

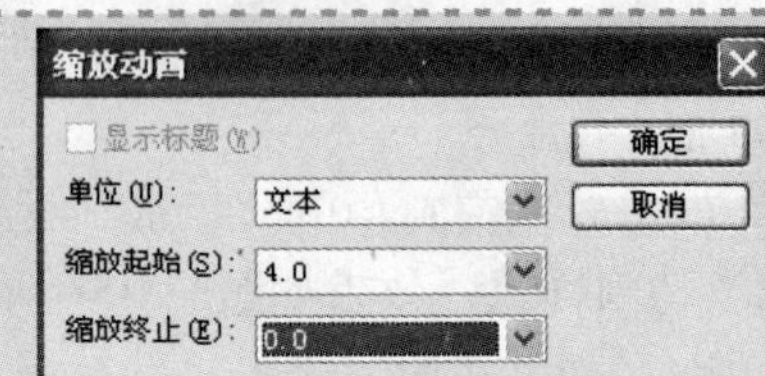

图337-2 设置缩放终止

03 单击导览窗口中的“播放”按钮，预览设置缩放动画缩放终止，效果如图335-3所示。

图337-3 预览动画

专家提醒

单击“缩放终止”下拉按钮，在弹出的列表框中包括0.0、0.5、1.0、1.5等11个选项。

14.7 添加下降动画标题

第338集 选择下降动画样式

素材：素材\第14章\338-1.vsp

效果：效果\第14章\第338集.vsp

视频：视频\第14章\第338集.swf

时长：37秒

难度：★★

关键技术：选择“下降”选项

01 进入会声会影高级编辑器，打开一个项目文件，如图338-1所示。

图338-1 项目文件

02 双击标题轨中的标题文本，切换至“属性”面板，在“选取动画类型”下拉列表框中选择“下降”选项，并在下方的列表框中选择第1排中的第2个动画样式，如图338-2所示。

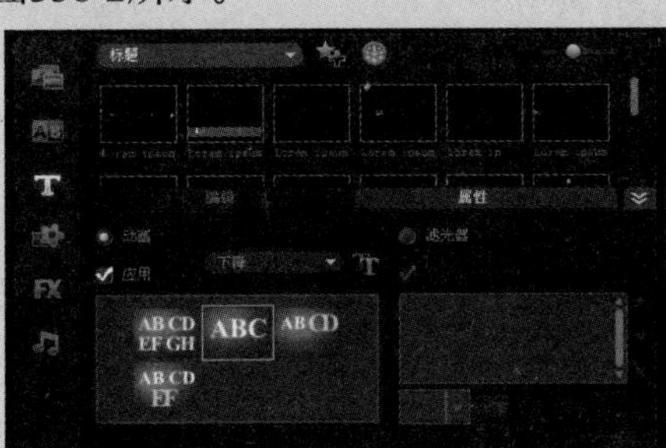

图338-2 选择动画样式

专家提醒

在“下降”动画样式中包括了4种下降动画。

03 单击导览窗口中的“播放”按钮，预览下降动画样式，效果如图338-3所示。

图338-3 预览动画

第339集 设置下降动画加速

素材：素材\第14章\339-1.vsp

效果：效果\第14章\第339集.vsp

视频：视频\第14章\第339集.swf

时长：34秒

难度：★★

关键技术：勾选“加速”复选框

01 进入会声会影高级编辑器，打开一个项目文件，双击标题轨中的标题文本，切换至“属性”面板，单击“自定义动画属性”按钮，弹出“下降动画”对话框，勾选“加速”复选框，如图339-1所示，单击“确定”按钮。

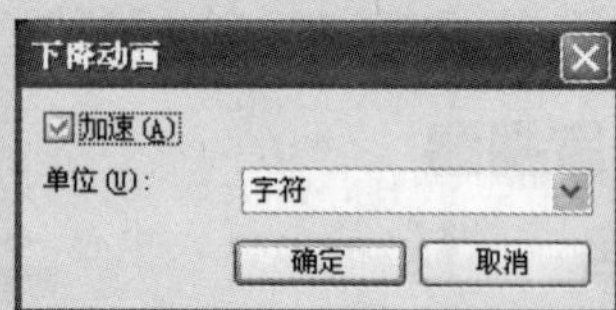

图339-1 勾选“加速”复选框

02 单击导览窗口中的“播放”按钮，预览设置下降动画加速，效果如图339-2所示。

图339-2 预览动画

专家提醒

在“下降动画”对话框中可以对“单位”选项进行设置。

14.8 添加摇摆动画标题

第340集 选择摇摆动画样式

素材：素材\第14章\340-1.vsp

效果：效果\第14章\第340集.vsp

视频：视频\第14章\第340集.swf

时长：36秒

难度：★★

关键技术：选择“摇摆”选项

01 进入会声会影高级编辑器，打开一个项目文件，如图340-1所示。

02 双击标题轨中的标题文本，切换至“属性”面板，在“选取动画类型”下拉列表框中选择“摇摆”选项，并在下方的列表框中选择第1排中的第1个动画样式，如图340-2所示。

图340-1 项目文件

图340-2 选择动画样式

03 单击导览窗口中的“播放”按钮，预览摇摆动画样式，效果如图340-3所示。

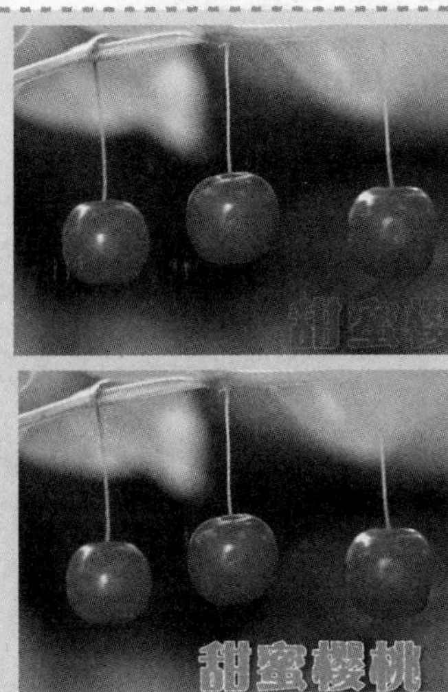

图340-3 预览动画

专家提醒

在“摇摆”动画样式包括8种摇摆动画样式。

第341集 设置摇摆动画摇摆角度

素材：素材\第14章\341-1.vsp

效果：效果\第14章\第341集.vsp

视频：视频\第14章\第341集.swf

时长：36秒

难度：★★

关键技术：设置“摇摆角度”为5

01 进入会声会影高级编辑器，打开一个项目文件，双击标题轨中的标题文本，切换至“属性”面板，单击“自定义动画属性”按钮，弹出“摇摆动画”对话框，设置“摇摆角度”为5，如图341-1所示，单击“确定”按钮。

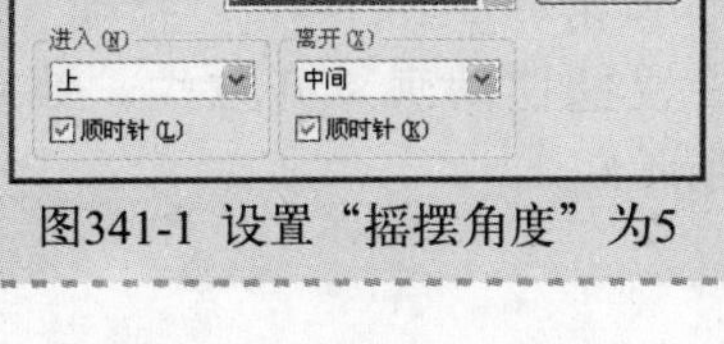

图341-1 设置“摇摆角度”为5

02 单击导览窗口中的“播放”按钮，预览设置摇摆动画摇摆角度，效果如图342-2所示。

图341-2 预览动画

专家提醒

“摇摆”动画可以使文字产生摇摆运动的效果。

第342集 设置摇摆动画进入方式

素材：素材\第14章\342–1.vsp

效果：效果\第14章\第342集.vsp

视频：视频\第14章\第342集.swf

时长：39秒

难度：★★

关键技术：“摇摆动画”对话框

01 进入会声会影高级编辑器，打开一个项目文件，双击标题轨中的标题文本，切换至“属性”面板，单击“自定义动画属性”按钮，弹出“摇摆动画”对话框，设置“进入”为“左”，如图342-1所示，单击“确定”按钮。

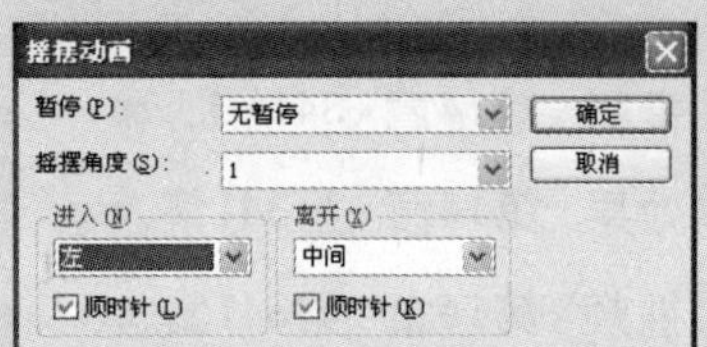

图342-1 设置“进入”为“左”

02 单击导览窗口中的“播放”按钮，预览设置摇摆动画进入方式，效果如图341-2所示。

图342-2 预览动画

第343集 设置摇摆动画离开方式

素材：素材\第14章\343–1.vsp

效果：效果\第14章\第343集.vsp

视频：视频\第14章\第343集.swf

时长：33秒

难度：★★

关键技术：设置“离开”为“上”

01 进入会声会影高级编辑器，打开一个项目文件，双击标题轨中的标题文本，切换至“属性”面板，单击“自定义动画属性”按钮，弹出“摇摆动画”对话框，设置“离开”为“上”，如图343-1所示，单击“确定”按钮。

02 单击导览窗口中的“播放”按钮，预览设置摇摆动画离开方式，效果如图343-2所示。

图343-1 设置"离开"为"上"

图343-2 预览动画

专家提醒

在"离开"选项组中包括"上"、"下"、"左"、"右"和"中间"5个选项。

14.9 添加移动路径动画标题

第344集 选择逐个翻转并移动的动画样式

素材：素材\第14章\344—1.vsp

效果：效果\第14章\第344集.vsp

视频：视频\第14章\第344集.swf

时长：38秒

难度：★★

关键技术：选择"移动路径"选项

01 进入会声会影高级编辑器，打开一个项目文件，如图344-1所示。

图344-1 项目文件

02 双击标题轨中的标题文本，切换至"属性"面板，在"选取动画类型"下拉列表框中选择"移动路径"选项，并在下方的列表框中选择第1个动画样式，如图344-2所示。

图344-2 选择动画样式

03 单击导览窗口中的"播放"按钮，预览逐个翻转并移动动画样式，效果如图344-3所示。

图344-3 预览动画

专家提醒

“移动路径”动画可以使文字产生沿指定路径运动的效果。

第345集 设置从右至左移动并扭曲的动画样式

素材：素材\第14章\345-1.vsp

效果：效果\第14章\第345集.vsp

视频：视频\第14章\第345集.swf

时长：36秒

难度：★★

关键技术：选择“移动路径”选项

01 进入会声会影高级编辑器，打开一个项目文件，双击标题轨中的标题文本，切换至“属性”面板，在“选取动画类型”下拉列表框中选择“移动路径”选项，并在下方的列表框中选择第2排中的第1个动画样式。

02 单击导览窗口中的“播放”按钮，预览设置从右至左移动并扭曲的动画样式，效果如图345-1所示。

专家提醒

上述动画样式是标题文字从导览窗口的右侧扭曲呈波浪形进入的标题字幕。

图345-1 预览动画

第346集 设置从上至下移动并消失的动画样式

素材：素材\第14章\346-1.vsp

效果：效果\第14章\第346集.vsp

视频：视频\第14章\第346集.swf

时长：40秒

难度：★★★

关键技术："选取动画类型"下拉列表框

01 进入会声会影高级编辑器，打开一个项目文件，双击标题轨中的标题文本，切换至"属性"面板，在"选取动画类型"下拉列表框中选择"移动路径"选项，并在下方的列表框中选择第3排中的第1个动画样式。

02 单击导览窗口中的"播放"按钮，预览设置从上至下移动并消失的动画样式，效果如图346-1所示。

图346-1 预览动画

第15章 添加音频素材

在编辑影片时，除了画面以外，声音效果是影片的另一个非常重要因素。在会声会影中可以添加多种类型的声音素材，多种编辑功能让用户对影片声响效果进行灵活的控制。本章将详细地介绍如何添加音频素材以及编辑音频素材。

15.1 添加现成的音频素材

第347集 添加音频素材库中的声音

素材：无
视频：视频\第15章\第347集.swf
难度：★★
效果：效果\第15章\第347集.vsp
时长：26秒
关键技术：单击“音频”按钮

01 进入会声会影高级编辑器，单击“音频”按钮，展开“音频”素材库，在素材库中选择“M01”选项，并将其拖曳至声音轨中，如图347-1所示。

图347-1 拖曳音频素材

02 释放鼠标左键，即可添加音频素材库中的声音，如图347-2所示。

图347-2 添加的音频素材

专家提醒

在“音频”素材库中包括了40种音频素材。

第348集 添加系统中存在的声音素材

素材：素材\第15章\348-1.wav
视频：视频\第15章\第348集.swf
难度：★★★
效果：效果\第15章\第348集.vsp
时长：40秒
关键技术：选择“到声音轨”命令

01 进入会声会影高级编辑器，单击“音频”按钮，展开“音频”素材库，在时间轴面板中单击鼠标右键，在弹出快捷菜单中选择“插入音频”|“到声音轨”命令，如图348-1所示。

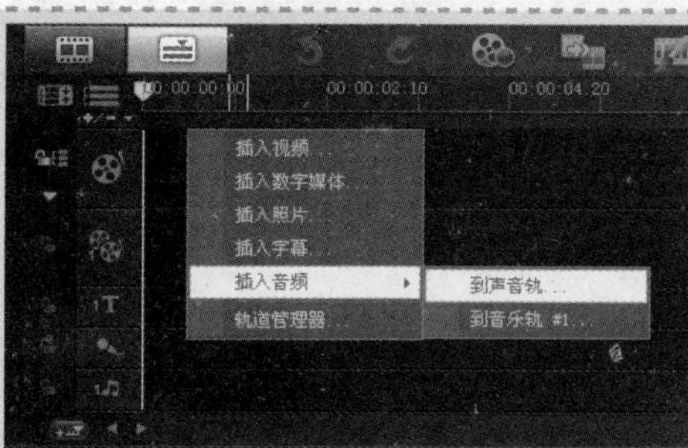

图348-1 选择“到声音轨”命令

02 在弹出“打开音频文件”对话框中选择需要打开的文件，单击“打开”按钮，即可添加系统中存在的声音素材，如图348-2所示。

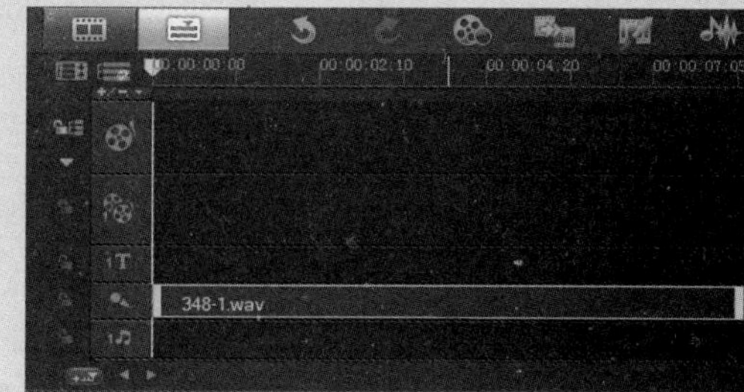

图348-2 添加的音频素材

第349集 添加自动音乐素材

素材：无

视频：视频\第15章\第349集.swf

难度：★★★★★

效果：无

时长：秒

关键技术：“自动音乐”面板

01 进入会声会影高级编辑器，单击“音频”按钮，展开“音频”素材库，单击“选项”按钮，展开选项面板，切换至“自动音乐”面板，单击“音乐”右侧的“SmartSound音乐”按钮，在弹出的列表框中选择Bach Guitar选项，如图349-1所示。

图349-1 选择Bach Guitar选项

02 单击“变化”右侧的“选取所选音乐的不同变化”按钮，在弹出的下拉列表框中选择“Solace”选项，如图349-2所示。

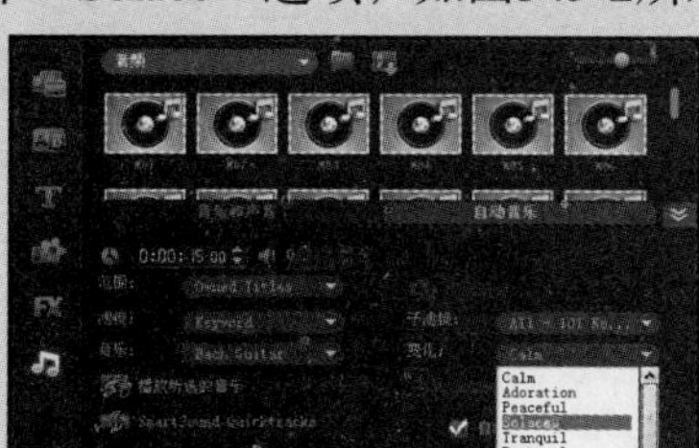

图349-2 选择“Solace”选项

03 单击“播放所选的音乐”按钮，当播放至合适的位置后，单击“停止”按钮，如图349-3所示。

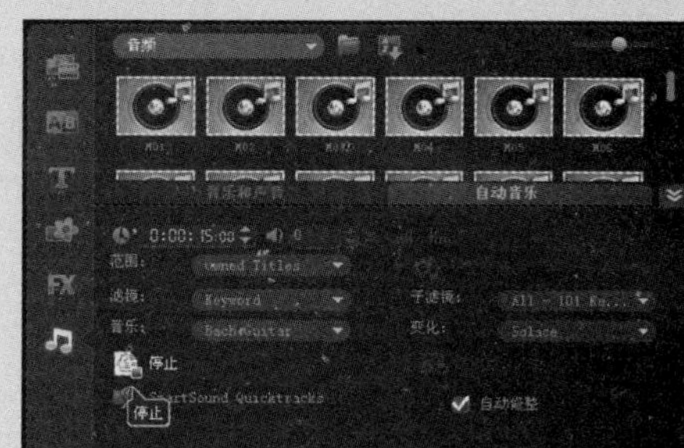

图349-3 单击“停止”按钮

04 单击“添加到时间轴”按钮，如图349-4所示。

图349-4 单击“添加到时间轴”按钮

05 执行操作后，即可在时间轴面板的音乐轨中显示添加的自动音乐，如图349-5所示。

图349-5 添加的自动音乐

专家提醒

"自动音乐"是会声会影X3自带的另一个音频素材库。同一个音乐有许多变化的风格供用户选择。

15.2 添加光盘或移动设备中的音频

第350集 添加CD\DVD中的音频文件

素材：无　　**效果**：无

视频：视频\第15章\第350集.swf　　**时长**：1分28秒

难度：★★★★★　　**关键技术**：单击"从音频CD导入"按钮

01 进入会声会影高级编辑器，单击"音频"按钮，展开"音频"素材库，单击"选项"按钮，展开"音乐和声音"面板，单击"从音频CD导入"按钮，如图350-1所示。

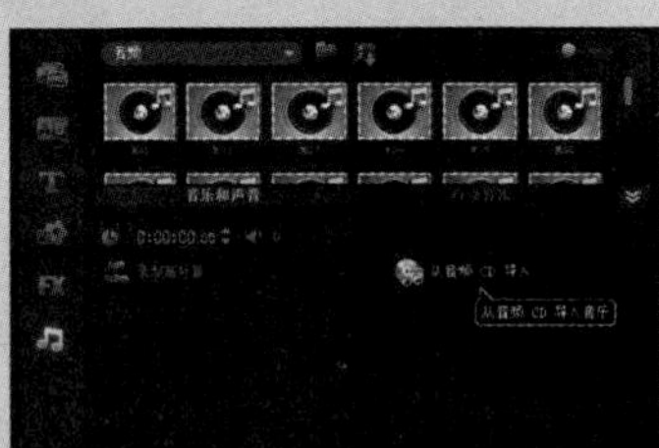

图350-1 单击"从音频CD导入"按钮

02 弹出"转存CD音频"对话框，单击"浏览"按钮，弹出"浏览文件夹"对话框，选择需要的文件路径，单击"确定"按钮，如图350-2所示。

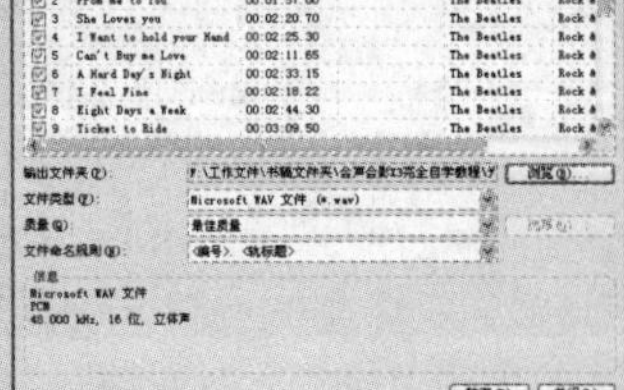

图350-2 单击"浏览"按钮

03 返回到"转存CD音频"对话框，并在下拉列表框中取消勾选其他的复选框，只保留Love me to复选框为勾选状态，单击"转存"按钮，如图350-3所示。

图350-3 选择需要的文件路径

04 执行操作后，即可开始转存文件，如图350-4所示。

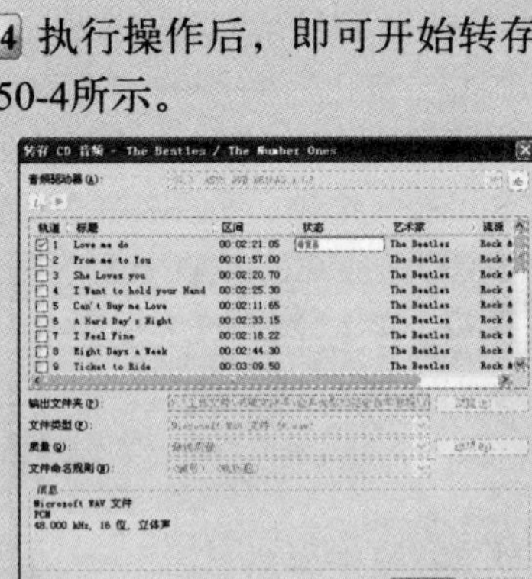

图350-4 开始转存文件

05 转存完毕后，单击“关闭”按钮，单击“播放”按钮，即可预览转存的文件，如图350-5所示。

图350-5 添加的音频文件

专家提醒

很多CD光盘中的音乐制作得非常精良，音质也相当不错，作为家庭影片的背景音乐，是非常好的一种音频素材。

第351集 添加移动U盘中的音频文件

素材： 无　　**效果：** 无

视频： 视频\第15章\第351集.swf　　**时长：** 42秒

难度： ★★★　　**关键技术：** 单击“添加”按钮

01 进入会声会影高级编辑器，单击“音频”按钮，展开“音频”素材库，单击素材库上方的“添加”按钮，弹出“浏览音频”对话框，选择需要打开的音频文件，如图351-1所示。

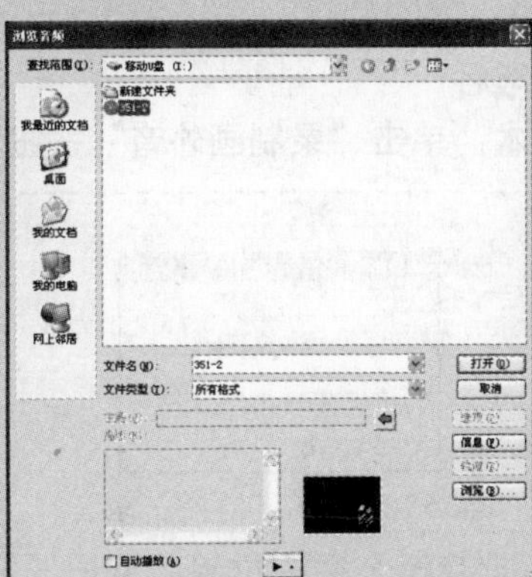

图351-1 选择需要打开的文件

02 单击“打开”按钮，即可将U盘中的音频文件插入至素材库中，并将该素材拖曳至声音轨中，如图351-2所示。

图351-2 添加的音频文件

专家提醒

在会声会影X3中可以直接将U盘中的音频文件添加至当前影片中，而不需要添加到“音频”素材库中。

15.3 使用麦克风录制旁白

第352集 设置录音选项

素材： 无　　**效果：** 无

视频： 视频\第15章\第352集.swf　　**时长：** 50秒

难度： ★★★★　　**关键技术：** 选择“属性”命令

01 将麦克风插头插入声卡的Linein或Mic接口后，双击Windows快捷方式栏中的音量图标，弹出“音量控制”窗口，选择“选项”|“属性”命令，弹出“属性”对话框，各选项设置如图352-1所示。

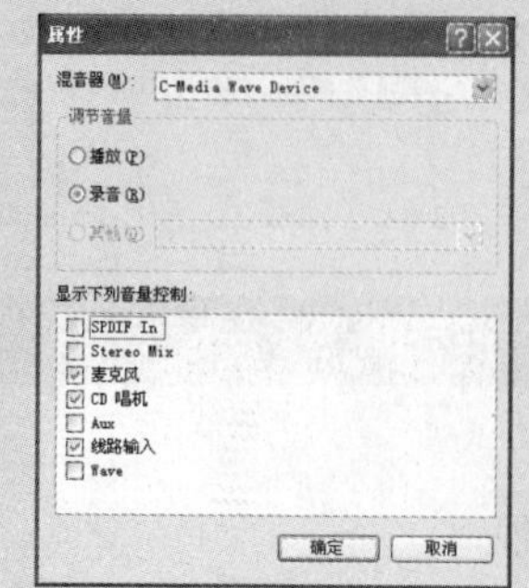

图352-1 设置各选项

02 单击“确定”按钮，切换至“录音控制”窗口，设置各选项，即可完成录音选项的设置，如图352-2所示。

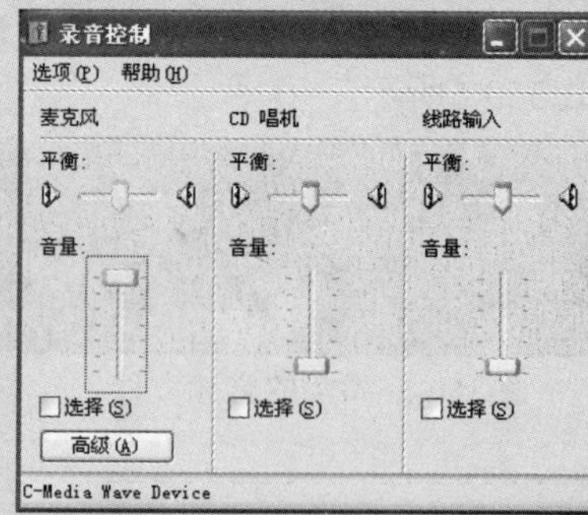

图352-2 “录音控制”对话框

专家提醒

在会声会影中录音前，用户需要将麦克风插入到Linein或Mic接口上，然后再对系统进行相应的设置。

第353集 录制声音旁白

素材：无

视频：视频\第15章\第353集.swf

难度：★★

效果：无

时长：38秒

关键技术：单击“录制画外音”按钮

01 进入会声会影高级编辑器，切换至“音乐和声音”面板，单击“录制画外音”按钮，如图353-1所示。

图353-1 单击“录制画外音”按钮

02 在弹出的“调整音量”对话框中，单击“开始”按钮，即可开始录音，如图353-2所示。

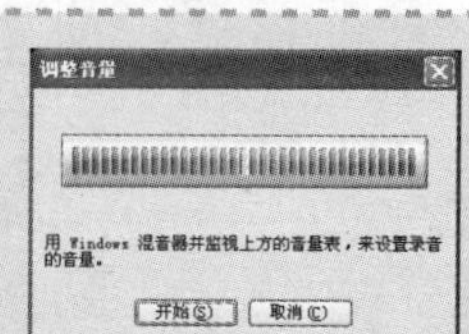

图353-2 单击“开始”录音

03 录音至合适的位置后单击“停止”按钮，录制的声音将出现在声音轨上，即可完成录制声音旁白的操作，如图353-3所示。

图353-3 录制的声音

专家提醒

声音轨上素材的名称是以录制的时间和次数来命令的。

15.4 调整音频音量

第354集　调节整个音频音量

素材：素材\第15章\354−1.vsp　　效果：效果\第15章\第354集.vsp

视频：视频\第15章\第354集.swf　　时长：31秒

难度：★★　　关键技术："素材音量"右侧的下三角按钮

01 进入会声会影高级编辑器，双击声音轨中的音频素材，在"音乐和声音"面板中单击"素材音量"右侧的下三角按钮，如图354-1所示。

图354-1 单击下三角按钮

02 在弹出的音量调节面板中拖曳滑块至200处，释放鼠标左键，即可完成整个音频音量的调节，如图354-2所示。

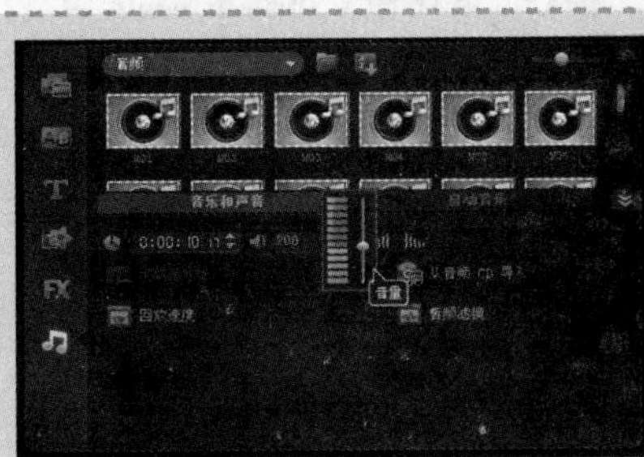

图354-2 调节音量

专家提醒

调节整段素材音量，可以分别旋转时间轴中的各个轨，然后在"音乐和声音"面板中对相应的音量控制选项进行调节。

第355集　使用音量调节线调节音量

素材：素材\第15章\355−1.vsp　　效果：效果\第15章\第355集.vsp

视频：视频\第15章\第355集.swf　　时长：47秒

难度：★★★　　关键技术：鼠标指针呈向上箭头↑形状

01 进入会声会影高级编辑器，打开一个项目文件，选择声音轨中的音频素材，单击时间轴面板中的"混音器"按钮，拖曳鼠标至音频素材的红色音量调节线上，此时鼠标指针呈向上箭头↑形状，单击鼠标左键，即可添加一个关键点，如图355-1所示。

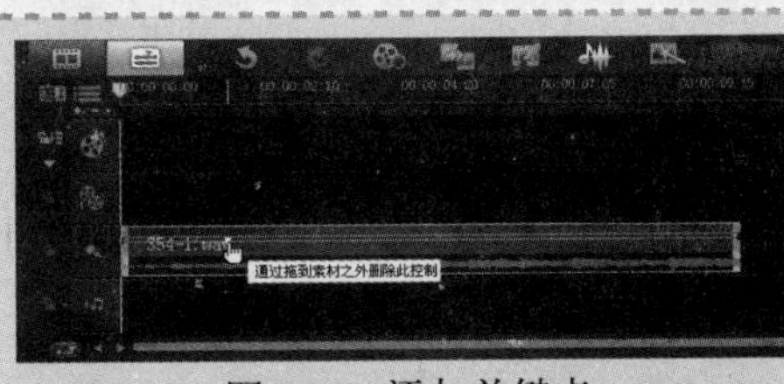

图355-1 添加关键点

02 按住鼠标左键并向上拖曳鼠标，至合适的位置后释放鼠标左键，即可调整音量，如图355-2所示。

图355-2 调整音量

专家提醒

音量调节线是轨中央的水平线条，仅在音频视图中可以看到。在这条线上可以添加关键帧点的高低决定找该处的音量。

第356集 调节音频回放速度

素材：素材\第15章\356–1.wav
视频：视频\第15章\第356集.swf
难度：★★
效果：效果\第15章\第356集.vsp
时长：35秒
关键技术：单击"回放速度"按钮

01 进入会声会影高级编辑器，插入一段音频文件，双击声音轨中的音频素材，在展开的"音乐和声音"面板中单击"回放速度"按钮，弹出"回放速度"对话框，设置"速度"为200，如图356-1所示。

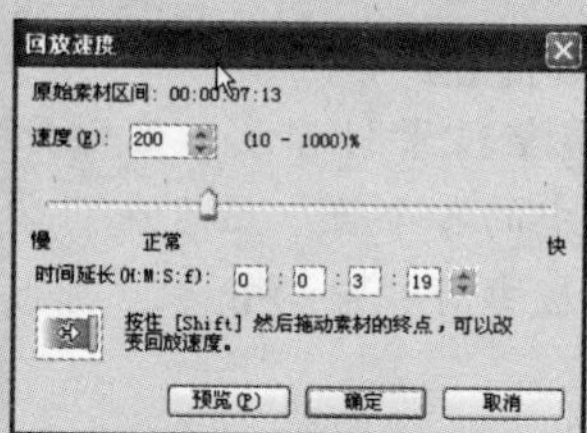

图356-1 设置参数

02 单击"确定"按钮，即可调节音频回放速度，如图356-2所示。

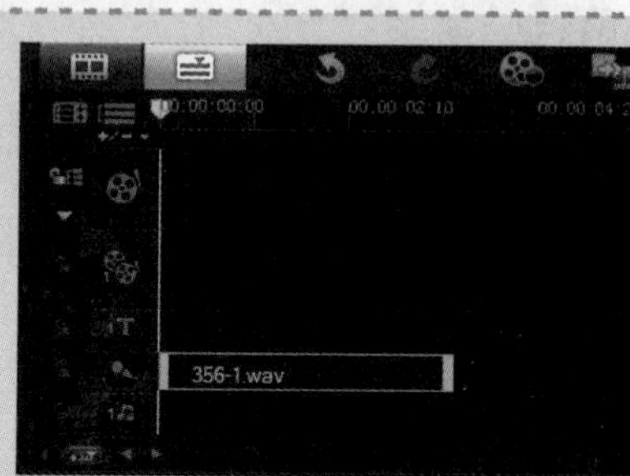

图356-2 调节音频回放速度

专家提醒

在声音轨中选择素材，按住【Shift】键的同时，向左或向右拖曳素材的终点，也可以改变素材的回放速度。

15.5 修整音频素材

第357集 使用区间修整音频

素材：素材\第15章\357–1.wav
视频：视频\第15章\第357集.swf
难度：★★
效果：效果\第15章\第357集.vsp
时长：32秒
关键技术："区间"数值框

01 进入会声会影高级编辑器，插入一段音频文件，双击声音轨中的音频素材，在展开的"音乐和声音"面板的"区间"数值框中输入0:00:05:00，按【Enter】键进行确认，如图357-1所示。

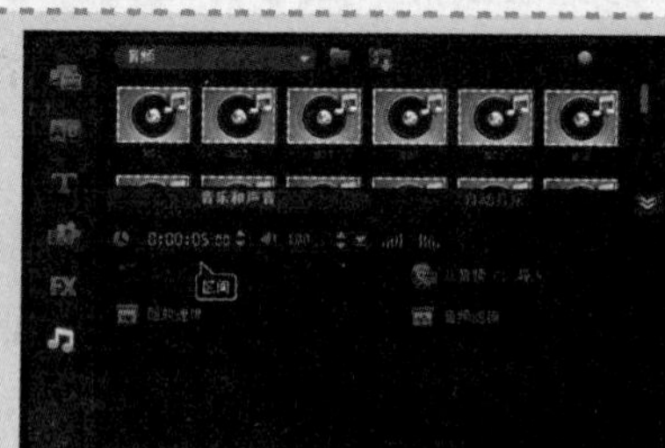

图357-1 输入数值

02 执行操作后，即可使用区间修整音频，如图357-2所示。

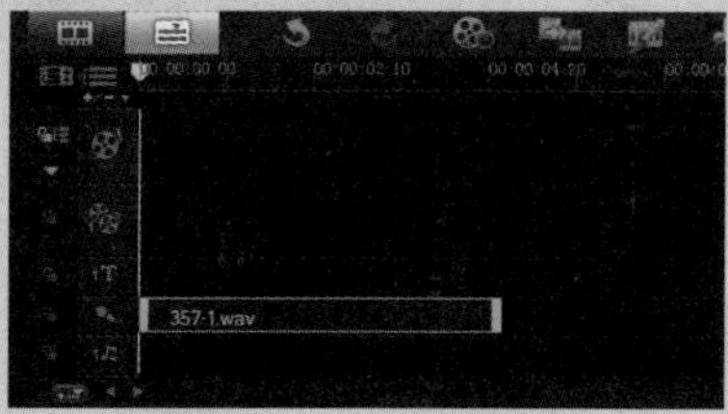

图357-2 修整后的音频

专家提醒

使用区间进行修整可以精确控制声音或音乐的播放时间。若对整个影片的播放时间有严格的限制，可以使用区间修整的方式来调整。

第358集 使用略图修整音频

素材：素材\第15章\358-1.wav
视频：视频\第15章\第358集.swf
难度：★★★
效果：效果\第15章\第358集.vsp
时长：14秒
关键技术：黄色标记

01 进入会声会影高级编辑器，插入一段音频文件，选择声音轨中的音频素材，拖曳鼠标至音频素材左侧的黄色标记处，单击鼠标右键的同时向左拖曳鼠标，移至合适的位置处时释放鼠标右键，如图358-1所示。

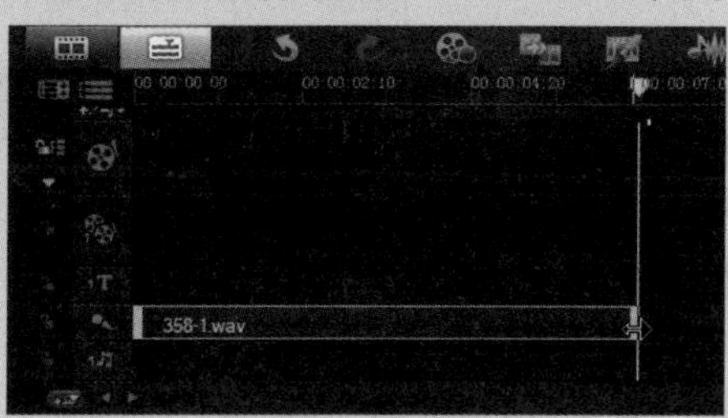

图358-1 拖曳鼠标

02 拖曳鼠标至音频素材右侧的黄色标记处，按住鼠标左键的同时向右拖曳鼠标，移至合适的位置处时释放鼠标左键，即可使用略图修整音频，如图358-2所示。

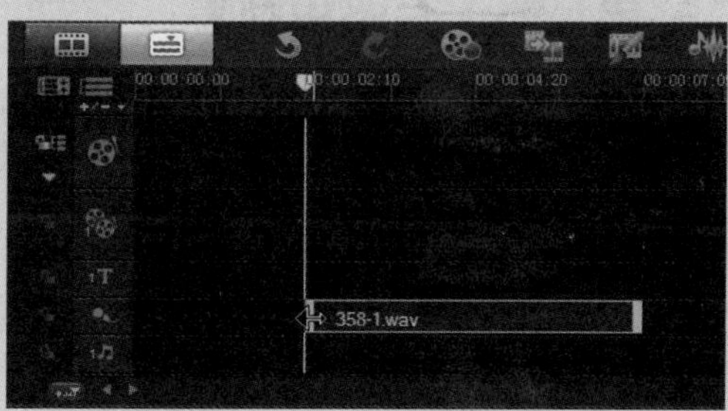

图358-2 修整后的音频

专家提醒

使用略图修整素材是最为快捷的修整方式，但它的缺点是不同意精确地控制修剪的位置。

第359集 使用修整栏修整音频

素材：素材\第15章\359-1.wav
视频：视频\第15章\第359集.swf
难度：★★★
效果：效果\第15章\第359集.vsp
时长：43秒
关键技术：单击“开始标记”按钮

01 进入会声会影高级编辑器，插入一段音频文件，并播放至合适的位置，单击导览窗口下方的“开始标记”按钮，如图359-1所示。

图359-1 单击“开始标记”按钮

02 再次播放音频，至需要结束的位置，单击导览窗口下方的“结束标记”按钮，即可使用修整栏修整音频，如图359-2所示。

图359-2 修整后的音频

专家提醒

使用修整栏修整音频素材是最为直观的方式，可以使用这种方式对音频素材开始和结束部分进行修整。

15.6 添加淡入与淡出效果

第360集 添加音频淡入效果

素材：素材\第15章\360—1.wav　　效果：效果\第15章\第360集.vsp

视频：视频\第15章\第360集.swf　　时长：31秒

难度：★★　　关键技术：单击“淡入”按钮

01 进入会声会影高级编辑器，插入一段音频文件，如图360-1所示。

图360-1 插入音频文件

02 双击声音轨中的音频素材，在“音乐和声音”面板中单击“淡入”按钮，即可为音频添加淡入效果，如图360-2所示。

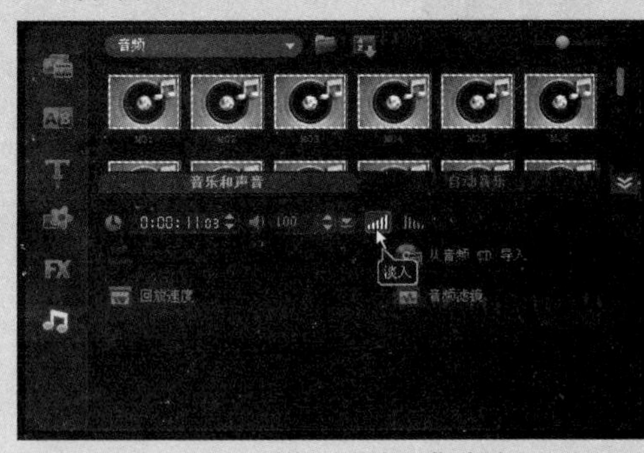

图360-2 单击“淡入”按钮

第361集　添加音频淡出效果

素材：素材\第15章\361–1.wav　　　　效果：效果\第15章\第361集.vsp

视频：视频\第15章\第361集.swf　　　　时长：27秒

难度：☆　　　　关键技术：双击图标

01 进入会声会影高级编辑器，插入一段音频文件，如图361-1所示。

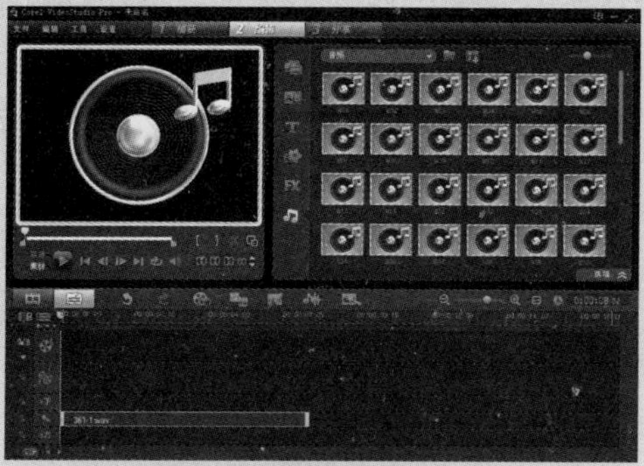

图361-1 插入音频文件

02 双击声音轨中的音频素材，在“音乐和声音”面板中单击“淡出”按钮，即可音频添加淡出效果，如图361-2所示。

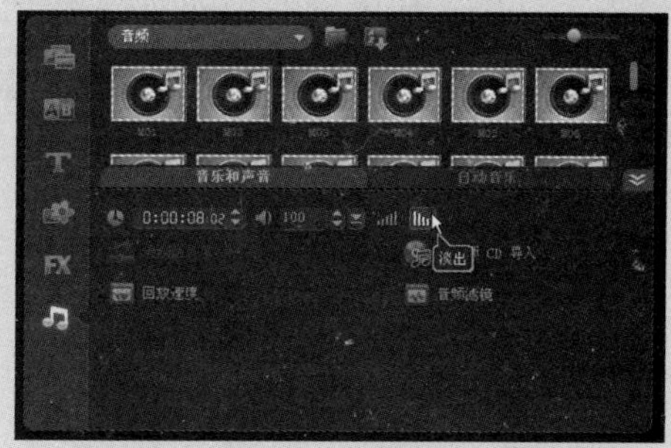

图361-2 单击“淡出”按钮

15.7 使用音频混音器

第362集　选择需要调节的音频轨道

素材：素材\第15章\362–1.wav　　　　效果：效果\第15章\第362集.vsp

视频：视频\第15章\第362集.swf　　　　时长：29秒

难度：☆　　　　关键技术：单击“混音器”按钮

01 进入会声会影高级编辑器，插入一段音频文件，如图362-1所示。

图362-1 插入音频文件

02 选择声音轨中的音频素材，单击“混音器”按钮，单击“环绕混音”面板中的“声音轨”按钮，即可选择需要调节的音频轨道，如图362-2所示。

图362-2 单击“声音轨”按钮

第363集 播放并实时调节音量

素材：素材\第15章\363-1.vsp
视频：视频\第15章\第363集.swf
难度：★★★
效果：效果\第15章\第363集.wav
时长：45秒
关键技术：单击“音量”按钮

01 进入会声会影高级编辑器，插入一段音频文件，单击时间轴面板中的“混音器”按钮，在“环绕混音”面板中单击“播放”按钮，在混音器中即可显示音量起伏的变化，如图363-1所示。

图363-1 播放音频素材

02 单击“环绕混音”面板中的“音量”按钮的同时向下拖曳鼠标，移至合适的位置后释放鼠标左键，即可完成播放并实时调节音量，如图363-2所示。

图363-2 实时调节音量

专家提醒

在调节音量时，在“音量”按钮上单击鼠标右键，即可返回到系统设置的默认值。

第364集 恢复音量调节线至原始状态

素材：素材\第15章\364-1.vsp
视频：视频\第15章\第364集.swf
难度：★
效果：效果\第15章\第364集.vsp
时长：28秒
关键技术：选择“重置音量”选项

01 进入会声会影高级编辑器，打开一个项目文件，选择声音轨中的音频文件，单击鼠标右键，在弹出的快捷菜单中选择“重置音量”命令，如图364-1所示。

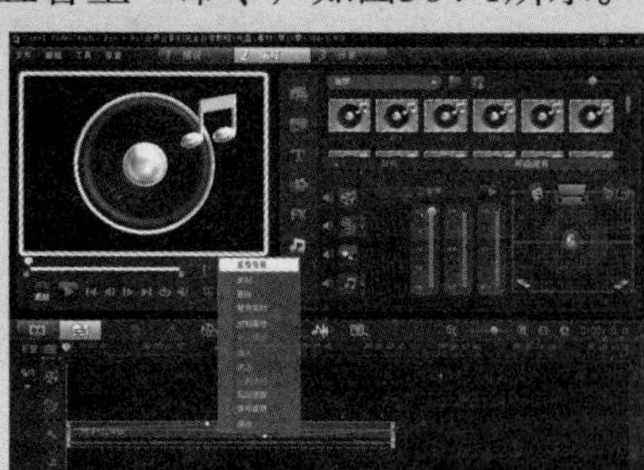

图364-1 选择“重置音量”命令

02 执行操作后，即可恢复音量调节线至原始状态，如图364-2所示。

图364-2 恢复的音量调节线

第365集　设置素材为静音效果

素材：素材\第15章\365-1.mpg
效果：效果\第15章\第365集.vsp
视频：视频\第15章\第365集.swf
时长：29秒
难度：★
关键技术：单击“静音”按钮

01 进入会声会影高级编辑器，插入一段视频素材，如图365-1所示。

图365-1 插入视频素材

02 双击视频轨中的视频素材，单击“视频”面板中的“静音”按钮，再单击“播放”按钮，即可预览设置为静音效果后的素材，如图365-2所示。

图365-2 单击“静音”按钮

第366集　调节音频素材的左声道

素材：素材\第15章\366-1.wav
效果：效果\第15章\第366集.vsp
视频：视频\第15章\第366集.swf
时长：35秒
难度：★★
关键技术：红色图标

01 进入会声会影高级编辑器，插入一段音频素材，单击时间轴面板中的“混音器”按钮，在“环绕混音”面板中单击“播放”按钮，如图366-1所示。

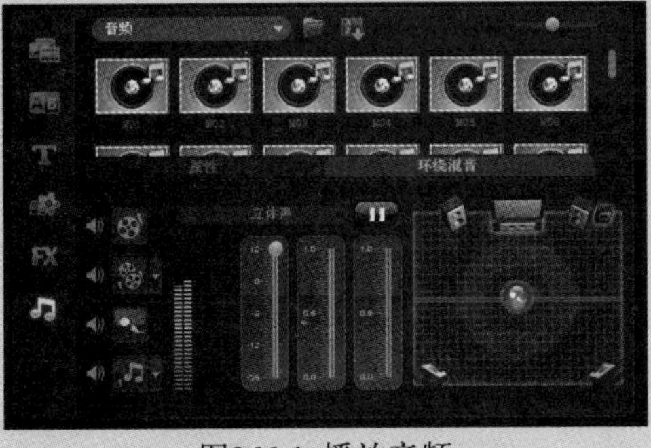

图366-1 播放音频

02 向左拖曳“环绕混音”面板中的红色图标，移至合适的位置后释放鼠标左键，即可调节音频素材的左声道，如图366-2所示。

图366-2 拖曳鼠标调节左声道

专家提醒

在“环绕混音”选项面板中，向左拖曳音频图标，表示控制左声道；向右拖曳音频图标，表示控制右声道。

第367集 调节音频素材的右声道

素材：素材\第15章\366-1.wav　　效果：效果\第15章\第367集.vsp
视频：视频\第15章\第367集.swf　　时长：37秒
难度：★★　　关键技术："环绕混音"面板

01 进入会声会影高级编辑器，以第366集的素材为例，单击时间轴面板中的"混音器"按钮，在"环绕混音"面板中单击"播放"按钮，如图367-1所示。

图367-1 播放音频

02 向右拖曳"环绕混音"面板中的红色图标，移至合适的位置后释放鼠标左键，即可调节音频素材的右声道，如图367-2所示。

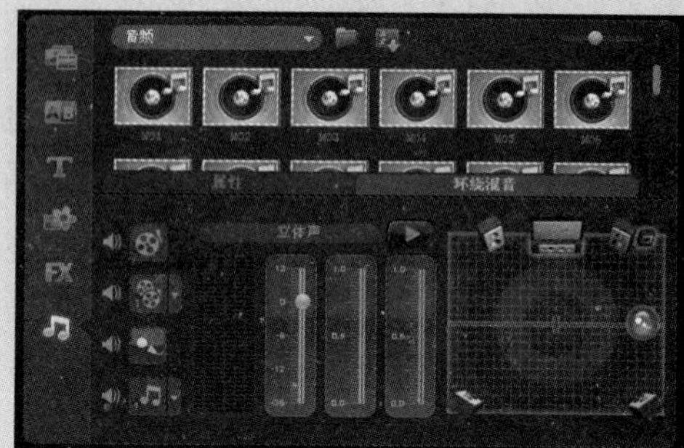

图367-2 调节右声道

15.8 使用音频滤镜

第368集 添加音频滤镜

素材：素材\第15章\368-1.wav　　效果：效果\第15章\第368集.vsp
视频：视频\第15章\第368集.swf　　时长：49秒
难度：★★★　　关键技术：单击"音频滤镜"按钮

01 进入会声会影高级编辑器，插入一段音频文件，双击声音轨中的音频文件，在"音乐和声音"面板中单击"音频滤镜"按钮，弹出"音频滤镜"对话框，在"可用滤镜"下拉列表框中选择"等量化"选项，如图368-1所示。

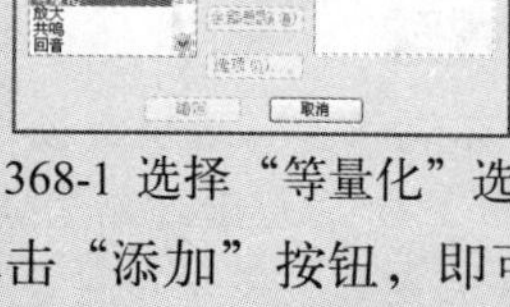

图368-1 选择"等量化"选项

02 单击"添加"按钮，即可将"等量化"滤镜添加至"已用滤镜"列表中，如图368-2所示，单击"确定"按钮，即可添加音频滤镜。

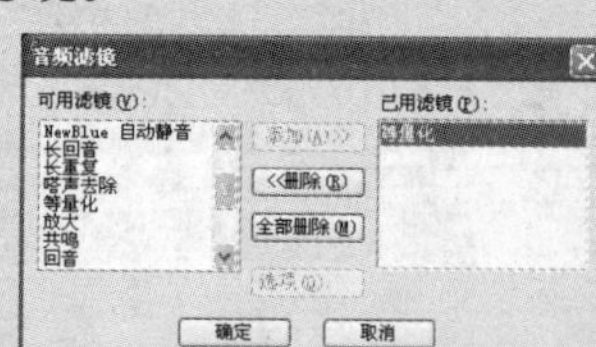

图368-2 添加"等量化"滤镜

专家提醒

在会声会影X3中，可以将音频滤镜添加到声音或音乐轨的音频素材上，如长回音、等量化、放大和混响等。

第369集 删除音频滤镜

素材：素材\第15章\369-1.vsp　　效果：效果\第15章\第369集.vsp

视频：视频\第15章\第369集.swf　　时长：14秒

难度：★★　　关键技术：单击“删除”按钮

01 进入会声会影高级编辑器，打开一个项目文件，双击声音轨中的音频文件，在“音乐和声音”面板中单击“音频滤镜”按钮，弹出“音频滤镜”对话框，如图369-1所示。

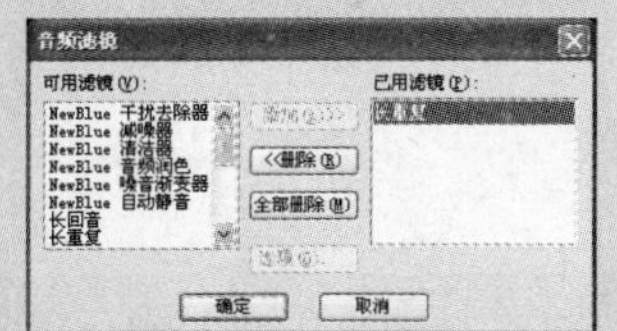

图369-1 选择“等量化”选项

02 在“音频滤镜”对话框中单击“删除”按钮，如图369-2所示，单击“确定”按钮即可删除音频滤镜。

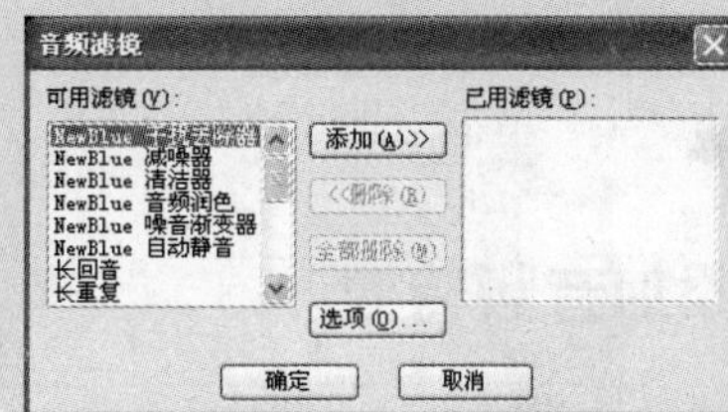

图369-2 添加“等量化”滤镜

第370集 全部删除音频滤镜

素材：素材\第15章\370-1.vsp　　效果：效果\第15章\第370集.vsp

视频：视频\第15章\第370集.swf　　时长：33秒

难度：★★　　关键技术：单击“全部删除”按钮

01 进入会声会影高级编辑器，打开一个项目文件，双击声音轨中的音频文件，在“音乐和声音”面板中单击“音频滤镜”按钮，弹出“音频滤镜”对话框，单击“全部删除”按钮，如图370-1所示。

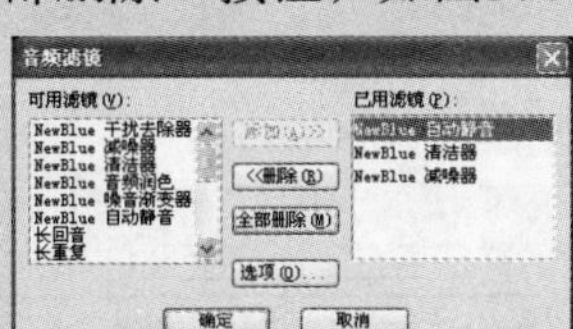

图370-1 单击“全部删除”按钮

02 执行操作后，即可在“已用滤镜”列表框中删除全部音频滤镜，如图370-2所示。

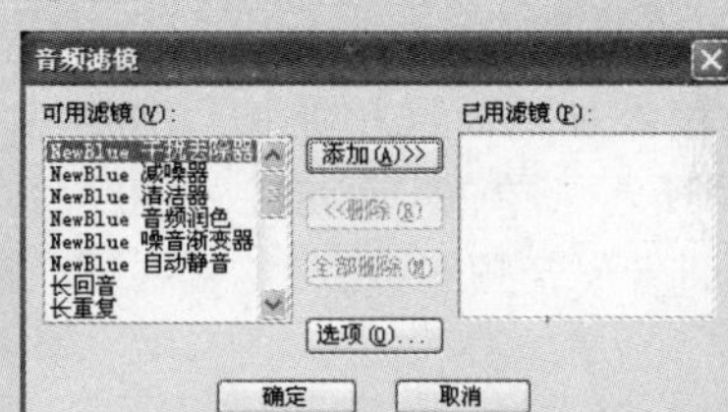

图370-2 “音频滤镜”对话框

第371集 设置滤镜选项

素材：素材\第15章\371-1.vsp　　效果：效果\第15章\第371集.vsp

视频：视频\第15章\第371集.swf　　时长：40秒

难度：★★★　　关键技术：单击“选项”按钮

01 进入会声会影高级编辑器，打开一个项目文件，双击声音轨中的音频文件，在“音乐和声音”面板中单击“音频滤镜”按钮，弹出“音频滤镜”对话框，单击“选项”按钮，如图371-1所示。

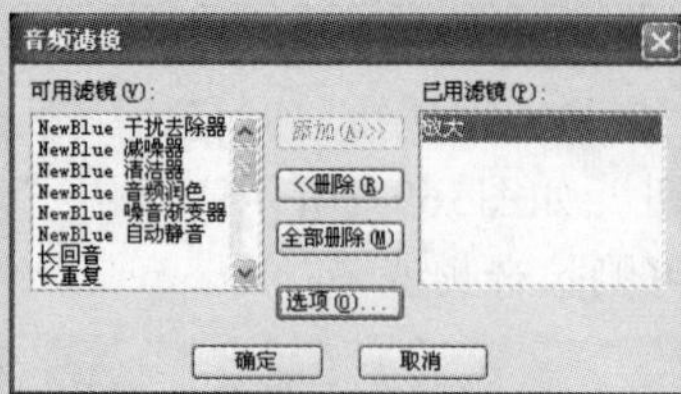

图371-1 单击“全部删除”按钮

02 弹出“放大”对话框，设置“比例”为150，如图371-2所示，单击“确定”按钮，返回到“音频滤镜”对话框，单击“确定”按钮，即可完成滤镜选项的设置。

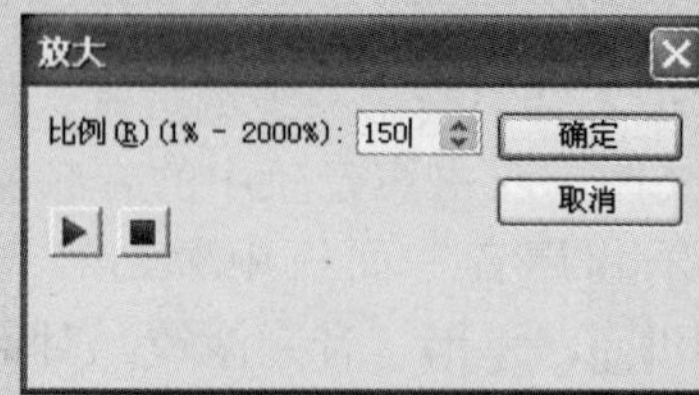

图371-2 “音频滤镜”对话框

15.9 添加音频特效

第372集 使用“长回音”音频滤镜

素材：素材\第15章\372-1.wav
视频：视频\第15章\第372集.swf
难度：★★★
效果：效果\第15章\第372集.vsp
时长：44秒
关键技术：单击“音频滤镜”按钮

01 进入会声会影高级编辑器，插入一段音频文件，双击声音轨中的音频文件，在“音乐和声音”面板中单击“音频滤镜”按钮，弹出“音频滤镜”对话框，在“可用滤镜”下拉列表框中选择“长回音”选项，如图372-1所示。

02 单击“添加”按钮，即可将“长回音”滤镜添加至“已用滤镜”列表中，如图372-2所示。单击“确定”按钮，即可使用“长回音”音频滤镜。

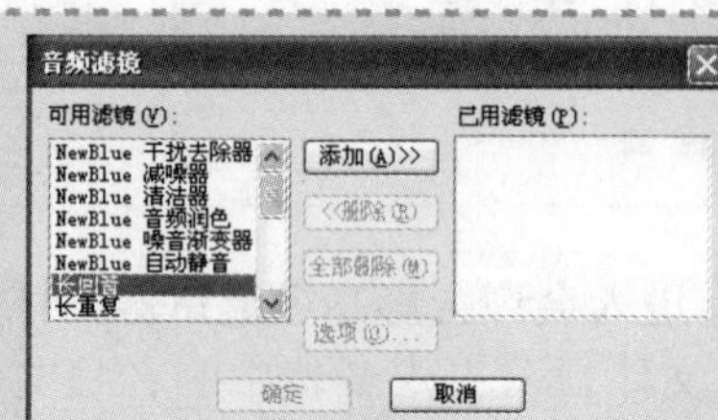

图372-1 选择“长回音”选项

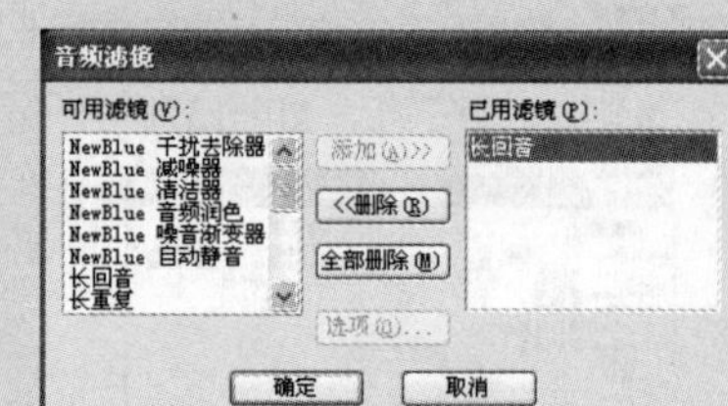

图372-2 添加“长回音”滤镜

第373集 使用“混响”音频滤镜

素材：素材\第15章\373-1.wav
视频：视频\第15章\第373集.swf
难度：★★★
效果：效果\第15章\第373集.vsp
时长：43秒
关键技术：“可用滤镜”下拉列表框

01 进入会声会影高级编辑器，插入一段音频文件，双击声音轨中的音频文件，在“音乐和声音”面板中单击“音频滤镜”按钮，弹出“音频滤镜”对话框，在“可用滤镜”下拉列表框中选择“混响”选项，如图373-1所示。

02 单击“添加”按钮，即可将“混响”滤镜添加至“已用滤镜”列表中，如图373-2所示。单击“确定”按钮，即可使用“混响”音频滤镜。

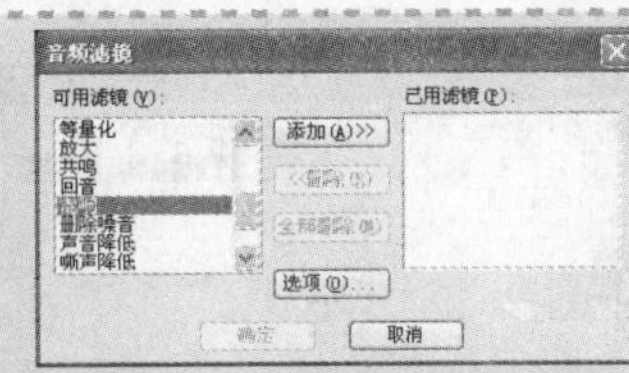

图373-1 选择“混响”选项

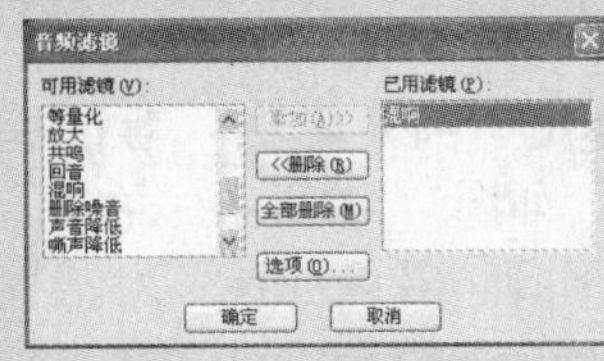

图373-2 添加“混响”滤镜

第374集 使用“删除噪音”音频滤镜

素材：素材\第15章\374-1.wav　　效果：效果\第15章\第374集.vsp

视频：视频\第15章\第374集.swf　　时长：1分5秒

难度：★★★★★　　关键技术：选择“删除噪音”选项

01 进入会声会影高级编辑器，插入一段音频文件，双击声音轨中的音频文件，在“音乐和声音”面板中单击“音频滤镜”按钮，弹出“音频滤镜”对话框，在“可用滤镜”下拉列表框中选择“删除噪音”选项，单击“添加”按钮，添加音频滤镜，单击“选项”按钮，如图374-1所示。

02 弹出“删除噪音”对话框，设置“阈值”为89%，如图374-2所示。单击“确定”按钮，返回到“音频滤镜”对话框，单击“确定”按钮，即可使用“删除噪音”音频滤镜。

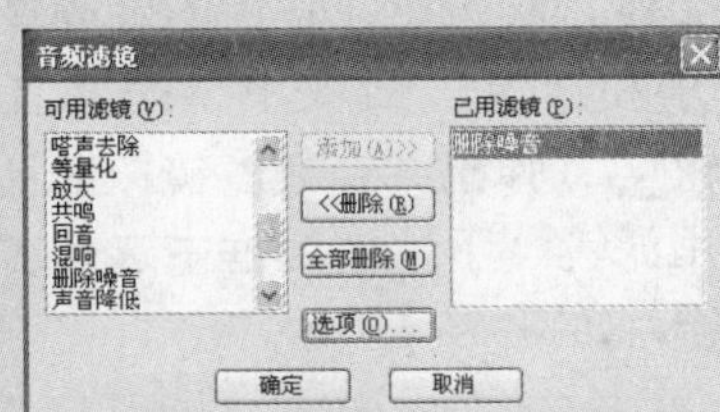

图374-1 单击“选项”按钮

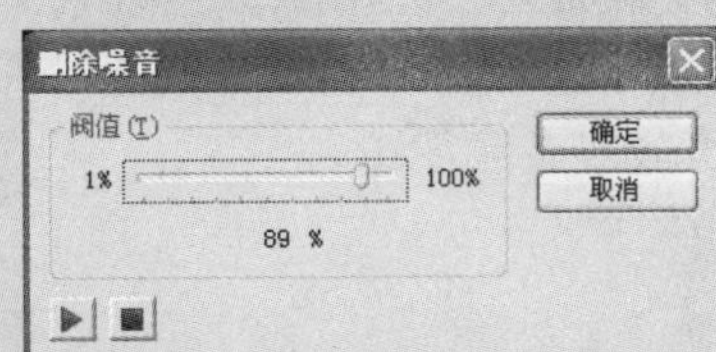

图374-2 “删除噪音”对话框

第375集 使用“嘶声降低”音频滤镜

素材：素材\第15章\375-1.wav　　效果：效果\第15章\第375集.vsp

视频：视频\第15章\第375集.swf　　时长：1分8秒

难度：★★★★★　　关键技术：选择“嘶声降低”选项

01 进入会声会影高级编辑器，插入一段音频文件，双击声音轨中的音频文件，在“音乐和声音”面板中单击“音频滤镜”按钮，弹出“音频滤镜”对话框，在“可用滤镜”下拉列表框中选择“嘶声降低”选项，单击“添加”按钮，添加音频滤镜，单击“选项”按钮，如图375-1所示。

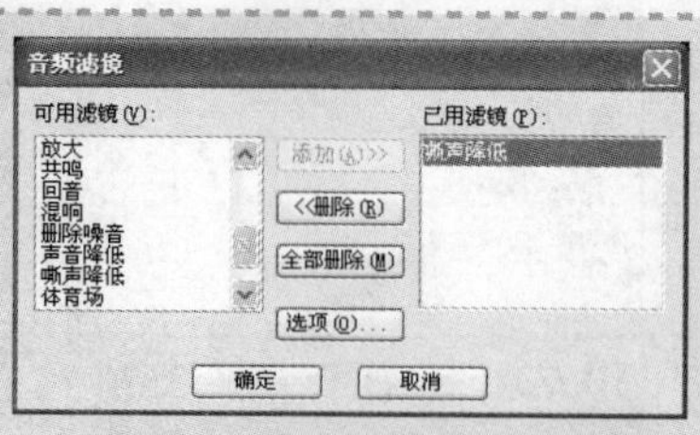

图375-1 单击“选项”按钮

02 弹出“嘶声降低”对话框，并设置各选项，如图375-2所示。单击“确定”按钮，返回到“音频滤镜”对话框，单击“确定”按钮，即可使用“嘶声降低”音频滤镜。

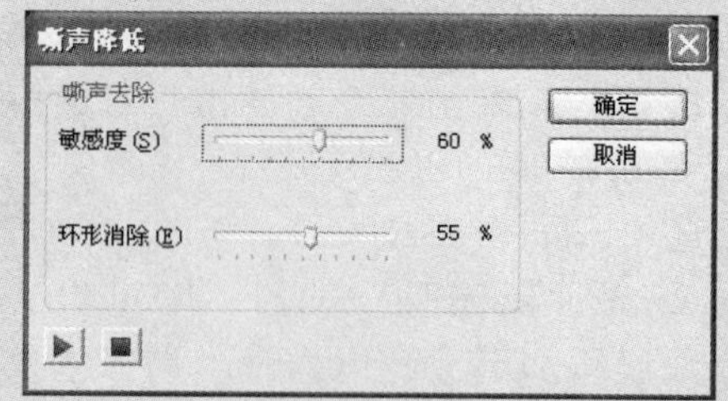

图375-2 “嘶声降低”对话框

第376集 使用“体育场”音频滤镜

素材：素材\第15章\376–1.wav
视频：视频\第15章\第376集.swf
难度：★★
效果：效果\第15章\第376集.vsp
时长：38秒
关键技术：选择“体育场”选项

01 进入会声会影高级编辑器，插入一段音频文件，双击声音轨中的音频文件，在“音乐和声音”面板中单击“音频滤镜”按钮，弹出“音频滤镜”对话框，在“可用滤镜”下拉列表框中选择“体育场”选项，如图376-1所示。

02 单击“添加”按钮，即可将“体育场”滤镜添加至“已用滤镜”列表中，如图376-2所示。单击“确定”按钮，即可使用“体育场”音频滤镜。

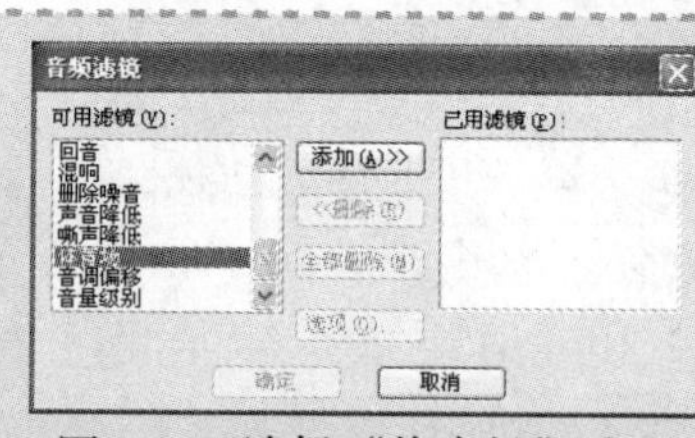

图376-1 选择“体育场”选项

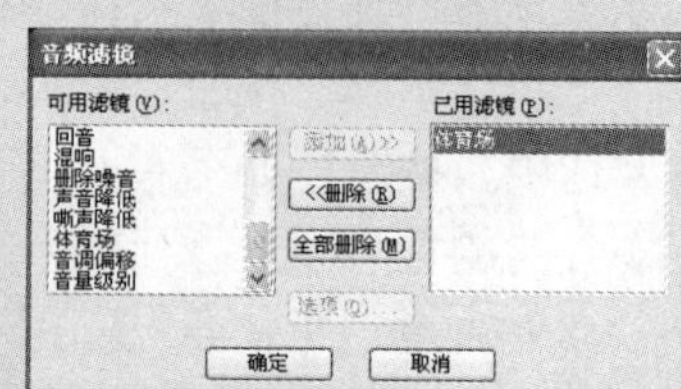

图376-2 添加“体育场”音频滤镜

第377集 使用“音调偏移”音频滤镜

素材：素材\第15章\377–1.wav
视频：视频\第15章\第377集.swf
难度：★★★★
效果：效果\第15章\第377集.vsp
时长：58秒
关键技术：选择“音调偏移”选项

01 进入会声会影高级编辑器，插入一段音频文件，双击声音轨中的音频文件，在“音乐和声音”面板中单击“音频滤镜”按钮，弹出“音频滤镜”对话框，在“可用滤镜”下拉列表框中选择“音调偏移”选项，单击“添加”按钮，添加音频滤镜，单击“选项”按钮，如图377-1所示。

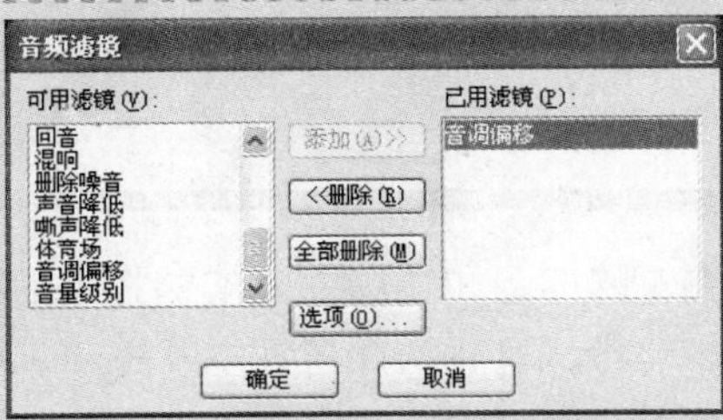

图377-1 单击“选项”按钮

02 弹出“音调偏移”对话框，设置“半音调”为10，如图377-2所示。单击“确定”按钮，返回到“音频滤镜”对话框，单击“确定”按钮，即可使用“音调偏移”音频滤镜。

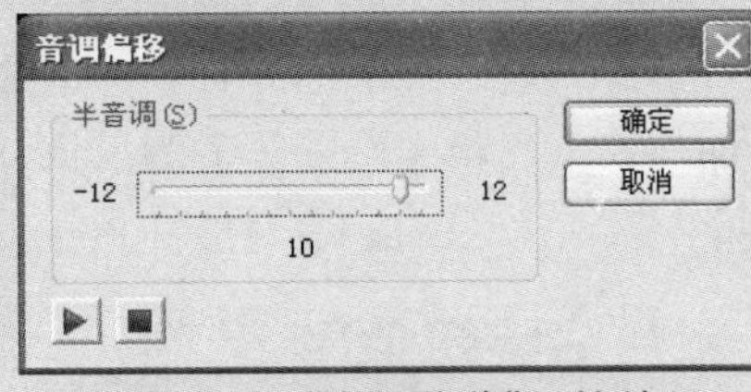

图377-2 “音调偏移”对话框

第378集 使用“音量级别”音频滤镜

素材：素材\第15章\378–1.wav

效果：效果\第15章\第378集.vsp

视频：视频\第15章\第378集.swf

时长：60秒

难度：★★★★★

关键技术：选择“音量级别”选项

01 进入会声会影高级编辑器，插入一段音频文件，双击声音轨中的音频文件，在“音乐和声音”面板中单击“音频滤镜”按钮，弹出“音频滤镜”对话框，在“可用滤镜”下拉列表框中选择“音量级别”选项，单击“添加”按钮，添加音频滤镜，单击“选项”按钮，如图378-1所示。

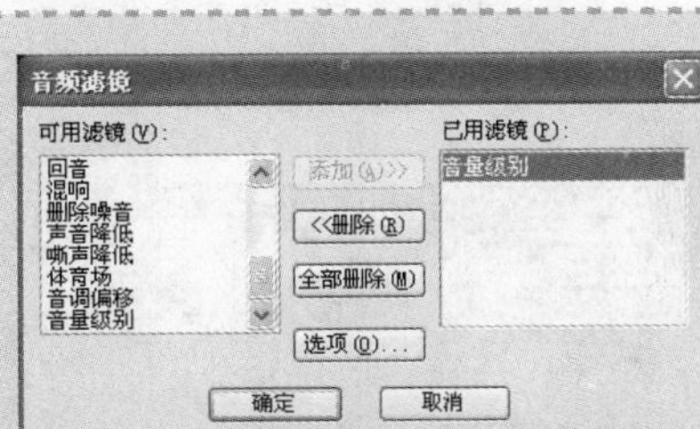

图378-1 单击“选项”按钮

02 弹出“音量级别”对话框，设置“调整”为10，如图378-2所示。单击“确定”按钮，返回到“音频滤镜”对话框，单击“确定”按钮，即可使用“音量级别”音频滤镜。

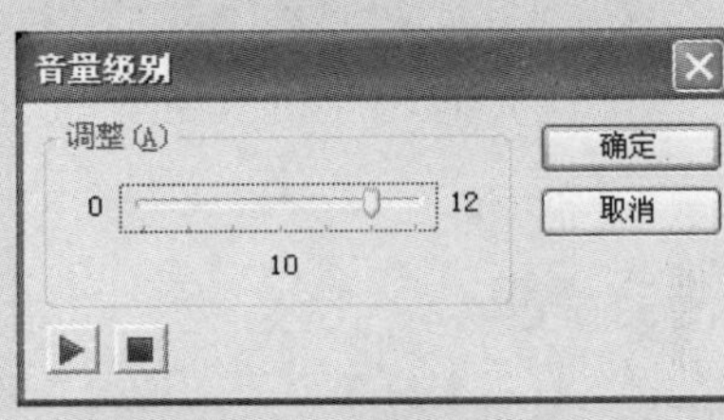

图378-2 “音量级别”对话框

第16章 应用色彩与绘图

色彩素材只是一个单色的背景，一般用于视频编辑的标题和转场中。本章将详细地介绍了添加与编辑色彩、设置画笔的属性、使用绘图创建器、设置绘图属性以及编辑画廊条目等内容。

16.1 添加与编辑色彩

第379集 打开“色彩”素材库

素材：无　　　　效果：无

视频：视频\第16章\第379集.swf　　　　时长：13秒

难度：★　　　　关键技术：单击“图形”按钮

01 进入会声会影高级编辑器，单击“图形”按钮，如图379-1所示。

图379-1 单击“图形”按钮

02 执行操作后，即可打开“色彩”素材库，如图379-2所示。

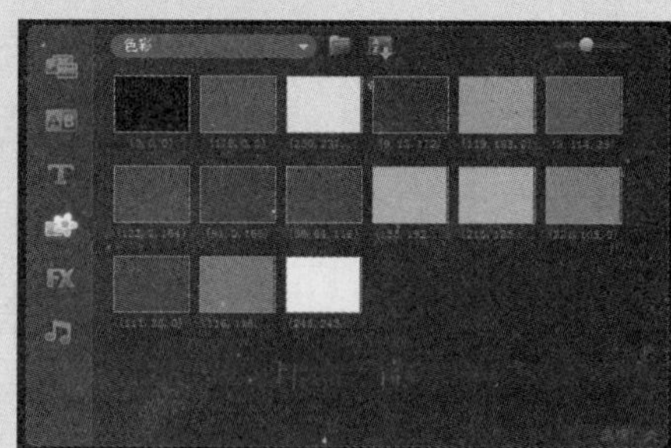

图379-2 “色彩”素材库

专家提醒

在“色彩”素材库中，包括10多种色彩素材。

第380集 添加色彩素材

素材：素材\第16章\380—1.vsp　　　　效果：效果\第16章\第380集.vsp

视频：视频\第16章\第380集.swf　　　　时长：38秒

难度：★★　　　　关键技术：“色彩”色彩库

01 进入会声会影高级编辑器，打开一个项目文件，单击“图形”按钮，展开“色彩”素材库，选择红色色彩素材，如图380-1所示。

02 按住鼠标左键并拖曳至视频轨中素材1与素材2之间，释放鼠标左键，即可添加色彩素材，如图380-2所示。

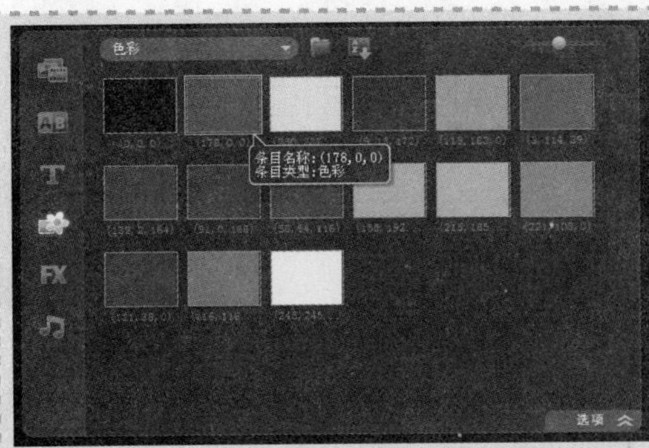

图380-1 选择红色色彩素材

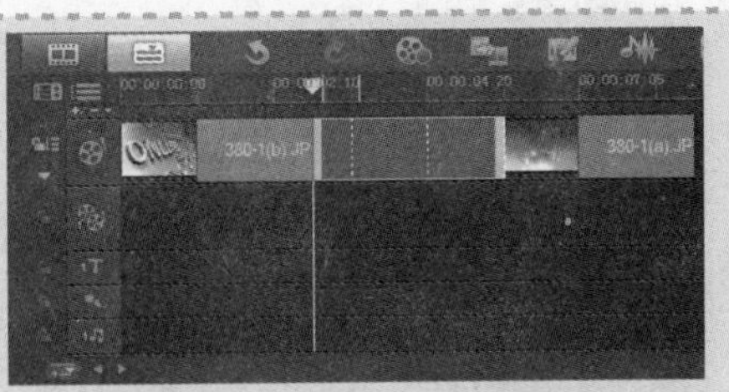

图380-2 添加色彩素材

专家提醒

色彩素材只是一个单色的背景，一般用于视频编辑的标题和转场中。

第381集 删除色彩素材

素材：素材\第16章\381-1.vsp
效果：效果\第16章\第381集.vsp
视频：视频\第16章\第381集.swf
时长：25秒
难度：★
关键技术：选择“删除”命令

01 进入会声会影高级编辑器，打开一个项目文件，选择视频轨中的色彩素材，单击鼠标右键，在弹出的快捷菜单中选择“删除”命令，如图381-1所示。

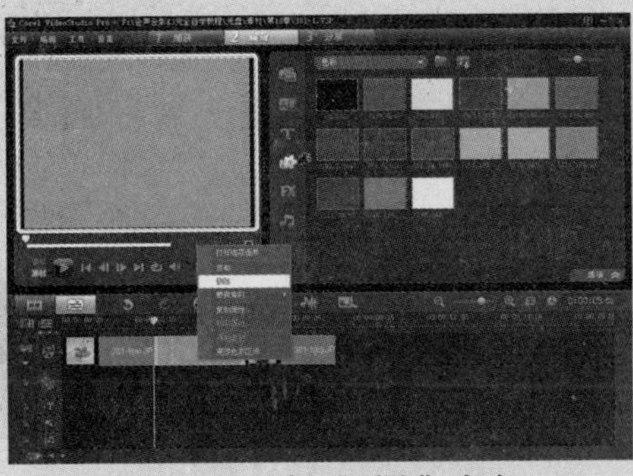

图381-1 选择“删除”命令

02 执行操作后，即可删除色彩素材，如图381-2所示。

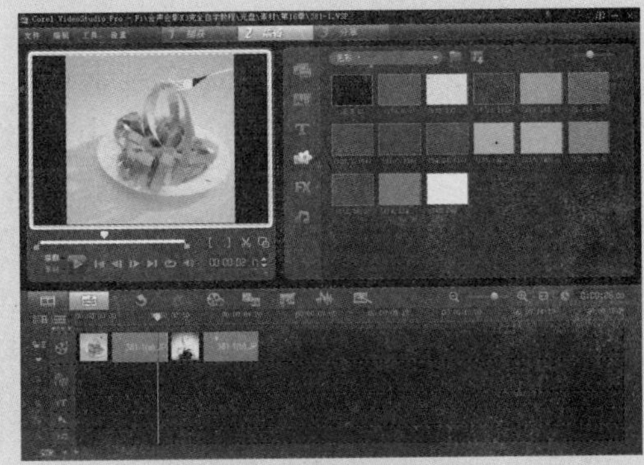

图381-2 删除色彩素材

第382集 设置色彩的区间

素材：素材\第16章\382-1.vsp
效果：效果\第16章\第382集.vsp
视频：视频\第16章\第382集.swf
时长：42秒
难度：★★★
关键技术：选择“更改色彩区间”命令

01 进入会声会影高级编辑器，打开一个项目文件，选择视频轨中的色彩素材，单击鼠标右键，在弹出的快捷菜单中选择“更改色彩区间”命令，如图382-1所示。

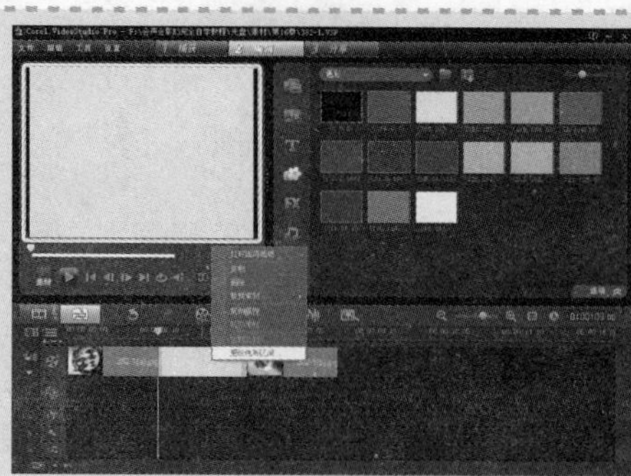

图382-1 选择“更改色彩区间”命令

02 弹出“区间”对话框，在“区间”右侧的数值框中输入0:0:1:0，如图382-2所示。单击“确定”按钮，即可更改色彩区间。

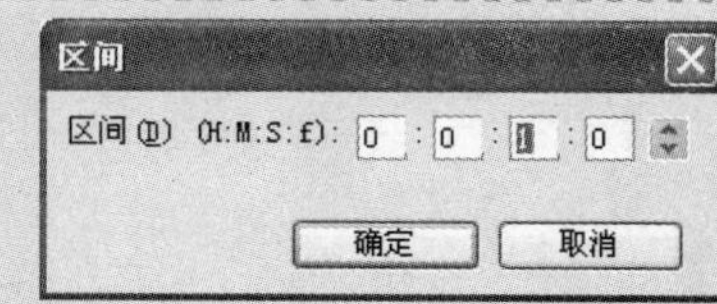

图382-2 “区间”对话框

专家提醒

在“色彩”面板中，单击“色彩区间”数值框中的数值，激活呈可编辑状态，也可以设置色彩的区间。

第383集 更改色彩的颜色

素材：无
视频：视频\第16章\第383集.swf
难度：★★
效果：无
时长：31秒
关键技术：“色彩选取器”色块

01 进入会声会影高级编辑器，单击“图形”按钮，展开“色彩”素材库，选择需要更改颜色的色彩素材，单击“选项”按钮，在展开的“色彩”面板中单击“色彩选取器”色块，在弹出的颜色中选择需要的颜色，如图383-1所示。

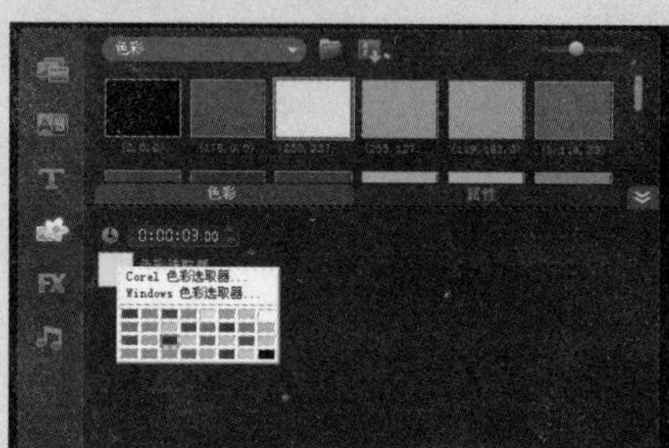

图383-1 选择需要的颜色

02 执行操作后，即可更改色彩的颜色，如图383-2所示。

图383-2 更改色彩的颜色

16.2 设置画笔的属性

第384集 进入“绘图创建器”窗口

素材：无
视频：视频\第16章\第384集.swf
难度：★
效果：无
时长：18秒
关键技术：单击“绘图创建器”按钮

01 进入会声会影高级编辑器，在时间轴面板中单击“绘图创建器”按钮，如图384-1所示。

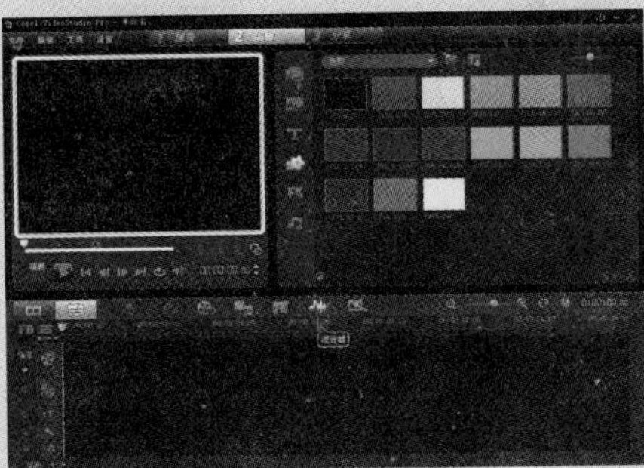

图384-1 单击“绘图创建器”按钮

02 执行操作后，即可进入“绘图创建器”窗口，如图384-2所示。

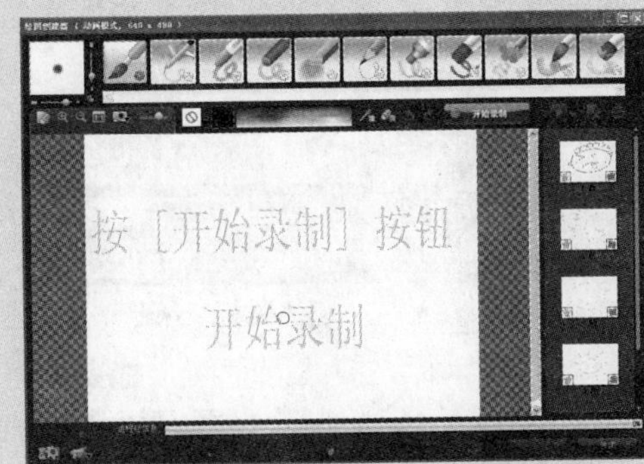

图384-2 “绘图创建器”窗口

第385集 设置笔刷的宽度

素材： 无
视频： 视频\第16章\第385集.swf
难度： ★
效果： 无
时长： 24秒
关键技术： “笔刷宽度”滑块

01 进入“绘图创建器”窗口，拖曳鼠标至“笔刷宽度”滑块上，鼠标指针呈手形，如图385-1所示。

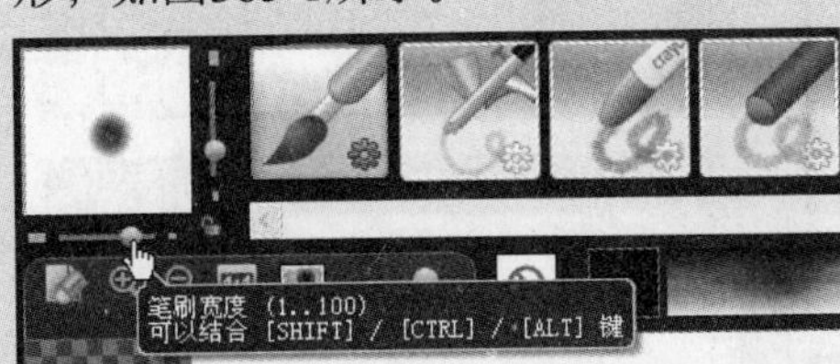

图385-1 定位鼠标

02 按住鼠标左键的同时向左拖曳至合适的位置后释放鼠标左键，即可设置笔刷的宽度，如图385-2所示。

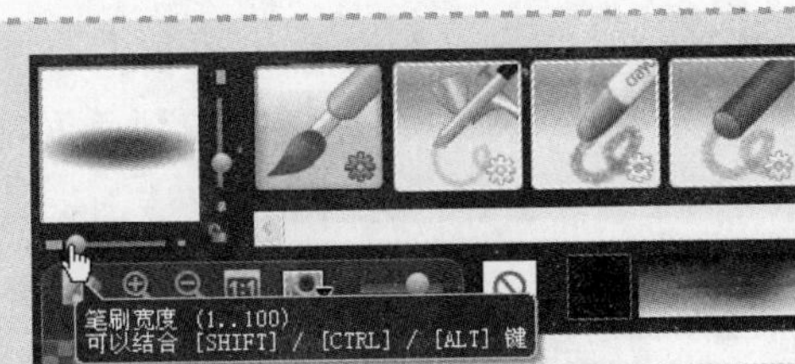

图385-2 设置笔刷的宽度

专家提醒

将鼠标移至“笔刷宽度”滑块上，按住鼠标左键的同时向右拖曳，移至合适位置后释放鼠标左键，可以缩小笔刷的宽度。

第386集 设置笔刷的高度

素材： 无
视频： 视频\第16章\第386集.swf
难度： ★
效果： 无
时长： 23秒
关键技术： “笔刷高度”滑块

01 进入“绘图创建器”窗口，拖曳鼠标至“笔刷高度”滑块上，鼠标指针呈手形，如图386-1所示。

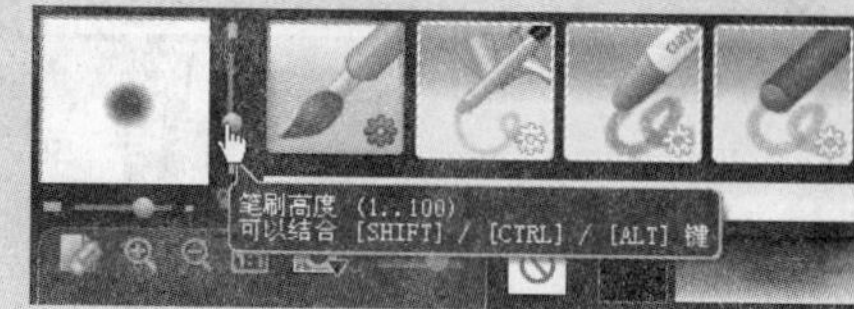

图386-1 定位鼠标

02 按住鼠标左键的同时向上拖曳至合适的位置后释放鼠标左键，即可设置笔刷的高度，如图386-2所示。

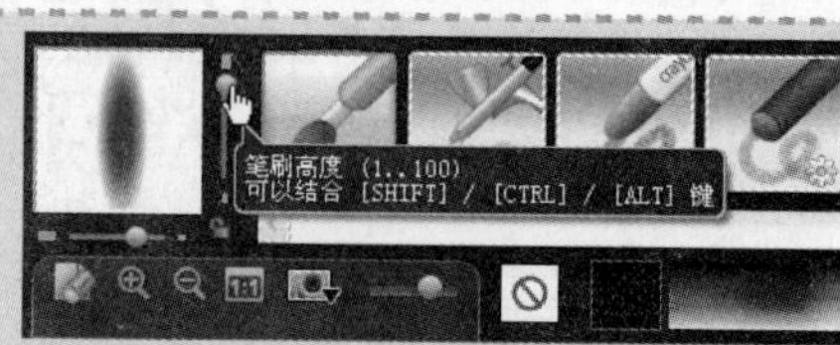

图386-2 设置笔刷的高度

专家提醒

按住【Shift】键的同时按住鼠标左键上下拖曳滑块调整高度，可以同时调节笔刷的宽度，使笔刷等比例放大或缩小。

第387集 更改画笔的颜色

素材：无
视频：视频\第16章\第387集.swf
难度：★
效果：无
时长：21秒
关键技术：“色彩选取器”色块

01 进入“绘图创建器”窗口，单击“色彩选取器”色块，在弹出的颜色面板中选择橘红色，如图387-1所示。

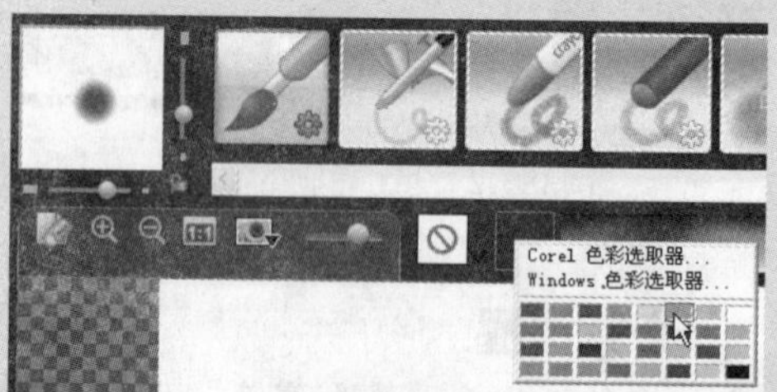

图387-1 选择橘红色

02 执行操作后，即可更改画笔的颜色，如图387-2所示。

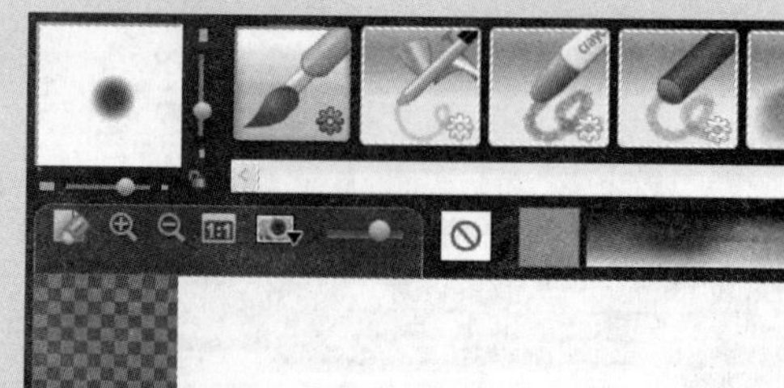

图387-2 更改画笔的颜色

第388集 设置画笔的纹理

素材：无
视频：视频\第16章\第388集.swf
难度：★
效果：无
时长：23秒
关键技术：选择“纹理08”选项

01 进入“绘图创建器”窗口，单击“纹理选项”色块，弹出“纹理选项”对话框，在“纹理选项”下拉列表框中选择“纹理08”选项，如图388-1所示。

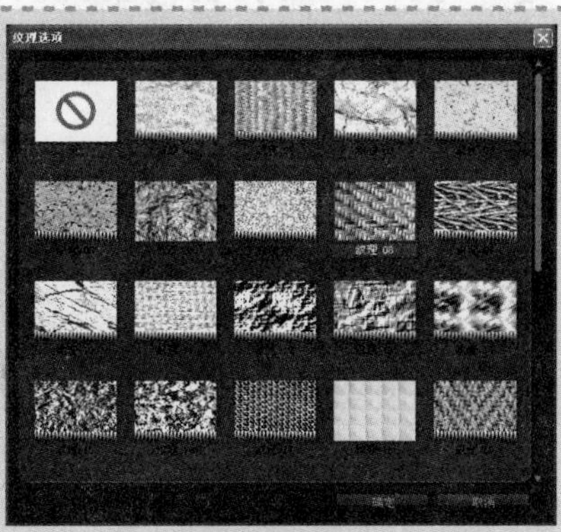

图388-1 选择“纹理08”选项

02 单击“确定”按钮，即可完成画笔纹理的设置，如图388-2所示。

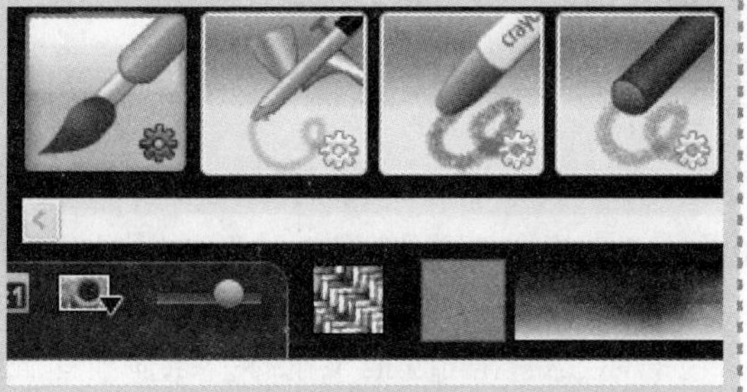

图388-2 设置画笔的纹理

专家提醒

在“纹理选项”下拉列表框中包括30多种纹理可供用户参考。

16.3 使用绘图创建器

第389集 调整蜡笔笔刷样式的属性

素材：无　　效果：无

视频：视频\第16章\第389集.swf　　时长：26秒

难度：★　　关键技术：“绘图创建器”窗口

01 进入“绘图创建器”窗口，单击“蜡笔”笔刷右下角的图标，如图389-1所示。

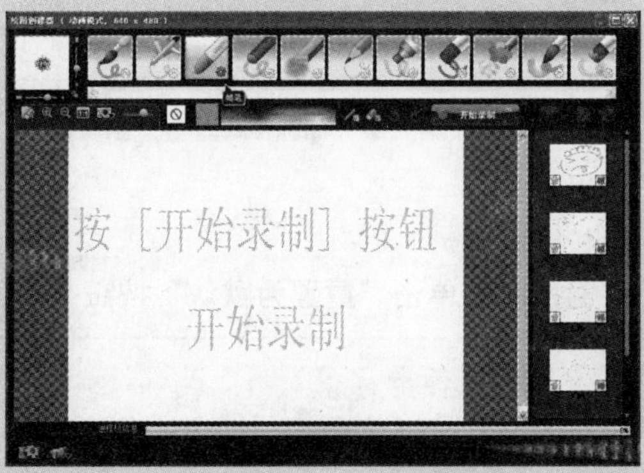

图389-1 单击相应的按钮

02 在弹出的属性面板中设置各项参数，如图389-2所示。单击“确定”按钮，即可调整蜡笔笔刷样式的属性。

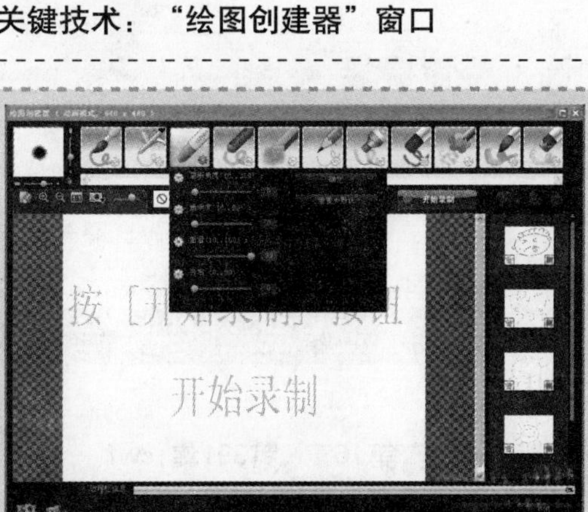

图389-2 设置各参赛

专家提醒

在会声会影X3中，选择不同的笔刷选项，笔刷样式的属性也不一样。

第390集 应用蜡笔笔刷

素材：无
视频：视频\第16章\第390集.swf
难度：★★

效果：无
时长：39秒
关键技术："蜡笔"笔刷

01 进入"绘图创建器"窗口，单击"蜡笔"笔刷，拖曳鼠标至预览窗口，按住鼠标左键的同时拖曳鼠标，绘制一个图形，如图390-1所示。

图390-1 拖曳鼠标绘制图形

02 拖曳鼠标至合适位置后释放鼠标左键，同理绘制其他的部分，即可完成应用蜡笔笔刷绘制图形的操作，如图390-2所示。

图390-2 绘制出的图形

专家提醒

在"绘图创建器"窗口中，除了"蜡笔"笔刷外，还包括"画笔"笔刷、"喷枪"笔刷、"炭笔"笔刷、"粉笔"笔刷、"铅笔"笔刷以及"标记"笔刷等10种笔刷。

第391集 重置为默认属性

素材：无
视频：视频\第16章\第391集.swf
难度：★

效果：无
时长：22秒
关键技术：单击"重置为默认"按钮

01 进入"绘图创建器"窗口，单击"蜡笔"笔刷右下角的图标，在弹出的面板中单击"重置为默认"按钮，如图391-1所示。

02 执行操作后，即可将笔刷的属性重置为默认属性，如图391-2所示。

专家提醒

在"绘图创建器"窗口中，单击"蜡笔"笔刷右下角的图标，在弹出的面板中，可以对刷子的角度、透明度、重量和分布进行设置。

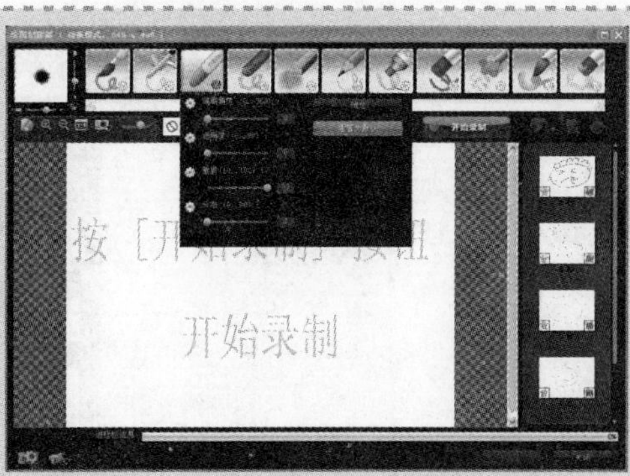

图391-1 单击“重置为默认”按钮

图391-2 重置为默认属性

第392集 清除预览窗口

素材：无

效果：无

视频：视频\第16章\第392集.swf

时长：22秒

难度：★

关键技术：单击“清除预览窗口”按钮

01 进入“绘图创建器”窗口，运用“蜡笔”笔刷绘制一个图形，如图392-1所示。

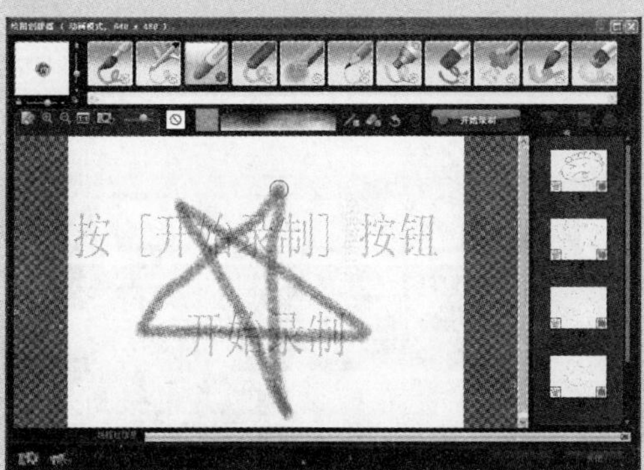

图392-1 绘制图形

02 单击预览窗口左上方的“清除预览窗口”按钮，即可清除预览窗口，如图392-2所示。

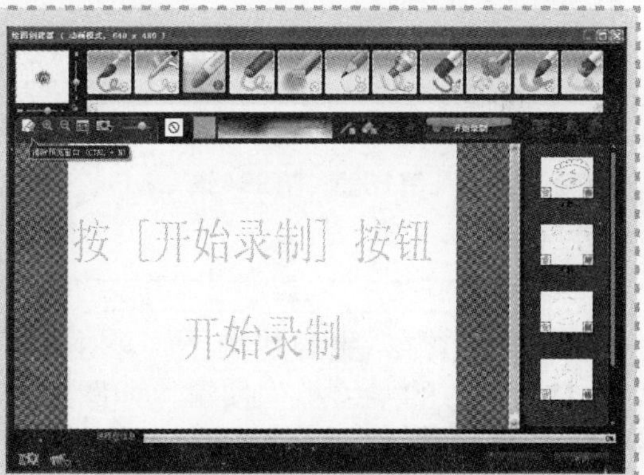

图392-2 清除预览窗口

专家提醒

若用户不需要全部清除预览窗口，可以单击预览窗口上方的“撤消”按钮，一步一步地清除。

第393集 放大预览窗口

素材：无

效果：无

视频：视频\第16章\第393集.swf

时长：26秒

难度：★

关键技术：单击“放大”按钮

01 进入“绘图创建器”窗口，运用笔刷绘制一个图形，单击预览窗口左上方的“放大”按钮，如图393-1所示。

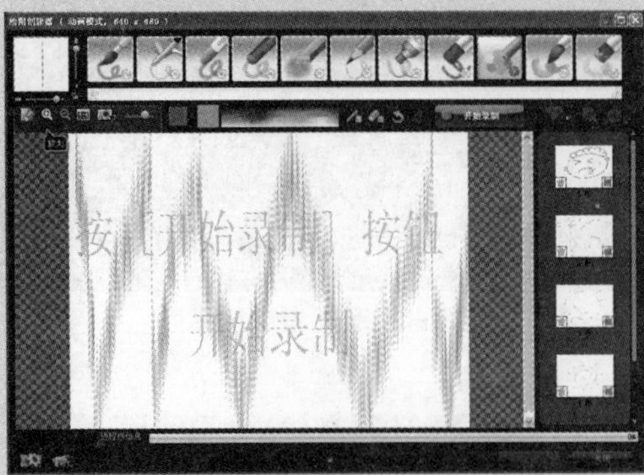

图393-1 单击“放大”按钮

02 执行操作后，即可放大预览窗口，如图393-2所示。

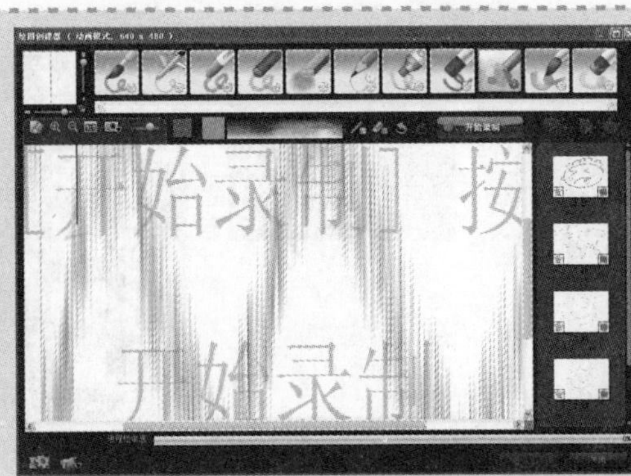

图393-2 放大预览窗口

专家提醒

在放大预览窗口后，单击“缩小”按钮右侧的“实际大小”按钮1:1，即可恢复到实际大小

第394集 缩小预览窗口

素材：无
效果：无
视频：视频\第16章\第394集.swf
时长：23秒
难度：★
关键技术：单击“缩小”按钮

01 在第383集的基础上，单击预览窗口左上方的“缩小”按钮，如图394-1所示。

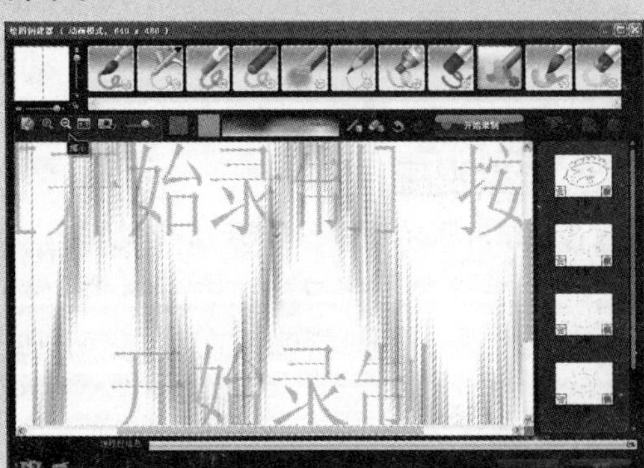

图394-1 单击“缩小”按钮

02 再次单击“缩小”按钮，即可缩小预览窗口，如图394-2所示。

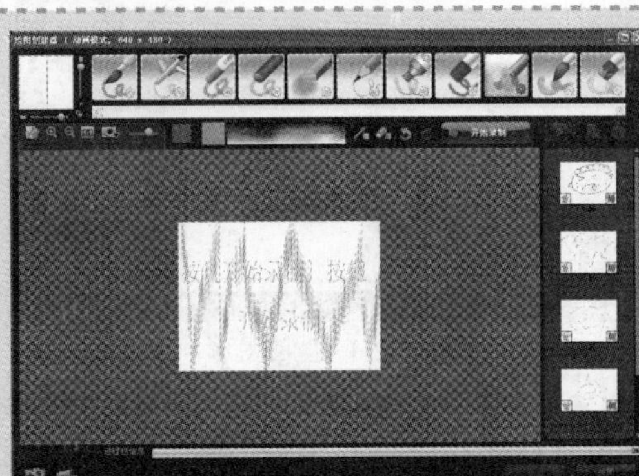

图394-2 缩小预览窗口

专家提醒

在“绘图创建器”窗口中，可以对预览窗口进行多次缩小，但不能缩到无限小。

第395集　应用当前时间轴图像

素材：无　　效果：无

视频：视频\第16章\第395集.swf　　时长：40秒

难度：★★★　　关键技术："背景图像选项"对话框

01 进入会声会影高级编辑器，打开一个项目文件，单击"绘图创建器"按钮，进入"绘图创建器"窗口，如图395-1所示。

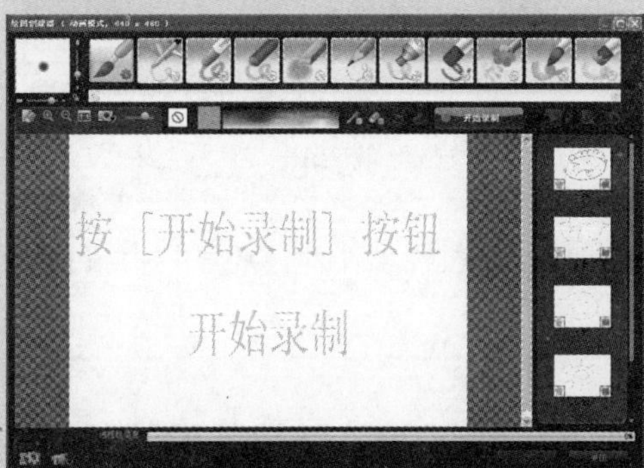

图395-1 "绘图创建器"窗口

02 单击"预览窗口背景图像设置"按钮，弹出"背景图像选项"对话框，选中"当前时间轴图像"单选按钮，如图395-2所示。

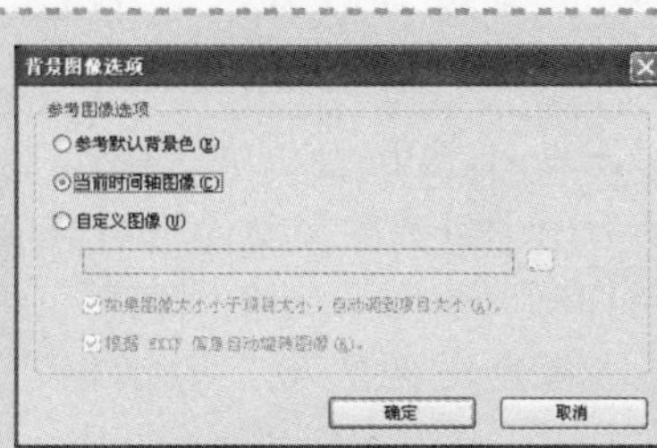

图395-2 选中相应单选按钮

02 单击"确定"按钮，即可应用当前时间轴图像，如图395-3所示。

图395-3 应用当前时间轴图像

专家提醒

在没有选择时间轴图像的前提下，在"背景图像选项"对话框中选中"当前时间轴图像"单选按钮，单击"确定"按钮，在预览窗口中将不会显示任何图像。

第396集　应用自定义图像

素材：素材\第16章\396-1.jpg　　效果：无

视频：视频\第16章\第396集.swf　　时长：38秒

难度：★★　　关键技术：单击"预览窗口背景图像设置"按钮

01 进入"绘图创建器"窗口，单击"预览窗口背景图像设置"按钮，弹出"背景图像选项"对话框，选中"自定义图像"单选按钮，如图396-1所示。

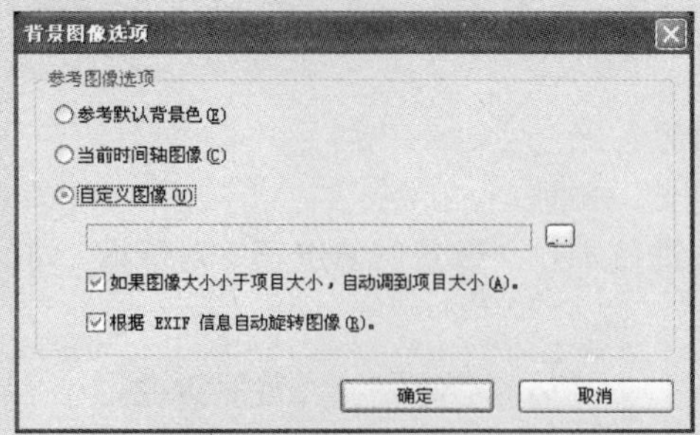

图396-1 选中相应的单选按钮

02 弹出“打开图像文件”对话框，选择需要打开的文件，单击“打开”按钮，返回到“背景图像选项”对话框，单击“确定”按钮，即可应用自定义图像，如图396-2所示。

图396-2 应用自定义图像

专家提醒

在“打开图像文件”对话框中，除了可以打开jpg格式的文件外，还可以打开gif、bmp和com等格式的文件。

第397集 应用滴灌工具

素材：素材\第16章\397—1.jpg　　效果：无

视频：视频\第16章\第397集.swf　　时长：43秒

难度：★★★　　关键技术：单击“滴管工具”按钮

01 进入“绘图创建器”窗口，在预览窗口中添加一幅背景图像素材，单击预览窗口上方的“滴管工具”按钮，如图397-1所示。

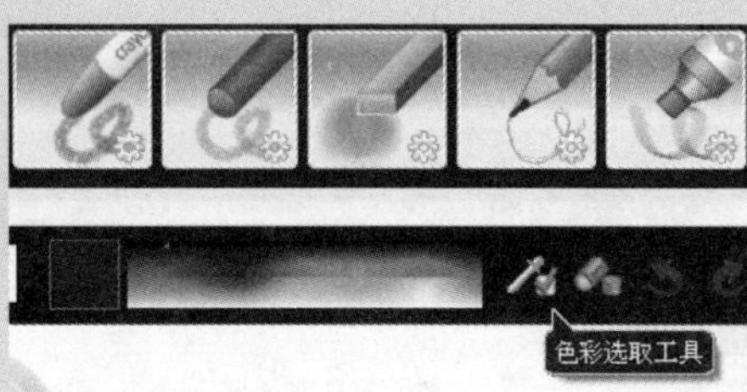

图397-1 单击“滴管工具”按钮

02 拖曳鼠标至预览窗口右上方的蓝色图像上，单击鼠标左键，色彩选取器中的颜色变成蓝色，如图397-2所示。

图397-2 吸取蓝色

专家提醒

运用“滴管工具”选取颜色，能更方便地绘制图形，从而避免了使用RGB去调整颜色

第398集 应用擦除模式工具

素材：无　　效果：无

视频：视频\第16章\第398集.swf　　时长：59秒

难度：★★★★　　关键技术：单击“擦除模式”按钮

01 进入“绘图创建器”窗口，应用笔刷绘制图形，如图398-1所示。

图398-1 绘制图形

02 单击“擦除模式”按钮，拖曳鼠标至预览窗口绘制的图形上，按住鼠标左键的同时对图形进行擦拭，擦拭完成后释放鼠标左键，即可应用擦除模式擦除图形，效果如图398-2所示。

图398-2 擦除图形

16.4 设置绘图属性

第399集 更改默认录制区间

素材：无　　效果：无

视频：视频\第16章\第399集.swf　　时长：27秒

难度：★　　关键技术：“默认录制区间”数值框

01 进入“绘图创建器”窗口，单击左下角的“参数选择设置”按钮，如图399-1所示。

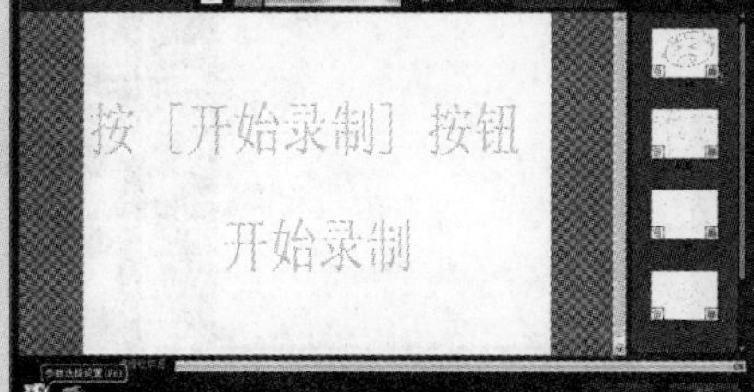

图399-1 单击相应的按钮

02 弹出“参数选择”对话框，在“默认录制区间”数值框中输入数值5，如图399-2所示。单击“确定”按钮，即可更改默认录制区间。

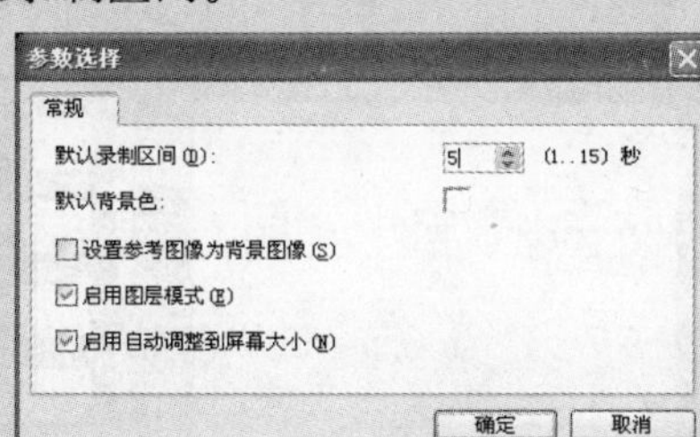

图399-2 设置各参数

第400集 更改默认背景色

素材：无	效果：无
视频：视频\第16章\第400集.swf	时长：24秒
难度：☆	关键技术："默认背景色"色块

01 进入"绘图创建器"窗口，单击左下角的"参数选择设置"按钮，弹出"参数选择"对话框，单击"默认背景色"色块，在弹出的颜色面板中选择蓝色，如图400-1所示。

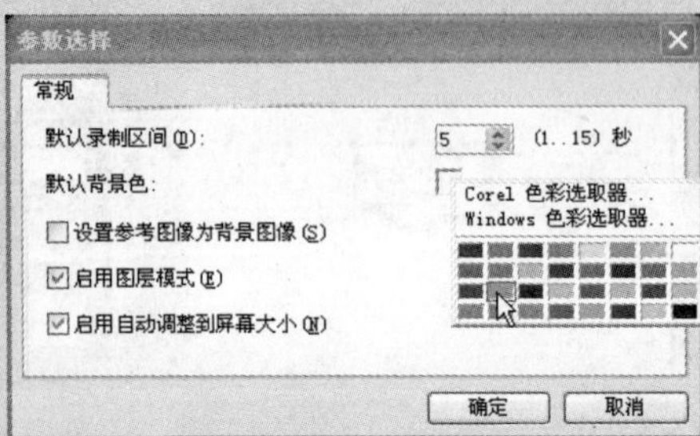

图400-1 选择蓝色

02 单击"确定"按钮，即可更改默认的背景色，如图400-2所示。

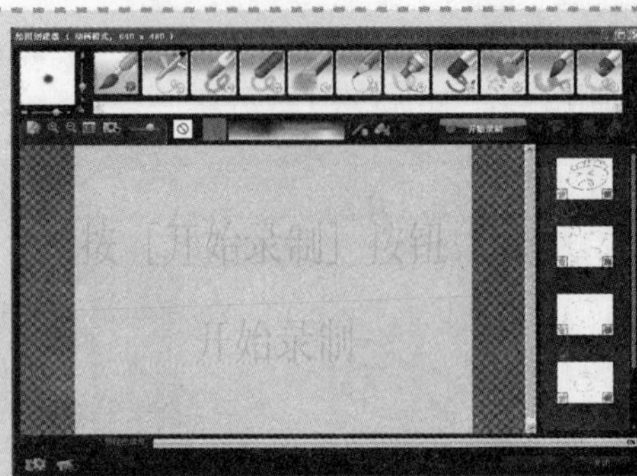

图400-2 更改默认背景色

专家提醒

在"参数选择"对话框中，除了可以对"默认背景色"进行设置外，还可以对背景图像、图层模式等进行设置。

第401集 应用静态模式

素材：无	效果：无
视频：视频\第16章\第401集.swf	时长：23秒
难度：☆	关键技术：选择"静态模式"选项

01 进入"绘图创建器"窗口，单击左下方的"更改为'动画'或'静态'模式"按钮，如图401-1所示。

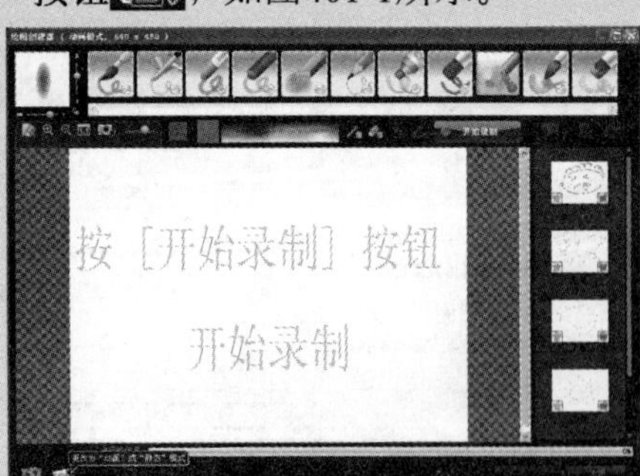

图401-1 单击相应的按钮

02 在弹出的列表框中选择"静态模式"选项，即可应用静态模式，如图401-2所示。

图401-2 应用静态模式

专家提醒

应用静态模式，预览窗口中的“按[开始录制]按钮开始录制”文字将消失。

第402集 添加静态图像

素材：无　　效果：无

视频：视频\第16章\第402集.swf　　时长：35秒

难度：★★　　关键技术：单击“快照”按钮

01 在第401集的基础上，运用“微粒”笔刷在预览窗口中绘制一个图形，单击“快照”按钮，如图402-1所示。

图402-1 单击“快照”按钮

02 执行操作后，即可在右侧的“动画类型”下拉列表框中显示添加的静态图像，如图402-2所示。

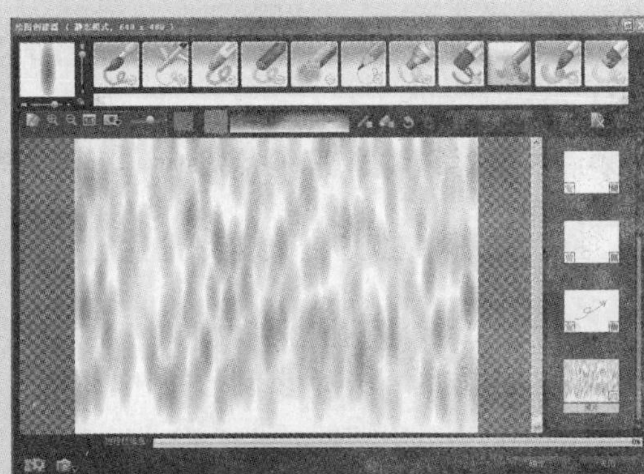

图402-2 添加静态图像

专家提醒

添加静态图像后，静态文件不具备播放预览功能。

第403集 应用动态模式

素材：无　　效果：无

视频：视频\第16章\第403集.swf　　时长：20秒

难度：★　　关键技术：选择“动态模式”选项

01 进入“绘图创建器”窗口，单击左下方的“更改为‘动画’或‘静态’模式”按钮，在弹出的列表框中选择“动态模式”选项，如图403-1所示。

02 执行操作后，即可应用动态模式，如图403-2所示。

专家提醒

在动态模式下，预览窗口中将出现“按[开始录制]按钮开始录制”文字。

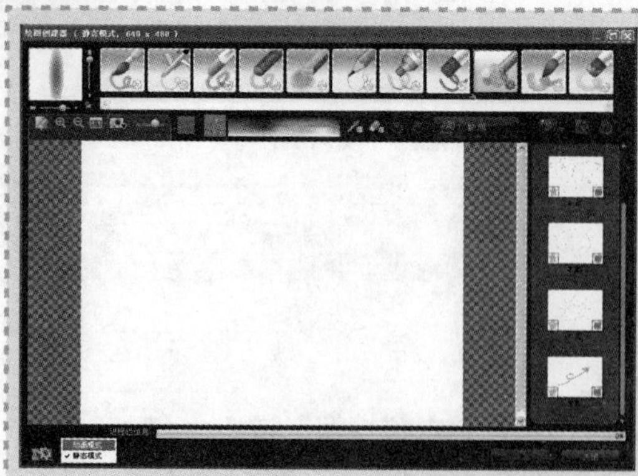

图403-1 选择“动态模式”选项

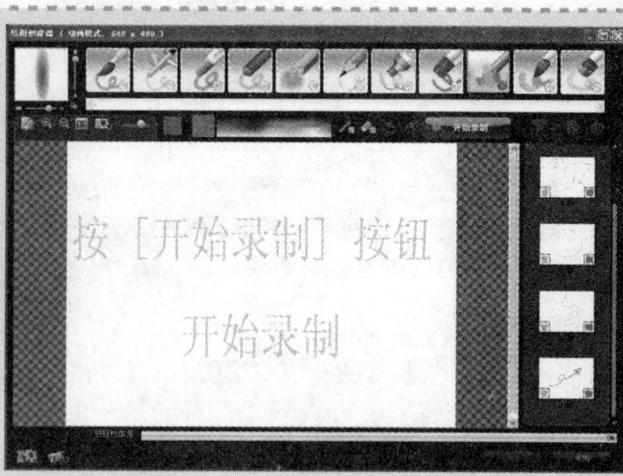

图403-2 应用动态模式

16.5 编辑画廊条目

第404集 应用开始录制

素材：无
视频：视频\第16章\第404集.swf
难度：★★
效果：无
时长：36秒
关键技术：单击“开始录制”按钮

01 进入“绘图创建器”窗口，单击预览窗口右上方的“开始录制”按钮，如图404-1所示。

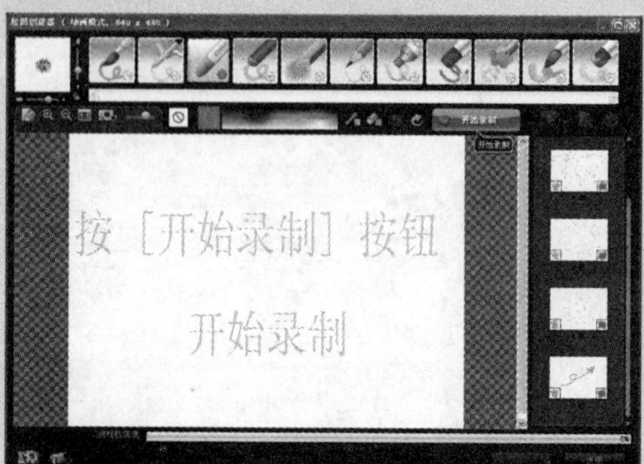

图404-1 单击“开始录制”按钮

02 预览窗口的外围将出现一个红色的方框，运用“蜡笔”笔刷工具在预览窗口中绘制一个图形，即可将绘制图形的过程录制下来，如图404-2所示。

图404-2 开始录制

专家提醒

只有在“动态模式”下，才可以进行录制。

第405集 应用停止录制

素材：无
视频：视频\第16章\第405集.swf
难度：★
效果：无
时长：17秒
关键技术：单击“停止录制”按钮

01 在第404集的基础上，单击“停止录制”按钮，如图405-1所示。

图405-1 单击“停止录制”按钮

02 即可停止录制，绘制的动态图形即可自动保存到“动画类型”下拉列表框中，如图405-2所示。

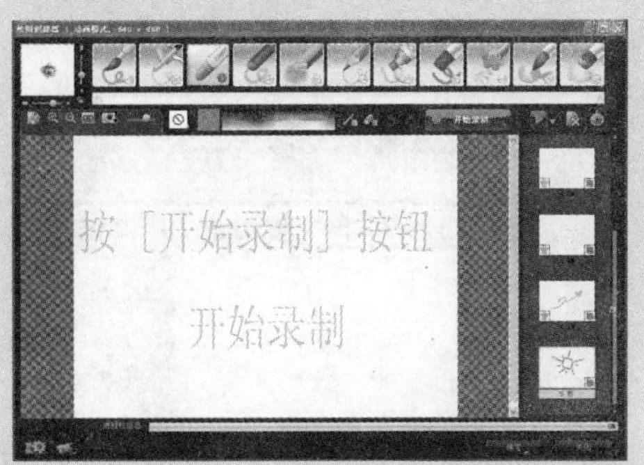

图405-2 应用停止录制

第406集 通过项目回放播放选中的画廊条目

素材：无

效果：无

视频：视频\第16章\第406集.swf

时长：49秒

难度：★★★

关键技术：单击“播放选中的画廊条目”按钮

01 进入“绘图创建器”窗口，在“动画类型”下拉列表框中，选择需要播放的画廊条目，单击“动画类型”下拉列表框上方的“播放选中的画廊条目”按钮▶，选中的画廊条目在预览窗口中生成预览，如图406-1所示。

图406-1 生成预览

02 当“准备回放数据”的进程值为100%时，即可自动播放选中的画廊条目，如图406-2所示。

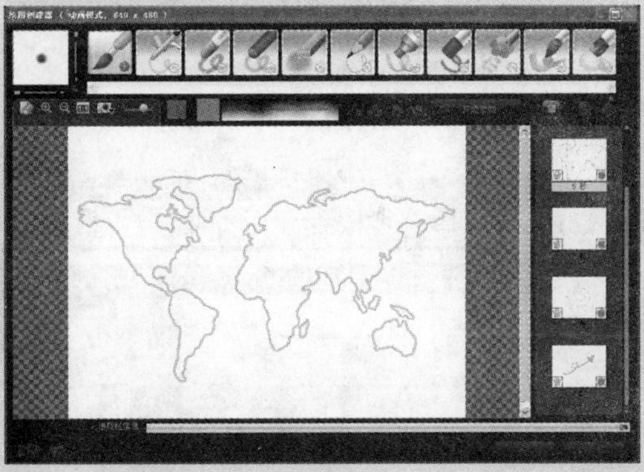

图406-2 播放选中的画廊条目

第407集 通过录制回放播放选中的画廊条目

素材：无

效果：无

视频：视频\第16章\第407集.swf

时长：33秒

难度：★★

关键技术：选择“录制回放”选项

01 进入“绘图创建器”窗口，选择需要播放的画廊条目，单击“播放选中的画廊条目”按钮右侧的下三角按钮，在弹出的列表框中选择“录制回放”选项，如图407-1所示。

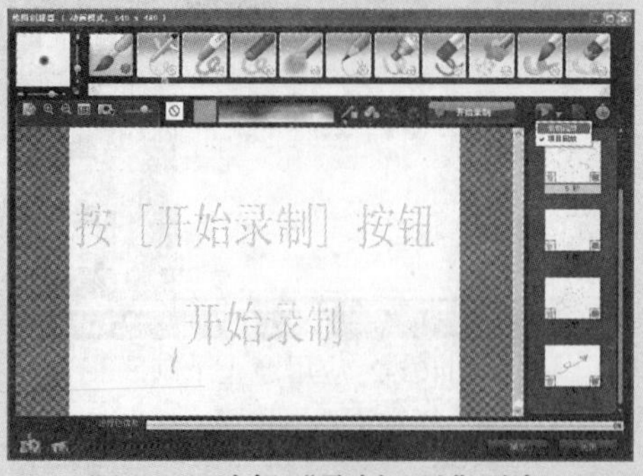

图407-1 选择“录制回放”选择

02 单击“播放选中的画廊条目”按钮，即可播放选中的画廊条目，如图407-2所示。

图407-2 播放选中的画廊条目

第408集 更改选择的画廊区间

素材：无
效果：无
视频：视频\第16章\第408集.swf
时长：32秒
难度：★★
关键技术：单击“更改选择的画廊区间”按钮

01 进入“绘图创建器”窗口，选择需要更改画廊区间的画廊条目，单击“更改选择的画廊区间”按钮，如图408-1所示。

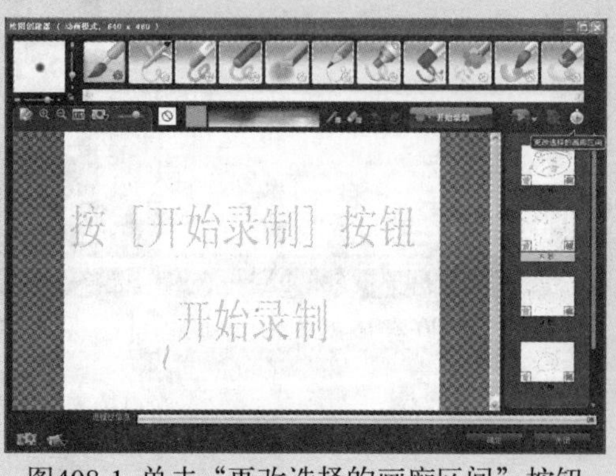

图408-1 单击“更改选择的画廊区间”按钮

02 弹出“区间”对话框，在“区间”数值框中输入数值4，如图408-2所示。单击“确定”按钮，即可更改选择画廊条目的区间。

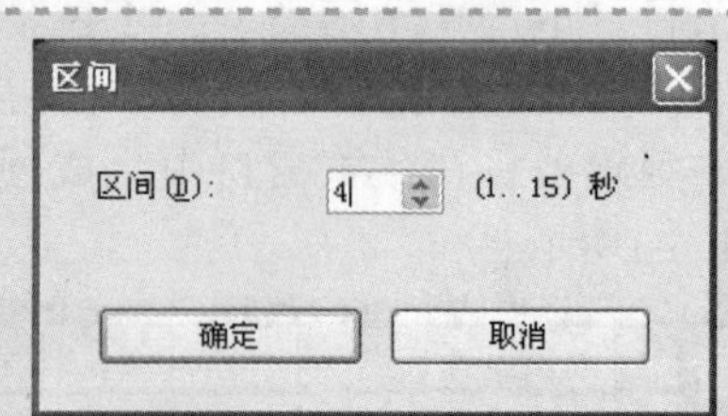

图408-2 “区间”对话框

专家提醒

在“动画类型”下拉列表框中选择一个画廊条目，单击鼠标右键，在弹出的快捷菜单中选择“更改区间”命令，弹出“区间”对话框，在该对话框中可以对画廊条目的区间进行设置。

第409集 将动画效果转换为静态

素材：无　　效果：无

视频：视频\第16章\第409集.swf　　时长：31秒

难度：★★　　关键技术：选择“将动画效果转换为静态”命令

01 进入“绘图创建器”窗口，在“动画类型”下拉列表框中任意选择一个画廊条目，单击鼠标右键，在弹出的快捷菜单中选择“将动画效果转换为静态”命令，如图409-1所示。

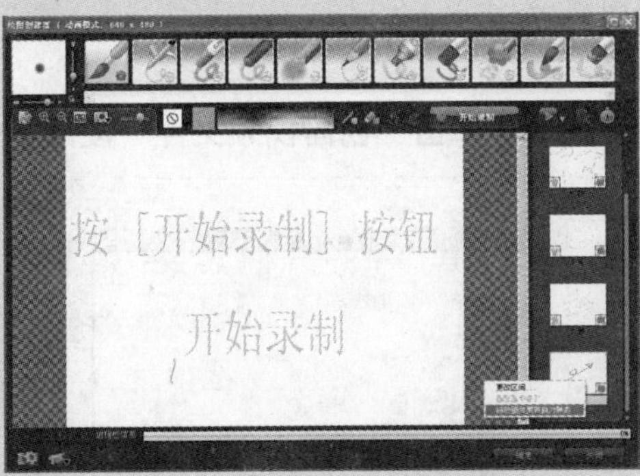

图409-1 选择相应的命令

02 执行操作后，即可在“动画类型”下拉列表框中显示转换为静态图像的文件，如图409-2所示。

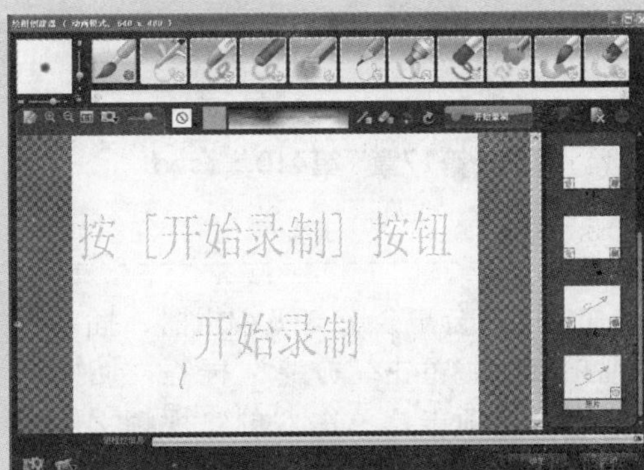

图409-2 将动画效果转换为静态

第17章 渲染与输出影片

影片编辑完成后，最后的工作就是输出，会声会影提供了多种输出的方式，以适合不同的需要，如在输出影片时可以根据需要输出整部影片或是指定范围的影片。本章将详细介绍会声会影各种主要输出方式的操作。

17.1 渲染输出整部影片

第410集 设置渲染影片的格式

素材：素材\第17章\410-1.wmv
视频：视频\第17章\第410集.swf
难度：★★★
效果：无
时长：45秒
关键技术：单击“创建视频文件”按钮

01 进入会声会影高级编辑器，插入一段视频素材，单击“分享”标签，切换至“分享”选项卡，单击“创建视频文件”按钮，在弹出的列表框中选择“自定义”选项，如图410-1所示。

图410-1 选择“自定义”选项

02 弹出“创建视频文件”对话框，设置“保存类型”为“MPEG文件”，即可设置渲染影片的格式，如图410-2所示。

图410-2 设置渲染影片的格式

专家提醒

单击“创建视频文件”下拉按钮，在弹出的列表框中包括“与项目设置相同”、“与第一个视频素材相同”、“MPEG优化器”等10几种选项。

第411集 设置影片的保存选项

素材：素材\第17章\410-1.wmv
视频：视频\第17章\第411集.swf
难度：★★★
效果：无
时长：45秒
关键技术：选择“自定义”选项

01 进入会声会影高级编辑器，以第410集的素材为例，单击“分享”标签，切换至“分享”选项卡，单击“创建视频文件”按钮，在弹出的列表框中选择“自定义”选项，弹出“创建视频文件”对话框，单击“选项”按钮，如图411-1所示。

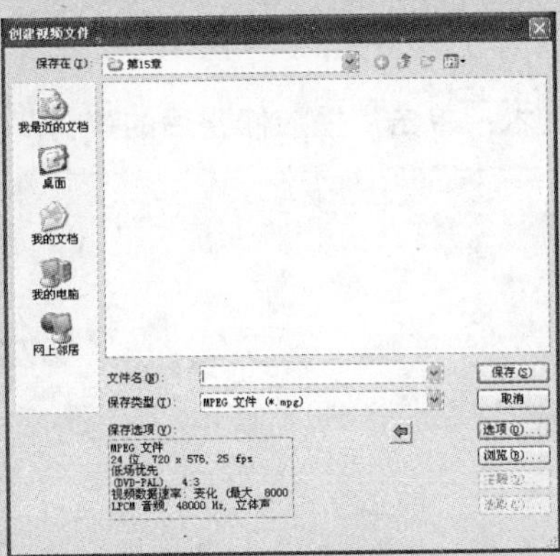

图411-1 单击“选项”按钮

02 弹出“视频保存选项”对话框，切换至“常规”选项卡，设置各选项，如图411-2所示。单击“确定”按钮，即可设置影片的保持选项。

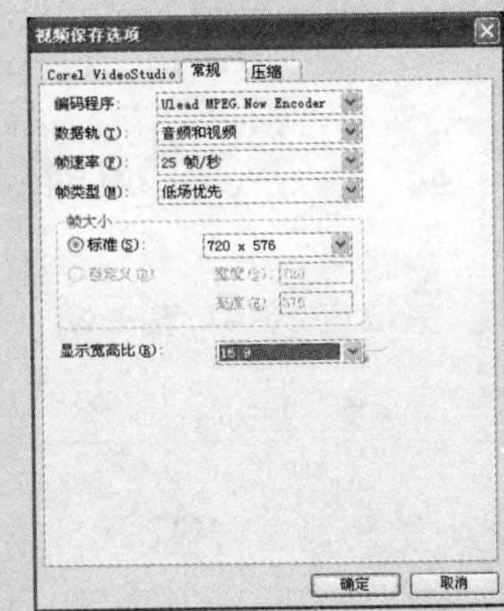

图411-2 设置各选项

专家提醒

选择“自定义”选项保存视频，进入“视频保存选项”对话框，该对话框中的设置内容比预设视频保存选项中的设置内容更多一些。

第412集 渲染输出整个影片

素材：素材\第17章\410-1.wav　　效果：无

视频：视频\第17章\第412集.swf　　时长：40秒

难度：★★★　　关键技术：“创建视频文件”对话框

01 进入会声会影高级编辑器，以第410集的素材为例，单击“分享”标签，切换至“分享”选项卡，单击“创建视频文件”按钮，在弹出的列表框中选择“自定义”选项，弹出“创建视频文件”对话框，各选项设置如图412-1所示。

02 单击“保存”按钮，即可渲染输出整个影片，如图412-2所示。

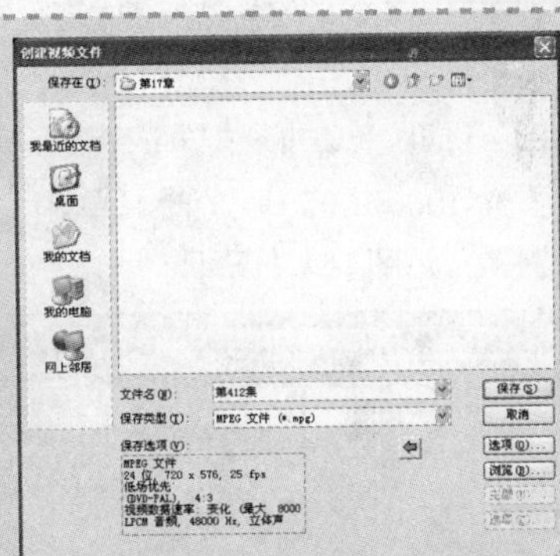

图412-1 设置各选项

图412-2 渲染输出影片

专家提醒

渲染完成后，预览窗口中将自动播放生成的视频文件。

第413集 预览渲染后的影片效果

素材：无
效果：无
视频：视频\第17章\第413集.swf
时长：28秒
难度：★
关键技术：单击“播放修整后的素材”按钮

01 进入会声会影高级编辑器，在第412集的基础上，单击“播放修整后的素材”按钮▶。

02 执行操作后，即可预览渲染后的影片效果，如图413-1所示。

图413-1 预览渲染后的影片效果

17.2 渲染输出指定范围影片

第414集 标记指定影片的开始处

素材：素材\第17章\414-1.wmv
效果：效果\第17章\第414集.vsp
视频：视频\第17章\第414集.swf
时长：44秒
难度：★★★
关键技术：单击“开始标记”按钮

01 进入会声会影X3高级编辑器，插入一段视频文件，单击“分享”标签，切换至“分享”选项卡，拖曳导览窗口下方的“飞梭栏”至00:00:05:00位置，单击“开始标记”按钮，如图414-1所示。

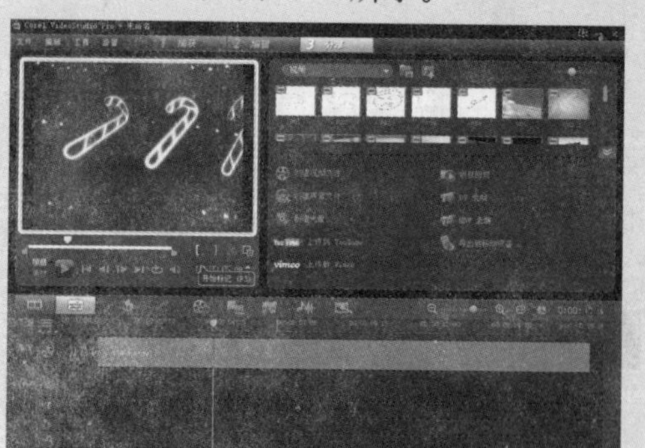

图414-1 单击“开始标记”按钮

02 时间轴上方出现一条红色的线，即已标记指定影片的开始处，如图414-2所示。

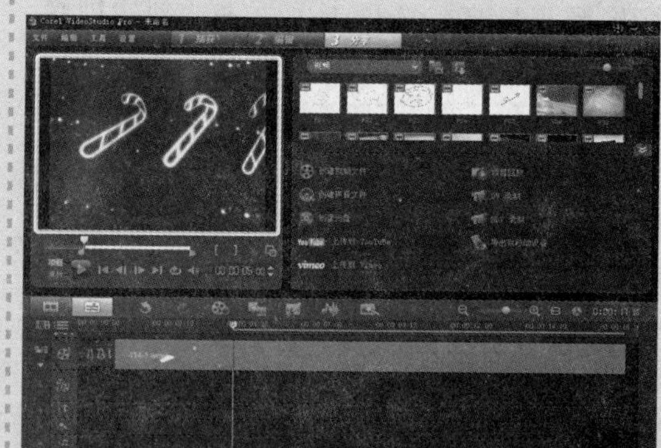

图414-2 标记指定影片的开始处

专家提醒

按【Ctrl+U】组合键，可以快速地回到上一帧，按【Ctrl+T】组合键，可以快速地回到下一帧。

第415集　标记指定影片的结尾处

素材：素材\第17章\415-1.vsp　　效果：效果\第17章\第415集.vsp
视频：视频\第17章\第415集.swf　　时长：34秒
难度：★★　　关键技术：单击"结束标记"按钮

01 进入会声会影高级编辑器，在第414集的基础上，单击"分享"标签，切换至"分享"选项卡，拖曳导览窗口下方的"飞梭栏"至00:00:07:00位置，单击"结束标记"按钮，如图415-1所示。

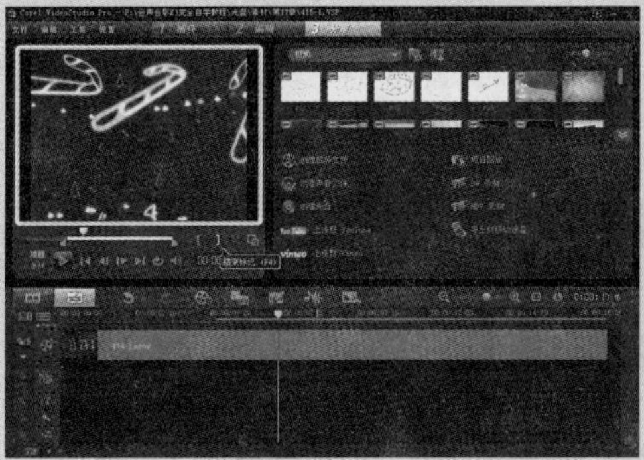

图415-1 单击"结束标记"按钮

02 执行操作后，即已标记指定影片的结束处，如图415-2所示。

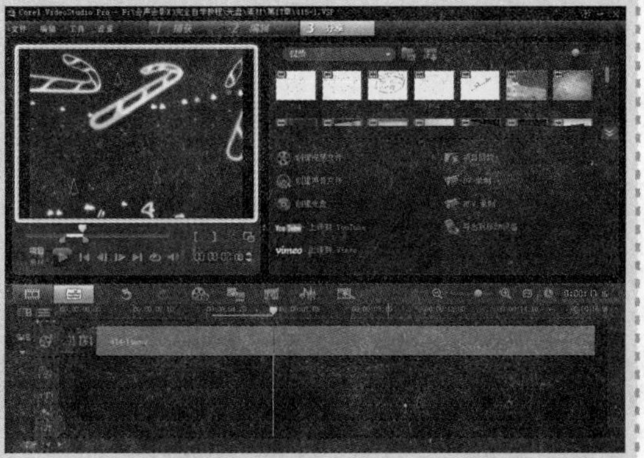

图415-2 指定影片的结束处

第416集　渲染输出指定范围影片

素材：素材\第17章\416-1.vsp　　效果：效果\第17章\第416集.vsp
视频：视频\第17章\第416集.swf　　时长：47秒
难度：★★★　　关键技术：选择"自定义"选项

01 进入会声会影X3高级编辑器，打开一个项目文件，在"分享"选项卡中单击"创建视频文件"按钮，在弹出的列表框中选择"自定义"选项，弹出"创建视频文件"对话框，各选项设置如图416-1所示。

02 单击"选项"按钮，弹出"视频保存选项"对话框，选中"预览范围"单选按钮，如图416-2所示。单击"确定"按钮返回到"创建视频文件"对话框，单击"保存"按钮，渲染输出影片。

图416-1 设置各选项

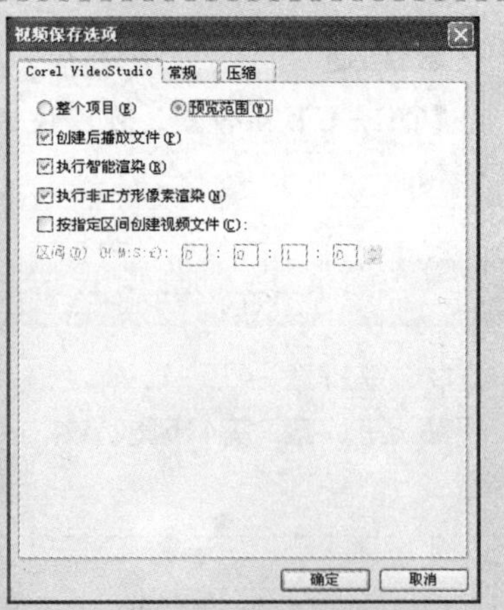

图416-2 选中“预览范围”单选按钮

专家提醒

若用户在没有对影片进行剪辑的前提下，单击“选项”按钮，弹出“视频保存选项”对话框，Corel Video Studio选项卡中的“预览范围”单选按钮将呈不可选状态。

17.3 单独输出项目中的声音

第417集 设置输出声音的文件名

素材：素材\第17章\417-1.mpg　　效果：无

视频：视频\第17章\第417集.swf　　时长：31秒

难度：★★　　关键技术：单击“创建声音文件”按钮

01 进入会声会影高级编辑器，插入一段视频文件，切换至“分享”选项卡，单击“创建声音文件”按钮，如图417-1所示。

图417-1 单击“创建声音文件”按钮

02 弹出“创建声音文件”对话框，在“文件名”文本框中输入“第420集”，即可完成对输出声音文件名的设置，如图417-2所示。

图417-2 设置文件名

第418集 设置输出声音的音频格式

素材：无　　效果：无

视频：视频\第17章\第418集.swf　　时长：25秒

难度：☆　　关键技术："创建声音文件"对话框

01 进入会声会影高级编辑器，在第417集的基础上，在"创建声音文件"对话框中单击"保存类型"下拉按钮，在弹出的列表框中选择"MPEG-4"选项，如图418-1所示。

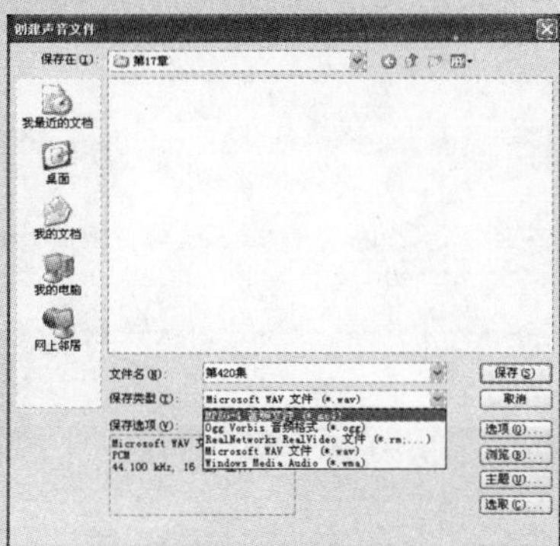

图418-1 选择"MPEG-4"选项

02 执行操作后，即可设置输出声音的音频格式，如图418-2所示。

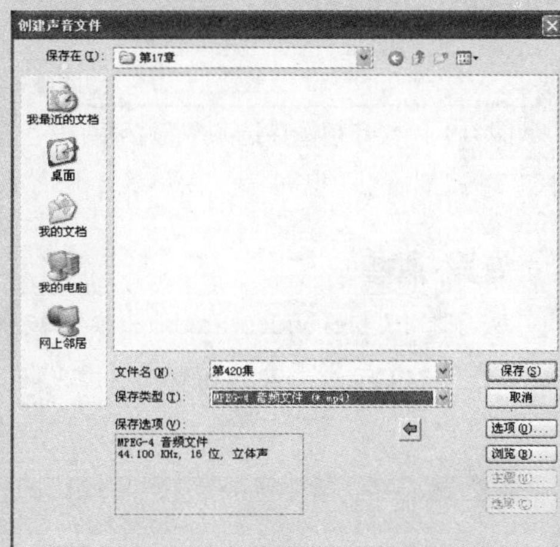

图418-2 设置输出的音频格式

专家提醒

单击"保存类型"下拉按钮，在弹出的列表框中包括"MPEG-4音频文件"、"MPSG音频文件"和"RealNetworks RealVodeo文件"等5个选项。

第419集 设置音频文件保存选项

素材：无　　效果：无

视频：视频\第17章\第419集.swf　　时长：29秒

难度：☆　　关键技术：单击"选项"按钮

01 进入会声会影高级编辑器，在第418集的基础上，在"创建声音文件"对话框中单击"选项"按钮，弹出"音频保存选项"对话框，如图419-1所示。

02 切换至"压缩"选项卡，各选项设置如图419-2所示。单击"确定"按钮，即可设置音频文件保存选项。

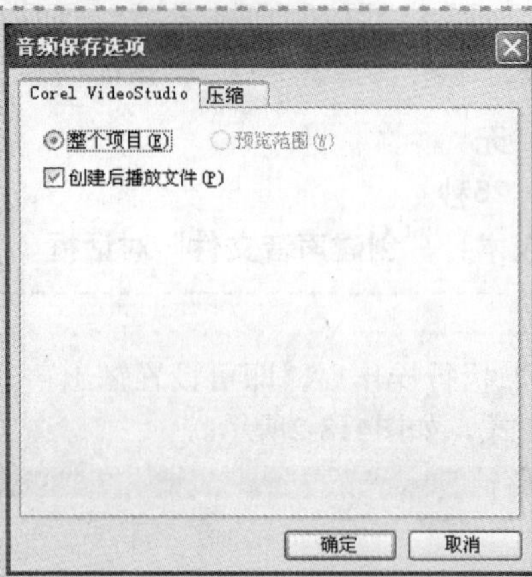

图419-1 “音频保存选项”对话框

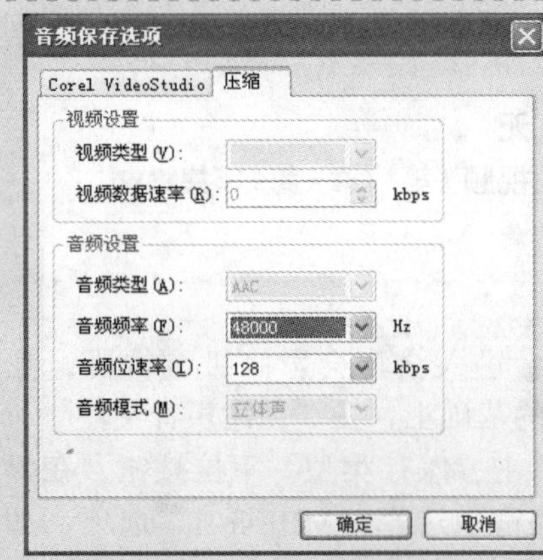

图419-2 设置各选项

专家提醒

取消选中Corel Video Studio选项面板中的“创建后播放文件”单选按钮，输出项目文件中的声音后将不会自动播放输出的文件。

第420集 输出项目文件中的声音

素材：无

效果：效果\第17章\第420集.mp4

视频：视频\第17章\第420集.swf

时长：22秒

难度：★

关键技术：“创建声音文件”对话框

01 进入会声会影高级编辑器，在第419集的基础上，在“创建声音文件”对话框中单击“保存”按钮，进行渲染输出，如图420-1所示。

图420-1 单击“保存”按钮

02 执行操作后，即可在“音频”素材库中显示输出项目文件的声音，如图420-2所示。

图420-2 输出项目文件的声音

17.4 单独输出项目中的视频

第421集 设置仅输出视频选项

素材：素材\第17章\421-1.mpg　　效果：无

视频：视频\第17章\第421集.swf　　时长：54秒

难度：★★★★　　关键技术：选择“仅视频”选项

01 进入会声会影高级编辑器，插入一段视频素材，如图421-1所示。切换至“分享”选项卡，单击“创建视频文件”按钮，在弹出的列表框中选择“自定义”选项，弹出“创建视频文件”对话框，单击“选项”按钮。

图421-1 项目文件

02 弹出“视频保存选项”对话框，切换至“常规”选项卡，单击“数据轨”下拉按钮，在弹出的列表框中选择“仅视频”选项，如图421-2所示。单击“确定”按钮，即可将视频素材设置为仅输出视频。

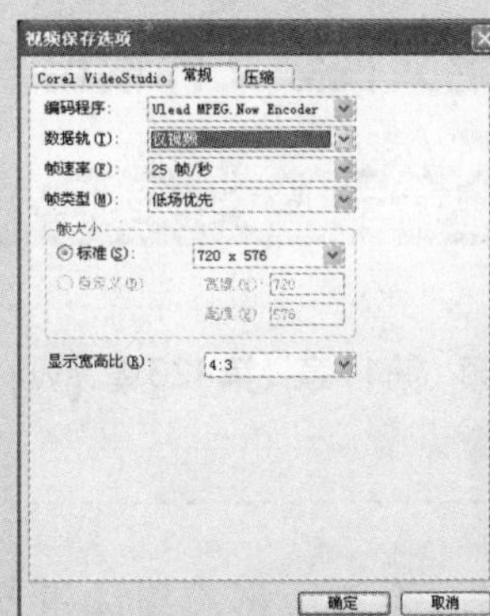

图421-2 设置仅输出视频

专家提醒

设置仅输出视频，输出的文件将没有任何音频效果。

第422集 单独输出项目中的视频

素材：素材\第17章\421-1.mpg　　效果：效果\第17章\第422集.mpg

视频：视频\第17章\第422集.swf　　时长：57秒

难度：★★★★　　关键技术：选择“仅视频”选项

01 进入会声会影高级编辑器，以第421集的素材为例，切换至“分享”选项卡，单击“创建视频文件”按钮，在弹出的列表框中选择“自定义”选项，弹出“创建视频文件”对话框，单击“选项”按钮，弹出“视频保存选项”对话框，设置“数据轨”为“仅视频”选项，如图422-1所示。

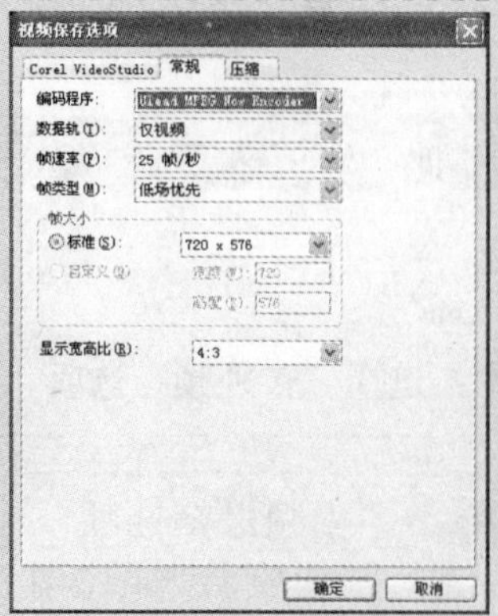

图422-1 设置各选项

02 单击“确定”按钮，返回到“创建视频文件”对话框，设置文件名和保存路径，单击“保存”按钮，进行渲染输出，即可在“视频”素材库中显示单独输出的视频文件，如图422-2所示。

图422-2 单独输出的视频文件

17.5 自定义视频文件输出模板

第423集 建立PAL DV类型2格式输入模板

素材：无　　效果：无

视频：视频\第17章\第423集.swf　　时长：1分11秒

难度：★★★★★　　关键技术：选择“制作影片模板管理器”命令

01 进入会声会影高级编辑器，选择“设置”|“制作影片模板管理器”命令，如图423-1所示。

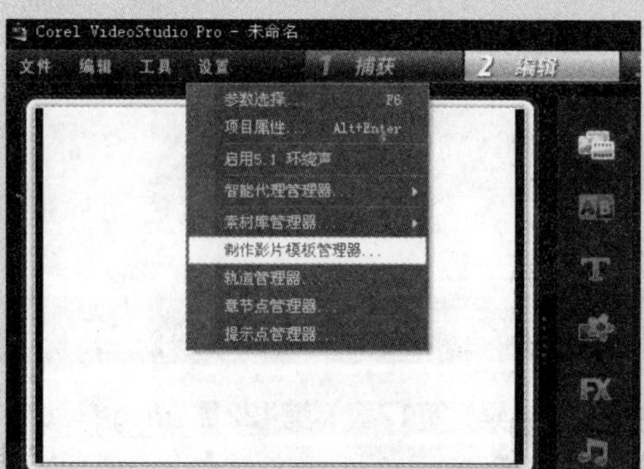

图423-1 选择“制作影片模板管理器”命令

02 弹出“制作影片模板管理器”对话框，单击“新建”按钮，弹出“新建模板”对话框，在“模板名称”文本框中输入名称为“PAL DV类型2”，如图423-2所示。

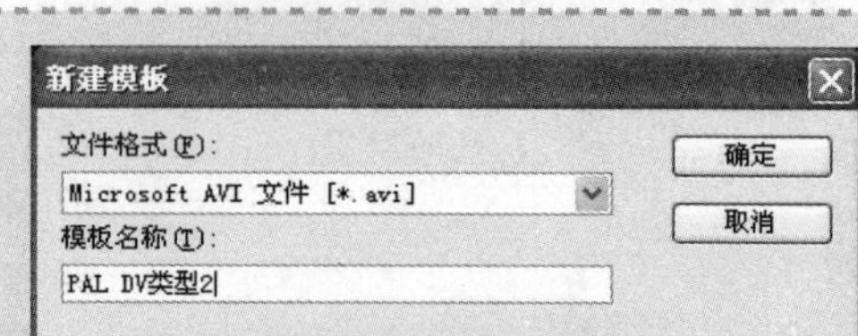

图423-2 输入模板名称

03 单击“确定”按钮，弹出“模板选项”对话框，切换至“常规”选项卡，各选项设置如图423-3所示。

图423-3 设置各选项

04 切换至“AVI”选项卡，单击“压缩”右侧的下拉按钮，在弹出的列表框中选择“DV视频编码器——类型2”选项，如图423-4所示。单击“确定”按钮，返回到“制作影片模板管理器”对话框，即可在“可用的影片模板”列表框中显示新创建的“PAL DV类型2”影片模板。

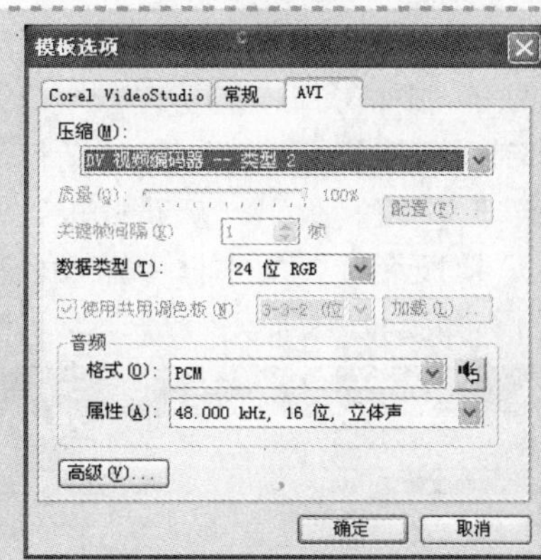

图423-4 设置各选项

专家提醒

DV格式是AVI格式的一种，输出的影像质量几乎没有损失，但文件非常大。

第424集 建立PAL DVD格式输出模板

素材：无　　效果：无

视频：视频\第17章\第424集.swf　　时长：54秒

难度：★★★★　　关键技术：“新建模板”对话框

01 进入会声会影高级编辑器，选择“设置”|“制作影片模板管理器”命令，弹出“制作影片模板管理器”对话框，单击“新建”按钮，弹出“新建模板”对话框，在“模板名称”文本框中输入名称为PAL DVD，如图424-1所示。

图424-1 输入模板名称

02 单击“确定”按钮，弹出“模板选项”对话框，切换至“常规”选项卡，各选项设置如图如图424-2所示。单击“确定”按钮，返回到“制作影片模板管理器”对话框，即可在“可用的影片模板”列表框中显示新创建的“PAL DVD”影片模板。

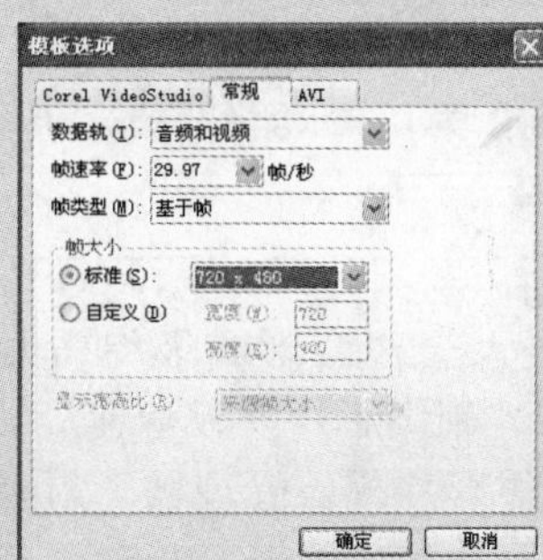

图424-2 设置各选项

专家提醒

DVD格式是一种高质量视频压缩格式，影像质量不逊色于DV格式，而且输出的文件比DV格式小，方便携带。

第425集 建立MPEG-1格式输出模板

素材：无　　效果：无

视频：视频\第17章\第425集.swf　　时长：1分1秒

难度：★★★★★　　关键技术：“模板选项”对话框

01 进入会声会影高级编辑器，选择“设置”|“制作影片模板管理器”命令，弹出“制作影片模板管理器”对话框，单击“新建”按钮，弹出“新建模板”对话框，在“模板名称”文本框中输入名称为MPEG-1，如图425-1所示。

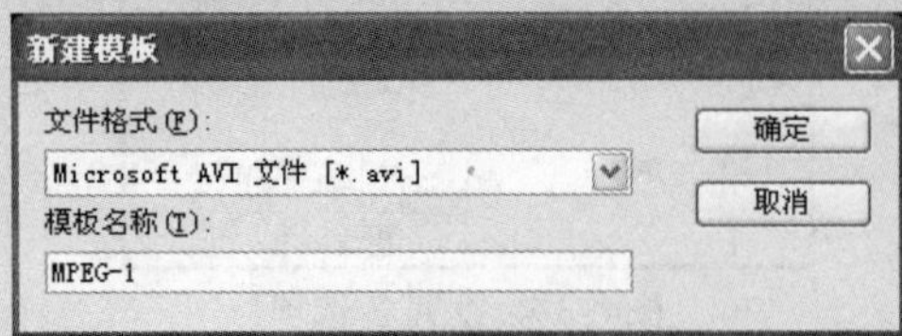

图425-1 输入模板名称

02 单击“确定”按钮，弹出“模板选项”对话框，切换至“常规”选项卡，各选项设置如图如图425-2所示。单击“确定”按钮，返回到“制作影片模板管理器”对话框，即可在“可用的影片模板”列表框中显示新创建的“MPEG-1”影片模板。

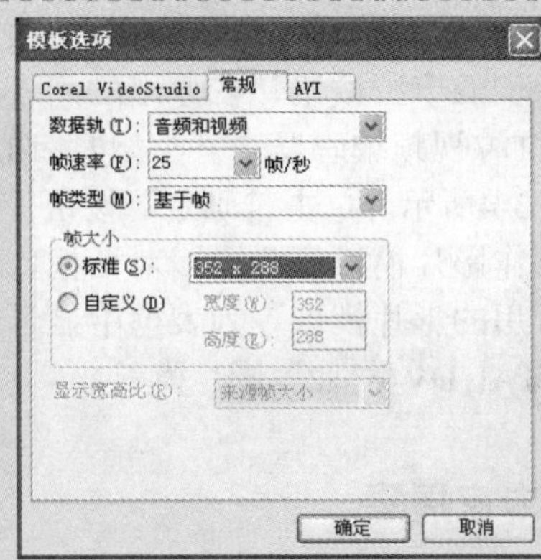

图425-2 设置各选项

专家提醒

MPEG-1格式与VCD模板的压缩格式是同一种类型。

第426集 建立RM格式输出模板

素材：无	效果：无
视频：视频\第17章\第426集.swf	时长：48秒
难度：★★★	关键技术：选择“制作影片模板管理器”命令

01 进入会声会影高级编辑器，选择“设置”|“制作影片模板管理器”命令，弹出“制作影片模板管理器”对话框，单击“新建”按钮，弹出“新建模板”对话框，在“模板名称”文本框中输入名称为RM，如图426-1所示。

图426-1 输入模板名称

02 单击“确定”按钮，弹出“模板选项”对话框，切换至“常规”选项卡，各选项设置如图426-2所示。单击“确定”按钮，返回到“制作影片模板管理器”对话框，即可在“可用的影片模板”列表框中显示新创建的“RM”影片模板。

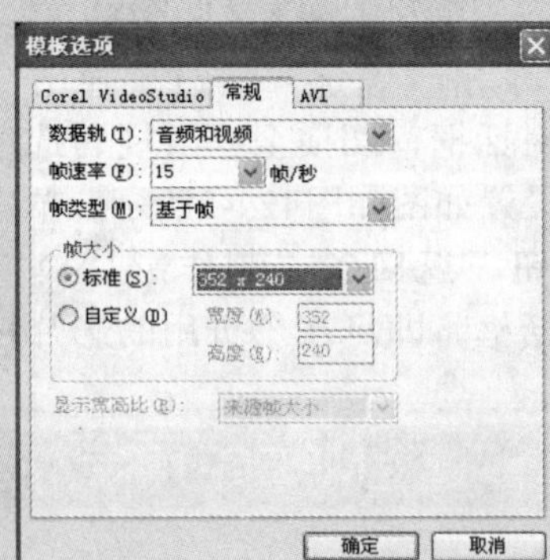

图426-2 设置各选项

专家提醒

RM是流视频格式，文件很小，适合网络实时传送。

第427集 建立WMV格式输出模板

素材：无　　效果：无

视频：视频\第17章\第427集.swf　　时长：49秒

难度：★★★　　关键技术："新建模板"对话框

01 进入会声会影高级编辑器，选择"设置"|"制作影片模板管理器"命令，弹出"制作影片模板管理器"对话框，单击"新建"按钮，弹出"新建模板"对话框，在"模板名称"文本框中输入名称为WMV，如图427-1所示。

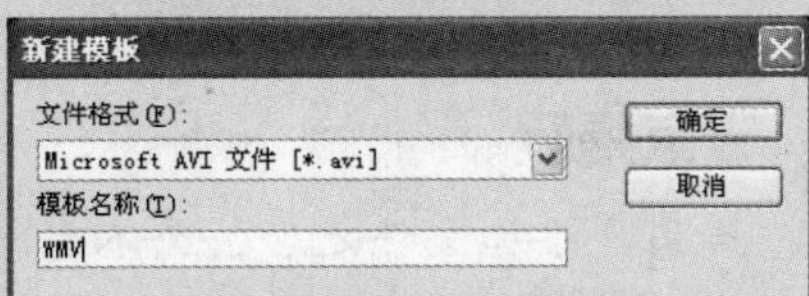

图427-1 输入模板名称

02 单击"确定"按钮，弹出"模板选项"对话框，切换至"常规"选项卡，各选项设置如图如图427-2所示。单击"确定"按钮，返回到"制作影片模板管理器"对话框，即可在"可用的影片模板"列表框中显示新创建的"WMV"影片模板。

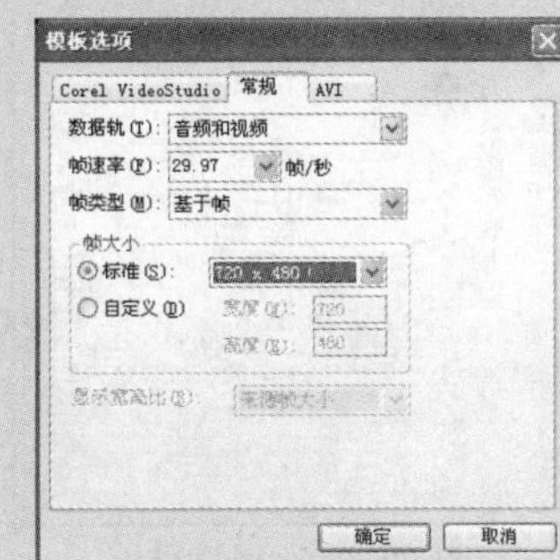

图427-2 设置各选项

17.6 批量转换视频文件格式

第428集 添加成批转换文件

素材：素材\第17章\428-1（a）、（b）.mpg　　效果：无

视频：视频\第17章\第428集.swf　　时长：34秒

难度：★★　　关键技术：选择"成批转换"命令

01 进入会声会影高级编辑器，选择"文件"|"成批转换"命令，如图428-1所示。

02 在弹出的"成批转换"对话框中，单击"添加"按钮，如图428-2所示。

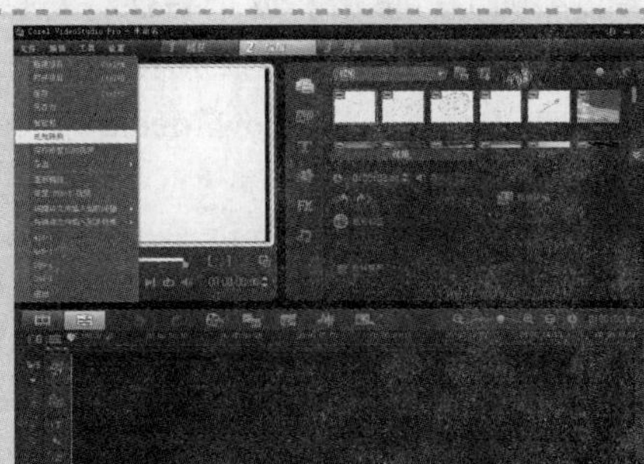

图428-1 选择"成批转换"命令

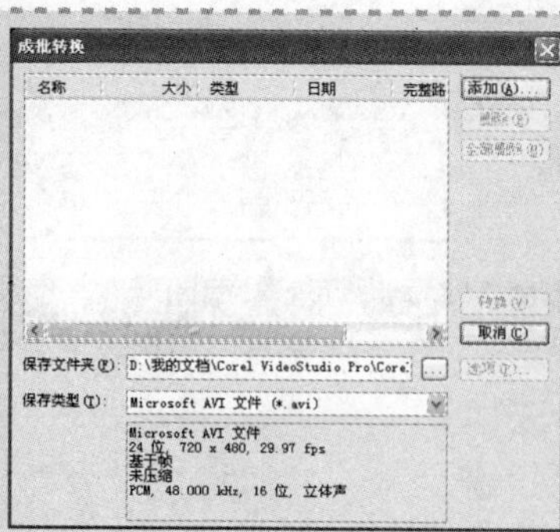

图428-2 单击“添加”按钮

03 弹出“打开视频文件”对话框，选择需要打开的文件，如图428-3所示，单击“打开”按钮。

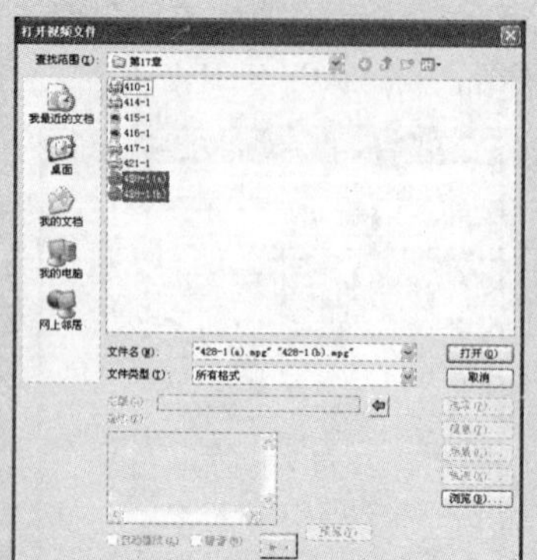

图428-3 选择文件

04 弹出“改变素材序列”对话框，单击“确定”按钮，即可添加成批转换的视频文件，如图428-4所示。

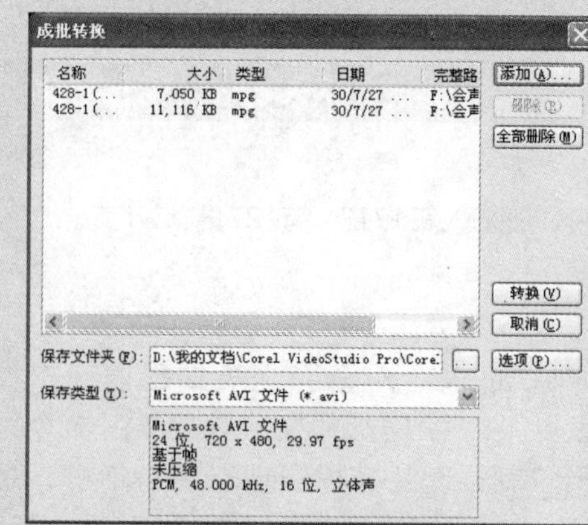

图428-4 已添加的文件

专家提醒

若用户添加文件之后，又不想转换文件，单击“全部删除”按钮，即可删除文件。

第429集 设置转换文件格式

素材：无

视频：视频\第17章\第429集.swf

难度：★★

效果：无

时长：30秒

关键技术：“成批转换”对话框

01 进入会声会影高级编辑器，在第428集的基础上，单击“成批转换”对话框中“保存类型”右侧的下三角按钮，在弹出的列表框中选择“Window Media Video”选项，如图429-1所示。

02 执行操作后，即可设置转换文件格式，如图429-2所示。

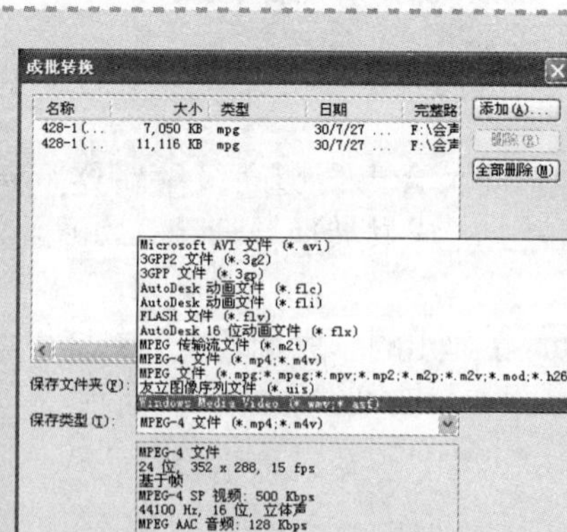

图429-1 选择“Window Media Video”选项

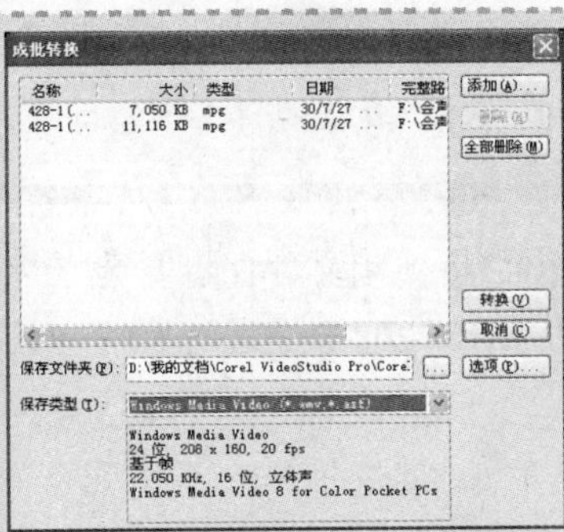

图429-2 设置转换文件格式

专家提醒

在"保存类型"下拉列表框中，包括avi、3g2、3gp、flc、fli、flv、flx以及mp4等12种格式。

第430集 成批转换文件格式

素材：无

效果：无

视频：视频\第17章\第430集.swf

时长：40秒

难度：★★★

关键技术："任务报告"对话框

01 进入会声会影高级编辑器，在第429集的基础上，在"成批转换"对话框中设置各选项，如图430-1所示。

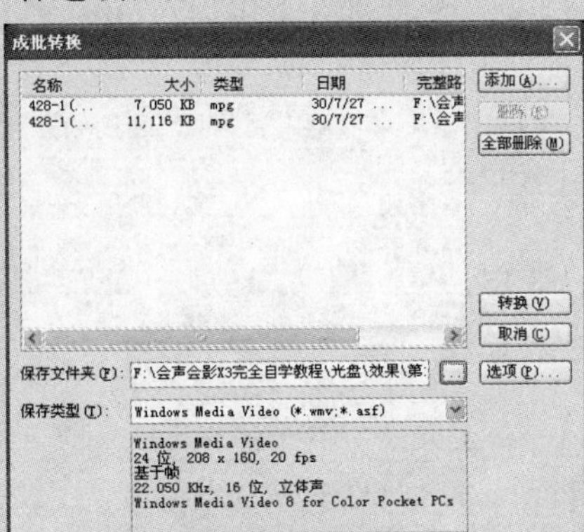

图430-1 设置各选项

02 单击"转换"按钮，进行渲染，渲染完成后弹出"任务报告"对话框，如图430-2所示。单击"确定"按钮，即可完成成批的视频文件转换。

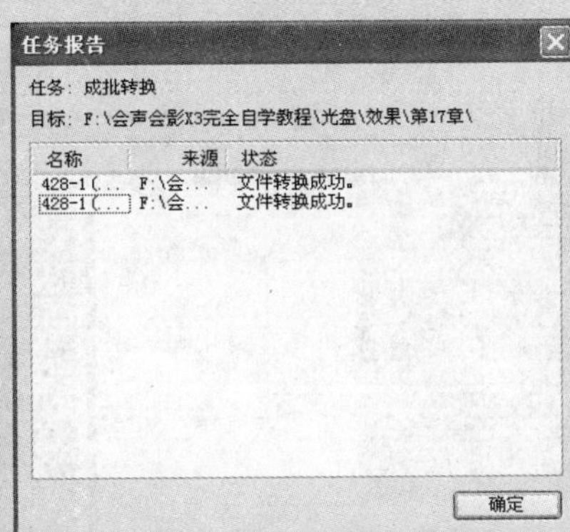

图430-2 "任务报告"对话框

专家提醒

在"成批转换"对话框中，若添加了不需要转换的文件，不能单个进行删除，只能单击"全部删除"按钮，删除全部的文件。

第18章 导出影片

网络已经成为分享影片的最佳方式，利用会声会影X3将视频文件保存导出为网页、电子邮件或屏幕保护等，可以为个人的网页和计算机等增添独特的个性。本章将对这些操作进行详细的介绍。

18.1 导出视频为网页

第431集 制作需要导出的视频

素材：素材\第18章\431–2.mpg
视频：视频\第18章\第431集.swf
难度：★★
效果：无
时长：33秒
关键技术：选择“插入视频”命令

01 进入会声会影高级编辑器，选择“文件”|“将媒体文件插入到素材库”|“插入视频”命令，如图431-1所示。

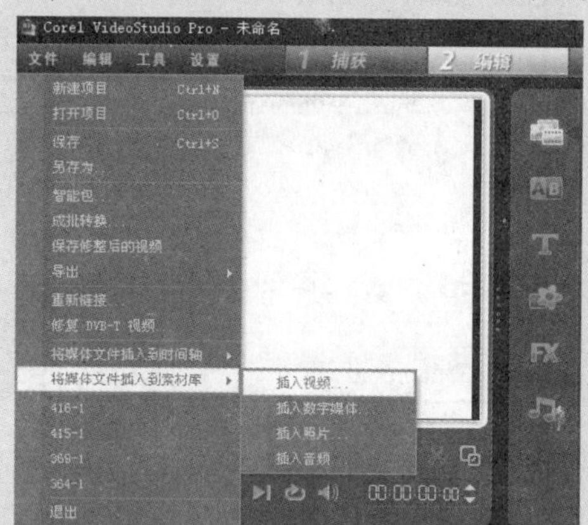

图431-1 选择“插入视频”命令

02 弹出“打开视频文件”对话框，在其中选择需要打开的视频文件，单击“打开”按钮，即可将视频文件导入到素材库中，并添加至故事板中，如图431-2所示。

图431-2 添加影片素材

第432集 渲染视频文件

素材：素材\第18章\432–1.vsp
视频：视频\第18章\第432集.swf
难度：★★★★★
效果：效果\第18章\第432集.wmv
时长：1分2秒
关键技术：单击“创建视频文件”按钮

01 进入会声会影高级编辑器，打开一个项目文件，切换至“分享”选项卡，单击“创建视频文件”按钮，在弹出的列表框中选择“WMV”|“Smartphone WMV（220×176，15fps）”选项，如图432-1所示。

图432-1 选择相应选项

02 弹出“创建视频文件”对话框，在“文件夹”文本框中输入名称“第432集”，然后在“保存在”下拉列表中选择需要保存的路径，单击“保存”按钮，系统自动地将影片中的各个素材连接在一起进行渲染，如图432-2所示。

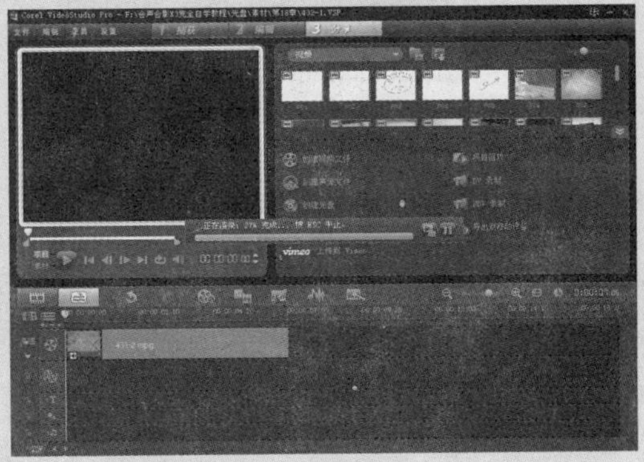

图432-2 渲染影片

专家提醒

在针对网络输出影片时，文件所占的磁盘空间和传输速率非常重要。若希望在Internet上有效地使用视频，需要使用相当高的压缩率。这表示必须使用较小的窗口（320×240或更小）、较小的帧速率（15帧/秒）以及低质量的音频（收音机质量的8位声道）。

第433集 导出为视频网页

素材：素材\第18章\433-1.vsp

视频：视频\第18章\第433集.swf

难度：★★★★

效果：效果\第18章\第433集.htm

时长：58秒

关键技术： 选择“网页”命令

01 进入会声会影高级编辑器，打开一个项目文件，选择“文件”|“导出”|“网页”命令，如图433-1所示。

02 弹出“网页”信息提示框，单击“是”按钮，弹出“浏览”对话框，为网页指定文件名和保存路径，单击“确定”按钮，程序自动将视频嵌入网页并启动默认的浏览器展示视频网页效果。单击“运行”按钮▸，欣赏视频网页效果，如图433-2所示。

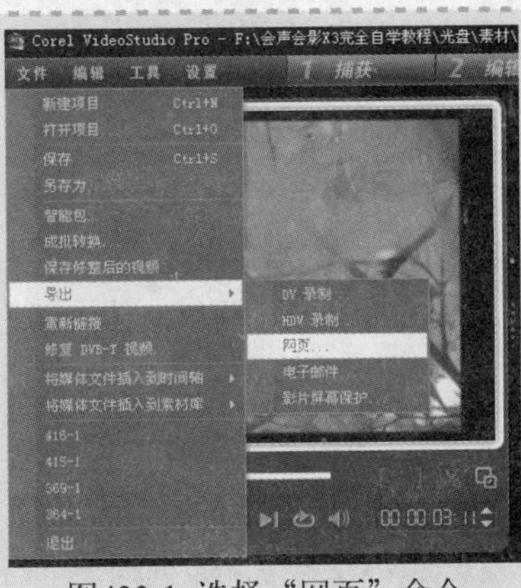

图433-1 选择“网页”命令

图433-2 欣赏视频网页效果

专家提醒

除了上述导出视频网页的方法外，用户还可以选择菜单“素材”|“导出”|“网页”命令导出视频网页。

18.2 导出为电子邮件

第434集 制作需要导出的视频

素材：素材\第18章\434–1（a）、（b）.mpg
视频：视频\第18章\第434集.swf
难度：★★★★★
效果：效果\第18章\第434集.vsp
时长：1分6秒
关键技术：选择“插入视频”选项

01 进入会声会影高级编辑器，在故事板中单击鼠标右键，弹出快捷菜单选择“插入视频”命令，如图434-1所示。

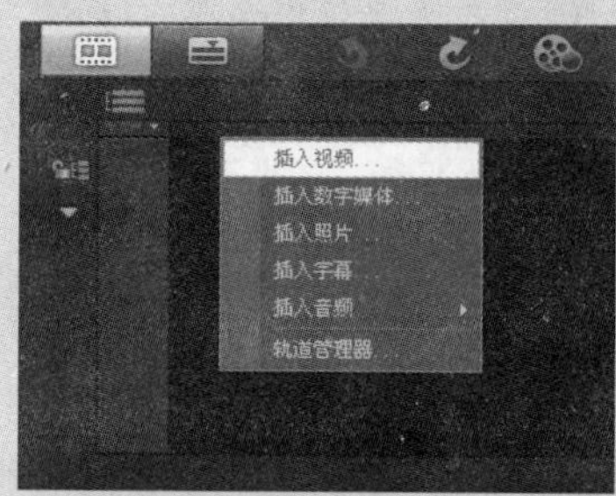

图434-1 选择“插入视频”命令

02 弹出“打开视频文件”对话框，在其中选择需要打开的视频文件，单击“打开”按钮，将视频文件导入到故事板中，如图434-2所示。

图434-2 添加影片素材

03 单击“转场”按钮，展开“转场”素材库，单击“画廊”下三角按钮，在弹出的列表中选择“过滤”选项，在素材库中选择“马赛克”转场效果，如图434-3所示。

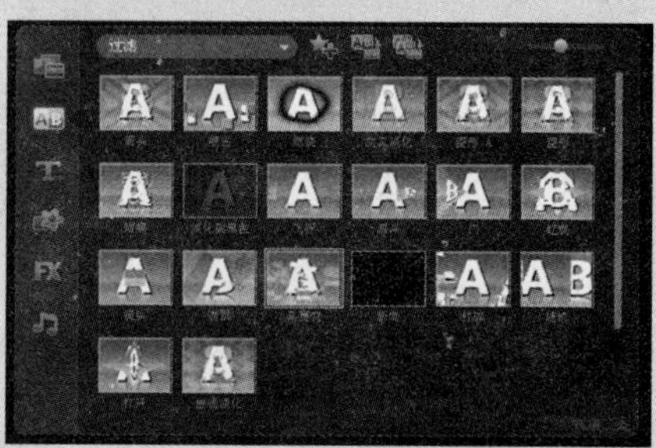

图434-3 选择“马赛克”转场效果

04 在该转场效果缩略图上按住鼠标左键并拖曳至故事板中第一个视频和第二个视频之间，如图434-4所示，制作视频影片。

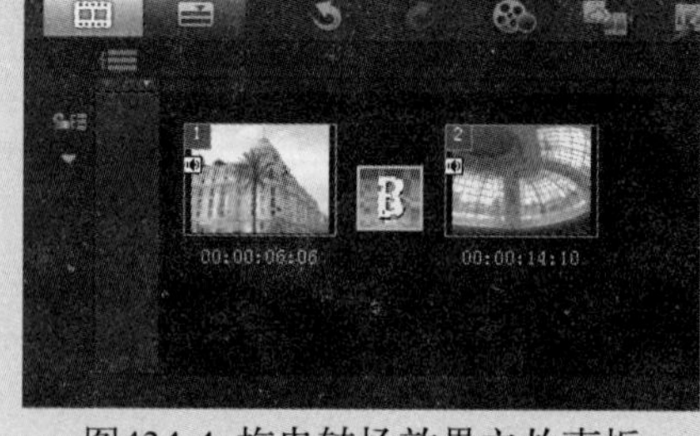

图434-4 拖曳转场效果之故事板

第435集 创建网络连接

素材：无 效果：无
视频：视频\第18章\第435集.swf 时长：1分10秒
难度：★★★★★ 关键技术：选择“电子邮件”命令

01 进入会声会影X3高级编辑器，选择“文件”|“导出”|“电子邮件”命令，如图435-1所示。

图435-1 选择“电子邮件”命令

02 弹出“Internet连接向导”对话框，在“显示名”文本框中输入名称，如图435-2所示。

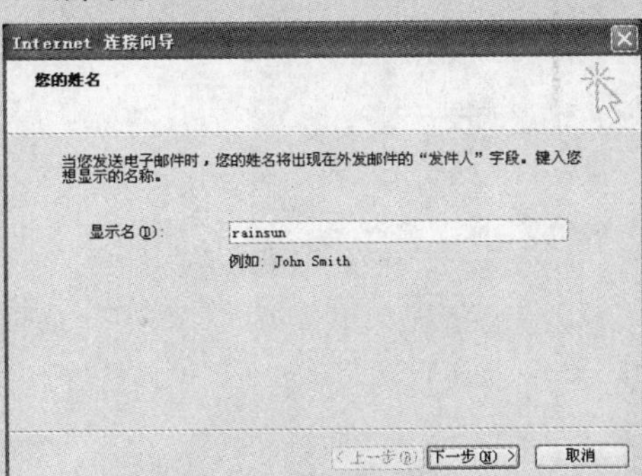

图435-2 输入显示名称

03 单击“下一步”按钮，切换至“Internet电子邮件地址”界面，在“电子邮件地址”文本框中输入电子邮件地址，如图435-3所示。

04 单击“下一步”按钮，切换至“电子邮件服务器名”界面，在其中输入相应的电子邮件服务器名，如图435-4所示。

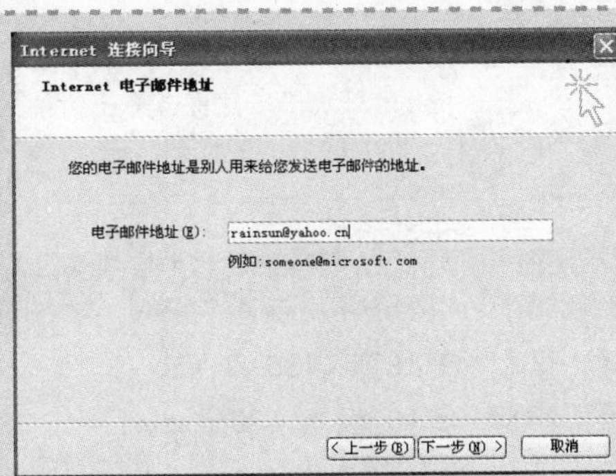

图435-3 输入电子邮件地址

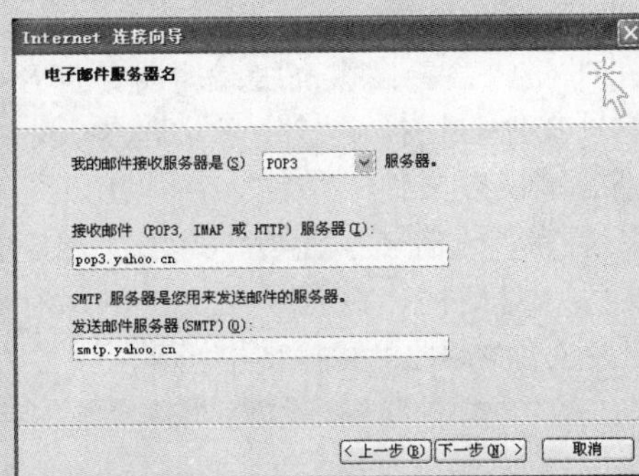

图435-4 输入电子邮件服务器名

05 单击“下一步”按钮，切换至“Internet Mail登录”界面，在其中输入相应的信息，如图435-5所示。

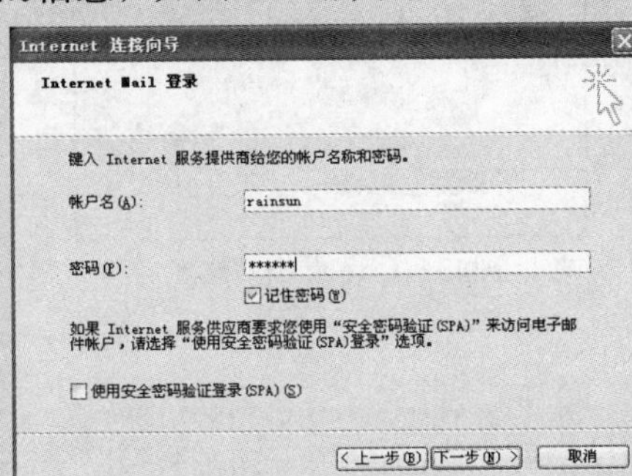

图435-5 输入电子邮件服务器名

06 单击“下一步”按钮，切换至“祝贺您”界面，如图435-6所示，单击“完成”按钮。

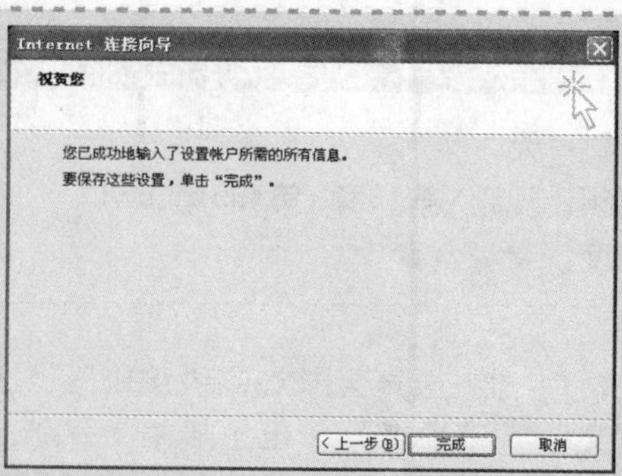

图435-6 “祝贺您”界面

第436集 预览电子邮件

素材：素材\第18章\436-1.vsp
视频：视频\第18章\第436集.swf
难度：★★★
效果：无
时长：49秒
关键技术：选择“自定义”选项

01 进入会声会影高级编辑器，打开一个项目文件，切换至“分享”选项卡，单击“创建视频文件”按钮，在弹出的列表框中选择“自定义”选项，弹出“创建视频文件”对话框，设置视频文件的保存路径以及文件名称，如图436-1所示。

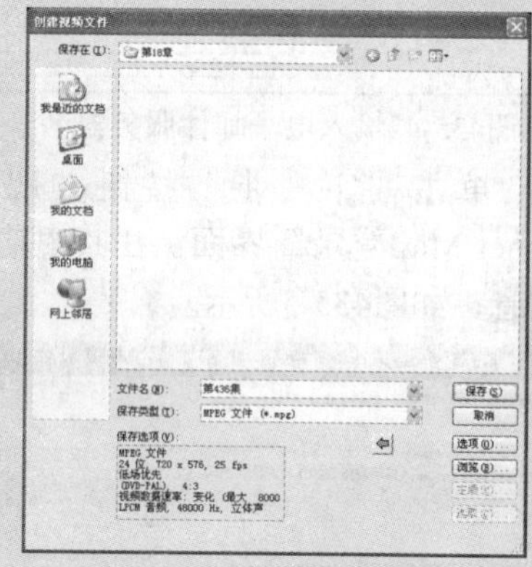
图436-1 设置相应参数

02 单击“保存”按钮，系统自动将影片中的各个素材连接在一起进行渲染，渲染完成后，找到文件的保存位置，并使用专业的软件对渲染后的文件进行预览，如图436-2所示。

图436-2 预览影片

第437集 发送电子邮件

素材：无
视频：视频\第18章\第437集.swf
难度：★★★★
效果：无
时长：51秒
关键技术：选择“电子邮件”命令

01 在第436集的基础上，渲染完成后，选择“文件”|“导出”|“电子邮件”命令，打开“新邮件”窗口，如图437-1所示。

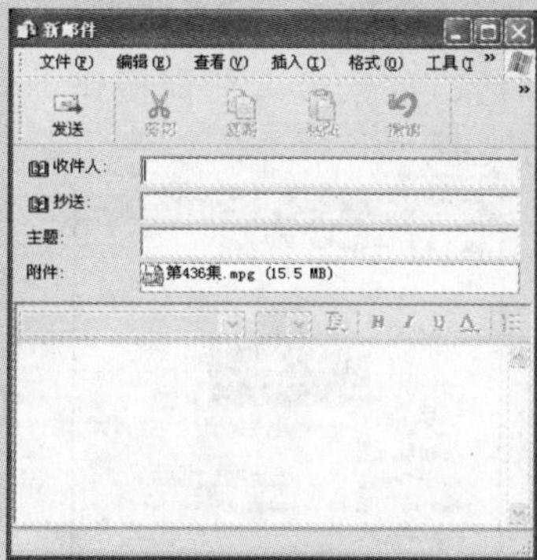

图437-1　“新邮件”窗口

02 在其中输入收件人、主题内容等，如图437-2所示。单击“发送”按钮，即可将制作的影片发送到指定的邮箱。

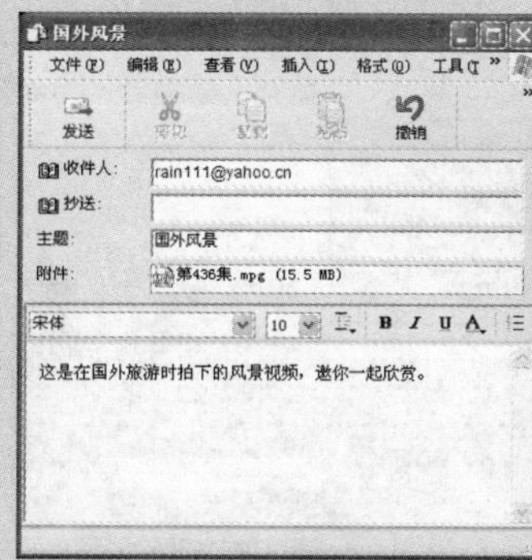

图437-2　输入相应信息

18.3　设置为屏幕保护程序

第438集　制作WMV文件

素材：素材\第18章\438-1.vsp

视频：视频\第18章\第438集.swf

难度：★★★★★

效果：效果\第18章\第438集.wmv

时长：1分3秒

关键技术：选择“WMV HD 1080 25p”选项

01 进入会声会影高级编辑器，打开一个项目文件，切换至“分享”选项卡，单击“创建视频文件”按钮，在弹出的列表框中选择“WMV”|“WMV HD 1080 25p”选项，如图438-1所示。

图438-1 选择相应的选项

02 弹出“创建视频文件”对话框，设置文件的保存路径及文件名称，如图438-2所示。单击“保存”按钮，渲染并保存文件。

图438-2　“创建视频文件”对话框

第439集　设置屏幕保护程序

素材：无

视频：视频\第18章\第439集.swf

难度：★★

效果：无

时长：38秒

关键技术：选择“影片屏幕保护”命令

01 在第438集的基础上，WMV制作完成后，选择“文件”|“导出”|“影片屏幕保护”命令，如图439-1所示。

图439-1 选择“影片屏幕保护”命令

02 弹出“显示 属性”对话框，在该对话框中进行相应的设置，如图439-2所示。单击单击“确定”按钮，应用影片屏幕保护，此时，计算机在超出所指定的“等待”时间后，如果没有任何操作，将启动影片屏幕保护。

图439-2 “显示 属性”对话框

第440集 预览屏幕保护程序

素材：无　　效果：无

视频：视频\第18章\第440集.swf　　时长：24秒

难度：★　　关键技术：“屏幕保护程序”选项卡

01 在桌面空白处单击鼠标右键，在弹出的快捷菜单中选择“属性”命令，弹出“显示 属性”对话框，切换至“屏幕保护程序”选项卡。

02 单击右侧的“预览”按钮，即可预览屏幕保护程序的效果，如图440-1所示。

图440-1 预览屏幕保护程序的效果

专家提醒

当用户单击“预览”按钮后，此时鼠标不能执行任何操作（包括移动鼠标），否则将不能预览屏幕保护程序的效果。

第19章 刻录影片

影片制作完成后，若需要将其刻录成DVD，则可以在会声会影X3中直接刻录，也可以通过Nero等刻录软件刻录视频影片。本章将详细介绍添加影片素材、光盘类型、编辑菜单等操作方法。

19.1 刻录DVD光盘

第441集 添加影片素材

素材：素材\第19章\441-1.mpg　　效果：无
视频：视频\第19章\第441集.swf　　时长：32秒
难度：★★　　关键技术：选择“插入视频”选项

01 进入会声会影高级编辑器，在故事板中单击鼠标右键，在弹出的快捷菜单中选择“插入视频”命令，如图441-1所示。

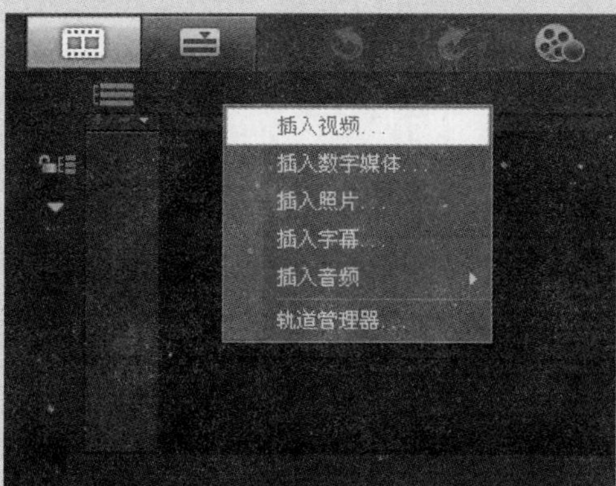

图441-1 选择“插入视频”选项

02 弹出“打开视频文件”对话框，在其中选择需要添加的视频，单击“打开”按钮，将其添加至故事板中，如图441-2所示。

图441-2 添加影片素材

专家提醒

创建光盘的素材可以是会声会影的项目文件，也可以是其他视频文件。

第442集 选择光盘类型

素材：无　　效果：无
视频：视频\第19章\第442集.swf　　时长：1分7秒
难度：★★★★★　　关键技术：单击“创建光盘”按钮

01 进入会声会影高级编辑器，在第441集的基础上，单击“分享”标签，切换至“分享”选项卡，单击“创建光盘”按钮，如图442-1所示。

图442-1 单击“创建光盘”按钮

02 打开“视频光盘”窗口，在“项目”名称文本框中，输入项目名称“宫殿楼阁”，单击“选取光盘”右侧的下拉按钮，在弹出的列表框中选择“DVD”选项，如图442-2所示。执行操作后，即可设置光盘类型为DVD。

图442-2 设置各选项

第443集 设置项目参数

素材：无　　效果：无

视频：视频\第19章\第443集.swf　　时长：46秒

难度：★★★　　关键技术：单击“设置”按钮

01 进入会声会影高级编辑器，在第442集的基础上，在“视频光盘”窗口中，单击“转到菜单编辑”按钮，打开“宫殿楼阁”窗口，如图443-1所示。

图443-1 “宫殿楼阁”窗口

02 单击窗口右侧的“设置”按钮，弹出“设置”面板，在设置面板中设置各选项，如图443-2所示。

图443-2 设置各选项

第444集 编辑图像菜单

素材：无　　效果：无

视频：视频\第19章\第444集.swf　　时长：1分5秒

难度：★★★★★　　关键技术：单击“更多音乐”按钮

01 在“宫殿楼阁”窗口中，单击“配乐”选项卡，切换至“配乐”选项卡，单击“更多音乐”按钮，如图444-1所示。

图444-1 单击“更多音乐”按钮

02 进入“添加音乐”窗口，在其中选择需要添加的音频文件，如图444-2所示。

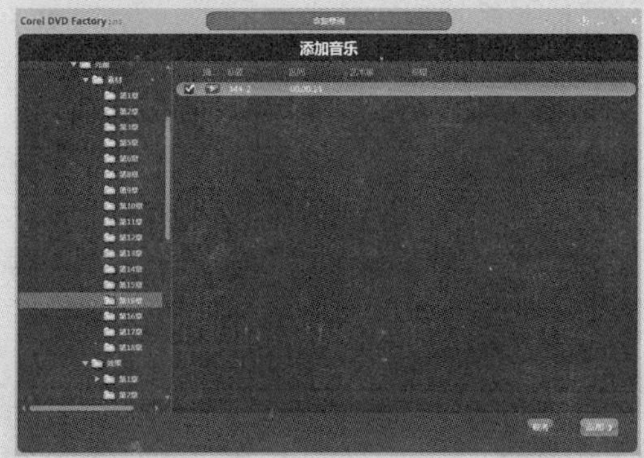

图444-2 选择需要添加的音频文件

03 单击“添加”按钮，返回“四季美景”窗口，在“配乐”面板上单击添加的音频文件，单击“更改该音乐的声音轨”按钮 ，使其呈选中状态，如图444-3所示。

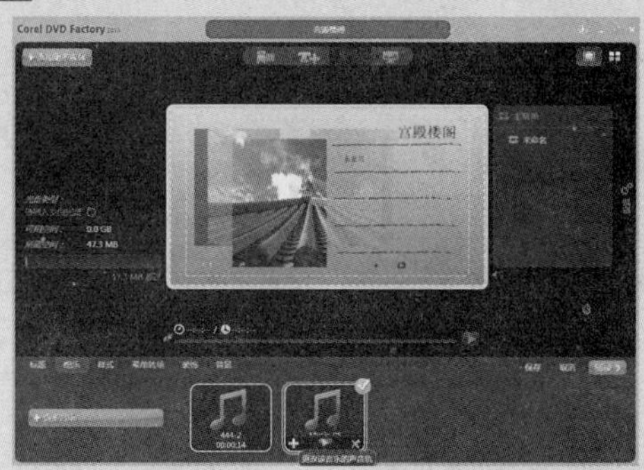

图444-3 单击“更改该音乐的声音轨”按钮

04 单击“样式”选项卡，在其中为影片选择相应的样式，如图444-4所示。

图444-4 选择相应的影片样式

专家提醒

在“样式”面板中共有5个模板供用户使用。

第445集 预览影片效果

素材：无

效果：无

视频：视频\第19章\第445集.swf

时长：29秒

难度：★

关键技术：单击“播放”按钮

01 在“宫殿楼阁”窗口中，单击预览窗口下方的“播放”按钮，如图445-1所示。

02 执行操作后，即可预览影片效果，如图445-2所示。

图445-1 单击“播放”按钮

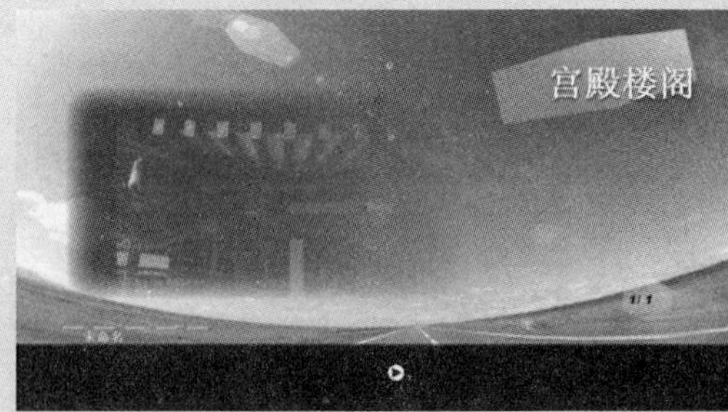

图445-2 预览影片

第446集 刻录DVD光盘

素材：无　　效果：无
视频：视频\第19章\第446集.swf　　时长：39秒
难度：★★　　关键技术：单击“刻录”按钮

01 影片预览完成后，单击“停止”按钮，停止播放，将DVD光盘放入光驱中，此时窗口的右侧将显示光盘的容量大小，如图446-1所示。

图446-1 显示光盘的容量大小

02 确定需要刻录DVD光盘时，单击窗口右侧的“刻录”按钮，如图446-2所示。开始刻录DVD光盘，接下来用户可根据提示进行操作。

图446-2 单击“刻录”按钮

19.2 运用Nero刻录VCD光盘

第447集 导入刻录内容

素材：素材\第19章\447-3（a）、（b）.wmv　　效果：无
视频：视频\第19章\第447集.swf　　时长：1分2秒
难度：★★★★★　　关键技术：单击“照片和视频”按钮

01 双击桌面上的Nero Start Smart快捷图标，启动Nero程序欢迎界面，单击“照片和视频”按钮，切换至“照片和视频”界面，单击界面上方的下拉按钮，在弹出的列表框中选择“CD”选项，如图447-1所示。

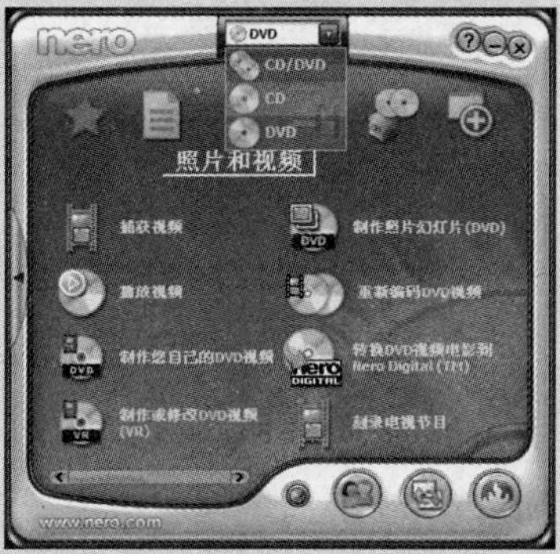

图447-1 选择“CD”选项

02 在界面中单击“制作视频光盘”按钮，弹出“未命名项目”对话框，在右侧窗格中选择“添加视频文件”选项，如图447-2所示。

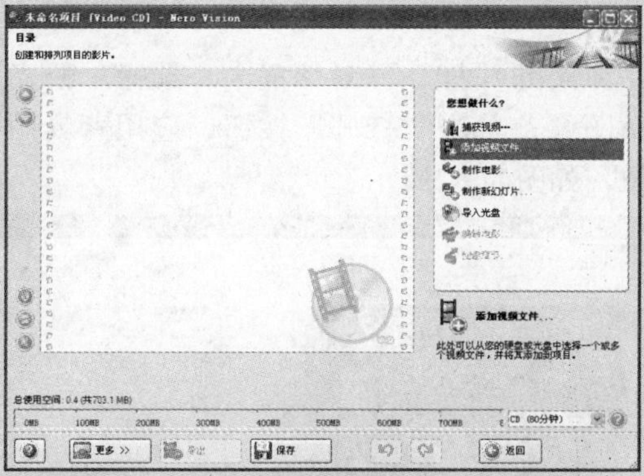

图447-2 选择“添加视频文件”选项

03 弹出“打开”对话框，在其中选择需要添加的视频文件，如图447-3所示。

图447-3 选择需要添加的视频文件

04 单击“打开”按钮，即可将其导入到“未命名项目”窗口中，如图447-4所示。

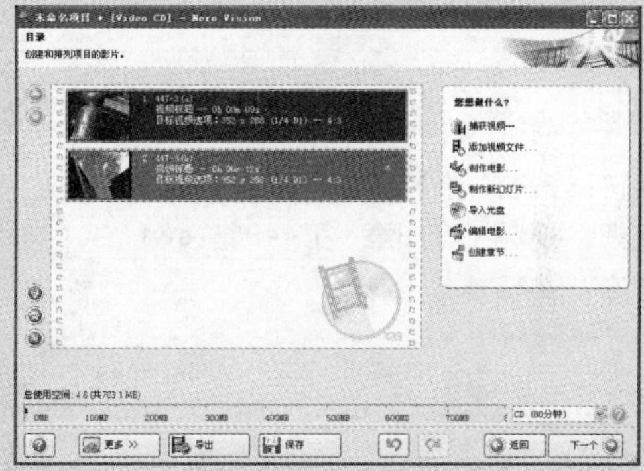

图447-4 导入到窗口中

专家提醒

使用专业刻录软件，可以将会声会影输出的DVD文件刻录成VCD影片光盘。Nero是一款非常著名的专业刻录软件，支持中文长文件名刻录，可以刻录多种类型的光盘。

第448集 设置影片总名称

素材：无

效果：无

视频：视频\第19章\第448集.swf

时长：30秒

难度：★★

关键技术：“选择菜单”界面

01 在第447集的基础上，单击“未命名项目”对话框中的“下一个”按钮，进入“选择菜单”界面，在其中可以对VCD菜单进行相关的设置，如图448-1所示。

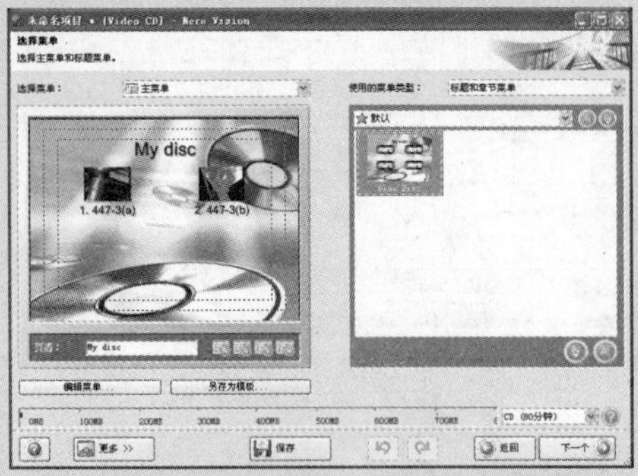

图448-1 进入“选择菜单”界面

02 在“页眉”文本框中，输入文字“美丽风光”，更改页眉，如图448-2所示。

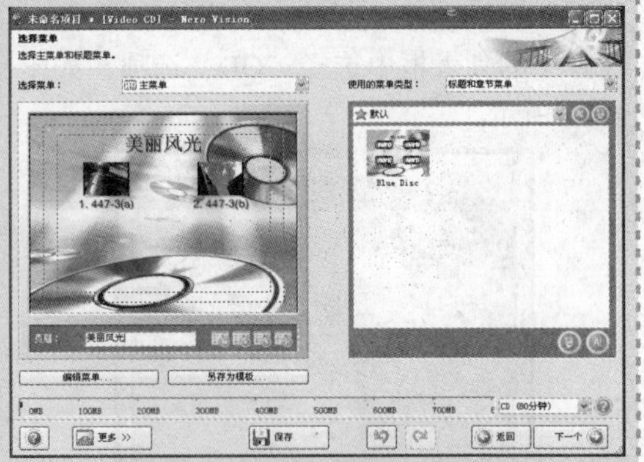

图448-2 输入“美丽风光”文字

第449集 设置相应选项

素材：素材\第19章\449—2.jpg

视频：视频\第19章\第449集.swf

难度：★★★★★

效果：无

时长：1分49秒

关键技术：单击“浏览画面”按钮

01 在第448集的基础上，单击“编辑菜单”按钮，进入“编辑菜单”界面，选择“配置”选项，弹出“配置”面板，选择“配置2”选项，如图449-1所示。

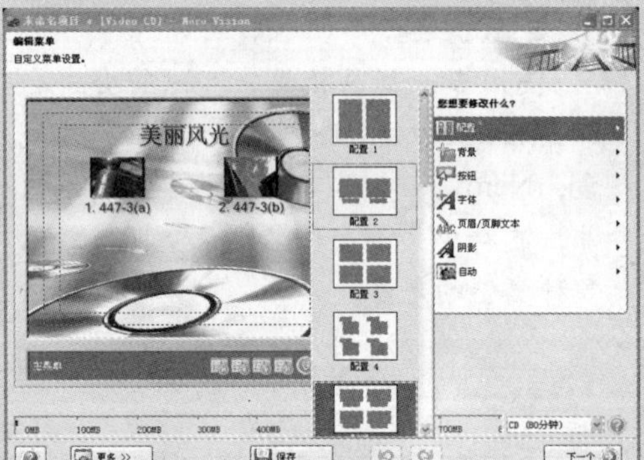

图449-1 选择“配置2”选项

02 选择“背景”选项，弹出“背景属性”面板，单击“浏览画面”按钮，在弹出的“打开”对话框中，选择一幅素材图像，单击“打开”按钮，应用背景图像，如图449-2所示。

图449-2 应用背景图像

03 选择“字体”选项，在弹出的“字体”面板中设置字体，如图449-3所示。

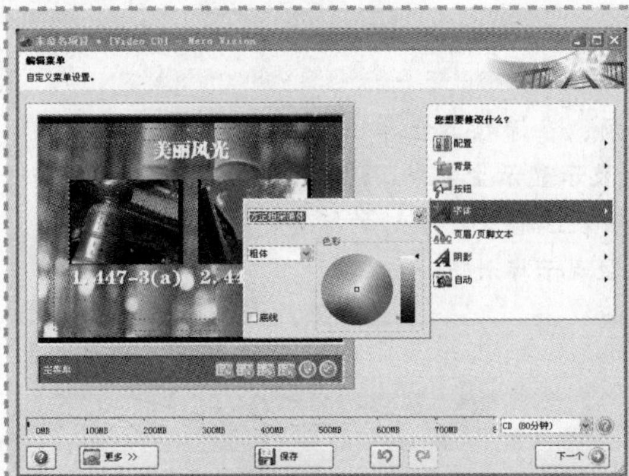
图449-3 设置字体相关参数

04 选择“阴影”选项，弹出“阴影”面板，阴影设置如图449-4所示。

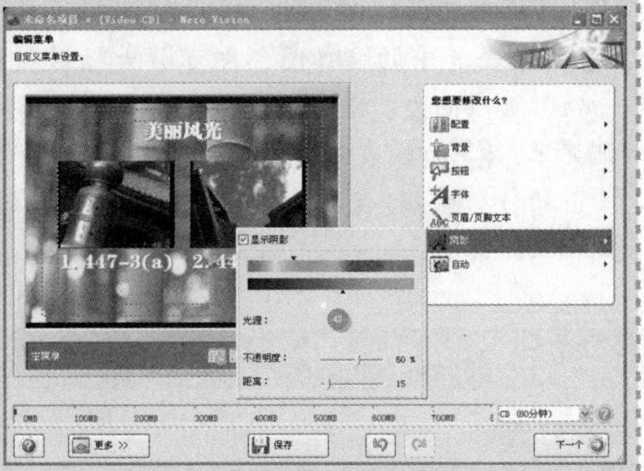
图449-4 设置阴影相关参数

专家提醒

“字体”面板用于设置页眉、页脚、条目以及链接的文字字体、颜色以及阴影等，使画面中的文字说明视觉效果更赏心悦目。

第450集 测试视频效果

素材：无　　效果：无

视频：视频\第19章\第450集.swf　　时长：33秒

难度：★★　　关键技术：“预览”界面

01 在第449集的基础上，在“未命名项目”对话框中，单击“下一个”按钮，返回到“选择菜单”界面，如图450-1所示。

图450-1 返回到“选择菜单”界面

02 单击“下一个”按钮，进入“预览”界面，在其中可以对视频菜单进行测试，如图450-2所示。

图450-2 对视频菜单进行测试音

专家提醒

单击其中的缩略图，即可放大播放该视频，在遥控器上单击◀、▲、▶、▼按钮，可以向左、上、右、下移动；TITLE按钮表示显示主菜单，MENU按钮表示显示章节菜单，↩按钮表示返回上一级菜单；▶按钮表示播放被激活的标题，■按钮表示停止播放，⏮按钮表示播放上一标题，⏭按钮表示播放下一标题。

第451集 开始刻录光盘

素材：无　　效果：无

视频：视频\第19章\第451集.swf　　时长：50秒

难度：★★★★　　关键技术：“设定刻录参数”选项区

01 在第450集的基础上，在“未命名项目”对话框中，单击“下一个”按钮，进入“刻录选项”界面，在其中可以设置刻录光盘的相关参数，如图451-1所示。

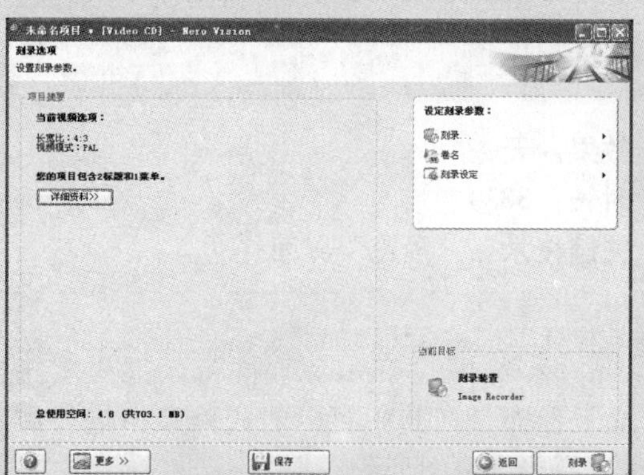

图451- 设置刻录光盘的相关参数

02 选择“设定刻录参数”选项组中的“刻录”选项，在弹出的快捷菜单中选择要使用的刻录机，如图451-2所示。用户可以根据自己的需要对其他参数进行设置。

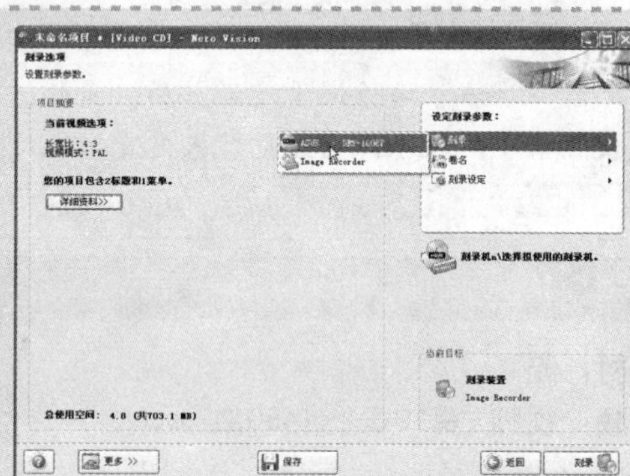

图451-2 选择要使用的刻录机

03 单击“刻录”按钮，即可开始刻录VCD视频光盘，如图451-3所示。

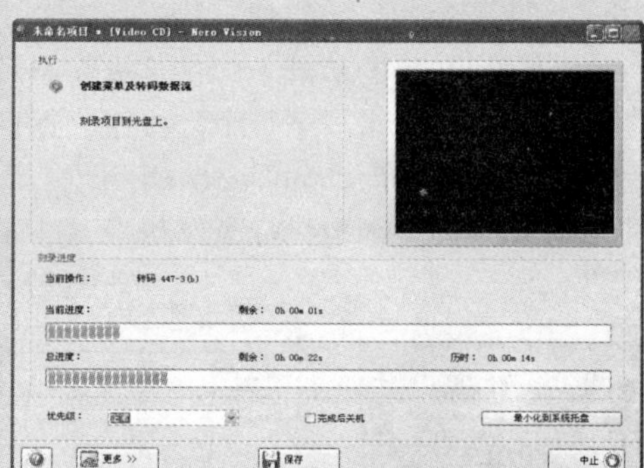

图451-3 开始刻录DVD视频光盘

04 将视频光盘刻录完成后，弹出信息提示框，提示光盘刻录完成，如图451-4所示，此时光盘将自动退出刻录机。

图451-4 提示光盘刻录完成

专家提醒

在信息提示框中单击“否”按钮，将在弹出的窗口中，提示下一步要做什么，在其中可以对刚刻录的光盘内容进行相关设置，单击“退出”按钮，弹出信息提示框，提示是否要保存项目，一般情况下不需要进行保存，单击“否”按钮即可。至此，光盘刻录完成。

第452集 预览刻录光盘

素材：无　　效果：无

视频：视频\第19章\第452集.swf　　时长：秒

难度：★★★★★　　关键技术：选择“打开文件”选项

01 在第451集的基础上，将刚刻录的光盘放入光驱中，启动暴风影音程序，在窗口上方单击“主菜单”按钮，在弹出的下拉菜单中选择“打开文件”选项，在其中选择VCD中的影片文件，即可播放VCD视频光盘。

02 在画面中单击相应的菜单，即可播放相应的视频，效果如图452-1所示。

图452-1 播放DVD视频光盘

第20章 旅游记录——韩国之旅

随着相机与摄像机的普及，人们在旅游时，会将好的景观及人物进行拍摄，回来后可以通过会声会影强大的编辑功能，将相片或视频进行加工，制作成影视式短片，不仅可以随时欣赏，而且还起到收藏相片或视频的功能。本章主要介绍“旅游记录——韩国之旅”视频的制作方法。

素材：素材\第20章\片头.wmv等

视频：视频\第20章\第453集~第460集.swf

难度：★★★★★

效果：效果\第20章\旅游记录——韩国之旅.VSP、旅游记录——韩国之旅.mpg

时长：37分13秒

关键技术：单击“摇动和缩放”按钮等

第453集 导入视频/照片素材

01 进入会声会影编辑器，在“视频”素材库中的空白处单击鼠标右键，在弹出的快捷菜单中选择“插入视频”命令，如图453-1所示。

图453-1 选择“插入视频”命令

02 弹出“浏览视频”对话框，在其中选择需要导入的视频素材，如图453-2所示。

图453-2 选择需要导入的视频素材

03 单击“打开”按钮，即可将视频文件导入到素材库中，如图453-3所示。

图453-3 将视频文件导入到素材库中

04 单击窗口上方的“画廊”按钮，在弹出的列表框中选择“照片”选项，如图453-4所示。

图453-4 选择“照片”选项

05 进入“照片”素材库，在素材库中的空白位置处单击鼠标右键，在弹出的快捷菜单中选择“插入照片”命令，如图453-5所示。

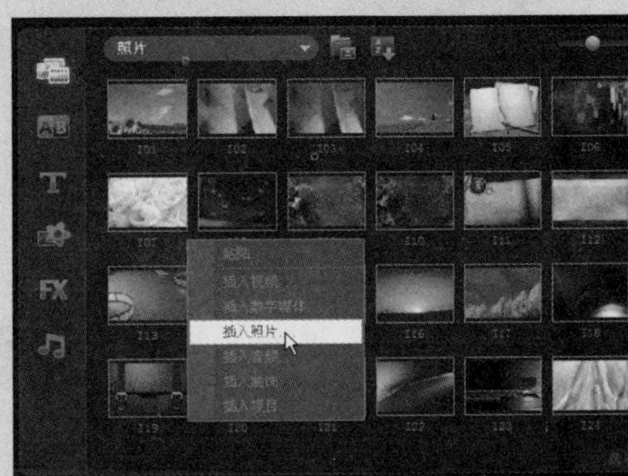

图453-5 选择“插入照片”命令

06 弹出“浏览照片”对话框，选择需要导入的照片素材，如图453-6所示。

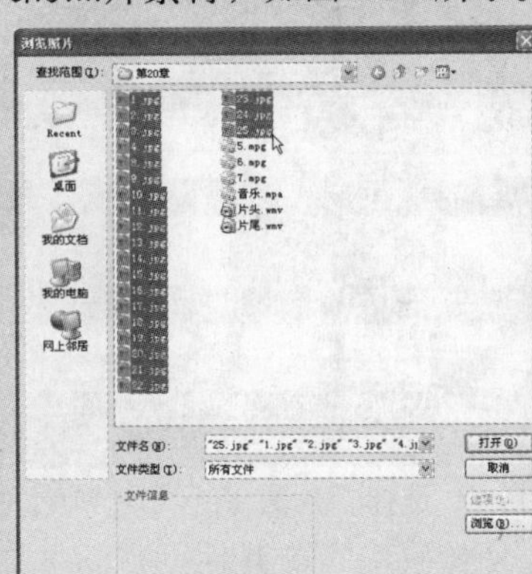

图453-6 选择需要导入的照片素材

07 单击“打开”按钮，即可将素材导入到“照片”素材库中，在预览窗口中，可以预览视频素材与照片素材，如图453-7所示。

图453-7 预览视频素材与照片素材

第454集 制作视频画面效果

01 在“视频”素材库中，选择“片头.wmv”视频素材，如图454-1所示。

图454-1 选择“片头.wmv”视频素材

02 按住鼠标左键并拖曳，将其添加至视频轨中的适当位置，如图454-2所示。

图454-2 将素材添加至视频轨中

03 切换至“属性”面板，勾选“变形素材”复选框，如图454-3所示。

04 在预览窗口中，拖曳四周的黄色控制柄，调整视频素材的大小，使其全屏显示在预览窗口中，如图454-4所示。

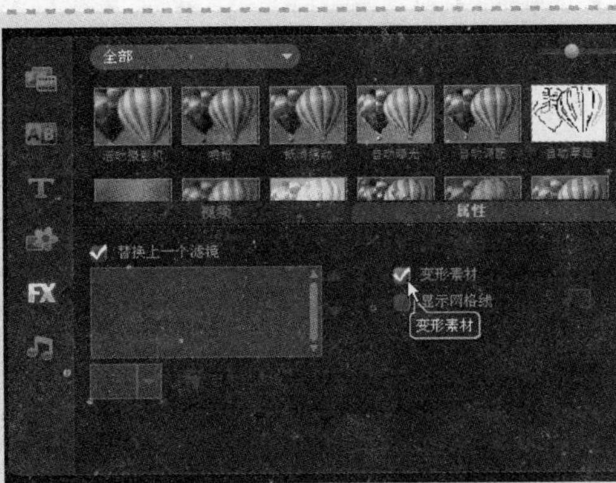

图454-3 勾选“变形素材”复选框

图454-4 调整视频素材的大小

专家提醒

勾选“变形素材”复选框后，在预览窗口中，拖曳四周的绿色控制柄，可以任意变形素材文件。

05 单击导览面板中的“播放”按钮，即可预览添加的视频效果，如图454-5所示。

图454-5 预览添加的视频效果

06 将时间线移至00:00:10:01位置，单击“图形”按钮，切换至“图形”选项卡，在素材库中选择白色色块，如图454-6所示。

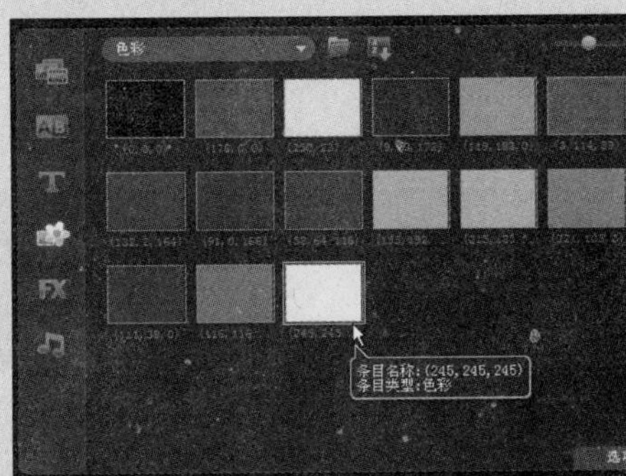

图454-6 在素材库中选择白色色块

07 按住鼠标左键并拖曳至视频轨中的时间线位置，如图454-7所示。

图454-7 将色块添加至视频轨

专家提醒

在“色彩”素材库中，单击窗口上方的“添加”按钮，即可弹出“新建色彩素材”对话框，在其中用户可根据需要对色块进行新建操作。

08 在“色彩”选项面板中设置色块的“区间”为00:00:02:00，如图454-8所示。在视频轨中可以预览设置区间后的色块效果。

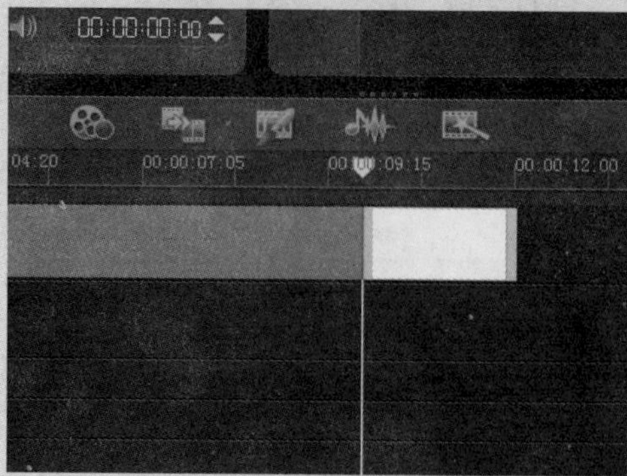

图454-8 设置色块的区间效果

09 将时间线移至00:00:12:00位置，在“照片”素材库中选择1.jpg照片素材，如图454-9所示。

图454-9 选择1.jpg照片素材

10 按住鼠标左键并拖曳至视频轨中的时间线位置，如图454-10所示。

图454-10 添加照片素材至视频轨

11 在“照片”选项面板中，设置素材的区间长度为00:00:06:00，如图454-11所示。

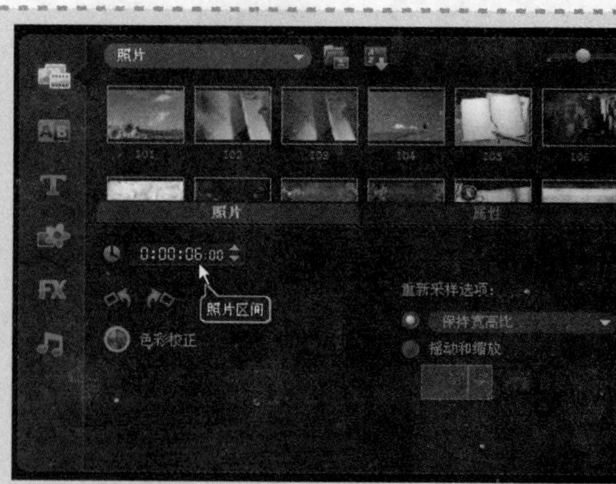

图454-11 设置素材的区间长度

12 使用与上同样的方法，将素材库中的照片与视频素材依次拖曳至视频轨中，添加相应的颜色色块，调整素材的区间长度，此时时间轴面板如图454-12所示。

时间轴画面效果片段一

时间轴画面效果片段二

时间轴画面效果片段三

时间轴画面效果片段四

图454-12 添加视频与照片素材至视频轨中

专家提醒

在时间轴面板中，单击上方的“将项目调到时间轴窗口大小”按钮，即可在时间轴面板中显示所有视频与照片素材。

第455集 制作视频摇动效果

01 在视频轨中选择1.jpg照片素材，在“照片”选项面板中选中“摇动和缩放”单选按钮，如图455-1所示。

图455-1 选中“摇动和缩放”单选按钮

02 单击下方的下拉按钮，在弹出的列表框中选择预设动画样式，如图455-2所示。

图455-2 在列表框中选择预设动画样式

03 单击导览面板中的“播放”按钮，预览摇动和缩放动画效果，如图455-3所示。

图455-3 预览摇动和缩放动画效果

04 使用与上同样的方法，设置其他照片素材的摇动和缩放动画效果，并设置相应的预设动画样式，效果如图455-4所示。

图455-4 设置相应的摇动与缩放动画样式

第456集 添加视频转场效果

01 将时间线移至素材的开始位置，切换至“转场”选项卡，单击窗口上方的“画廊”按钮，在弹出的列表框中选择“过滤”选项，如图456-1所示。

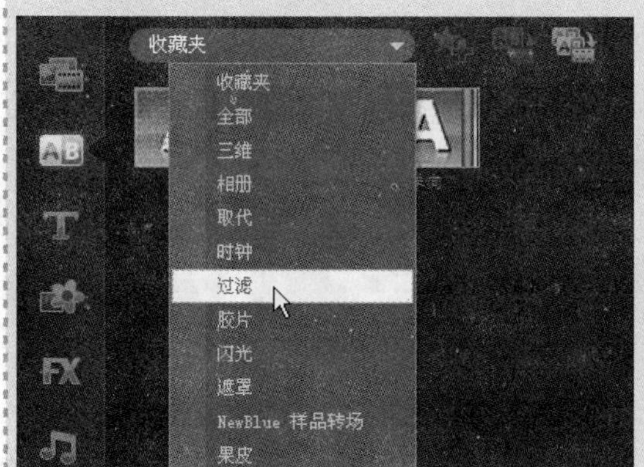

图456-1 选择“过滤”选项

02 打开“过滤”素材库，在其中选择“交叉淡化”选项，如图456-2所示。

图456-2 选择“交叉淡化”选项

专家提醒

在“转场”选项卡中，单击窗口上方的“画廊”按钮，在弹出的列表框中选择“全部”选项，即可在“转场”选项卡中显示所有转场效果，读者可根据需要选择相应的转场效果，并添加至视频轨中即可。

03 按住鼠标左键并拖曳至“片头.wmv”与白色色块之间，为其添加“交叉淡化”转场效果，如图456-3所示。

图456-3 添加“交叉淡化”转场效果

04 使用与上同样的方法，再次在白色色块与1.jpg照片素材之间添加“交叉淡化”转场效果，如图456-4所示。

图456-4 再次添加相应转场效果

05 打开“三维”素材库，在其中选择“对开门”转场效果，如图456-5所示。

图456-5 选择“对开门”转场效果

06 按住鼠标左键并拖曳至视频轨中的1.jpg与2.jpg素材之间，如图456-6所示。

图456-6 添加“对开门——三维”转场效果

07 单击“播放”按钮，预览“对开门——三维”转场效果，如图456-7所示。

图456-7 预览“对开门——三维”转场效果

08 在“三维”素材库中，选择“飞行木板”选项，按住鼠标左键并拖曳至视频轨中的2.jpg与3.jpg素材之间，单击“播放”按钮，预览转场效果，如图456-8所示。

图456-8 预览“飞行木板——三维”转场效果

09 使用与上同样的方法，在视频轨中分别添加相应的转场效果，视频效果如图456-9所示。

视频转场效果片段一

视频转场效果片段二

视频转场效果片段三

视频转场效果片段四

图456-9 分别添加相应的转场效果

第457集 添加视频覆叠效果

01 在时间轴面板中的视频轨图标上单击鼠标右键，在弹出的快捷菜单中选择"轨道管理器"命令，如图457-1所示。

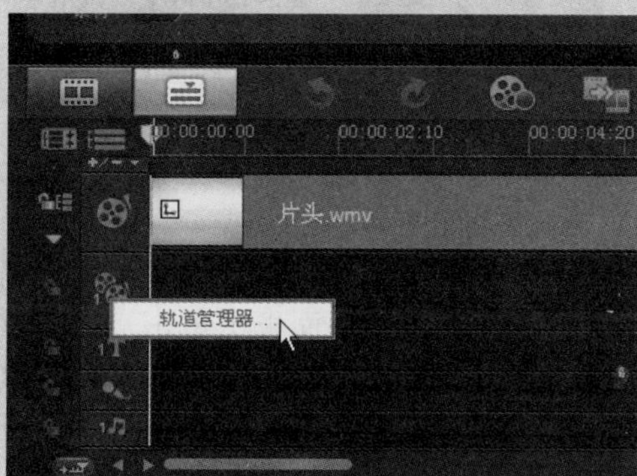

图457-1 选择"轨道管理器"命令

02 弹出"轨道管理器"对话框，在列表框中依次勾选"覆叠轨#2"和"覆叠轨#3"复选框，如图457-2所示。

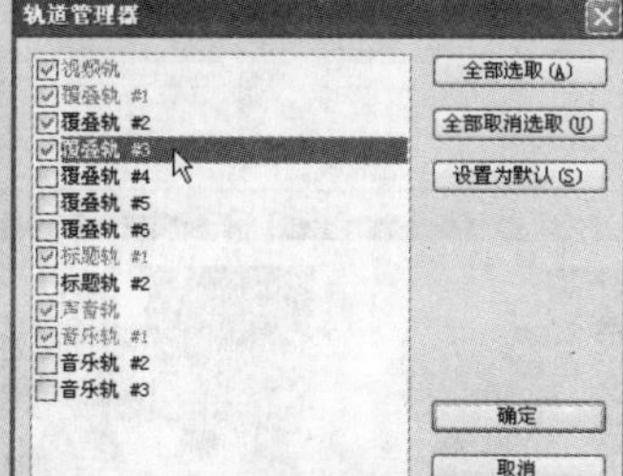

图457-2 勾选相应覆叠轨复选框

专家提醒

在"轨道管理器"对话框中，若单击"全部选取"按钮，将勾选所有轨道复选框。

03 单击"确定"按钮，时间轴面板中将新增两条覆叠轨，如图457-3所示。

图457-3 面板中新增两条覆叠轨

04 将时间线移至00:00:04:07位置，在"照片"素材库中，选择13.jpg照片素材，按住鼠标左键并拖曳至覆叠轨1中的时间线位置，如图457-4所示。

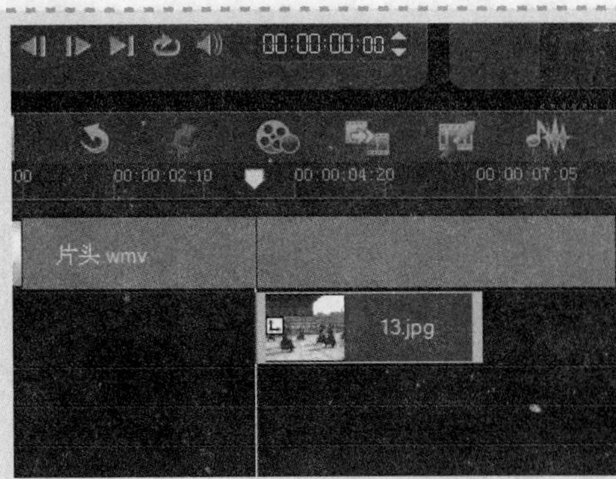

图457-4 添加覆叠素材至覆叠轨

05 在“编辑”选项面板中，设置素材的“区间”为00:00:05:19，如图457-5所示。

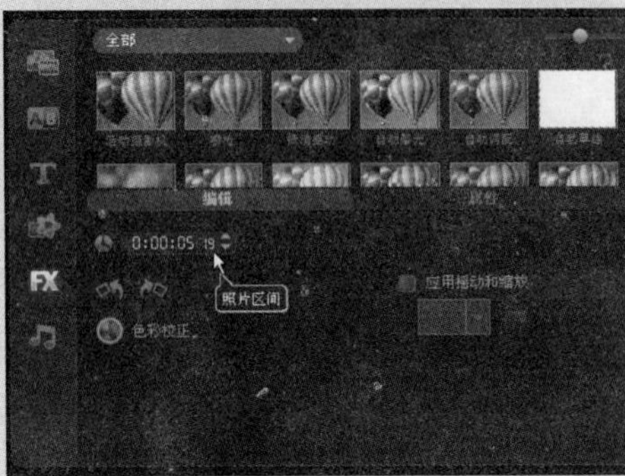

图457-5 设置覆叠素材的区间长度

06 此时，覆叠轨中的覆叠素材效果如图457-6所示，然后为素材添加相应的摇动效果。

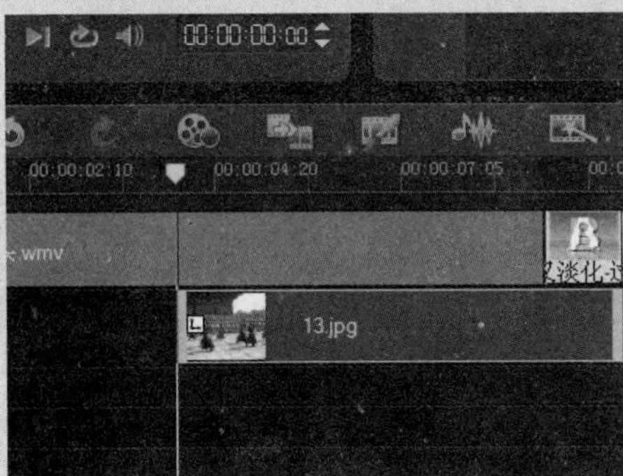

图457-6 预览覆叠素材的效果

专家提醒

在会声会影X3中，选择需要设置摇动效果的覆叠素材，在“编辑”选项面板中勾选“应用摇动和缩放”复选框即可。

07 切换至“属性”选项卡，在预览窗口中，拖曳照片四周的控制柄，调整照片素材的形状，效果如图457-7所示。

图457-7 调整照片素材的形状

08 切换至“滤镜”选项卡，在其中选择“修剪”滤镜特效，如图457-8所示。

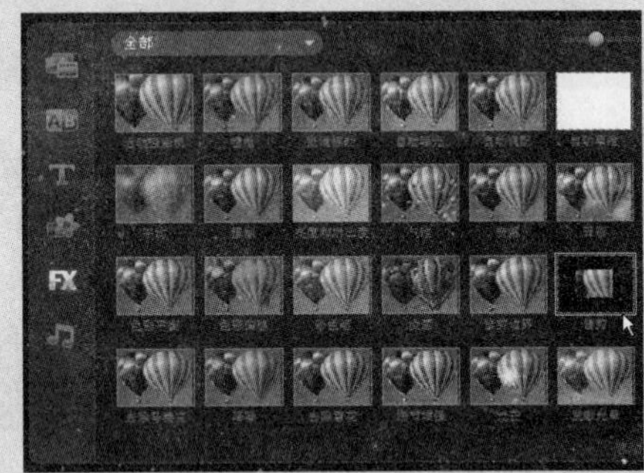

图457-8 选择“修剪”滤镜特效

09 按住鼠标左键并拖曳至视频轨中的13.jpg素材上，为其添加“修剪”滤镜特效，在“属性”选项面板中单击“自定义滤镜”按钮，弹出“修剪”对话框，在其中设置相应参数，并添加相应关键帧，如图457-9所示。

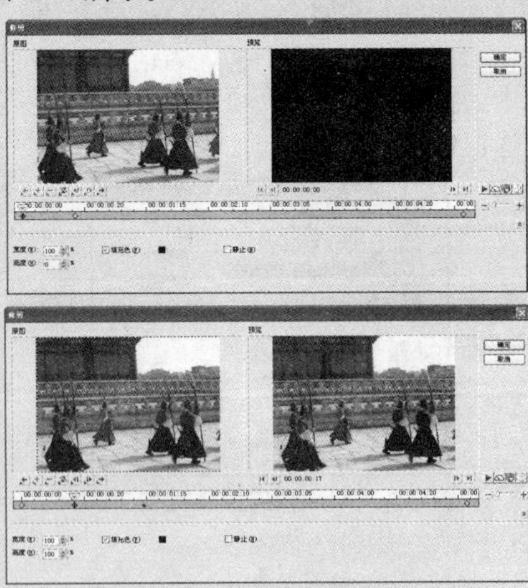

图457-9 各关键帧中的数值情况

10 单击“确定”按钮，返回会声会影编辑器，使用与上同样的方法，在其他覆叠轨中添加相应的照片素材，并为其添加“修剪”滤镜特效，然后调整素材的区间及形状，单击导览面板中的“播放”按钮，预览覆叠素材的动画效果，如图457-10所示。

图457-10 预览覆叠素材的动画效果

11 使用与上同样的方法，在片尾处插入相应的覆叠素材，并设置覆叠素材的相应属性，单击导览面板中的“播放”按钮，即可预览片尾视频动画效果，如图457-11所示。

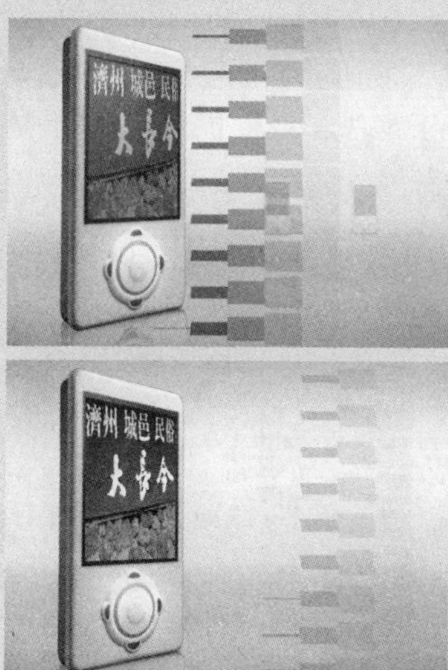

图457-11 预览片尾视频动画效果

12 将时间线移至00:00:10:01位置，在“照片”素材库中选择25.jpg照片素材，如图457-12所示。

图457-12 选择25.jpg照片素材

13 按住鼠标左键并拖曳至覆叠轨中的时间线位置，如图457-13所示。

图457-13 拖曳至覆叠轨中的合适位置

专家提醒

将鼠标定位于覆叠轨中，单击鼠标右键，在弹出的快捷菜单中选择“插入照片”命令，弹出“浏览照片”对话框，在其中选择需要插入的照片，单击“打开”按钮，也可以快速将照片插入至覆叠轨中。

14 在预览窗口中，拖曳覆叠素材四周的控制柄，使素材全屏显示在预览窗口中，如图457-14所示。

图457-14 使素材全屏显示在预览窗口中

15 在“属性”选项面板中，单击“遮罩和色度键”按钮，如图457-15所示。

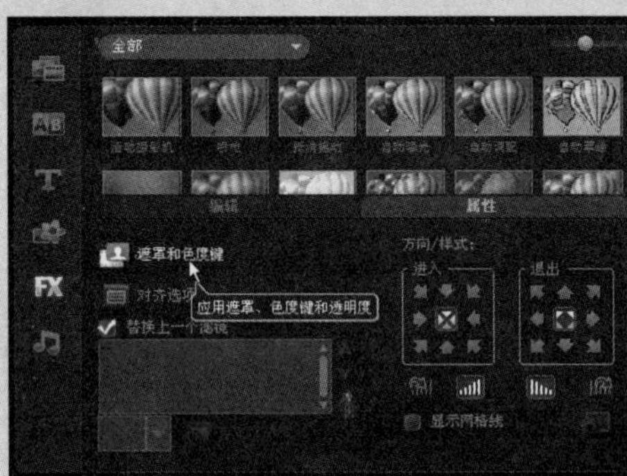

图457-15 单击“遮罩和色度键”按钮

16 在弹出的面板中勾选“应用覆叠选项”复选框，在下方设置“相似度”为30、“覆叠遮罩的色彩”为白色，如图457-16所示。

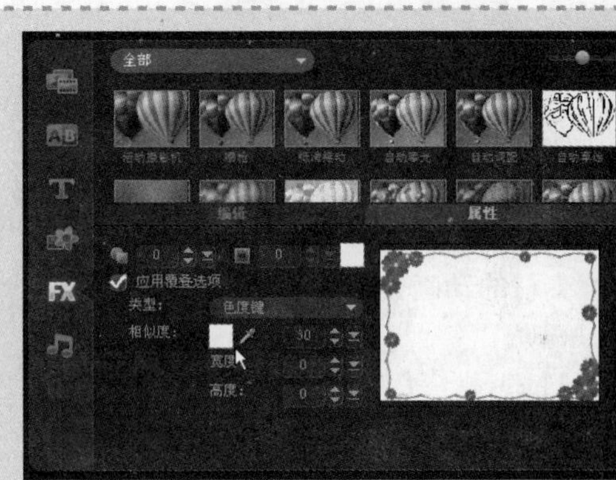

图457-16 设置覆叠素材的相应选项

17 执行操作后，此时预览窗口中的覆叠效果如图457-17所示。

图457-17 预览覆叠素材的效果

专家提醒

在“遮罩和色度键”选项面板中，若单击“类型”右侧的下拉按钮，在弹出的列表框中选择“遮罩帧”选项，在面板右侧将显示一个下拉列表，其中显示了多种遮罩效果，用户可根据需要进行相应的选择。

18 使用与上同样的方法，在覆叠轨中的其他位置再次插入多个覆叠素材，并设置覆叠素材的相应覆叠选项，在预览窗口中可以预览覆叠的效果，如图457-18所示。

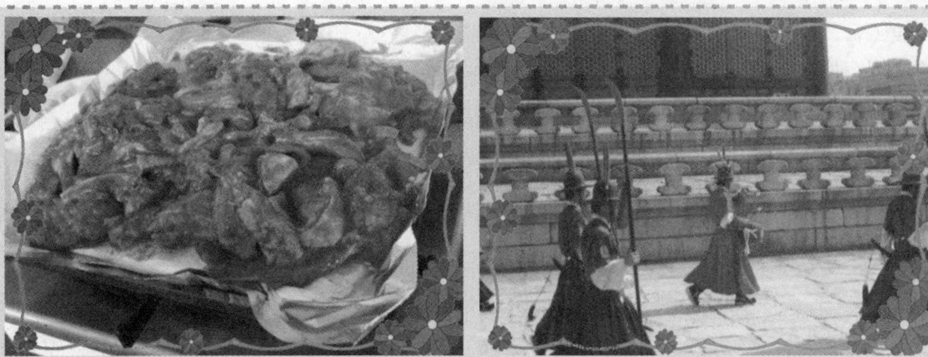

图457-18 在预览窗口中可以预览覆叠的效果

第458集 制作视频字幕效果

01 将时间线移至00:00:04:07位置，切换至“标题”选项卡，在预览窗口中的适当位置输入文字“韩国之旅”，在“编辑”选项面板中，设置文字的相应属性，如图458-1所示。

图458-1 输入相应的文本内容

02 在“编辑”选项面板中，设置字幕的“区间”为00:00:05:19，如图458-2所示。

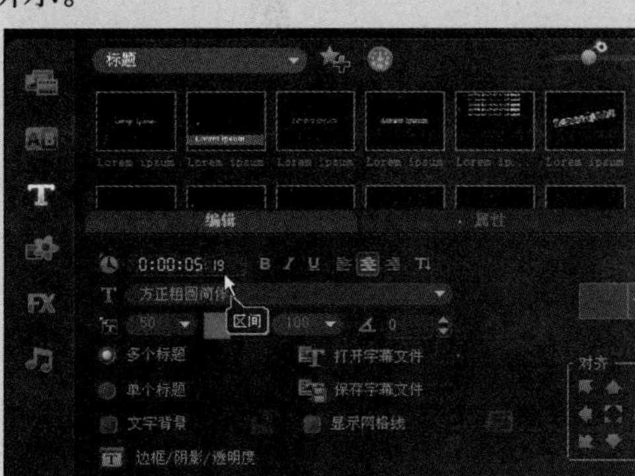

图458-2 设置字幕的区间效果

03 确认输入的字幕为选中状态，切换至“属性”选项面板，选中“动画”单选按钮和勾选“应用”复选框，如图458-3所示。

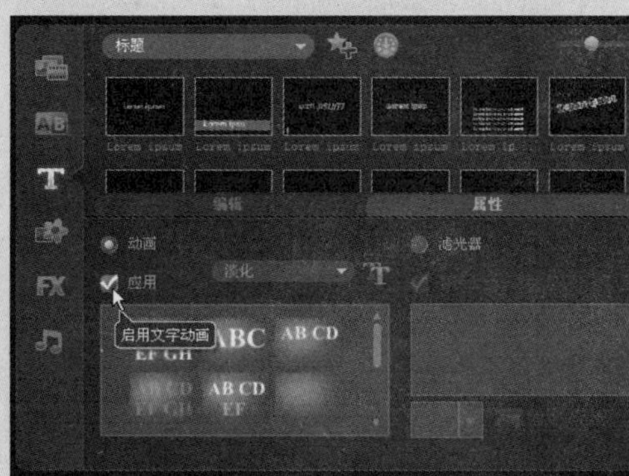

图458-3 选中相应单选按钮和勾选复选框

04 单击“类型”右侧的下拉按钮，在弹出的列表框中选择“淡化”选项，打开“淡化”预设动画类型，在其中选择一种预设动画，如图458-4所示。

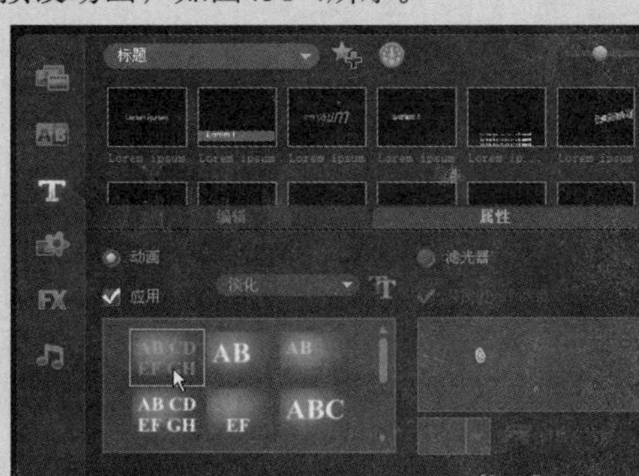

图458-4 选择一种预设动画

05 单击“自定义动画属性”按钮，弹出“淡化动画”对话框，在“淡化样式”选项组中选中“交叉淡化”单选按钮，如图458-5所示。

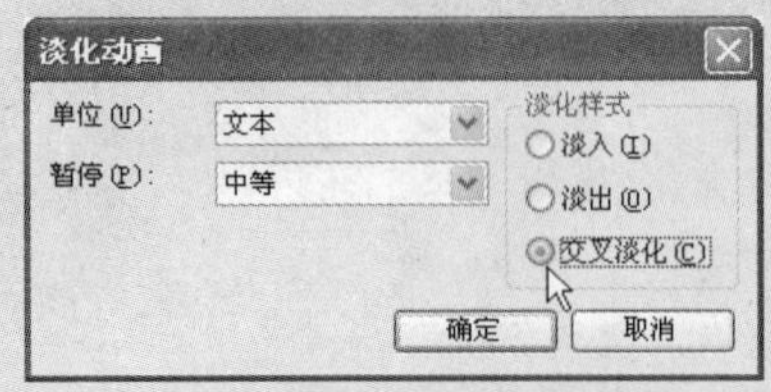

图458-5 选中“交叉淡化”单选按钮

06 单击“确定”按钮，即可为字幕添加交叉淡化动画效果。此时，在导览面板下方将显示两个“暂停区间”按钮，如图458-6所示。拖曳相应的按钮可以调整交叉淡化的动画播放方式。

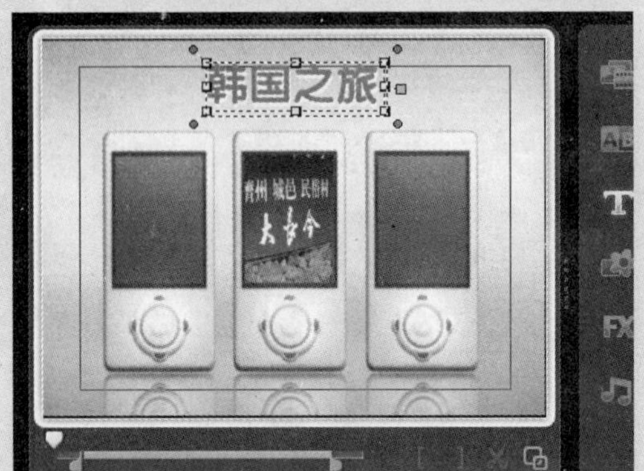

图458-6 拖曳相应按钮调整动画方式

专家提醒

在“淡化动画”对话框中，用户可以设置“淡化样式”为“淡出”。

07 单击导览面板中的“播放”按钮，预览字幕动画效果，如图458-7所示。

图458-7 预览影片的字幕动画效果

08 使用与上同样的方法，在标题轨中的其他位置输入相应字幕，并设置字幕的属性、区间及动画效果，单击“播放”按钮，预览影片字幕动画效果，如图458-8所示。

字幕动画效果片段一

字幕动画效果片段二

字幕动画效果片段三

图458-8 预览影片字幕动画效果

第459集 制作视频背景音乐

01 单击“音频”按钮，切换至“音频”素材库，在素材库中的空白位置上，单击鼠标右键，在弹出的快捷菜单中选择“插入音频”选项，如图459-1所示。

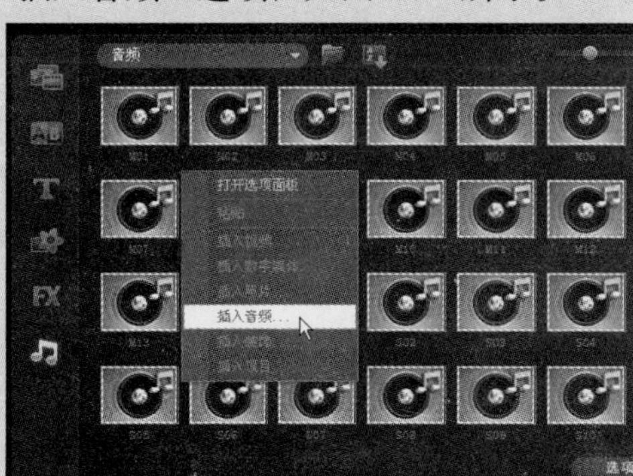

图459-1 选择“插入音频”选项

02 弹出“浏览音频”对话框，在其中选择音频文件“音乐.mp3”，如图459-2所示。

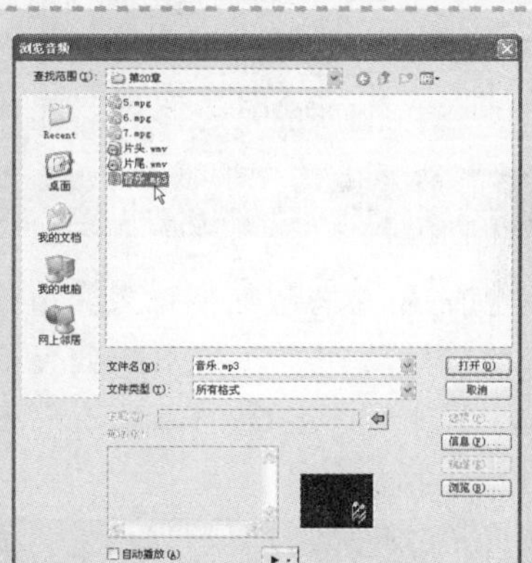

图459-2 选择音频文件“音乐.mp3”

专家提醒

在“浏览音频”对话框中，选择需要导入的音频素材，双击鼠标左键，即可快速地将音频素材导入到“音频”素材库中。

03 单击“打开”按钮，即可将音频文件导入到“音频”素材库中，如图459-3所示。

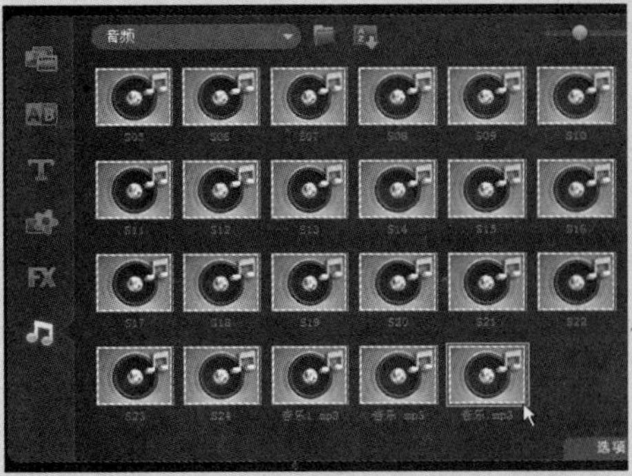

图459-3 导入音频素材至素材库中

04 按住鼠标左键并拖曳至音乐轨中的适当位置，如图459-4所示。

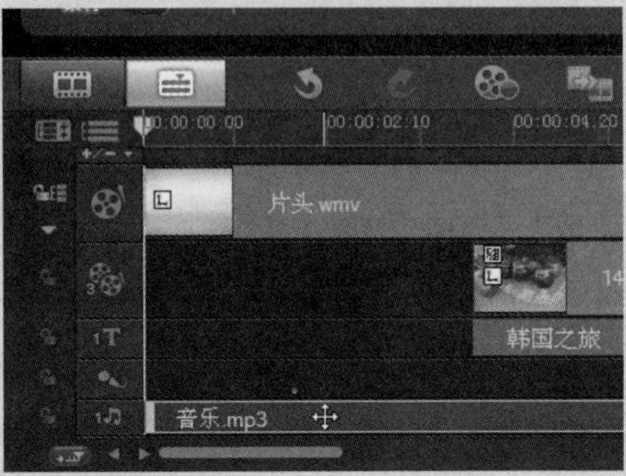

图459-4 添加音频素材至音乐轨中

05 切换至“音乐和声音”选项面板，单击“淡入”和“淡出”按钮，为音频添加淡入淡出特效，如图459-5所示。

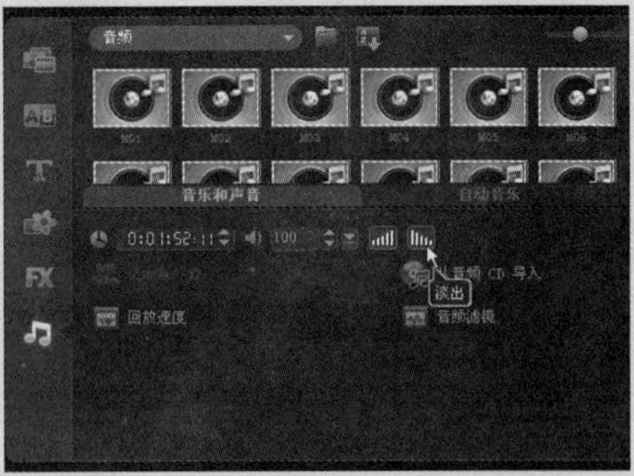

图459-5 为音频添加淡入淡出特效

06 单击“混音器”按钮，切换至“混音器”视图，在其中可以预览音频的淡入淡出关键帧，如图459-6所示。

图459-6 预览音频的淡入淡出关键帧

07 单击导览面板中的“播放”按钮，预览音频的淡入淡出特效。

第460集 输出为DVD文件

01 切换至“分享”选项卡，单击“创建视频文件”按钮，在弹出的列表框中选择“DVD”|“PAL DVD（4:3）”选项，如图460-1所示。

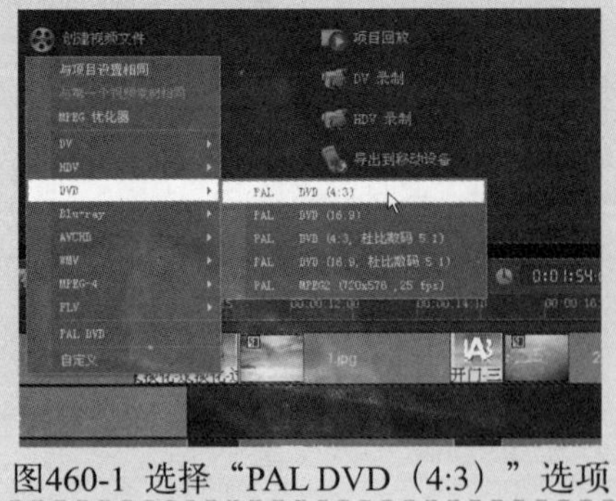

图460-1 选择“PAL DVD（4:3）”选项

02 弹出“创建视频文件”对话框，在其中设置文件的保存位置及文件名称，如图460-2所示。

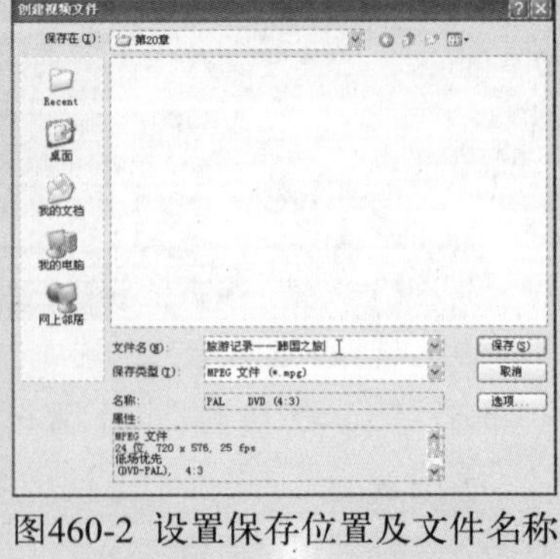

图460-2 设置保存位置及文件名称

03 单击“保存”按钮，即可开始渲染文件，并显示渲染进度，如图460-3所示。

图460-3　渲染影片并显示渲染进度

04 渲染完成后，返回会声会影编辑器，在预览窗口中，即可预览渲染后的视频效果，如图460-4所示。

图460-4　预览渲染后的视频效果

第21章 节日记录——生日快乐

在每个人的生命中，生日的庆祝活动对每个人来说都是非常重要的。若要通过影片记录下这些美好时刻，除了应用必要的拍摄技巧外，后期处理尤其重要。通过后期处理，不仅可以对生日活动的原始素材进行合理的编辑，而且可以为影片添加各种文字及特效，使影片更具珍藏价值。本章主要介绍节日记录——生日快乐影片的制作方法。

素材：素材\第21章\片头.wmv等
视频：视频\第21章\第461集~第468集.swf
难度：★★★★★
效果：效果\第21章\节日记录——生日快乐.VSP、节日记录——生日快乐.mpg
时长：27分8秒
关键技术：添加“翻页”转场等

第461集 导入视频/照片素材

01 进入会声会影编辑器，在“照片”素材库中，单击鼠标右键，在弹出的快捷菜单中选择“插入照片”命令，如图461-1所示。

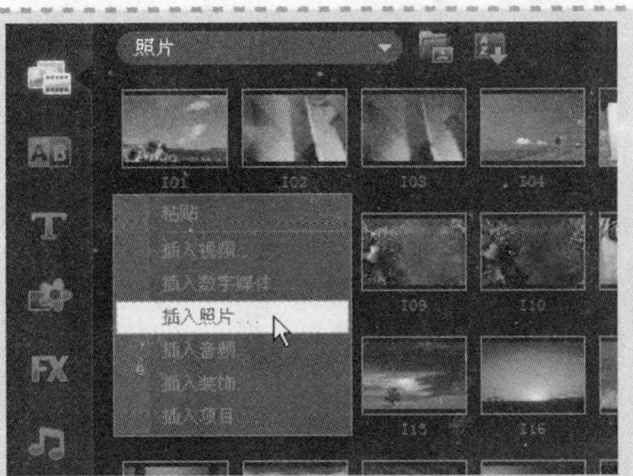

图461-1 选择“插入照片”命令

02 弹出“浏览照片”对话框，在其中选择需要导入的照片素材，如图461-2所示。

图461-2 选择需要导入的照片素材

03 单击“打开”按钮，即可将其导入到素材库中，如图461-3所示。

图461-3 将素材导入到素材库中

04 选择“文件”|“将媒体文件插入到素材库”|“插入视频”命令，如图461-4所示。

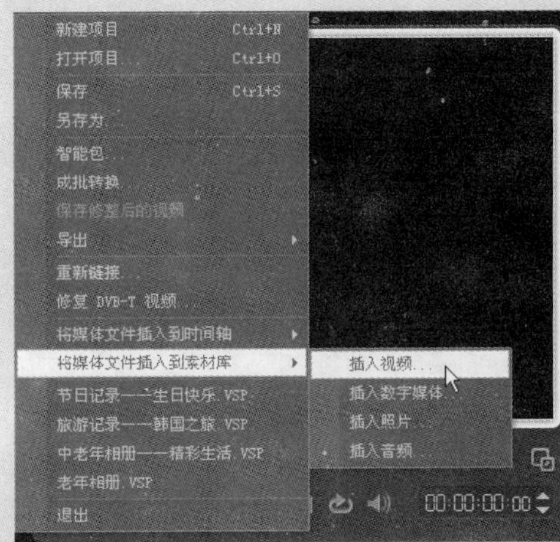

图461-4 选择“插入视频”命令

05 弹出“插入视频”对话框，在其中选择需要插入的视频文件，如图461-5所示。

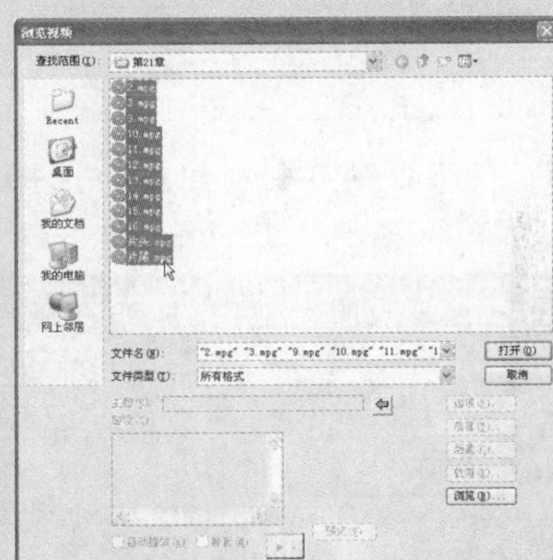

图461-5 选择需要插入的视频文件

06 单击“打开”按钮，即可将视频素材导入到素材库中，如图461-6所示。

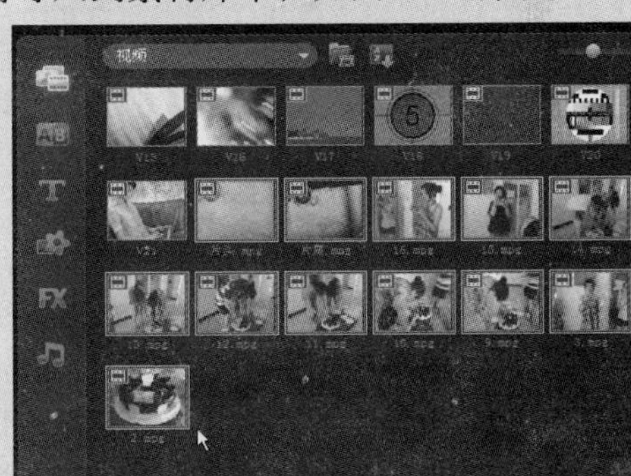

图461-6 将视频素材导入到素材库中

07 在预览窗口中，即可预览视频素材或图像素材，如图461-7所示。

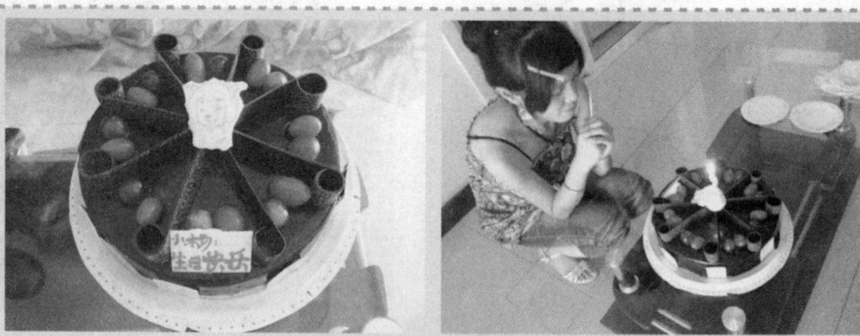

图461-7 预览视频素材或图像素材

专家提醒

在“照片”素材库中，单击上方的“添加”按钮，也可以快速弹出“浏览照片”对话框。

第462集 制作视频画面效果

01 在“视频”素材库中，选择“片头.mpg”视频素材，如图462-1所示。

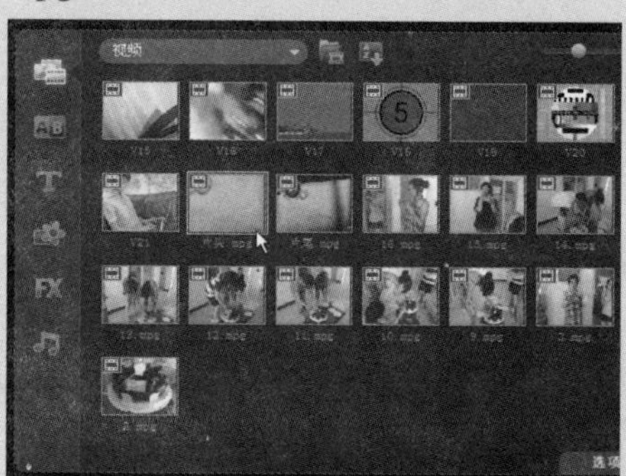

图462-1 选择“片头.mpg”视频素材

02 按住鼠标左键并拖曳至视频轨中的开始位置，如图462-2所示。

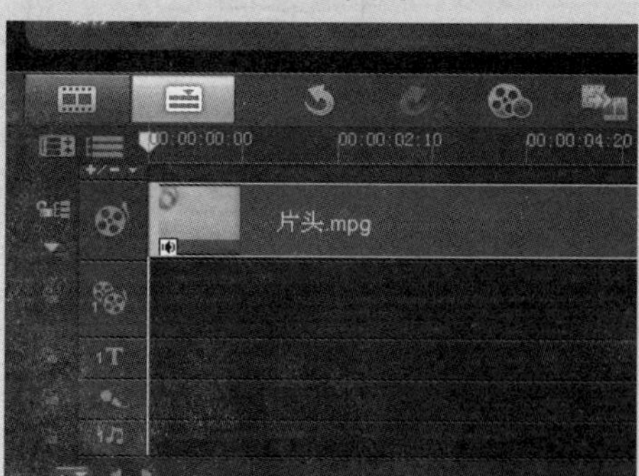

图462-2 拖曳至视频轨中的开始位置

03 单击导览面板中的“播放”按钮，预览添加的视频素材效果，如图462-3所示。

图462-3 预览添加的视频素材效果

04 将时间线移至00:00:10:01位置，单击“图形”按钮，切换至“图形”选项卡，在素材库中选择白色色块，如图462-4所示。

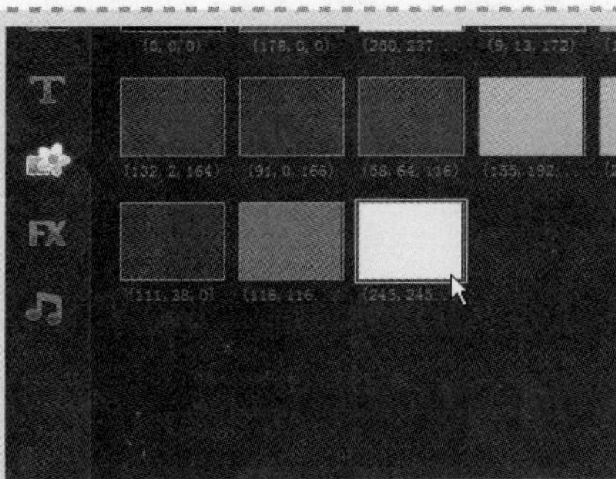

图462-4 在素材库中选择白色色块

05 按住鼠标左键并拖曳至视频轨中的时间线位置，如图462-5所示。

图462-5 将色块添加至视频轨中

06 在“色彩”选项面板中设置色块的“区间”为00:00:02:00，此时视频轨中的色块效果如图462-6所示。

07 将时间线移至00:00:12:00位置，在“照片”素材库中选择1.jpg照片素材，按住鼠标左键并拖曳至视频轨中的时间线位置，如图462-7所示，然后设置素材的区间效果。

图462-6 预览视频轨中的色块效果

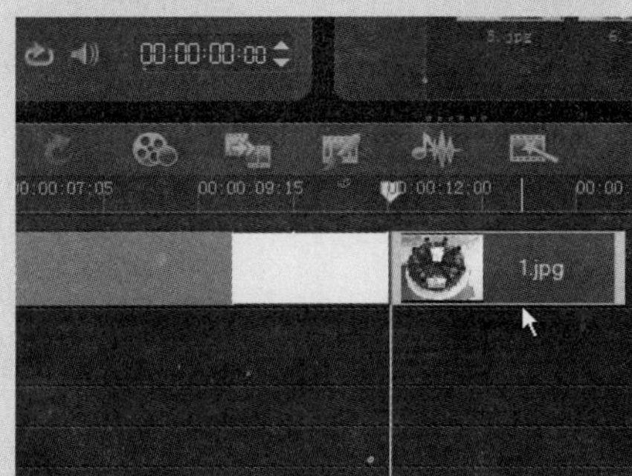

图462-7 在视频轨中添加照片素材

08 使用与上同样的方法，将素材库中的照片与视频素材依次拖曳至视频轨中，添加相应的颜色色块，调整素材的区间长度，此时时间轴面板如图462-8所示。

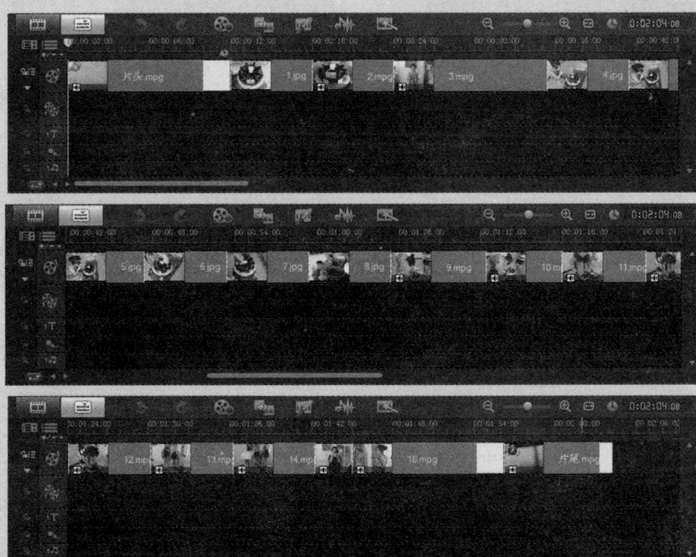

图462-8 添加照片与视频素材

专家提醒

单击时间轴上方的“缩小”按钮或“放大”按钮，可以调整时间轴面板中素材的显示宽度。

09 在预览窗口中，可以预览视频的效果，如图462-9所示。

图462-9 预览视频的效果

第463集 制作视频摇动效果

01 在视频轨中选择1.jpg照片素材，在“照片”选项面板中选中“摇动和缩放”单选按钮，如图463-1所示。

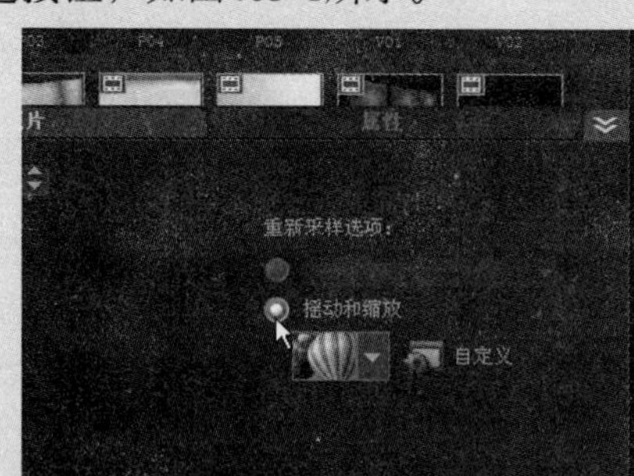

图463-1 选中“摇动和缩放”单选按钮

02 单击下方的下拉按钮，在弹出的列表框中选择预设动画样式，如图463-2所示。

图463-2 在列表框中选择预设动画样式

03 单击“自定义”按钮，弹出“摇动和缩放”对话框，在“原图”预览窗口中，拖曳十字形控制柄，调整照片的运动效果，如图463-3所示。

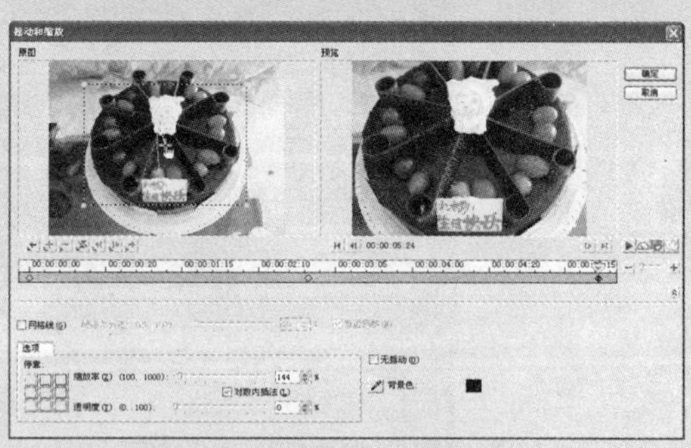

图463-3 调整照片的运动效果

04 单击“确定”按钮，即可调整照片的运动效果，单击“播放”按钮，预览照片运动效果，如图463-4所示。

图463-4 预览照片运动效果

05 参照与上同样的方法，设置其他照片素材的摇动和缩放动画效果，并选择相应的预设动画模式，效果如图463-5所示。

图463-5 设置照片的摇动和缩放动画效果

专家提醒

为素材添加相应的预设摇动效果后，单击“自定义”按钮，弹出“摇动和缩放”对话框，在其中用户可根据需要自定义摇动效果。

第464集 添加视频转场效果

01 将时间线移至素材的开始位置，切换至“转场”选项卡，单击窗口上方的“画廊”按钮，在弹出的列表框中选择“过滤”选项，如图464-1所示。

图464-1 选择“过滤”选项

02 打开“过滤”素材库，在其中选择“交叉淡化”选项，如图464-2所示。

图464-2 选择“交叉淡化”选项

03 按住鼠标左键并拖曳至“片头.mpg”与白色色块之间，如图464-3所示。

图464-3 添加“交叉淡化”转场效果

04 参照与上同样的方法，再次在视频轨中的其他位置添加“交叉淡化”转场效果，如图464-4所示。

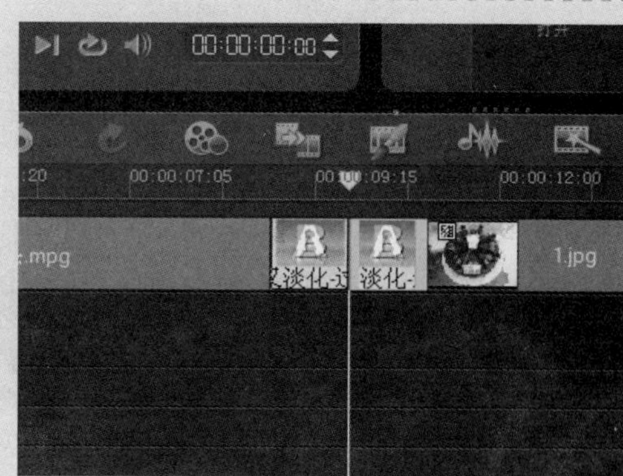

图464-4 再次添加“交叉淡化”转场效果

05 打开“三维”素材库，在其中选择“对开门”选项，按住鼠标左键并拖曳至视频轨中的1.jpg与2.mpg素材之间，单击“播放”按钮，预览转场效果，如图464-5所示。

图464-5 预览“对开门”转场效果

06 在“三维”素材库中，选择“飞行方块”选项，按住鼠标左键并拖曳至视频轨中的2.mpg与3.mpg素材之间，单击“播放”按钮，预览转场效果，如图464-6所示。

图464-6 预览“飞行方块”转场效果

07 打开“胶片”素材库，在其中选择“翻页”选项，按住鼠标左键并拖曳至视频轨中的3.mpg与4.jpg素材之间，单击“播放”按钮，预览转场效果，如图464-7所示。

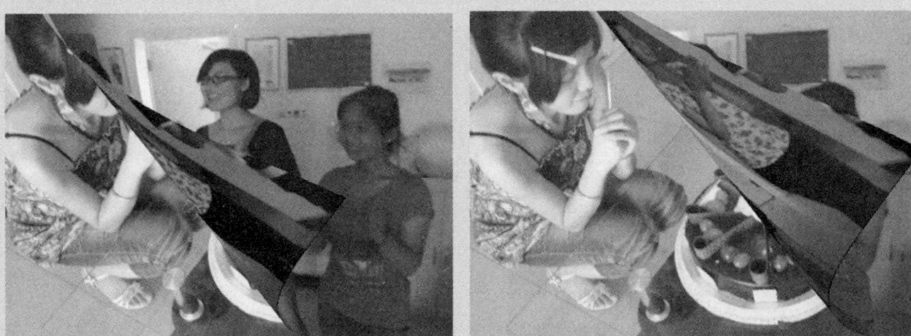

图464-7 预览“翻页”转场效果

08 使用与上同样的方法，在视频轨中分别添加相应的转场效果，视频效果如图464-8所示。

预览“喷出—过滤”转场效果

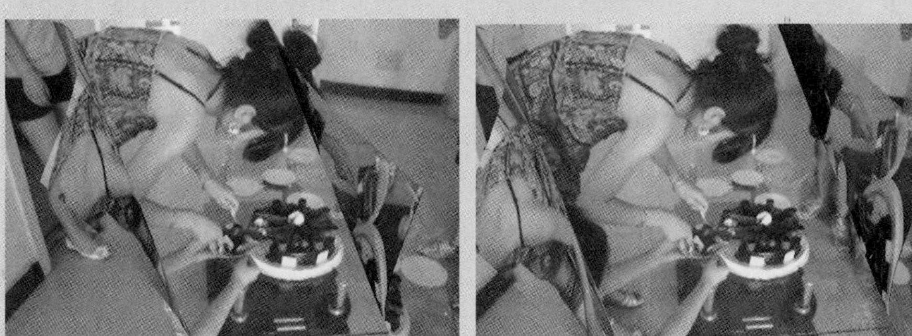

预览“对开门—胶片”转场效果

预览“条带—擦拭”转场效果

图464-8 预览视频转场效果

第465集 添加视频覆叠效果

01 在时间轴面板中的视频轨图标上，单击鼠标右键，在弹出的快捷菜单中选择“轨道管理器”命令，如图465-1所示。

图465-1 选择“轨道管理器”命令

02 弹出“轨道管理器”对话框，在列表框中依次勾选“覆叠轨#2”、“覆叠轨#3”和“覆叠轨#4”复选框，如图465-2所示。

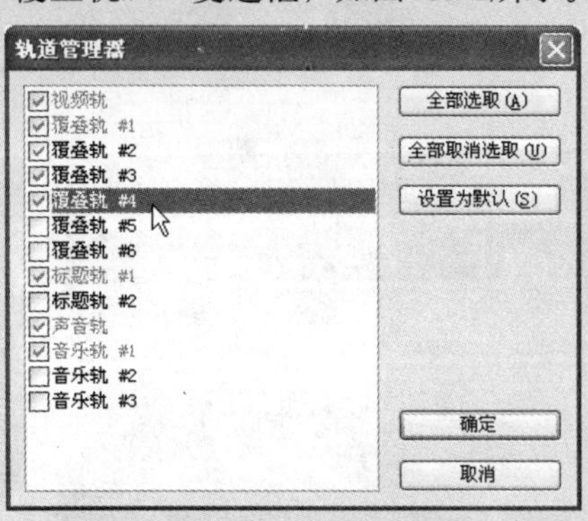

图465-2 勾选相应轨道复选框

专家提醒

在“轨道管理器”对话框中，若单击“全部选取”按钮，将勾选所有轨道复选框。

03 单击“确定”按钮，时间轴面板中将新增3条覆叠轨，如图465-3所示。

图465-3 在面板中将新增三条覆叠轨

04 将时间线移至00:00:01:20位置，在“照片”素材库中，选择4.jpg照片素材，按住鼠标左键并拖曳至覆叠轨1中的时间线位置，如图465-4所示。

图465-4 将素材拖曳至覆叠轨中

05 在“编辑”选项面板中，设置素材的“区间”为00:00:08:06，如图465-5所示。

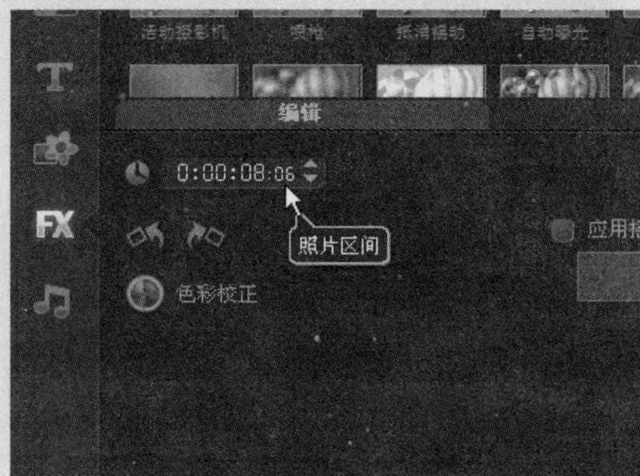

图465-5 设置覆叠素材的区间长度

06 此时，覆叠轨中的覆叠素材效果如图465-6所示，然后为素材添加相应的摇动效果。

图465-6 预览覆叠轨中的覆叠素材

专家提醒

将鼠标移至照片素材的右侧黄色端点上，此时鼠标指针呈双向箭头形状，按住鼠标左键并拖曳，也可以快速调整照片的区间长度。

07 切换至“属性”选项卡，将鼠标移至预览窗口右下角的绿色控制柄处，此时鼠标指针呈形状，按住鼠标左键并向右下角拖曳，移至合适位置后释放鼠标，即可调整素材图像的形状，如图465-7所示。

08 使用与上同样的方法，拖曳四周其他绿色控制柄，调整覆叠素材的形状，效果如图465-8所示。

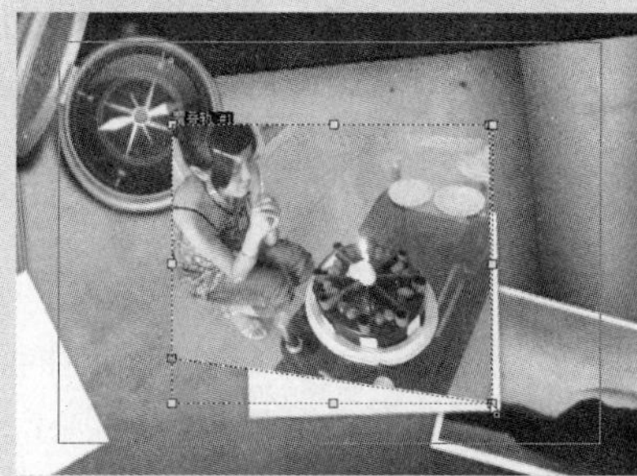

图465-7 调整素材图像的形状

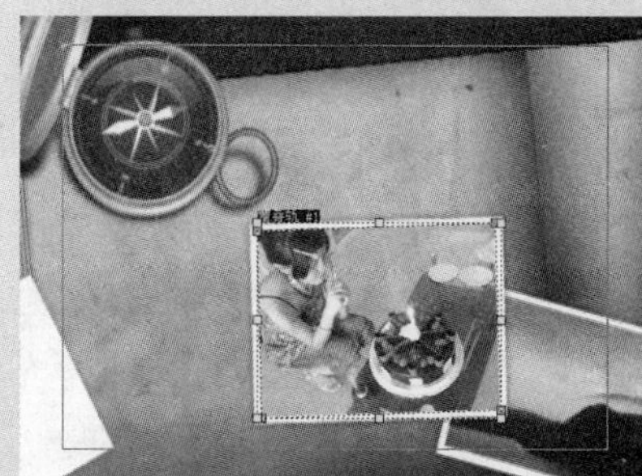

图465-8 调整覆叠素材的形状

09 在“属性”选项面板中，单击“淡入动画效果”按钮和“淡出动画效果”按钮，为照片素材添加淡入淡出效果，单击导览面板中的“播放”按钮，预览覆叠素材动画效果，如图465-9所示。

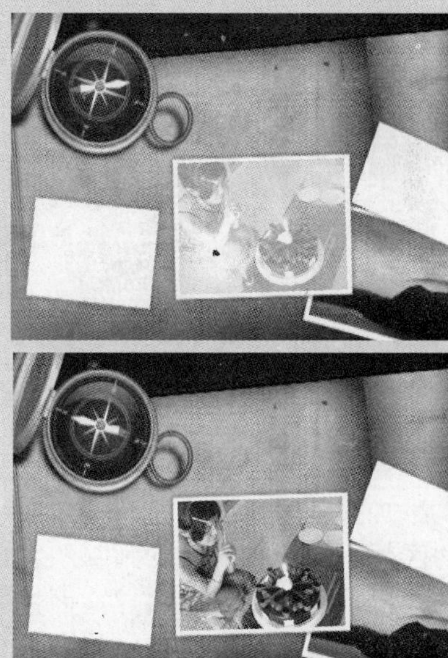

图465-9 预览覆叠素材动画效果

10 将时间线移至00:00:01:20位置，在“照片”素材库中导入一张照片素材，选择导入的照片素材，按住鼠标左键并拖曳至覆叠轨2中的时间线位置，在“编辑”选项面板中，设置该覆叠素材的“区间”为00:00:08:06，切换至“属性”选项面板，在预览窗口中，选择添加的覆叠素材，此时素材呈选中状态，拖曳四周的控制柄，调整素材的大小和位置，如图465-10所示。

图465-10 调整素材的大小和位置

11 在“属性”选项面板中，单击“淡入动画效果”按钮和“淡出动画效果”按钮，如图465-11所示，设置素材的淡入淡出效果。

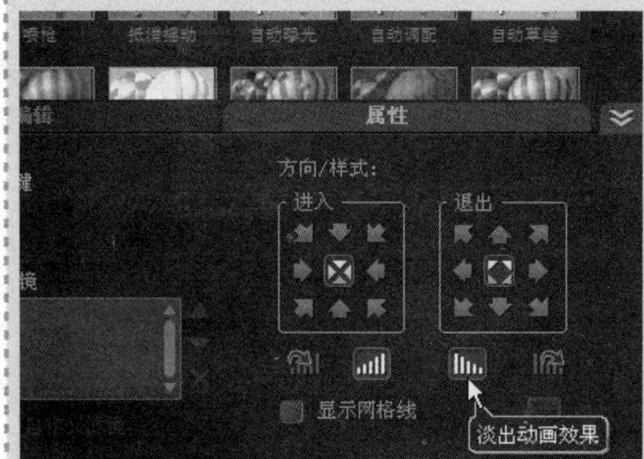

图465-11 设置素材的淡入淡出效果

12 参照与上同样的方法，在其他覆叠轨中添加相应的覆叠素材，并设置覆叠素材的区间、摇动和缩放动画、淡入动画效果和淡出动画效果，单击导览面板中的“播放”按钮，预览覆叠素材动画效果，如图465-12所示。

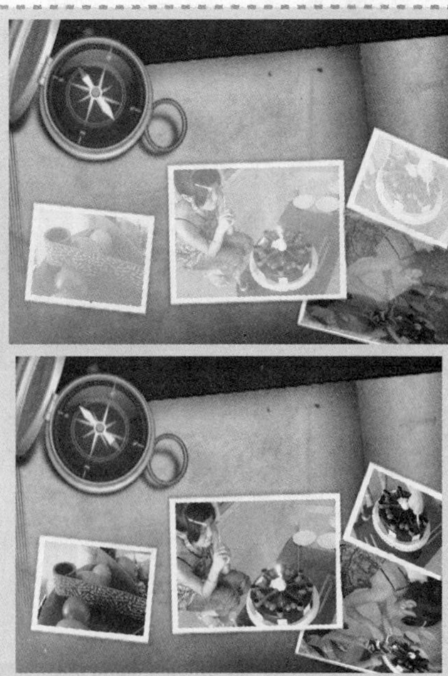

图465-12 预览覆叠素材动画效果

13 将时间线移至00:00:10:02位置，导入一张素材图片，将其添加至覆叠轨中的时间线位置，添加淡入动画效果，然后调整素材的大小，如图465-13所示。

图465-13 添加覆叠素材与淡入动画效果

14 使用与上同样的方法，在覆叠轨中的其他位置再次添加相应的覆叠素材，并设置覆叠素材的区间长度与淡出动画效果，如图465-14所示。

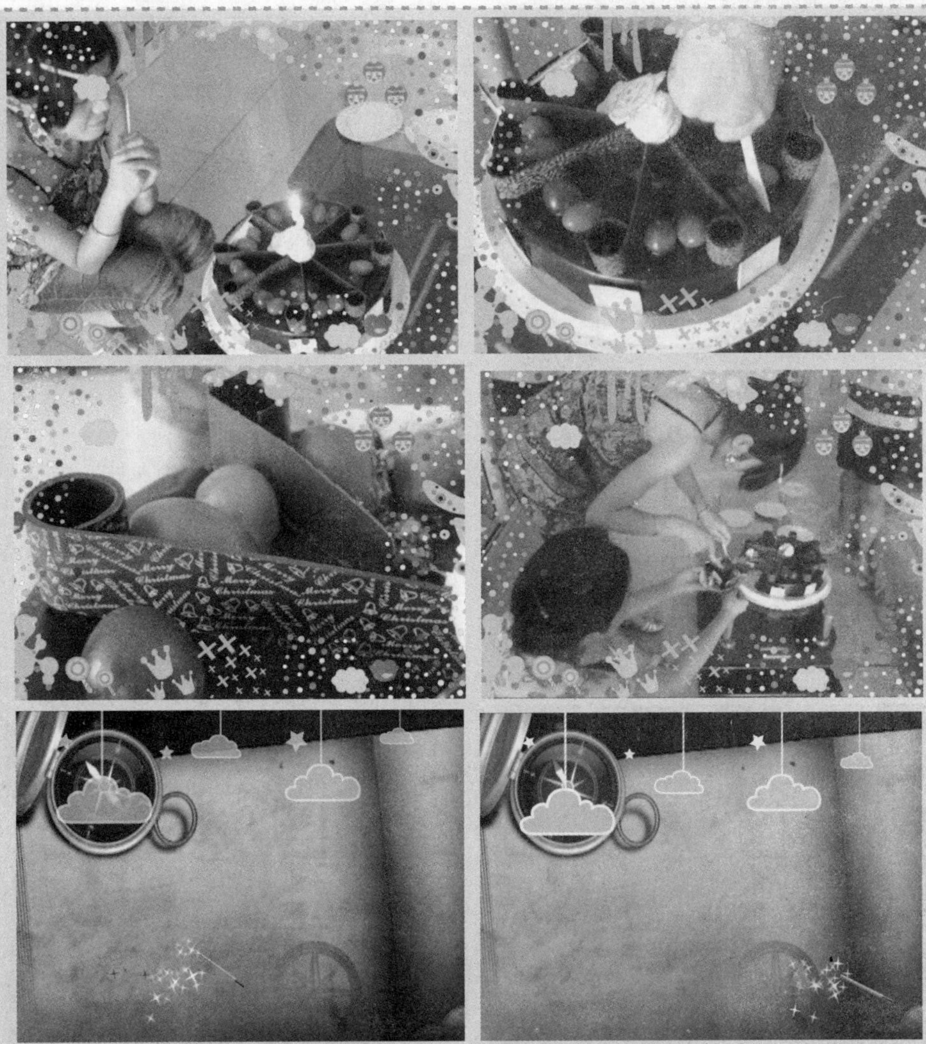

图465-14 设置素材的区间与淡出效果

第466集 制作视频字幕效果

01 将时间线移至00:00:00:19位置，切换至“标题”选项卡，在预览窗口中的适当位置输入文字“生日快乐”，在“编辑”选项面板中，设置文字的相应属性，如图466-1所示。

02 在“编辑”选项面板中，设置字幕的“区间”为00:00:09:08，如图466-2所示。

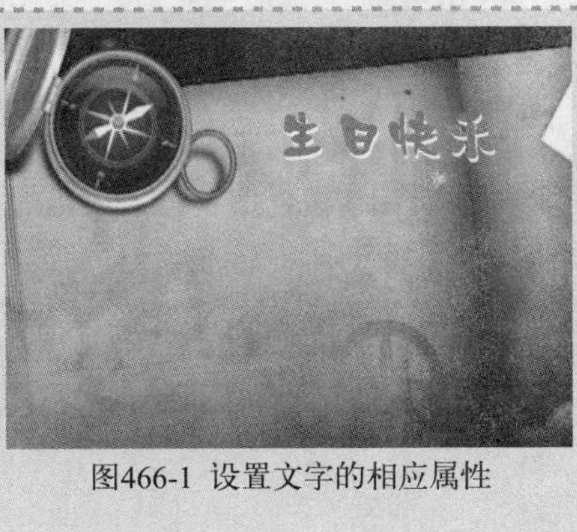

图466-1 设置文字的相应属性

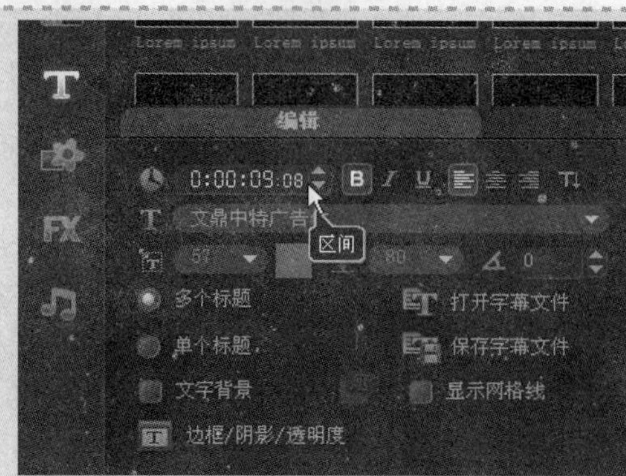

图466-2 设置字幕的区间长度

03 确认输入的字幕为选中状态，切换至“属性”选项面板，选中“动画”单选按钮和勾选“应用”复选框，单击“类型”右侧的下拉按钮，在弹出的列表框中选择“淡化”选项，打开“淡化”预设动画类型，在其中选择一种预设动画，如图466-3所示。

图466-3 选择一种“淡化”预设动画

04 单击“自定义动画属性”按钮，弹出“淡化动画”对话框，在“淡化样式”选项组中选中“交叉淡化”单选按钮，单击“确定”按钮，返回会声会影编辑器，在导览面板中，手动拖曳飞梭栏上的“暂停区间”按钮，调整淡入淡出的播放效果，如图466-4所示。

图466-4 调整淡入淡出的播放效果

专家提醒

在“属性”选项面板中，单击“选项动画类型”下拉按钮，在弹出的列表框中用户可根据需要选择相应的动画类型选项。

05 单击导览面板中的“播放”按钮，预览字幕动画效果，如图466-5所示。

图466-5 预览字幕的交叉淡化动画效果

06 使用与上同样的方法，在标题轨中的其他位置输入相应字幕，并设置字幕的属性、区间及动画效果，单击“播放”按钮，预览影片字幕动画效果，如图466-6所示。

字幕动画效果片段一

字幕动画效果片段二

字幕动画效果片段三

字幕动画效果片段四

字幕动画效果片段五

字幕动画效果片段六

图466-6 预览影片字幕动画效果

第467集 制作视频背景音乐

01 将时间线移至素材的开始位置，在时间轴面板中的空白位置上，单击鼠标右键，在弹出的快捷菜单中选择“插入音频”|“到音乐轨”命令，如图467-1所示。

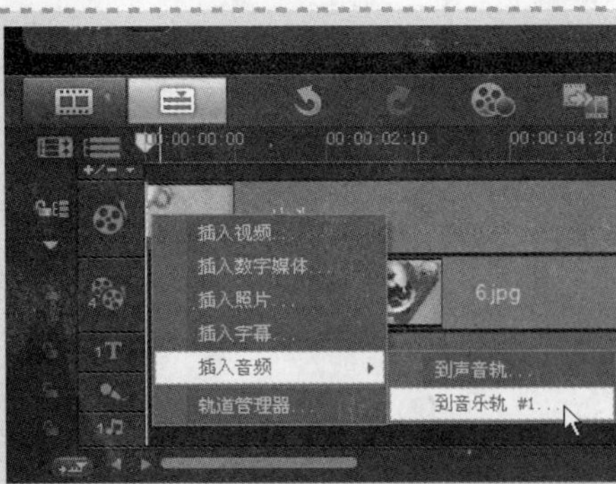

图467-1 选择“到音乐轨”命令

02 弹出“打开音频文件”对话框，在其中选择需要导入的音频文件，如图467-2所示。

图467-2 选择需要导入的音频文件

专家提醒

在“打开音频文件”对话框中，选择需要插入的音频文件后，双击鼠标左键，即可快速将其插入至音频轨中。

03 单击“打开”按钮，即可将音频文件插入到音乐轨中，如图467-3所示。

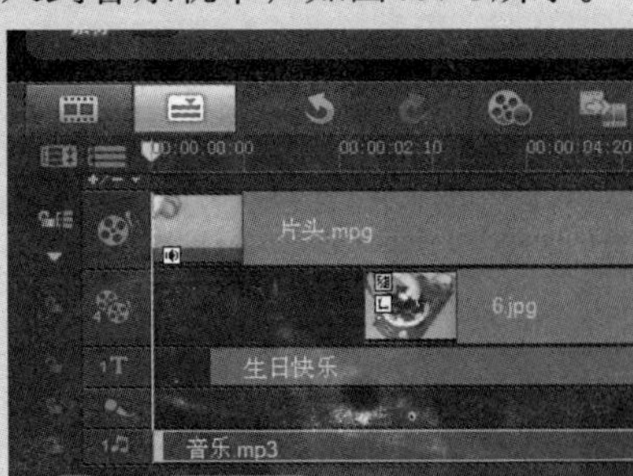

图467-3 将音频文件插入到音乐轨中

04 将时间线移至00:01:44:09位置，选择音乐轨中的音频文件，单击鼠标右键，在弹出的快捷菜单中选择“分割素材”命令，如图467-4所示。

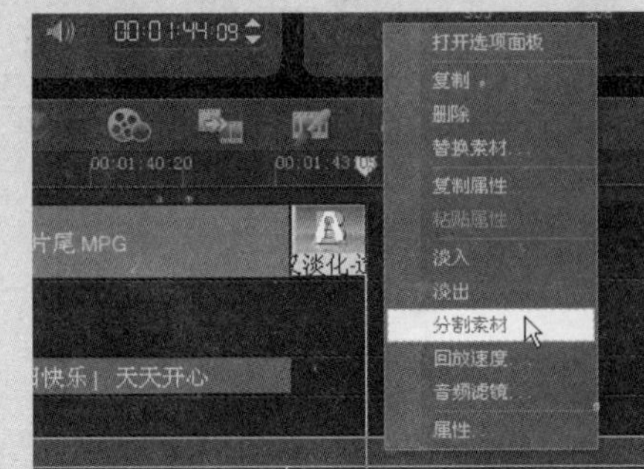

图467-4 选择“分割素材”命令

05 此时，即可将音频素材剪辑成两段，选择后面的音频素材，按【Delete】键将其删除，如图467-5所示。

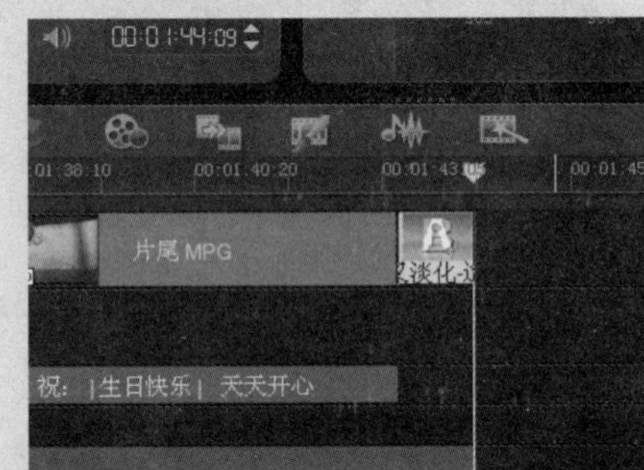

图467-5 按【Delete】键删除后段音频

06 选择剪切后的音频素材，单击“音乐和声音”选项面板中的“淡出”按钮，设置音频的淡出效果，通过混音器视图手动设置音频的淡出动画效果，如图467-6所示。

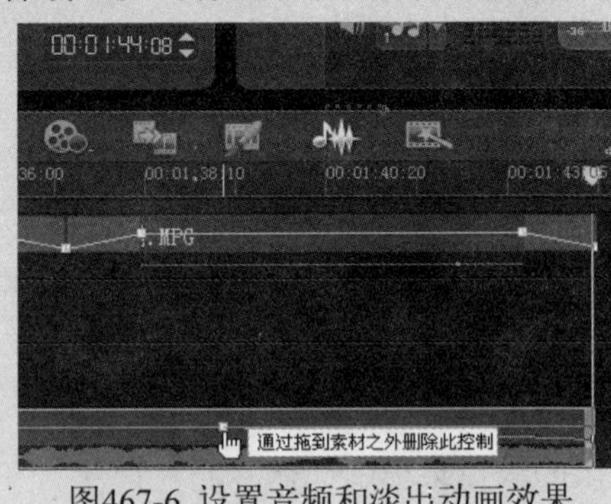

图467-6 设置音频和淡出动画效果

07 单击导览面板中的“播放”按钮，试听音频的淡出动画效果。

第468集　输出为DVD文件

01 切换至“分享”选项卡，单击“创建视频文件”按钮，在弹出的列表框中选择“DVD”｜“PAL DVD（4:3）”选项，如图468-1所示。

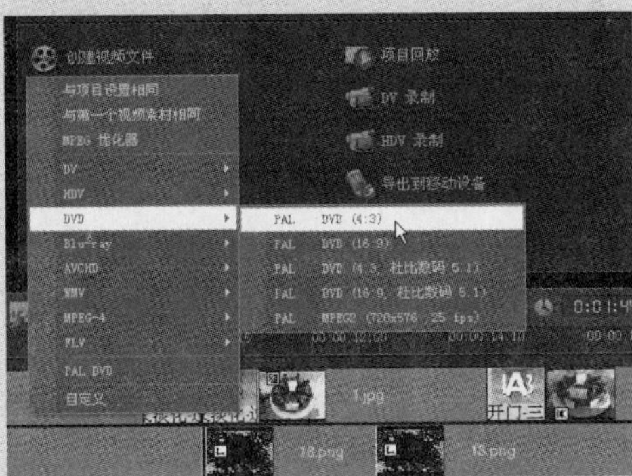

图468-1　选择相应的输出选项

02 弹出“创建视频文件”对话框，在其中设置文件的保存位置及文件名称，如图468-2所示。

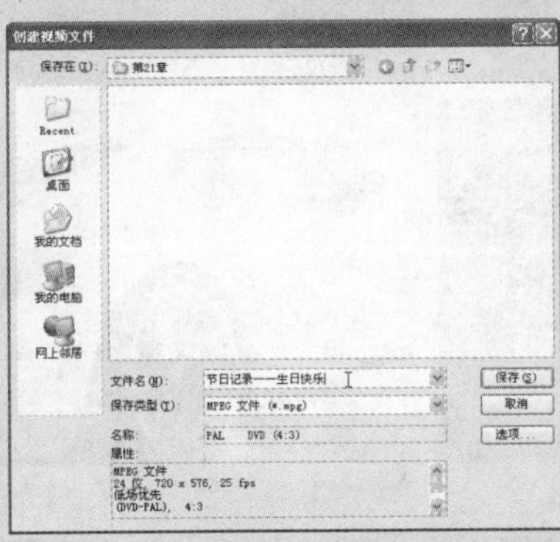

图468-2　设置保存位置及文件名称

03 单击“保存”按钮，即可开始渲染文件，并显示渲染进度，如图468-3所示。

图468-3　显示视频的渲染进度

04 渲染完成后，返回会声会影编辑器，在预览窗口中，即可预览渲染后的视频效果，如图468-4所示。

图468-4　预览渲染后的视频效果

专家提醒

在“创建视频文件”对话框中，单击“选项”按钮，在弹出的对话框中，用户可根据需要对输出的影片进行相应的编辑操作。

第22章 展会展览——汽车展览

在这个潮流时代中，汽车已成为人们生活水平的标志之一，根据人们的生活需求，在全国各地都会经常举办盛大的国际车展会。在会声会影中，将各种名车图片巧妙地组合在一起，并为其添加各种特效、覆叠效果、转场效果以及标题字幕等，可以制作出具有时尚气息宣传展览的影片。

素材：素材\第22章\片头.wmv等

视频：视频\第22章\第469集~第476集.swf

难度：★★★★★

效果：效果\第22章\展会展览——汽车展览.VSP、展会展览——汽车展览.mpg

时长：25分58秒

关键技术：添加黑场过渡等

第469集 导入视频/照片素材

01 进入会声会影编辑器，在“视频”素材库中的空白处单击鼠标右键，在弹出的快捷菜单中选择“插入视频”命令，如图469-1所示。

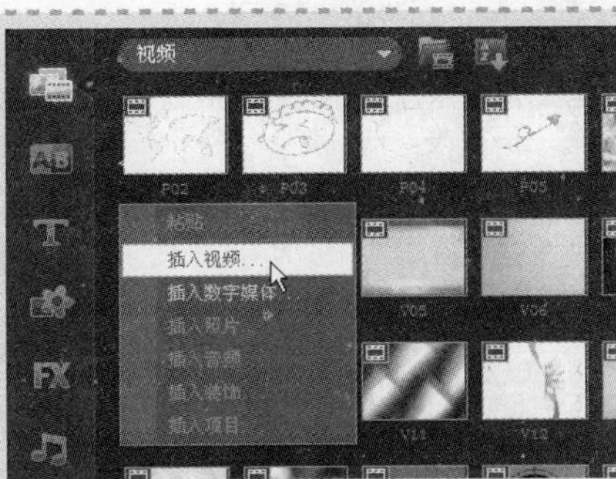

图469-1 选择“插入视频”命令

02 弹出“浏览视频”对话框，在其中选择需要导入的视频素材，如图469-2所示。

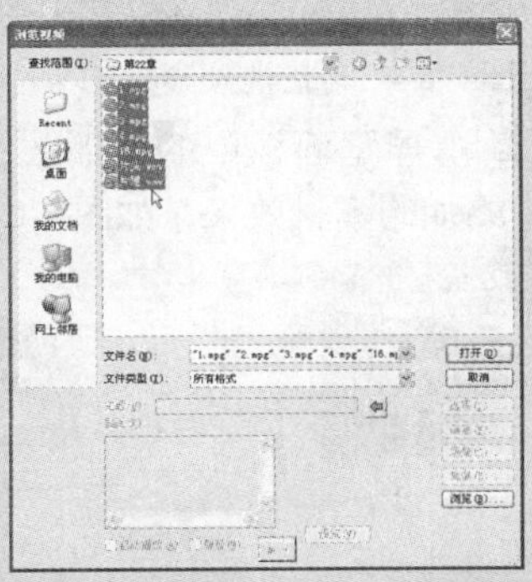

图469-2 选择需要导入的视频素材

03 单击“打开”按钮，即可将视频文件导入到素材库中，如图469-3所示。

图469-3 将视频文件导入到素材库中

04 切换至“照片”素材库中，单击上方的“添加”按钮，弹出“浏览照片”对话框，选择需要导入的照片素材，如图469-4所示。

05 单击“打开”按钮，即可将照片素材导入到素材库中，在预览窗口中，可以预览视频素材与照片素材，如图469-5所示。

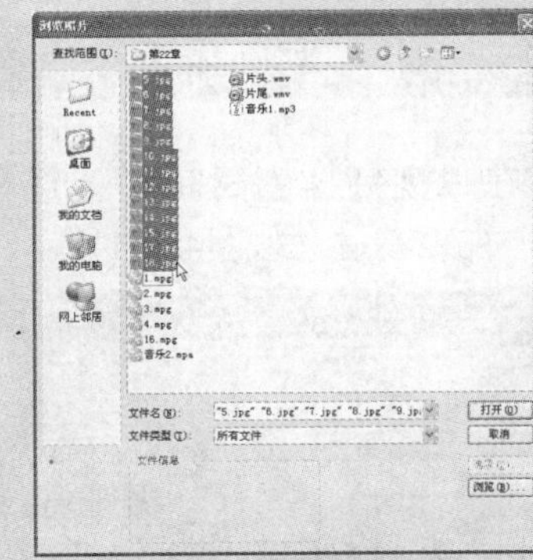

图469-4 选择需要导入的照片素材

图469-5 预览视频素材与照片素材

第470集 制作视频画面效果

01 在“视频”素材库中，选择“片头.wmv”视频素材，如图470-1所示。

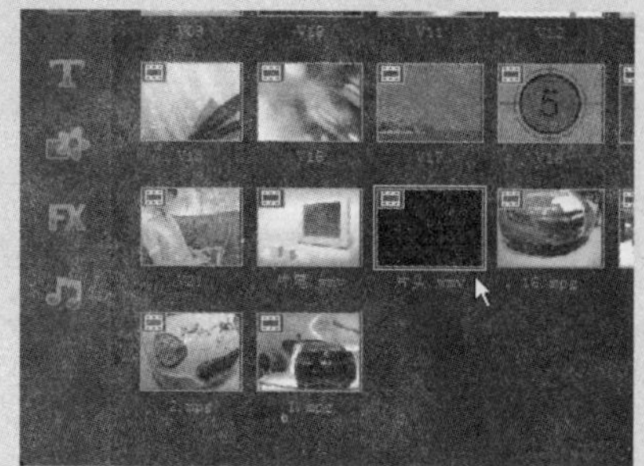

图470-1 选择“片头.wmv”视频素材

02 按住鼠标左键并拖曳，将其添加至视频轨中的适当位置，如图470-2所示。

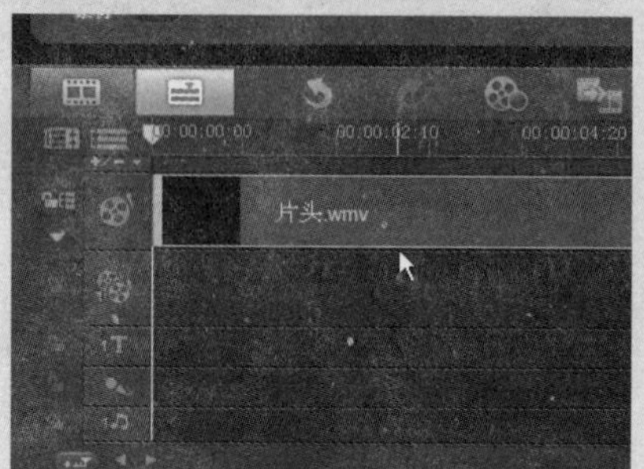

图470-2 将视频添加至视频轨中

专家提醒

在时间轴面板的视频轨中，用户还可以对视频进行删除操作。只需选择要删除的视频素材，按【Delete】键即可。

03 切换至“属性”选项面板，勾选“变形素材”复选框，如图470-3所示。

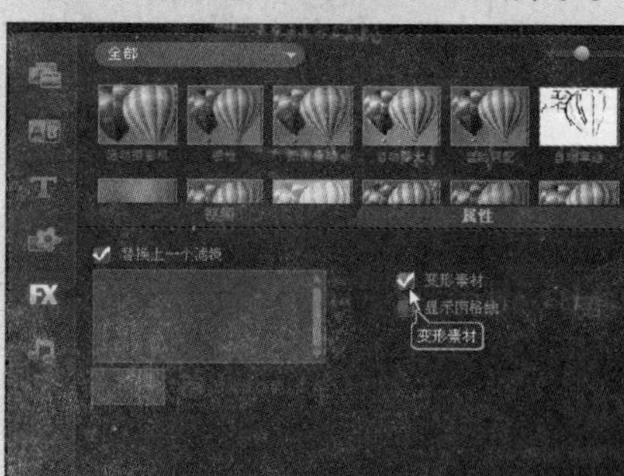

图470-3 勾选“变形素材”复选框

04 在预览窗口中，拖曳四周的控制柄，调整视频素材的大小，使其全屏显示在预览窗口中，如图470-4所示。

图470-4 调整视频素材的大小

05 单击导览面板中的“播放”按钮，即可预览添加的素材效果，如图470-5所示。

图470-5 预览添加的素材效果

06 将时间线移至00:00:10:01位置，单击“图形”按钮，切换至“图形”选项卡，在素材库中选择白色色块，如图470-6所示。

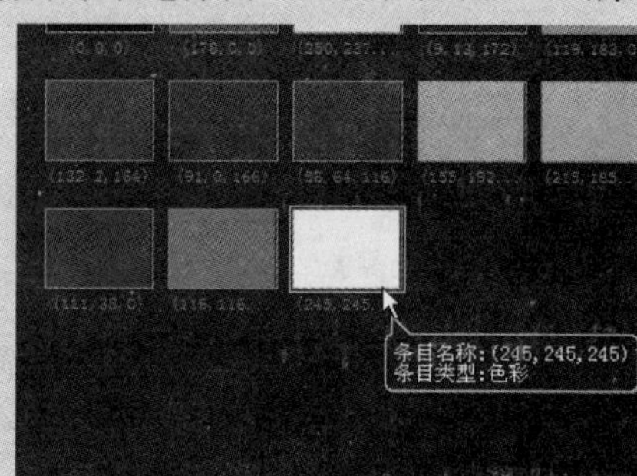

图470-6 在素材库中选择白色色块

07 按住鼠标左键并拖曳至视频轨中的时间线位置，如图470-7所示。

08 在“色彩”选项面板中设置色块的“区间”为00:00:02:00，此时视频轨中的色块效果如图470-8所示。

图470-7 拖曳至视频轨的时间线位置

图470-8 设置白色色块的区间效果

09 将时间线移至00:00:12:00位置，在“视频”素材库中选择1.mpg视频素材，按住鼠标左键并拖曳至视频轨中的时间线位置，调整素材的回放速度，如图470-9所示。

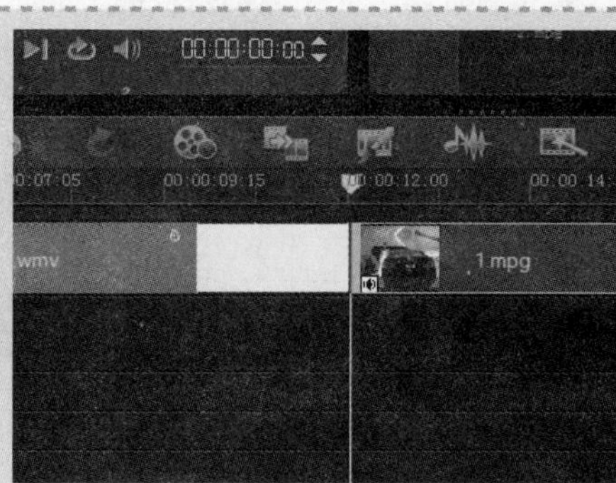

图470-9 添加视频素材至视频轨

专家提醒

在视频轨中，选择需要调整回放速度的视频素材，单击鼠标右键，在弹出的快捷菜单中选择“回放速度”命令，弹出“回放速度”对话框，在其中可根据需要输入相应的素材区间数值，然后单击“确定”按钮即可。

10 使用与上同样的方法，将素材库中的照片与视频素材依次拖曳至视频轨中，添加相应的颜色色块，调整素材的区间长度，此时时间轴面板如图470-10所示。

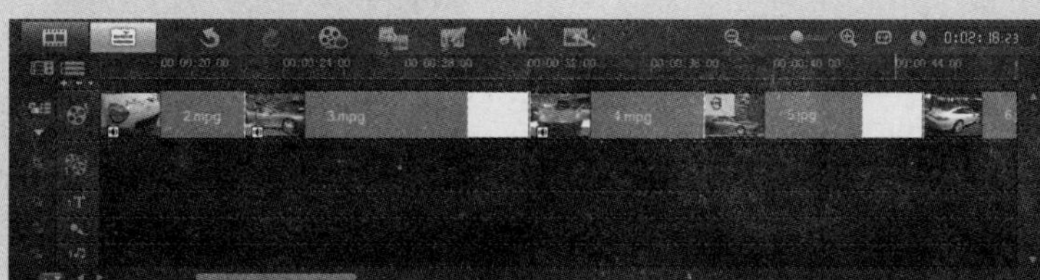

时间轴画面效果片段一

时间轴画面效果片段二

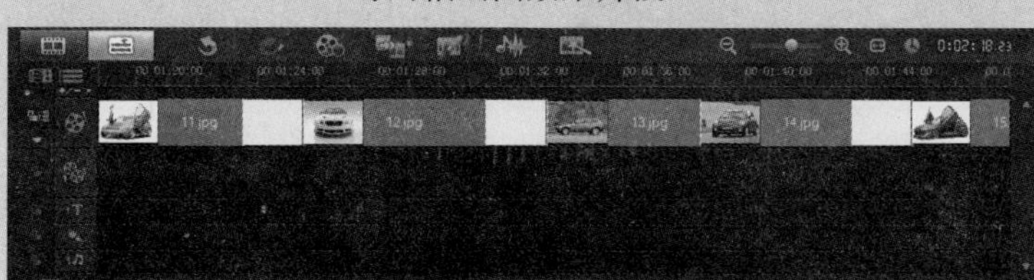

时间轴画面效果片段三

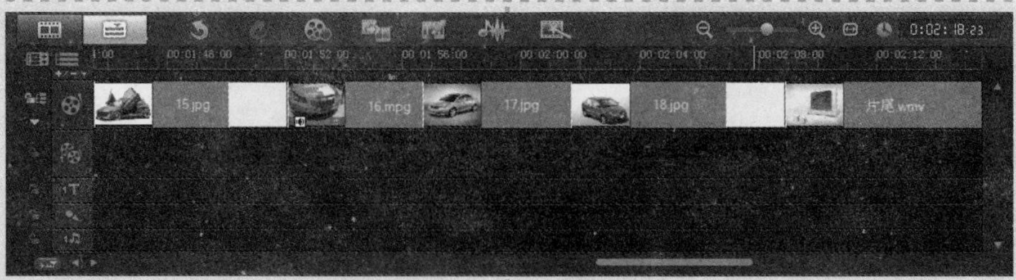

时间轴画面效果片段四

图470-10 添加视频文件并调整素材的区间

第471集 制作视频摇动效果

01 在视频轨中选择5.jpg照片素材，在“照片”选项面板中选中“摇动和缩放”单选按钮，如图471-1所示。

图471-1 选中“摇动和缩放”单选按钮

02 单击下方的下拉按钮，在弹出的列表框中选择预设动画样式，如图471-2所示。

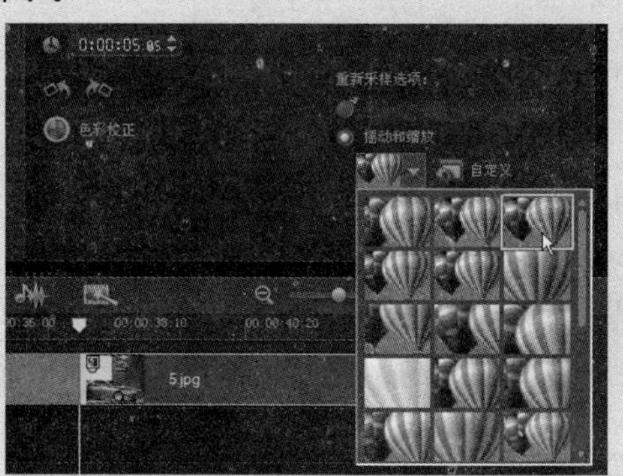

图471-2 在列表框中选择预设动画样式

03 单击导览面板中的“播放”按钮，预览摇动和缩放动画效果，如图471-3所示。

图471-3 预览摇动和缩放动画效果

04 使用与上同样的方法，设置其他照片素材的摇动和缩放动画效果，并设置相应的预设动画样式，效果如图471-4所示。

图471-4 设置其他素材的摇动和缩放动画

第472集 添加视频转场效果

01 将时间线移至素材的开始位置，切换至“转场”选项卡，单击窗口上方的“画廊”按钮，在弹出的列表框中选择“过滤”选项，如图472-1所示。

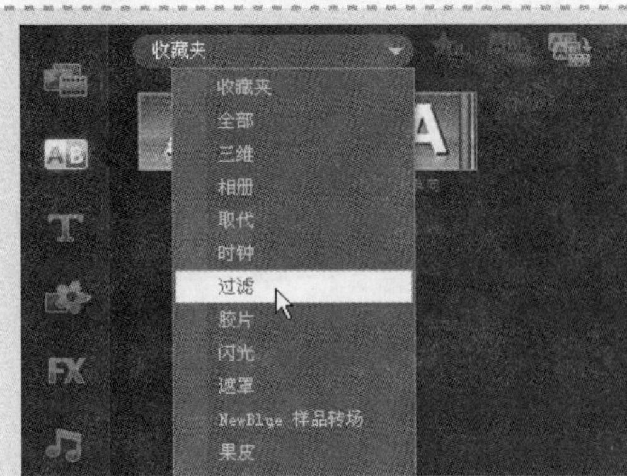

图472-1 选择“过滤”选项

02 打开“过滤”素材库，在其中选择“交叉淡化”选项，如图472-2所示。

图472-2 选择“交叉淡化”选项

03 按住鼠标左键并拖曳至“片头.wmv”与白色色块之间，为其添加“交叉淡化”转场效果，如图472-3所示。

图472-3 添加“交叉淡化”转场效果

04 使用与上同样的方法，再次在白色色块与1.mpg视频素材之间添加“交叉淡化”转场效果，如图472-4所示。

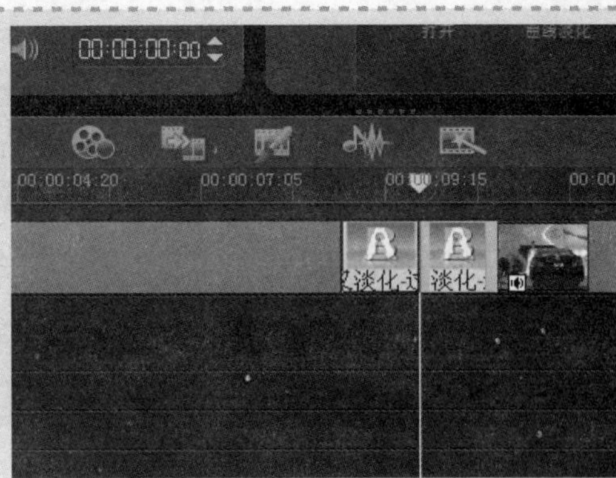

图472-4 再次为素材添加转场效果

专家提醒

在“转场”选项卡中，选择相应转场效果后，单击面板上方的“对视频轨应用当前效果”按钮，执行操作后，即可在素材之间应用当前转场。

05 打开“胶片”素材库，在其中选择“对开门”转场效果，如图472-5所示。

图472-5 选择“对开门”转场效果

06 按住鼠标左键并拖曳至视频轨中的1.mpg与2.mpg素材之间，如图472-6所示。

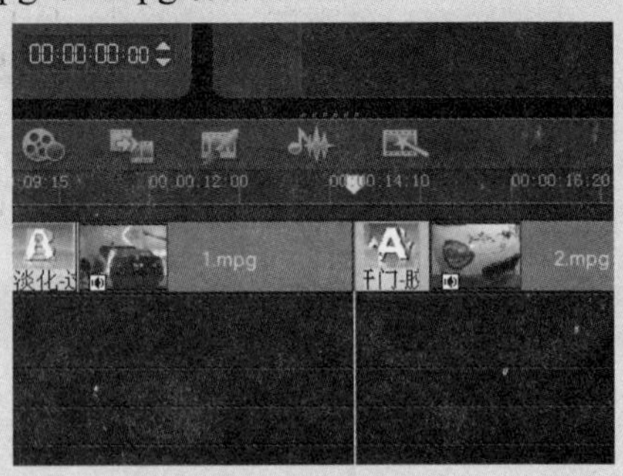

图472-6 添加“对开门—胶片”转场效果

07 单击“播放”按钮，预览“对开门—胶片”转场效果，如图472-7所示。

图472-7 预览“对开门—胶片”转场效果

08 在“胶片”素材库中，选择“单向”选项，按住鼠标左键并拖曳至视频轨中的2.mpg与3.mpg素材之间，单击“播放”按钮，预览转场效果，如图472-8所示。

图472-8 预览“单向—胶片”转场效果

09 使用与上同样的方法，在视频轨中分别添加相应的转场效果，视频效果如图472-9所示。

“对开门—胶片”转场效果

“随机—过滤”转场效果

“圆形—擦拭”转场效果

图472-9 为视频分别添加相应的转场效果

第473集 添加视频覆盖效果

01 在编辑器中，将时间线移至00:00:05:19位置，如图473-1所示。

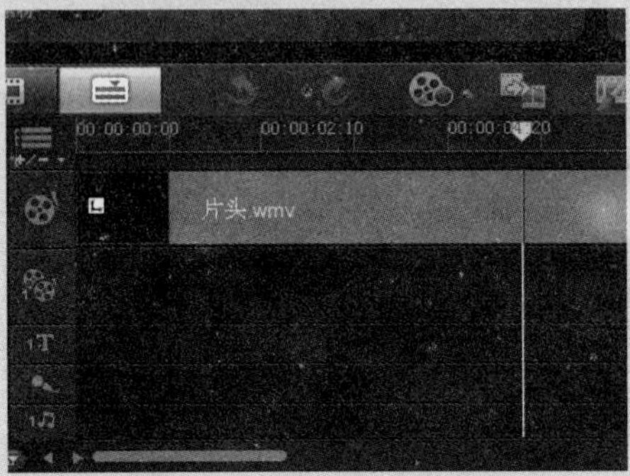

图473-1 移动时间线的位置

02 切换至“媒体”选项卡，在“视频”素材库中选择16.mpg视频素材，如图473-2所示。

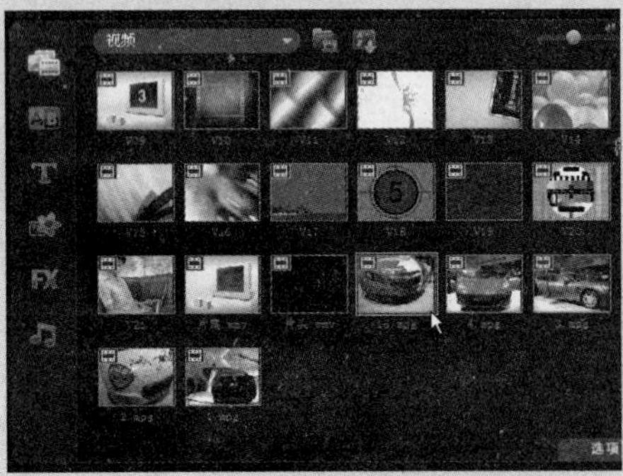

图473-2 选择16.mpg视频素材

03 按住鼠标左键并拖曳至覆叠轨中的时间线位置，在该覆叠素材上，单击鼠标右键，在弹出的快捷菜单中选择“回放速度”命令，如图473-3所示。

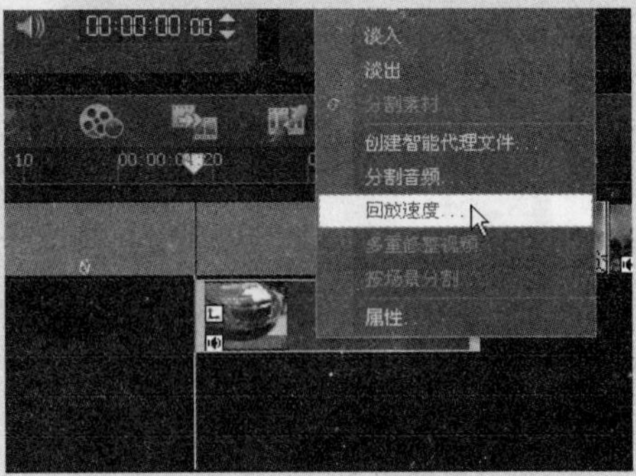

图473-3 选择“回放速度”命令

04 弹出“回放速度”对话框，在其中设置相应的区间数值，如图473-4所示。

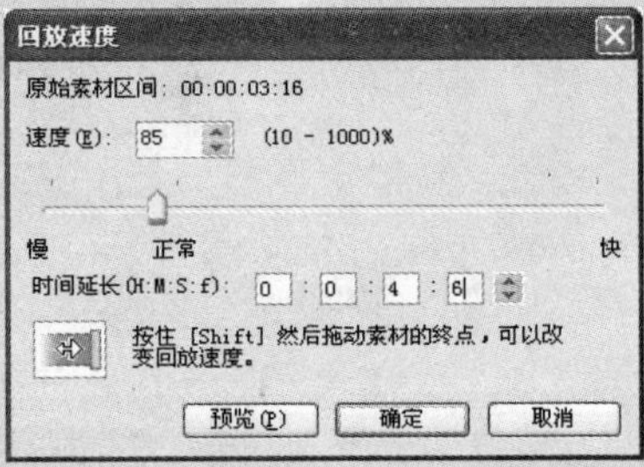

图473-4 设置相应的区间数值

专家提醒

在覆叠轨中选择需要设置回放速度的素材，在“编辑”选项面板中单击“回放速度”按钮，也可以快速弹出“回放速度”对话框。

05 单击“确定”按钮，即可调整视频的回放速度，覆叠轨中的素材效果如图473-5所示。

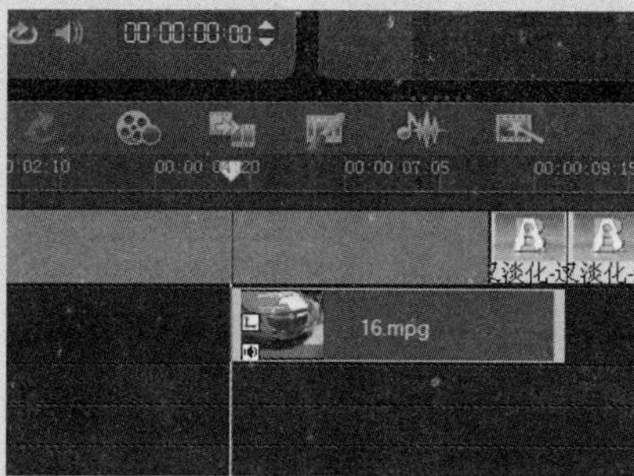

图473-5 调整视频的回放速度

06 在预览窗口中选择覆叠轨中的覆叠素材，拖曳四周的控制柄，调整覆叠素材的形状，效果如图473-6所示。

图473-6 调整覆叠素材的形状

07 切换至“属性”选项面板，单击“淡入动画效果”按钮和“淡出动画效果”按钮，设置覆叠素材的淡入淡出动画效果，如图473-7所示。

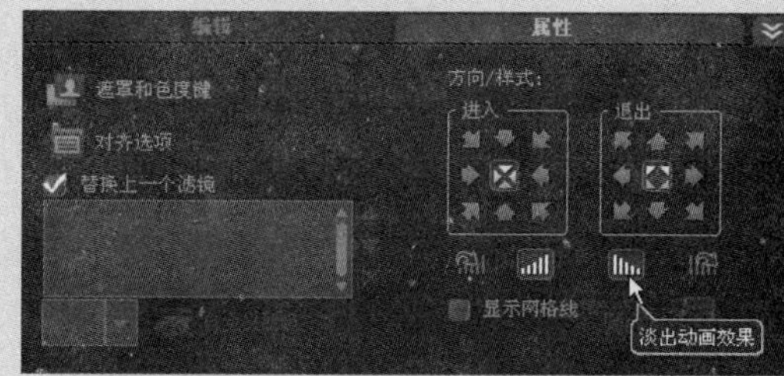

图473-7 设置覆叠素材的淡入淡出动画效果

08 单击导览面板中的“播放”按钮，预览覆叠素材的淡入淡出效果，如图473-8所示。

图473-8 预览覆叠素材的淡入淡出效果

第474集 制作视频字幕效果

01 将时间线移至00:00:04:00位置，切换至“标题”选项卡，在预览窗口中的适当位置输入文字“汽车展览”，在“编辑”选项面板中，设置文字的相应属性，如图474-1所示。

图474-1 输入相应文字内容

02 在“编辑”选项面板中，设置字幕的“区间”为00:00:06:00，如图474-2所示。

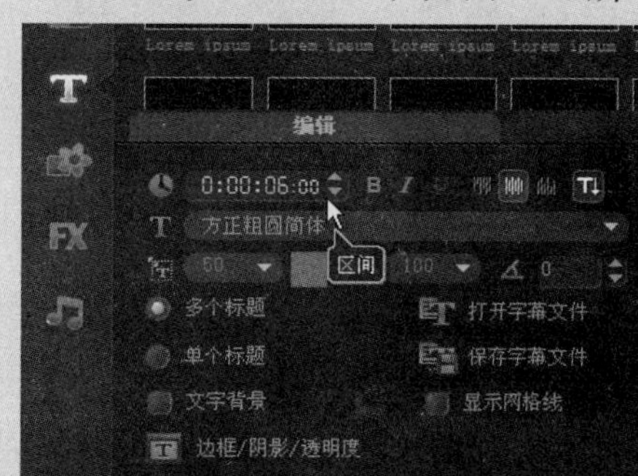

图474-2 设置字幕的区间效果

03 确认输入的字幕为选中状态，切换至“属性”选项面板，选中“动画”单选按钮和勾选“应用”复选框，如图474-3所示。

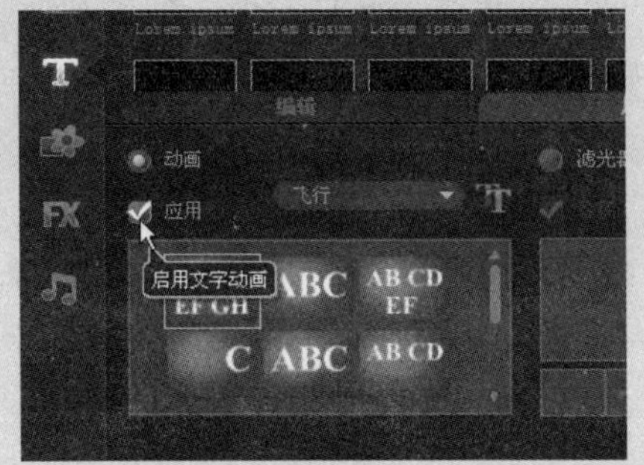

图474-3 选中相应单选按钮和勾选复选框

04 单击“类型”右侧的下拉按钮，在弹出的列表框中选择“淡化”选项，打开“淡化”预设动画类型，在其中选择一种预设动画，如图474-4所示。

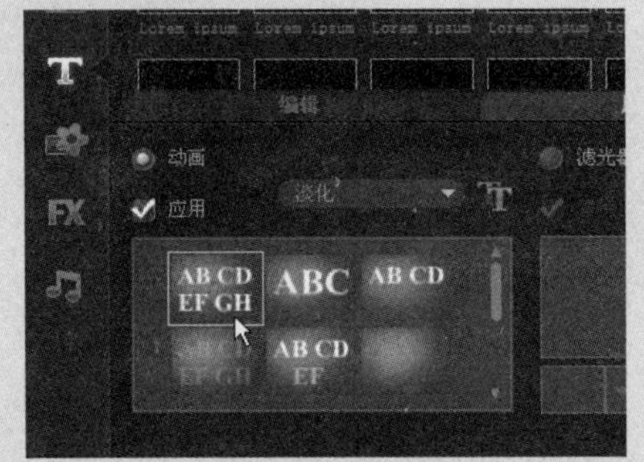

图474-4 选择一种合适的预设动画

05 单击“自定义动画属性”按钮，弹出“淡化动画”对话框，在“淡化样式”选项组中选中“交叉淡化”单选按钮，如图474-5所示。

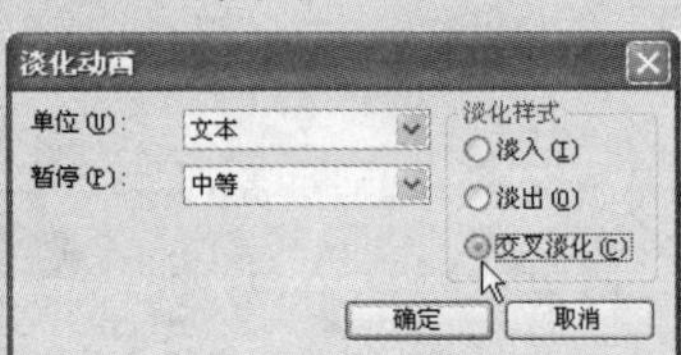

图474-5 选中“交叉淡化”单选按钮

06 单击“确定”按钮，即可为字幕添加交叉淡化动画效果。此时，在导览面板下方将显示两个“暂停区间”按钮，如图474-6所示。拖曳相应的按钮可以调整交叉淡化的动画播放方式。

图474-6 显示两个“暂停区间”按钮

07 单击导览面板中的“播放”按钮，预览字幕动画效果，如图474-7所示。

图474-7 预览影片的字幕动画效果

08 使用与上同样的方法，在预览窗口中的其他位置输入相应字幕，并设置字幕的相应属性，单击“播放”按钮，预览影片字幕动画效果，如图474-8所示。

图474-8 预览影片字幕动画效果

09 使用与上同样的方法，在标题轨中的其他位置输入相应字幕，并设置字幕的属性、区间及动画效果，单击“播放”按钮，预览影片字幕动画效果，如图474-9所示。

图474-9 预览影片字幕动画效果

第475集 制作视频背景音乐

01 将鼠标移至时间轴面板中，单击鼠标右键，在弹出的快捷菜单中选择“插入音频”|“到音乐轨＃1”命令，如图475-1所示。

02 弹出“打开音频文件”对话框，在其中选择音频文件“音乐1.mp3”，如图475-2所示。

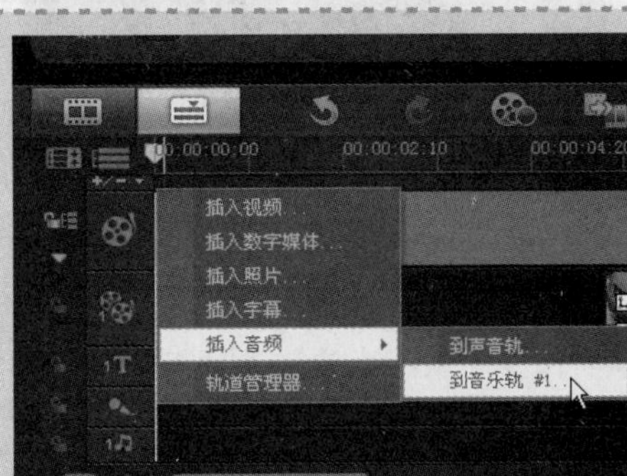

图475-1 选择“到音乐轨＃1”命令

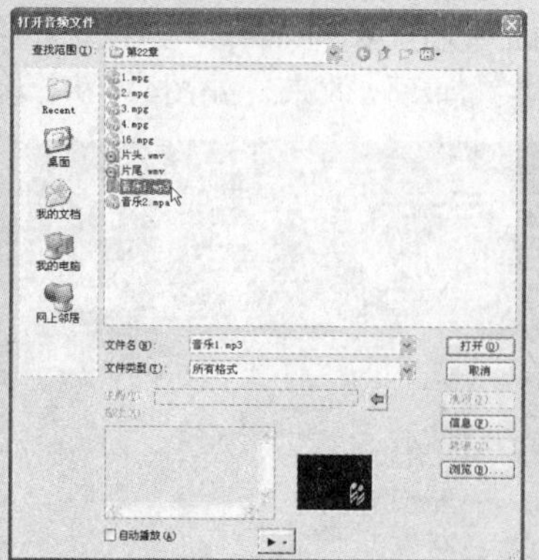

图475-2 选择音频文件“音乐1.mp3”

03 单击“打开”按钮，即可将音频文件插入到音乐轨中，如图475-3所示。

图475-3 将音频文件插入到音乐轨中

04 在“音乐和声音”选项面板中，单击“淡入”和“淡出”按钮，如图475-4所示，为音频添加淡入淡出特效。

图475-4 单击“淡入”和“淡出”按钮

专家提醒

在“音频和声音”选项面板中，单击“音频滤镜”按钮，弹出“音频滤镜”对话框，在其中可以选择相应的音频滤镜，使背景音乐效果更佳。

05 将时间线移至00:00:10:01位置，再次插入一段音频素材至时间线位置，如图475-5所示。

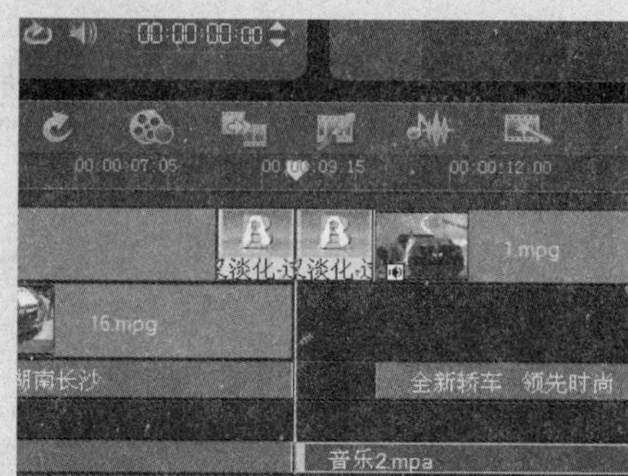

图475-5 再次插入一段音频素材

06 在“音乐和声音”选项面板中，单击“淡入”按钮，如图475-6所示，为音频添加淡入特效。

图475-6 单击“淡入”按钮

07 使用与上同样的方法，在音乐轨中再次插入三段相同的音频素材，并为音频素材添加相应的淡入或淡出特效，将时间线移至00:01:47:15位置，选择音乐轨中的音频素材，单击鼠标右键，在弹出的快捷菜单中选择“分割素材”命令，如图475-7所示。

图475-7 选择“分割素材”命令

08 将音频素材剪辑成两段，选择后面音频素材按【Delete】键将其删除，如图475-8所示。

图475-8 删除后段音频素材

专家提醒

在选择的音频素材上，单击鼠标右键，在弹出的快捷菜单中选择“淡入”或“淡出”命令，也可以快速为音频素材添加淡入或淡出动画特效。

09 选择剪切后的音频素材，单击“音乐和声音”选项面板中的“淡出”按钮，设置音频的淡出效果，然后通过混音器视图，手动设置音频的淡出动画效果，如图475-9所示。

图475-9 设置音频的淡出动画效果

10 单击导览面板中的“播放”按钮，试听音频的淡出动画效果，如图475-10所示。

图475-10 试听音频的淡出动画效果

专家提醒

在“混音器”视图中可以为音频添加多个关键帧，来调整淡入/淡出。

第476集 输出为DVD文件

01 切换至“分享”选项卡，单击“创建视频文件”按钮，在弹出的列表框中选择“DVD”｜“PAL DVD（4:3）”选项，如图476-1所示。

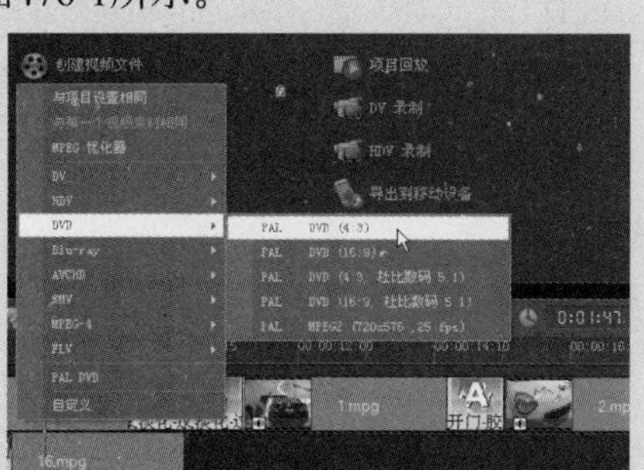

图476-1 选择“PAL DVD（4:3）”选项

02 弹出“创建视频文件”对话框，在其中设置文件的保存位置及文件名称，如图476-2所示。

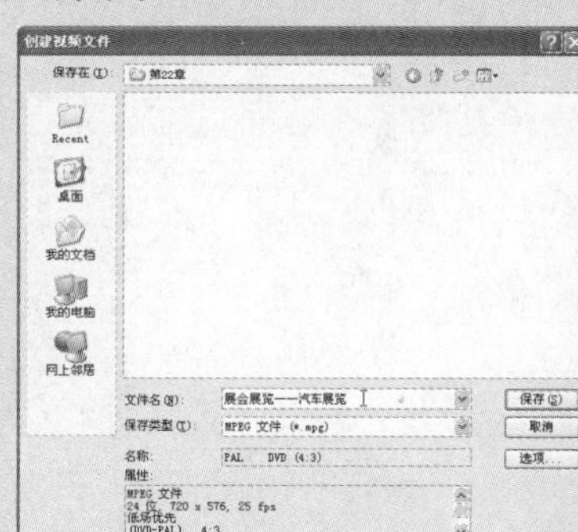

图476-2 设置保存位置及文件名称

03 单击“保存”按钮，即可开始渲染文件，并显示渲染进度，如图476-3所示。

图476-3 显示视频文件渲染进度

04 渲染完成后，返回会声会影编辑器，在预览窗口中，即可预览渲染后的视频效果，如图476-4所示。

图476-4 预览渲染后的视频效果

第23章 儿童相册——彩色童年

儿时的回忆对每个人来说都是非常具有纪念价值的，是一生难忘的回忆，现在的人们大多都将自己小孩成长的点点滴滴拍摄下来，而使用会声会影X3，可以将其制作成动感相册。电子相册不仅具有保存时间长、储存容量大、复制简便等特点，而且还可以添加说明文字和背景音乐，制作出普通影楼难以制作的各种艺术效果。

素材：素材\第23章\片头.wmv等

视频：视频\第23章\第477集~第485集.swf

难度：★★★★★

效果：效果\第23章\儿童相册——彩色童年.VSP、儿童相册——彩色童年.mpg

时长：25分53秒

关键技术：变形视频素材等

第477集 导入视频/照片素材

01 进入会声会影编辑器，在“照片”素材库中单击上方的“添加”按钮，如图477-1所示。

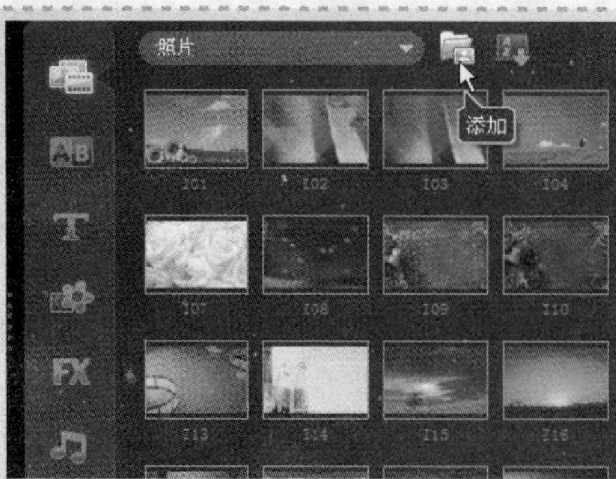

图477-1 单击“添加”按钮

02 弹出“浏览照片”对话框，在其中选择需要导入的照片素材，如图477-2所示。

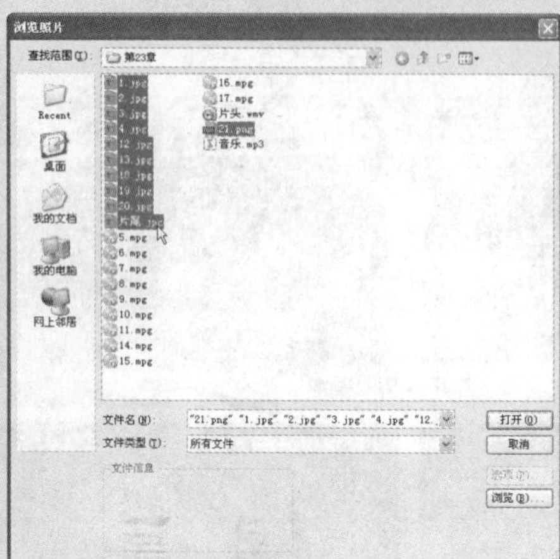

图477-2 选择需要导入的照片素材

03 单击“打开”按钮，即可将其导入到素材库中，如图477-3所示。

图477-3 将照片素材导入到素材库中

04 选择“文件”|“将媒体文件插入到素材库”|“插入视频”命令，如图477-4所示。

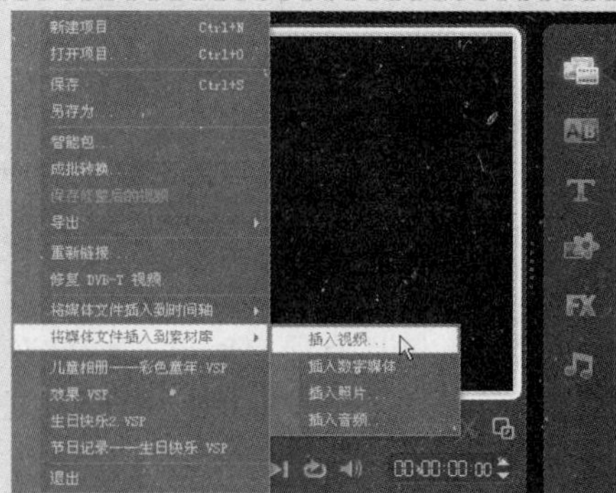

图477-4 选择“插入视频”命令

专家提醒

在会声会影编辑器中，选择“文件”|“将媒体文件插入到时间轴”|“插入视频”命令，可以在视频轨中插入相应的视频素材。

05 弹出“浏览视频”对话框，选择需要导入的视频文件，如图477-5所示。

图477-5 选择需要导入的视频文件

06 单击“打开”按钮，即可将其导入到“视频”素材库中，如图477-6所示。

图477-6 导入到“视频”素材库中

07 在预览窗口中，即可预览视频素材或照片素材，如图477-7所示。

图477-7 预览视频素材或照片素材

第478集 全屏显示视频素材

01 在“视频”素材库中，选择“片头.wmv”视频素材，如图478-1所示。

图478-1 选择“片头.wmv”视频素材

02 在选择的视频素材上，按住鼠标左键并拖曳至视频轨中的开始位置，如图478-2所示。

图478-2 添加视频素材至视频轨中

03 切换至“属性”选项面板，勾选“变形素材”复选框，如图478-3所示。

图478-3 勾选“变形素材”复选框

04 在预览窗口中，手动调整视频素材的大小，使其布满整个画面，如图478-4所示。

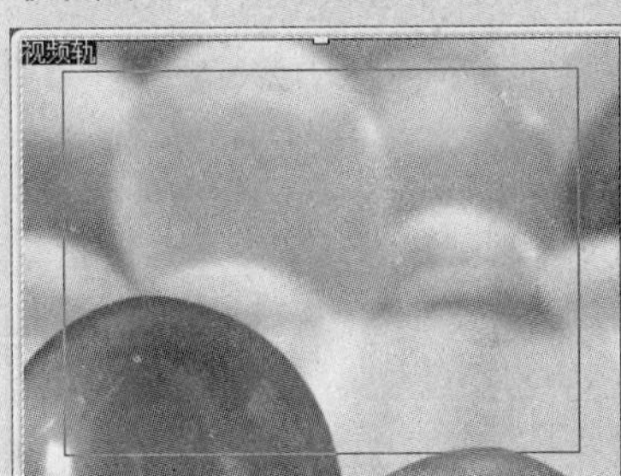

图478-4 使视频布满整个画面

专家提醒

在“属性”面板中，若选中“显示网格线”复选框，将在视频中显示网络效果。在面板的左侧，用户还可以根据需要为视频素材添加相应的滤镜效果，使视频画面更加具有艺术效果。

05 单击导览面板中的“播放”按钮，预览变形后的视频效果，如图478-5所示。

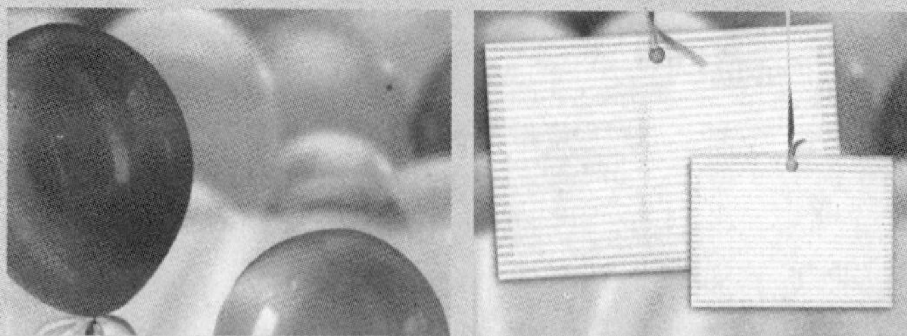

图478-5 预览变形后的视频效果

第479集 制作视频画面效果

01 将时间线移至00:00:09:23位置，单击“图形”按钮，切换至“图形”选项卡，在素材库中选择白色色块，如图479-1所示。

图479-1 在素材库中选择白色色块

02 按住鼠标左键并拖曳至视频轨中的时间线位置，在“色彩”选项面板中设置色块的“区间”为00:00:02:00，此时视频轨中的色块效果如图479-2所示。

图479-2 预览视频轨中的色块效果

专家提醒

在会声会影编辑器中，调整色块区间的方法有以下两种：

- 将鼠标移至色块右侧的黄色控制柄处，按住鼠标左键并向左或向右拖曳，移至合适位置后释放鼠标即可。
- 在选择的色块上，单击鼠标右键，在弹出的快捷菜单中选择“更改色彩区间”命令，在弹出的对话框中进行相应设置即可。

执行以上任意一种方法，均可调整色块的区间效果。

03 将时间线移至00:00:11:22位置，在“照片”素材库中选择1.jpg照片素材，按住鼠标左键并拖曳至视频轨中的时间线位置，在“照片”选项面板中，设置照片素材的“区间”为00:00:05:00，更改照片素材的区间效果，如图479-3所示。

图479-3 更改照片素材的区间效果

图479-4 更改其他照片素材的区间

04 将时间线移至00:00:16:23位置，在“照片”素材库中选择2.jpg照片素材，按住鼠标左键并拖曳至视频轨中的时间线位置，在“照片”选项面板中，设置照片素材的“区间”为00:00:05:00，更改照片素材的区间效果，如图479-4所示。

05 使用与上同样的方法，将其他照片素材与视频素材依次拖曳至视频轨中，在适当位置添加相应的色彩色块，并设置相应的素材区间及形状，其时间轴面板如图479-5所示。

时间轴视频画面片段一

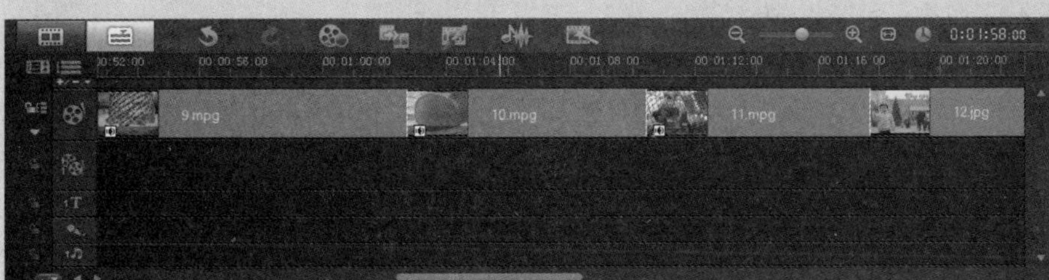

时间轴视频画面片段二

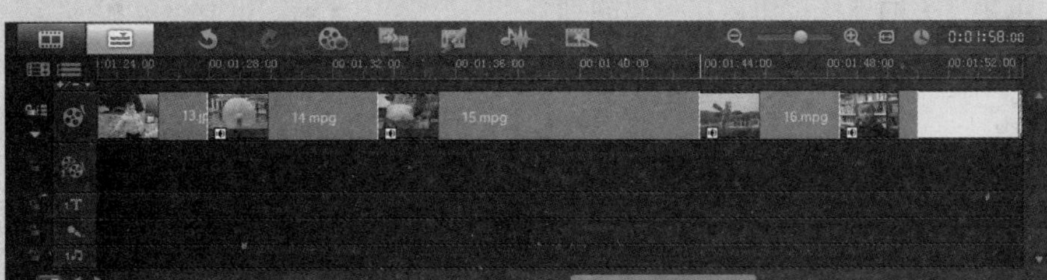

时间轴视频画面片段三

图479-5 添加素材后的时间轴效果

06 单击导览面板中的“播放”按钮，预览时间轴中添加的视频与照片素材效果，如图479-6所示。

图479-6 预览添加的视频与照片素材效果

第480集 制作视频摇动效果

01 在视频轨中选择1.jpg照片素材，在“照片”选项面板中选中“摇动和缩放”单选按钮，如图480-1所示。

图480-1 选中“摇动和缩放”单选按钮

02 单击下方的下拉按钮，在弹出的列表框中选择预设动画样式，如图480-2所示。

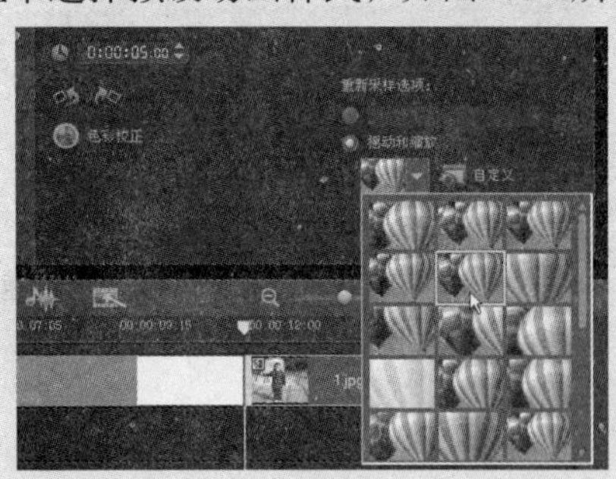

图480-2 在列表框中选择预设动画样式

03 单击“自定义”按钮，弹出“摇动和缩放”对话框，在其中对摇动和缩放属性进行相应的设置，在“原图”预览窗口中拖曳十字形控制柄，调整缩放位置，如图480-3所示。

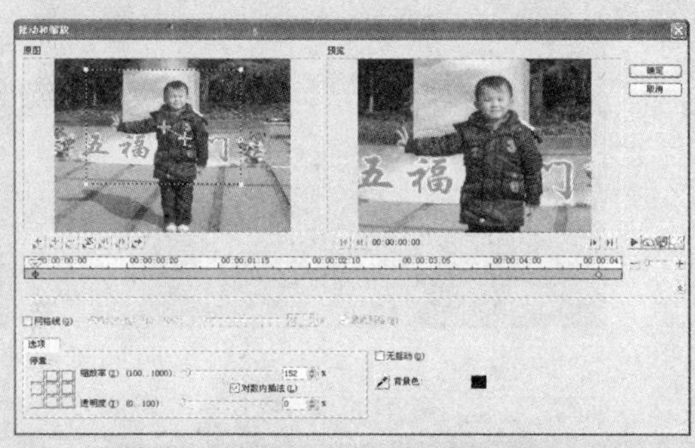

图480-3 调整照片素材的缩放位置

04 单击“确定”按钮，为照片素材添加摇动和缩放动画效果，单击导览面板中的“播放”按钮，预览摇动和缩放动画效果，如图480-4所示。

图480-4 预览摇动和缩放动画效果

05 使用与上同样的方法，设置其他照片素材的摇动和缩放动画效果，并选择相应的预设动画样式，效果如图480-5所示。

图480-5 设置照片素材的摇动和缩放效果

第481集 制作视频转场效果

01 将时间线移至素材的开始位置，切换至“转场”选项卡，单击窗口上方的“画廊”按钮，在弹出的列表框中选择“过滤”选项，如图481-1所示。

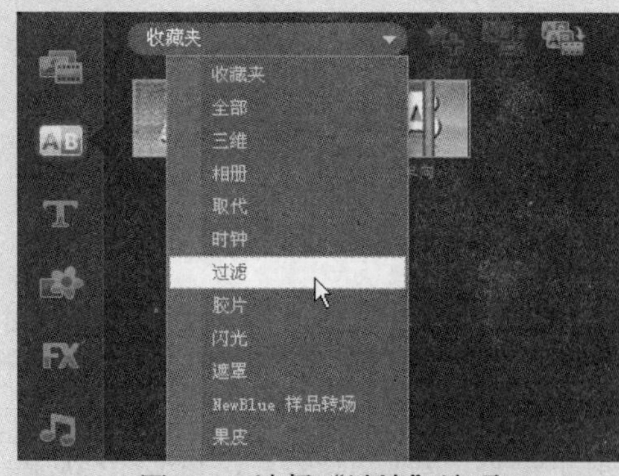

图481-1 选择“过滤”选项

02 打开“过滤”素材库，在其中选择“交叉淡化”选项，如图481-2所示。

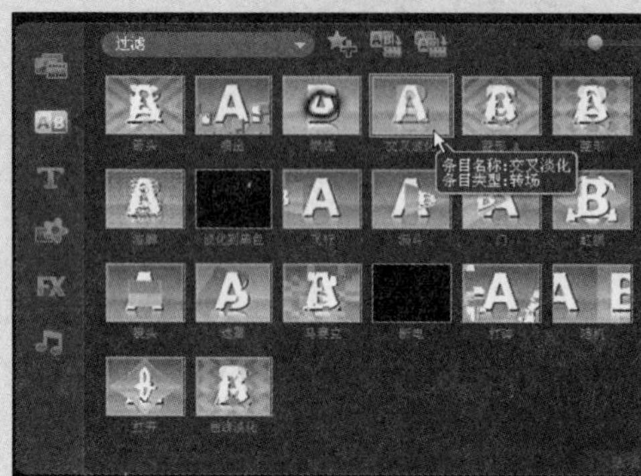

图481-2 选择“交叉淡化”选项

03 按住鼠标左键并拖曳至“片头.wmv”与白色色块之间，为其添加“交叉淡化”转场效果，如图481-3所示。

图481-3 添加“交叉淡化”转场效果

04 使用与上同样的方法，再次在白色色块与1.jpg照片素材之间添加“交叉淡化”转场效果，如图481-4所示。

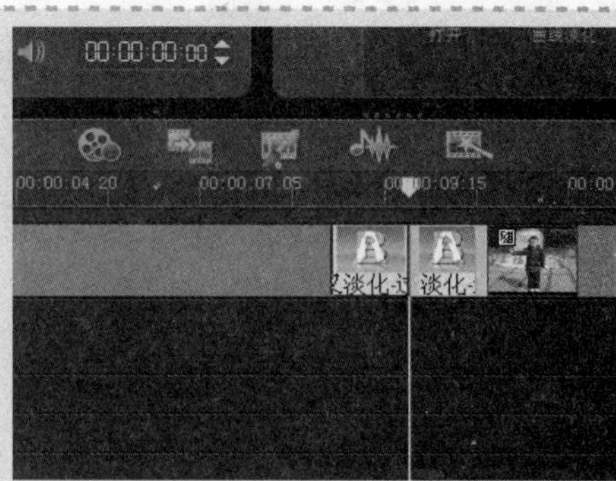

图481-4 再次添加相应的转场效果

专家提醒

在视频轨中，选择相应的转场效果，双击鼠标左键，进入转场属性设置面板，在其中用户可根据需要设置转场的边框、柔化边缘以及色彩等属性。

05 打开“时钟”素材库，在其中选择“转动”选项，按住鼠标左键并拖曳至视频轨中的1.jpg与2.jpg素材之间，单击“播放”按钮，预览转场效果，如图481-5所示。

图481-5 预览“转动”转场效果

06 打开“三维”素材库，在其中选择“飞行方块”选项，按住鼠标左键并拖曳至视频轨中的2.jpg与3.jpg素材之间，单击“播放”按钮，预览转场效果，如图481-6所示。

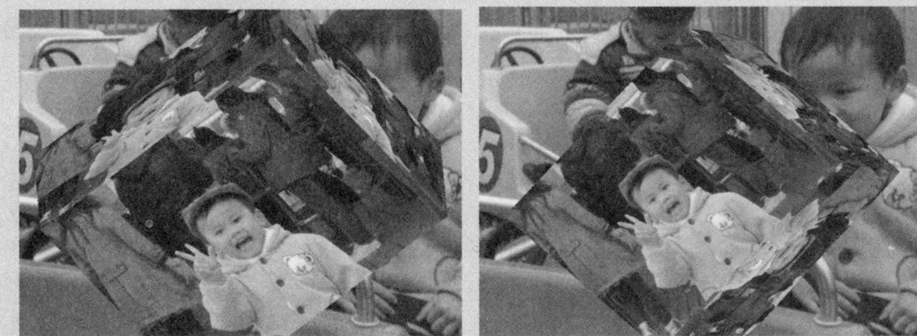

图481-6 预览“飞行方块”转场效果

07 使用与上同样的方法，在视频轨中分别添加相应的转场效果，视频效果如图481-7所示。

翻页—胶片转场

对开门—三维转场

遮罩—过滤转场

铰链—旋转转场

条带—擦拭转场

百叶窗—擦拭转场

图481-7 为素材添加相应转场效果

第482集 制作覆叠边框效果

01 将时间线移至00:00:05:01位置，切换至“媒体”选项卡，单击窗口上方的“画廊”按钮，在弹出的列表框中选择“照片”选项，如图482-1所示。

图482-1 选择“照片”选项

02 打开“照片”素材库，在其中选择4.jpg照片素材，如图482-2所示。

图482-2 选择4.jpg照片素材

03 按住鼠标左键并拖曳至覆叠轨中的时间线位置，在“编辑”选项面板中设置覆叠素材的“区间”为00:00:04:20，如图482-3所示。

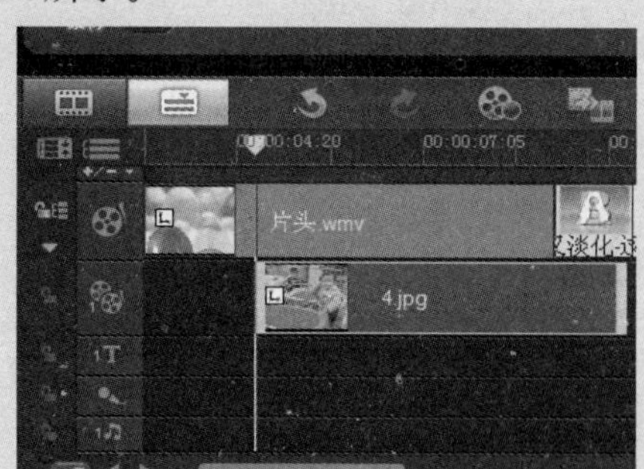

图482-3 设置覆叠素材的区间

04 在预览窗口中选择覆叠轨中的覆叠素材，拖曳四周的控制柄，调整覆叠素材的形状，效果如图482-4所示。

图482-4 调整覆叠素材的形状

05 切换至“编辑”选项面板，勾选“应用摇动和缩放”复选框，如图482-5所示。

图482-5 勾选“应用摇动和缩放”复选框

06 单击下方的下拉按钮，在弹出的列表框中选择预设动画样式，如图482-6所示。然后单击“自定义”按钮，在弹出的对话框中对摇动和缩放动画进行相应的设置，然后单击“确定”按钮。

图482-6 选择预设动画样式

专家提醒

在“编辑”选项面板中，单击“色彩校正”按钮，在弹出的属性面板中用户可以对照片素材进行色彩校正操作。

07 切换至“属性”选项面板，单击“淡入动画效果”按钮和“淡出动画效果”按钮，设置覆叠素材的淡入淡出动画效果，单击导览面板中的“播放”按钮，预览覆叠素材淡入淡出及摇动效果，如图482-7所示。

图482-7 预览覆叠素材淡入淡出及摇动效果

08 将时间线移至00:00:09:22位置，在“照片”素材库中选择需要添加到覆叠轨的边框素材，如图482-8所示。

图482-8 选择需要添加的边框素材

09 按住鼠标左键并拖曳至覆叠轨中的时间线位置，在“属性”选项面板中单击“淡入动画效果”按钮，设置边框素材的淡入动画效果，然后调整素材的大小，使其全部显示在预览窗口中，如图482-9所示。

图482-9 调整素材的大小

10 在“属性”面板中，单击“遮罩和色度键”按钮，在弹出的面板中勾选“应用覆叠选项”复选框，如图482-10所示。

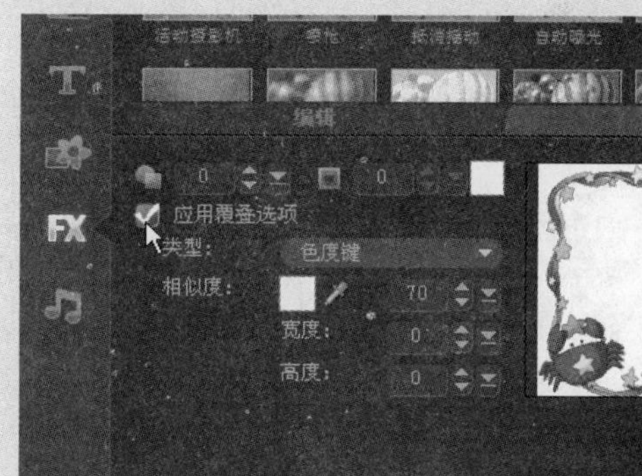

图482-10 勾选“应用覆叠选项”复选框

11 执行操作后，即可设置边框素材的覆叠属性，此时预览窗口中的覆叠素材效果如图482-11所示。

图482-11 预览窗口中的覆叠效果

12 使用与上同样的方法，在覆叠轨中的其他位置再次添加相应的覆叠素材，并设置覆叠素材的区间长度与淡入淡出动画效果，然后设置相应的覆叠属性，效果如图482-12所示。

图482-12 添加与设置覆叠素材

第483集 制作视频字幕效果

01 将时间线移至00:00:04:24位置，切换至“标题”选项卡，在预览窗口中的适当位置输入文字“儿童相册”，在“编辑”选项面板中，设置文字的相应属性，如图483-1所示。

图483-1 设置文字的相应属性

02 在“编辑”选项面板中，设置字幕的“区间”为00:00:05:02，选择预览窗口中的字幕，在“按角度旋转”数值框中输入3，设置标题字幕的旋转角度，如图483-2所示。

图483-2 设置标题字幕的旋转角度

03 确认输入的字幕为选中状态，切换至“属性”选项面板，选中“动画”单选按钮和勾选“应用”复选框，如图483-3所示。

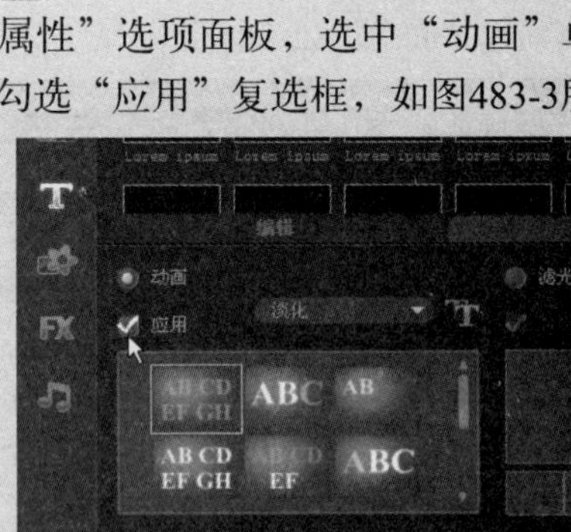

图483-3 选中相应单选按钮和勾选复选框

04 单击“类型”右侧的下拉按钮，在弹出的列表框中选择“淡化”选项，打开“淡化”预设动画类型，在其中选择一种预设动画，单击“自定义动画属性”按钮，弹出“淡化动画”对话框，在“淡化样式”选项组中选中“交叉淡化”单选按钮，如图483-4所示。

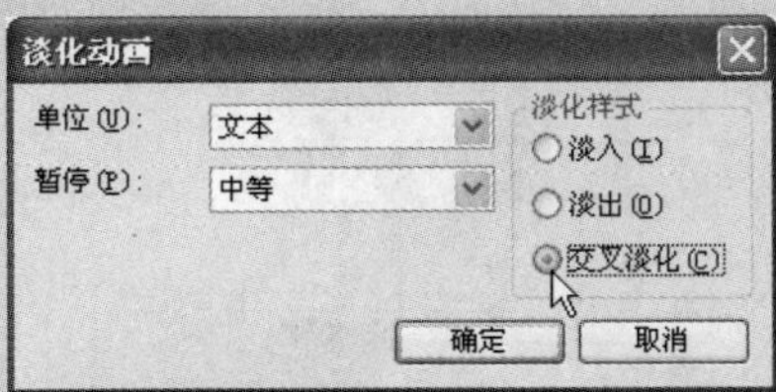

图483-4 选中“交叉淡化”单选按钮

05 单击“确定”按钮，返回会声会影编辑器，在导览面板下方将显示两个“暂停区间”的按钮，如图483-5所示。

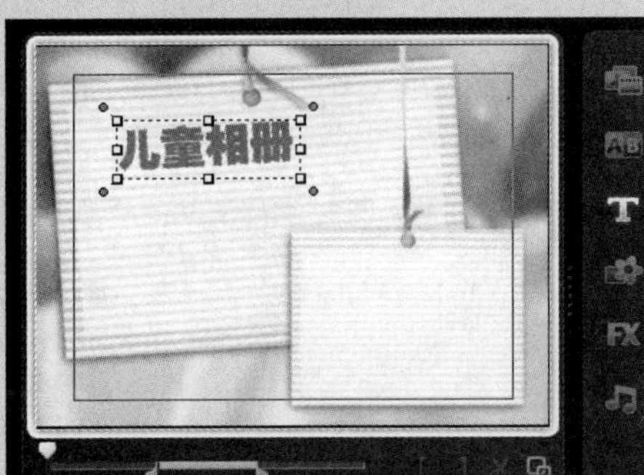

图483-5 显示两个“暂停区间”的按钮

06 拖曳相应的按钮，可以调整字幕的淡入或淡出动画效果，如图483-6所示。

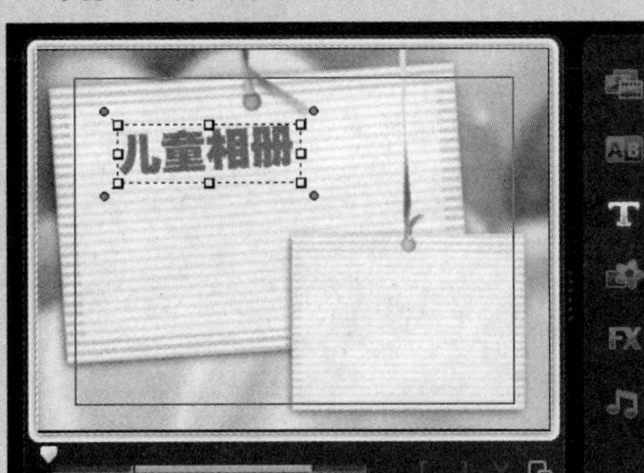

图483-6 调整字幕的淡入或淡出动画效果

07 单击导览面板中的“播放”按钮，预览字幕动画效果，如图483-7所示。

图483-7 预览字幕动画效果

08 使用与上同样的方法，在预览窗口中的其他位置输入相应字幕，并设置字幕的相应属性，单击“播放”按钮，预览影片字幕动画效果，如图483-8所示。

图483-8 预览影片字幕动画效果

09 使用与上同样的方法，在标题轨中的其他位置输入相应字幕，并设置字幕的属性、区间及动画效果，单击“播放”按钮，预览影片字幕动画效果，如图483-9所示。

图483-9 预览影片字幕动画效果

第484集 制作背景音乐效果

01 将时间线移至素材的开始位置，在时间轴面板中的空白位置上，单击鼠标右键，在弹出的快捷菜单中选择“插入音频”|“到音乐轨”命令，如图484-1所示。

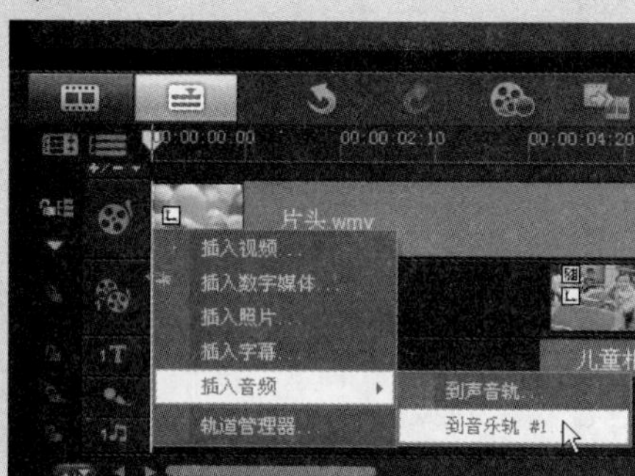

图484-1 选择“到音乐轨”命令

02 弹出“打开音频文件”对话框，在其中选择需要导入的音频文件，如图484-2所示。

03 单击“打开”按钮，即可将音频文件插入到音乐轨中，如图484-3所示。

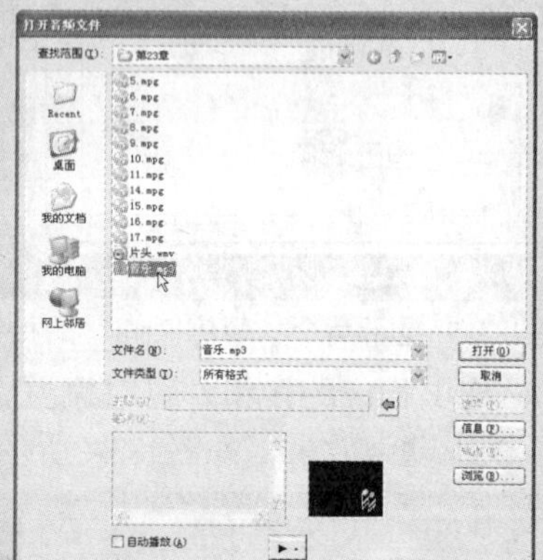

图484-2 选择需要导入的音频文件

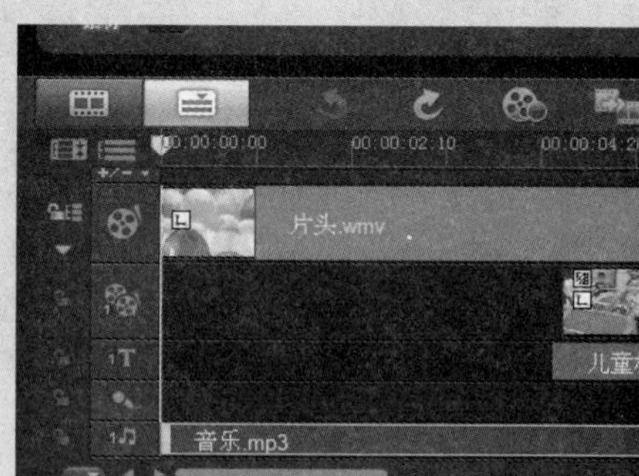

图484-3 将音频文件插入到音乐轨中

04 使用与上同样的方法，在音乐轨中的适当位置再次插入同一段音频素材，将时间线移至00:01:39:24位置，选择音乐轨中的音频文件，单击鼠标右键，在弹出的快捷菜单中选择“分割素材”命令，如图484-4所示。

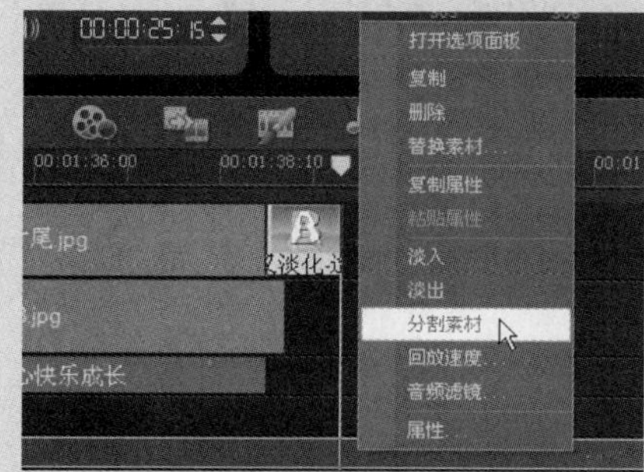

图484-4 选择“分割素材”命令

05 将音频素材剪辑成两段，选择后面音频素材并按【Delete】键将其删除，如图484-5所示。

06 选择剪切后的音频素材，单击“音乐和声音”选项面板中的“淡出”按钮，设置音频的淡出效果，然后通过混音器视图手动设置音频的淡出动画效果，如图484-6所示。

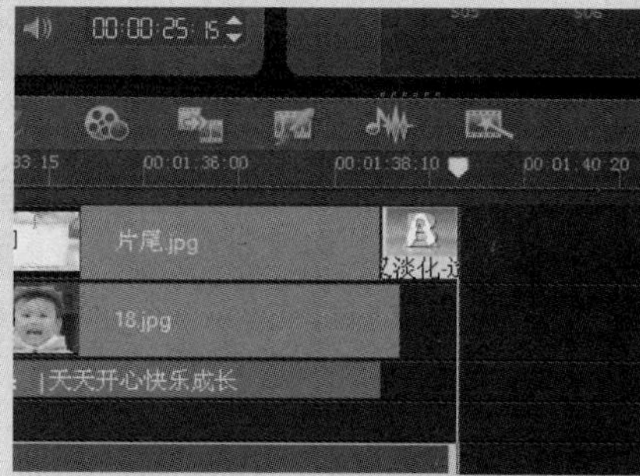

图484-5 对音频素材进行剪辑操作

图484-6 设置音频的淡出动画效果

07 单击导览面板中的“播放”按钮，试听音频的淡出动画效果。

第485集 输出为DVD文件

01 切换至“分享”选项卡，单击“创建视频文件”按钮，在弹出的列表框中选择“DVD”｜“PAL DVD（4:3）”选项，如图485-1所示。

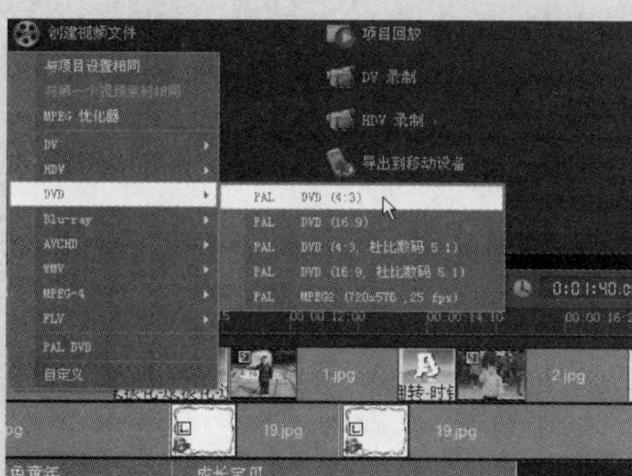

图485-1 选择“PAL DVD（4:3）”选项

02 弹出“创建视频文件”对话框，在其中设置文件的保存位置及文件名称，如图485-2所示。

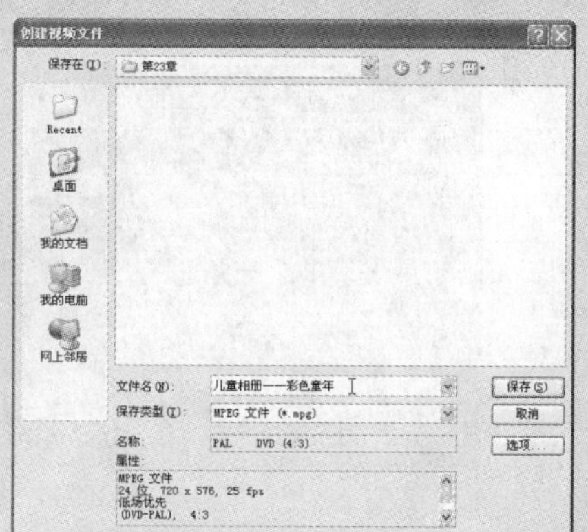

图485-2 设置保存位置及文件名称

03 单击“保存”按钮，即可开始渲染文件，并显示渲染进度，如图485-3所示。

图485-3 显示文件渲染进度

04 渲染完成后，返回会声会影编辑器，在预览窗口中，即可预览渲染后的视频效果，如图485-4所示。

图485-4 预览渲染后的视频效果

第24章 中老年相册——精彩生活

老年时期是人一生中享乐的时期，外出旅游对老年人来说是一件非常快乐的事。将老年人外出旅游的境况用相机拍摄下来，然后运用会声会影将相片制作成影片，并为影片添加模板菜单，再将影片刻录成光盘，让回忆永久收藏。本章通过对“中老年相册——精彩生活”的制作，读者在掌握本实例的基础上，可以制作出其他电子相册效果。

素材：素材\第24章\片头.wmv等

视频：视频\第24章\第486集~第493集.swf

难度：★★★★★

效果：效果\第24章\中老年相册——精彩生活.VSP、中老年相册——精彩生活.mpg

时长：24分7秒

关键技术：添加视频字幕效果等

第486集 导入视频/照片素材

01 进入会声会影编辑器，选择“文件”|“将媒体文件插入到素材库”|“插入视频”命令，如图486-1所示。

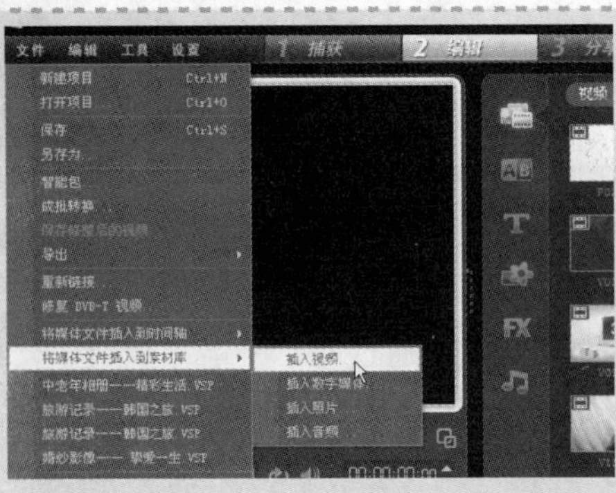

图486-1 选择“插入视频”命令

02 弹出“浏览视频”对话框，在其中选择需要导入的视频素材，如图486-2所示。

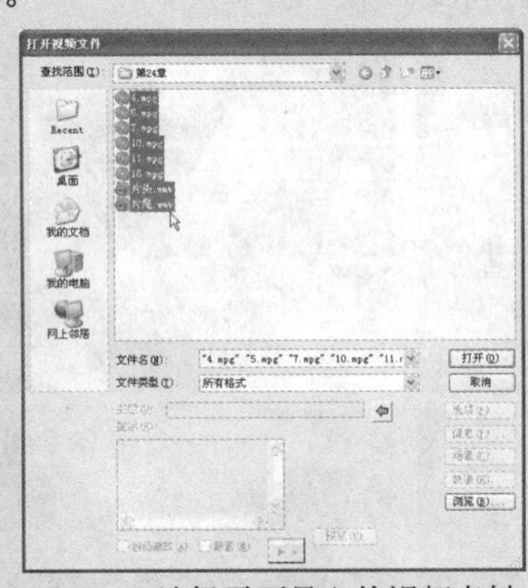

图486-2 选择需要导入的视频素材

03 单击“打开”按钮，即可将视频文件导入到素材库中，如图486-3所示。

图486-3 将视频文件导入到素材库中

04 切换至“照片”素材库，在素材库中的空白位置上，单击鼠标右键，在弹出的快捷菜单中选择“插入照片”命令，如图486-4所示。

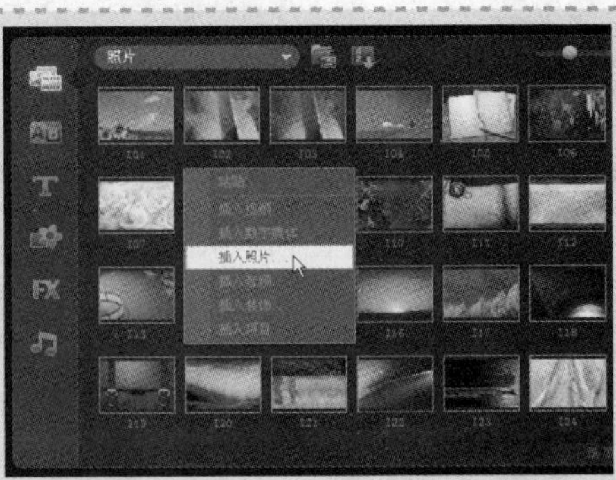

图486-4 选择“插入照片”命令

05 弹出“浏览照片”对话框，在其中选择需要导入的照片素材，如图486-5所示。

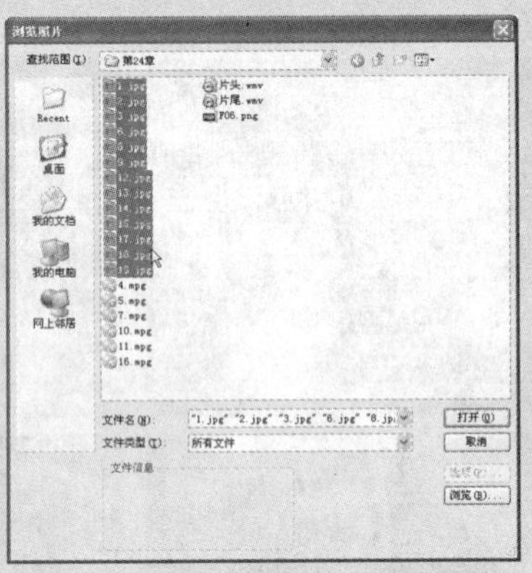

图486-5 选择需要导入的照片素材

06 单击“打开”按钮，即可将照片素材导入到素材库中，如图486-6所示。

图486-6 将照片素材导入到素材库中

07 单击“打开”按钮，即可将照片素材导入到素材库中，在预览窗口中，可以预览视频素材与照片素材，如图486-7所示。

图486-7 预览视频素材与照片素材

第487集 制作视频画面效果

01 在"视频"素材库中，选择"片头.wmv"视频素材，如图487-1所示。

图487-1 选择"片头.wmv"视频素材

02 按住鼠标左键并拖曳，将其添加至视频轨中的适当位置，如图487-2所示。

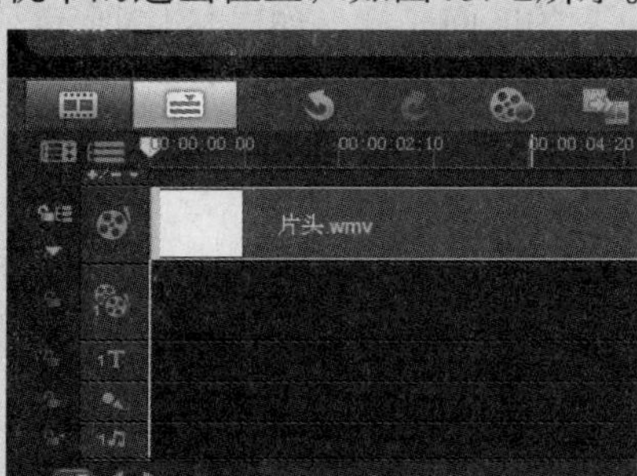

图487-2 添加至视频轨中的适当位置

03 切换至"属性"选项面板，勾选"变形素材"复选框，如图487-3所示。

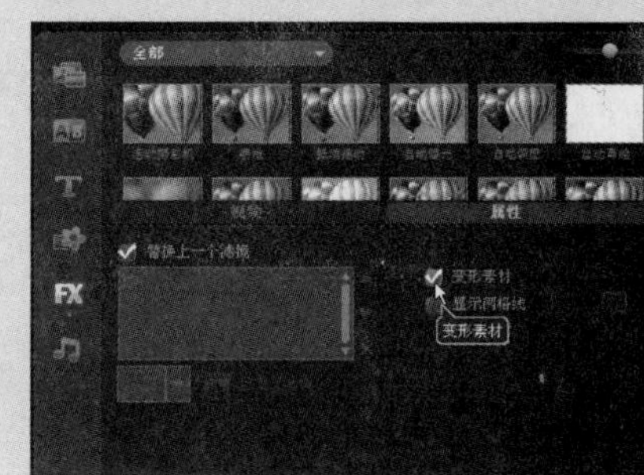

图487-3 勾选"变形素材"复选框

04 在预览窗口中，拖曳四周的控制柄，调整视频素材的大小，使其全屏显示在预览窗口中，如图487-4所示。

图487-4 将素材全屏显示在预览窗口中

专家提醒

在会声会影X3中制作视频文件时，用户还可以根据需要为视频添加相应的滤镜效果，使视频画面更加美佳。

05 单击导览面板中的“播放”按钮，即可预览添加的素材效果，如图487-5所示。

图487-5 预览添加的素材效果

专家提醒

在导览面板中播放视频时，单击“起始”按钮，即可将时间线移至视频的开始位置；单击“结束”按钮，即可将时间线移至视频的结束位置；单击“重复”按钮，即可重复播放视频文件。

06 将时间线移至00:00:10:01位置，单击“图形”按钮，切换至“图形”选项卡，在素材库中选择白色色块，如图487-6所示。

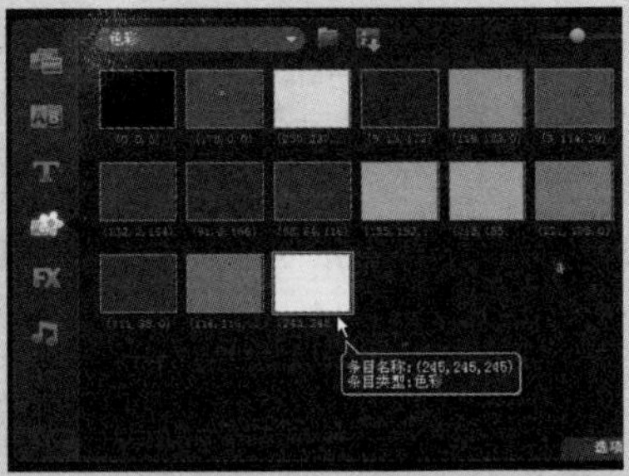

图487-6 在素材库中选择白色色块

07 按住鼠标左键并拖曳至视频轨中的时间线位置，如图487-7所示。

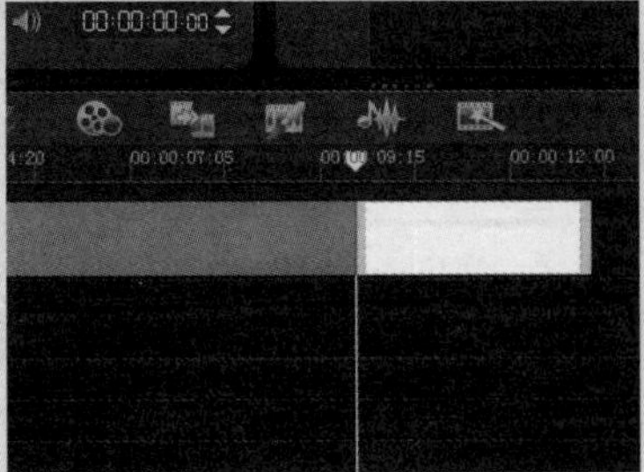

图487-7 添加白色色块至视频轨中

08 在“色彩”选项面板中设置色块的“区间”为00:00:02:00，此时视频轨中的色块效果如图487-8所示。

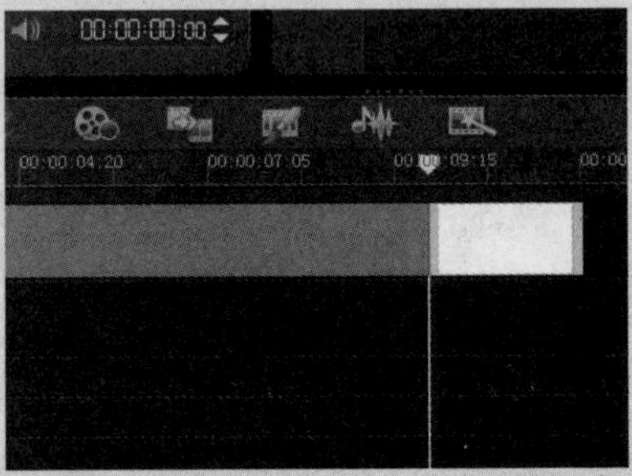

图487-8 设置白色色块的区间长度

09 将时间线移至00:00:12:00位置，在“视频”素材库中选择1.jpg照片素材，按住鼠标左键并拖曳至视频轨中的时间线位置，调整素材的区间长度，如图487-9所示。

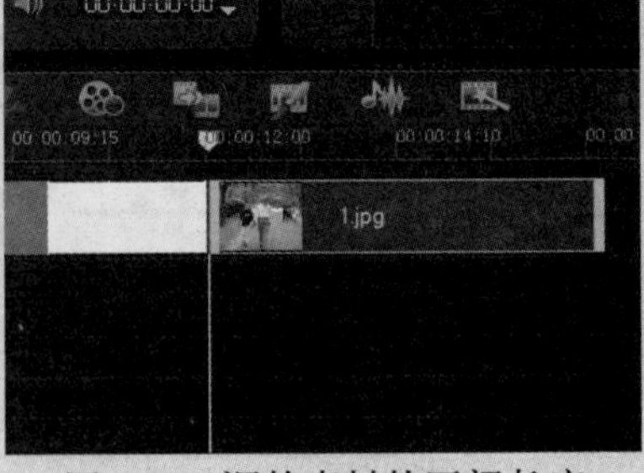

图487-9 调整素材的区间长度

10 使用与上同样的方法，将素材库中的照片与视频素材依次拖曳至视频轨中，添加相应的颜色色块，调整素材的区间长度，此时时间轴面板如图487-10所示。

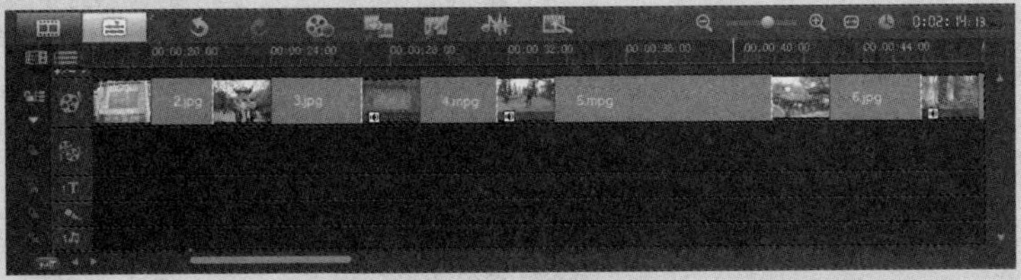

时间轴画面效果片段一

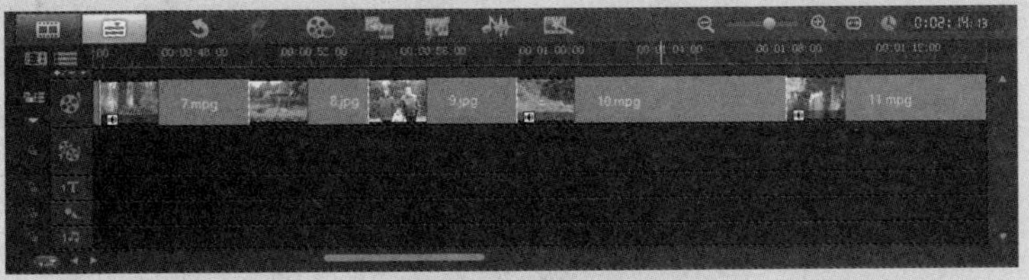

时间轴画面效果片段二

时间轴画面效果片段三

时间轴画面效果片段四

图487-10　调整素材的区间长度

第488集　制作视频摇动效果

01 在视频轨中选择1.jpg照片素材，在“照片”选项面板中选中“摇动和缩放”单选按钮，如图488-1所示。

图488-1 选中“摇动和缩放”单选按钮

02 单击下方的下拉按钮，在弹出的列表框中选择预设动画样式，如图488-2所示。

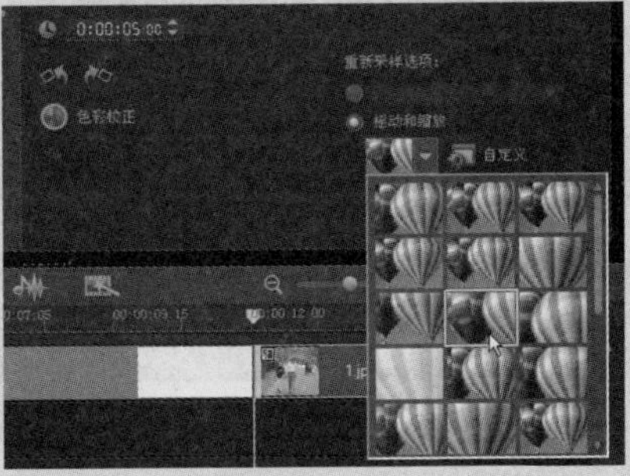

图488-2　在列表框中选择预设动画样式

03 单击导览面板中的“播放”按钮，预览摇动和缩放动画效果，如图488-3所示。

图488-3 预览摇动和缩放动画效果

04 使用与上同样的方法，设置其他照片素材的摇动和缩放动画效果，并设置相应的预设动画样式，效果如图488-4所示。

图488-4 设置相应的预设动画样式

第489集 添加视频转场效果

01 将时间线移至素材的开始位置，切换至“转场”选项卡，单击窗口上方的“画廊”按钮，在弹出的列表框中选择“过滤”选项，如图489-1所示。

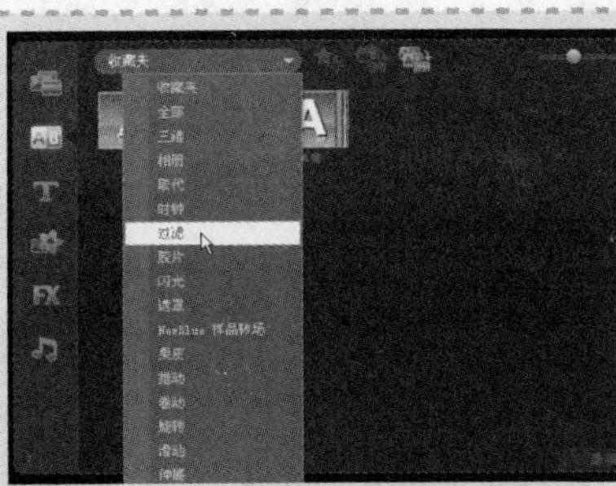

图489-1 选择“过滤”选项

02 打开“过滤”素材库，在其中选择“交叉淡化”选项，如图489-2所示。

图489-2 选择“交叉淡化”选项

03 按住鼠标左键并拖曳至“片头.wmv”与白色色块之间，为其添加“交叉淡化”转场效果，如图489-3所示。

图489-3 添加“交叉淡化”转场效果

04 使用与上同样的方法，再次在白色色块与1.mpg视频素材之间添加“交叉淡化”转场效果，如图489-4所示。

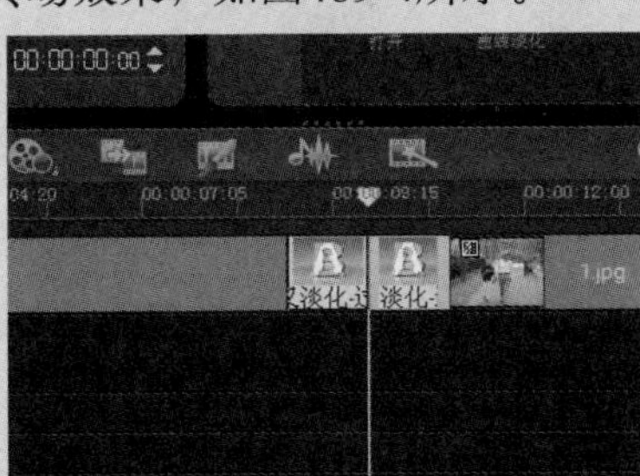

图489-4 添加“交叉淡化”转场效果

专家提醒

在视频轨中，为素材之间添加相应的转场效果后，选择添加的转场效果，单击“选项”按钮，弹出“选项”面板，在“方向”选项组中单击相应的方向按钮，可以设置视频转场的出场动画。

05 打开“擦拭”素材库，在其中选择“对开门”转场效果，如图489-5所示。

图489-5 选择“对开门”转场效果

06 按住鼠标左键并拖曳至视频轨中的1.jpg与2.jpg素材之间，如图489-6所示。

图489-6 添加至视频轨中的适当位置

07 单击“播放”按钮，预览“对开门—擦拭”转场效果，如图489-7所示。

图489-7 预览“对开门—擦拭”转场效果

08 在“滑动”素材库中，选择“对开门”选项，按住鼠标左键并拖曳至视频轨中的2.jpg与3.jpg素材之间，单击“播放”按钮，预览转场效果，如图489-8所示。

图489-8 预览“对开门—滑动”转场效果

09 使用与上同样的方法，在视频轨中分别添加相应的转场效果，视频效果如图489-9所示。

图489-9 分别添加相应的转场效果

第490集　添加视频覆叠效果

01 在编辑器中，将时间线移至00:00:01:14位置，如图490-1所示。

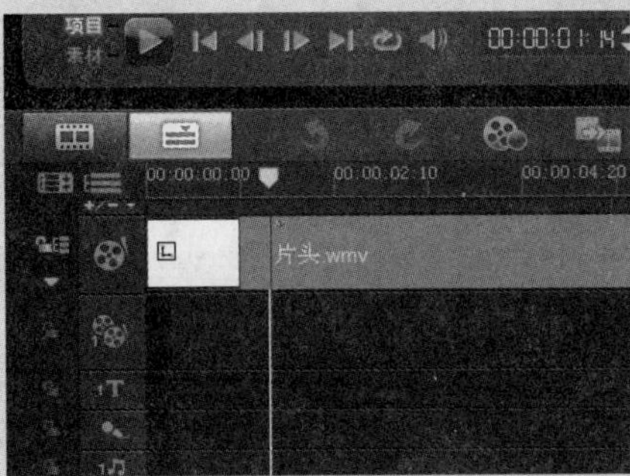

图490-1　将时间线移至合适位置

02 切换至“媒体”选项卡，在“照片”素材库中选择1.jpg照片素材，如图490-2所示。

图490-2　选择1.jpg照片素材

03 按住鼠标左键并拖曳至覆叠轨中的时间线位置，如图490-3所示。

图490-3　添加覆叠素材至覆叠轨中

04 在“编辑”选项面板中，设置覆叠素材的区间为00:00:08:12，如图490-4所示。

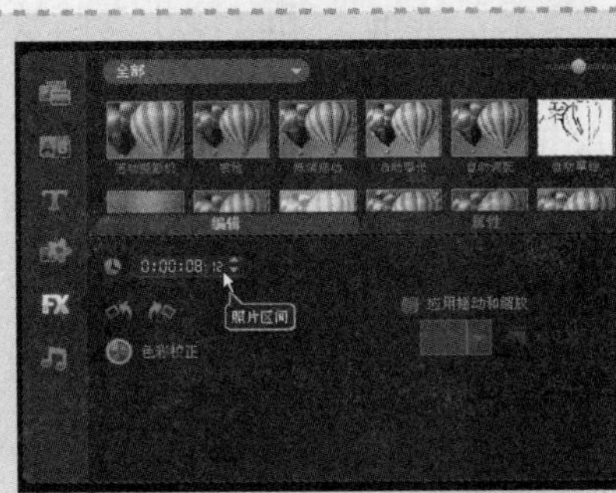

图490-4　设置覆叠素材的区间长度

专家提醒

将鼠标移至覆叠素材的右侧黄色控制柄处，按住鼠标左键并向右拖曳，移至合适位置后释放鼠标，也可以调整覆叠素材的区间长度。

05 按【Enter】键确认，调整覆叠素材的区间长度，如图490-5所示。

图490-5　调整覆叠素材的区间长度

06 切换至“属性”选项面板，在预览窗口中选择覆叠轨中的覆叠素材，拖曳四周的控制柄，调整覆叠素材的形状，效果如图490-6所示。

图490-6　调整覆叠素材的形状

07 在“属性”选项面板中，单击“淡入动画效果”按钮和“淡出动画效果”按钮，设置覆叠素材的淡入淡出动画效果，单击导览面板中的“播放”按钮，预览覆叠素材的淡入淡出效果，如图490-7所示，然后为其添加摇动和缩放动画效果。

图490-7 预览覆叠素材的淡入淡出效果

专家提醒

选择覆叠轨中的覆叠素材，在“属性”选项面板的“方向/样式”选项组中，单击相应的按钮，即可设置覆叠素材进入动画效果。

08 将时间线移至00:00:10:01位置，单击“图形”按钮，切换至“色彩”素材库，单击窗口上方的“画廊”按钮，在弹出的列表框中选择“边框”选项，如图490-8所示。

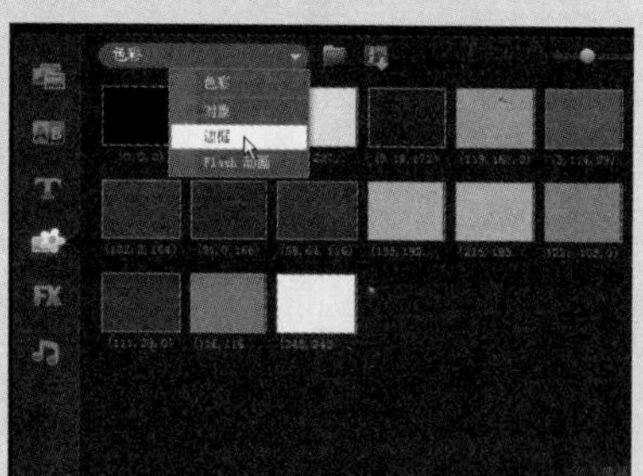

图490-8 选择“边框”选项

09 进入“边框”素材库，在其中选择F06边框，如图490-9所示。

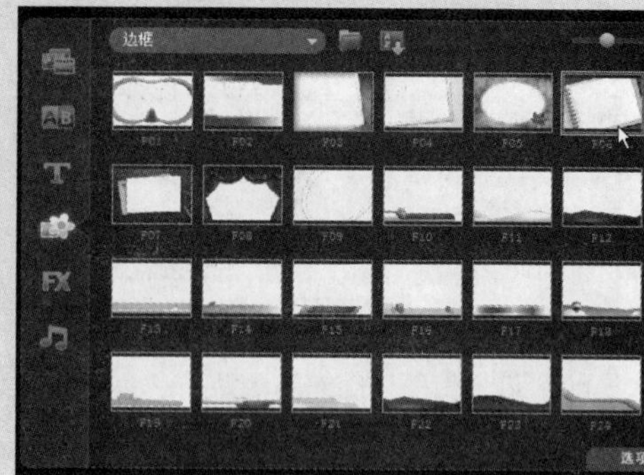

图490-9 在素材库中选择F06边框

10 按住鼠标左键并拖曳至覆叠轨中的时间线位置，如图490-10所示。

图490-10 将边框素材添加至覆叠轨中

11 在“属性”选项面板中，单击“淡入动画效果”按钮，如图490-11所示，为覆叠素材添加淡入动画效果。

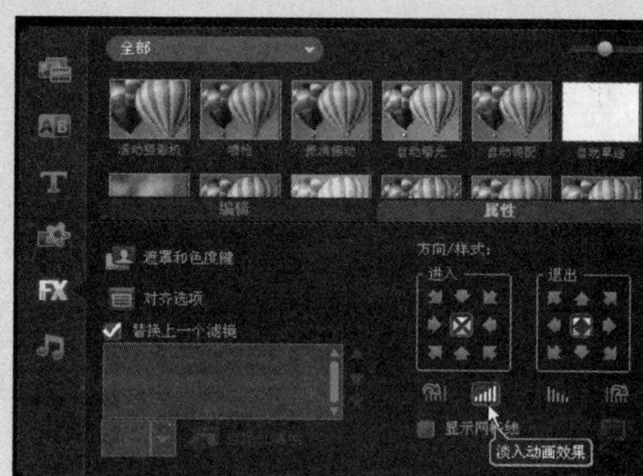

图490-11 单击“淡入动画效果”按钮

12 单击导览面板中的“播放”按钮，预览覆叠素材的效果，如图490-12所示。

图490-12 预览覆叠素材的效果

13 使用与上同样的方法，在覆叠轨中的其他位置添加相应的覆叠素材，并为素材添加相应的淡入或淡出动画，在“编辑”选项面板中设置覆叠素材的区间长度，单击导览面板中的“播放”按钮，预览覆叠素材的效果，如图490-13所示。

图490-13 预览覆叠素材的效果

第491集 制作视频字幕效果

01 将时间线移至00:00:01:14位置，切换至“标题”选项卡，在预览窗口中的适当位置输入文字“中老年相册”，在“编辑”选项面板中设置文字的相应属性，如图491-1所示。

图491-1 输入并设置标题文本内容

02 在“编辑”选项面板中，设置字幕的“区间”为00:00:08:12，如图491-2所示。

图491-2 设置标题文本的区间

03 确认输入的字幕为选中状态，切换至“属性”选项面板，选中“动画”单选按钮和勾选“应用”复选框，如图491-3所示。

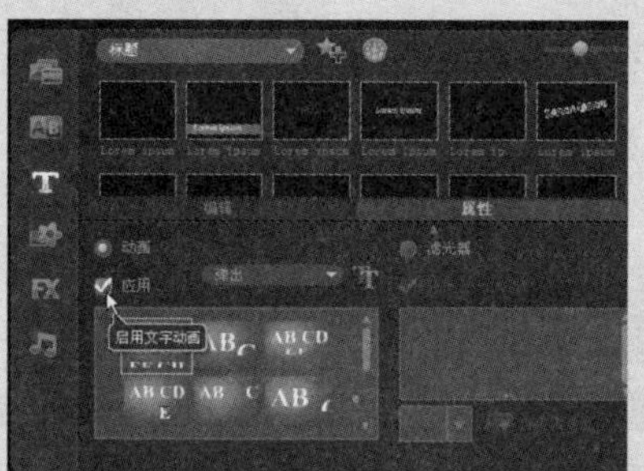

图491-3 选中相应单选按钮和勾选复选框

04 单击“类型”右侧的下拉按钮，在弹出的列表框中选择“淡化”选项，打开“淡化”预设动画类型，在其中选择一种预设动画，如图491-4所示。

05 单击“自定义动画属性”按钮，弹出“淡化动画”对话框，在“淡化样式”选项组中选中“交叉淡化”单选按钮，如图491-5所示。

06 单击“确定”按钮，即可为字幕添加交叉淡化动画效果。此时，在导览面板下方将显示两个“暂停区间”按钮，如图491-6所示。拖曳相应的按钮可以调整交叉淡化的动画播放方式。

图491-4 选择一种预设动画

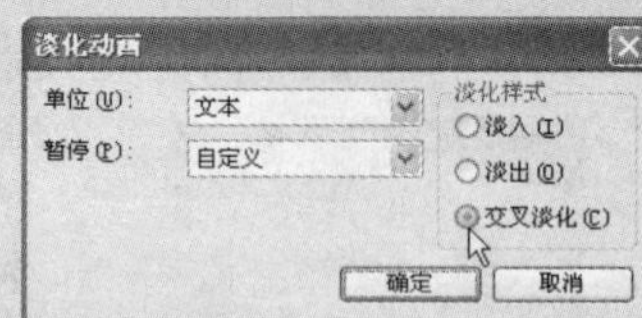

图491-5 选中“交叉淡化”单选按钮

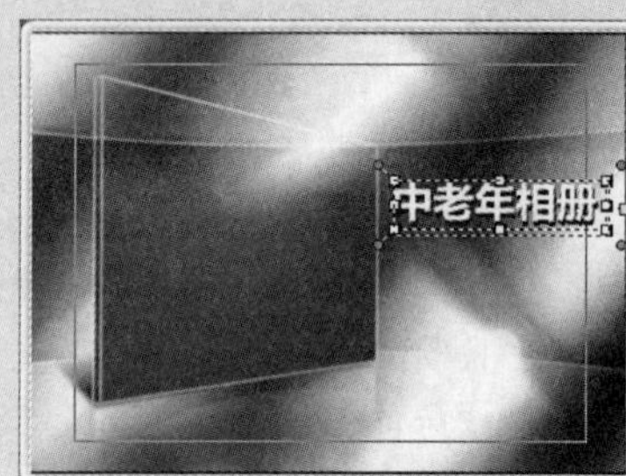

图491-6 调整交叉淡化的动画方式

07 单击导览面板中的“播放”按钮，预览字幕动画效果，如图491-7所示。

图491-7 预览字幕动画效果

08 使用与上同样的方法，在预览窗口中的其他位置输入相应字幕，并设置字幕的相应属性，单击“播放”按钮，预览影片字幕动画效果，如图491-8所示。

图491-8 预览影片字幕动画效果

09 使用与上同样的方法，在标题轨中的其他位置输入相应字幕，并设置字幕的属性、区间及动画效果，单击“播放”按钮，预览影片字幕动画效果，如图491-9所示。

图491-9 预览影片字幕动画效果

第492集 制作视频背景音乐

01 将鼠标移至时间轴面板中，单击鼠标右键，在弹出的快捷菜单中选择“插入音频”|“到音乐轨#1”命令，如图492-1所示。

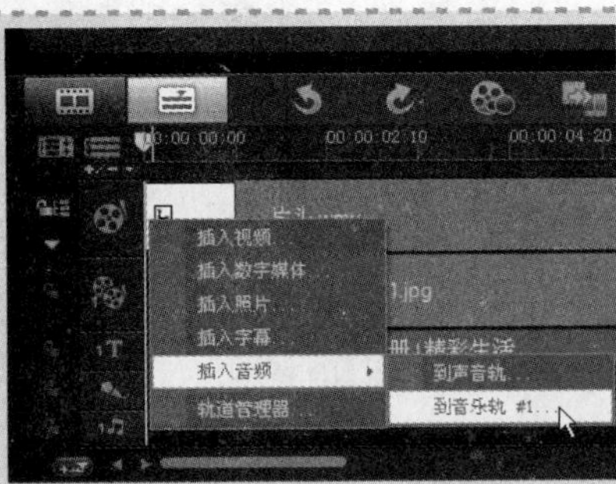

图492-1 选择“到音乐轨#1”命令

02 弹出“打开音频文件”对话框，在其中选择音频文件“音乐.mp3”，如图492-2所示。

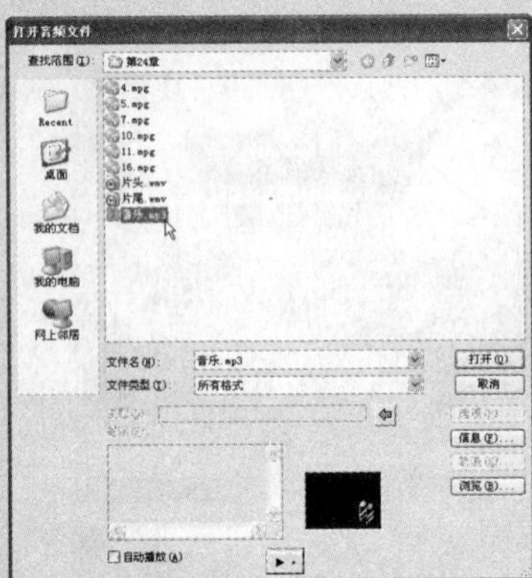

图492-2 选择音频文件“音乐.mp3”

03 单击“打开”按钮，即可将音频文件插入到音乐轨中，如图492-3所示。

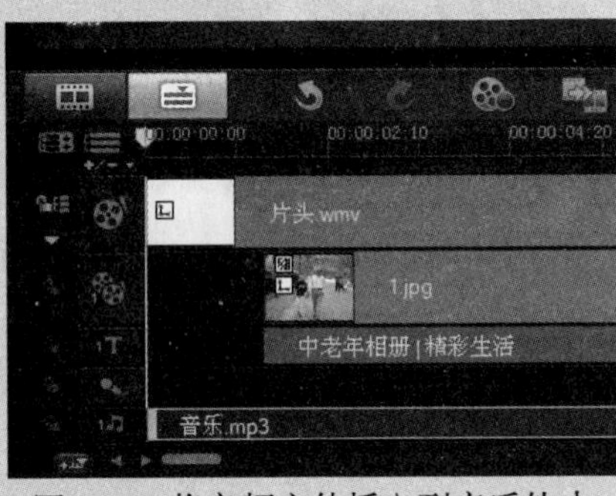

图492-3 将音频文件插入到音乐轨中

04 将时间线移至00:01:51:16位置，选择音乐轨中的音频素材，单击鼠标右键，在弹出的快捷菜单中选择“分割素材”命令，如图492-4所示。

05 将音频素材剪辑成两段，选择后面音频素材按【Delete】键将其删除，如图492-5所示。

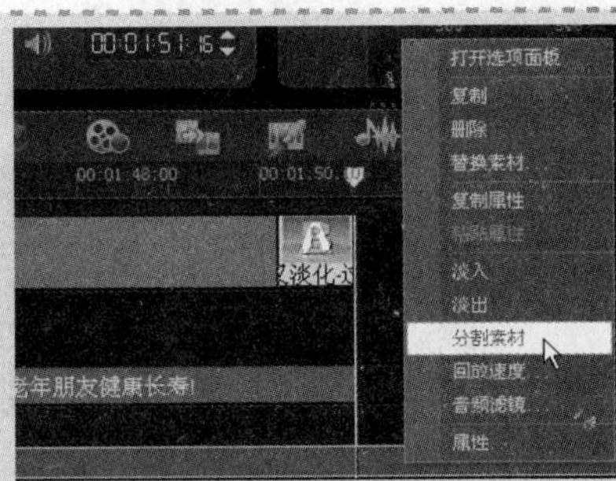

图492-4 选择“分割素材”命令

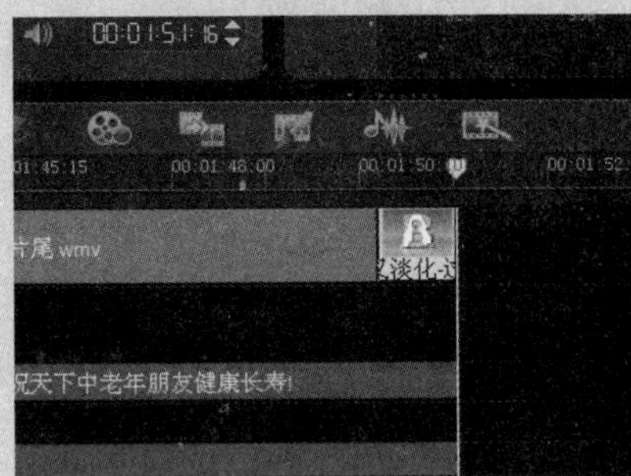

图492-5 将剪辑后的音频素材删除

06 选择剪切后的音频素材，单击“音乐和声音”选项面板中的“淡出”按钮，设置音频的淡出效果，然后通过混音器视图手动设置音频的淡出动画效果，如图492-6所示。

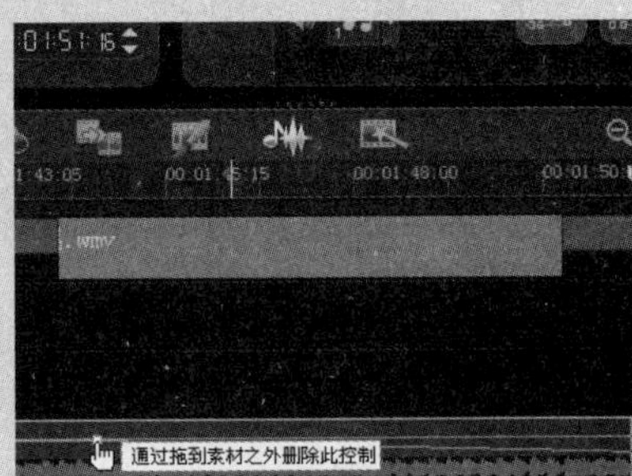

图492-6 手动设置音频的淡出动画效果

专家提醒

在“混音器”视图中，如果用户需要删除淡入或淡出动画的关键帧，此时只需选择相应关键帧，按住鼠标左键并向上或向下拖曳，移至音乐轨外的合适位置即可。

07 对音频编辑完成后，单击导览面板中的“播放”按钮，试听音频效果。

第493集　刻录为DVD光盘

01 切换至“分享”选项卡，单击“创建光盘”按钮，如图493-1所示。

图493-1 单击“创建光盘”按钮

02 打开“视频光盘”窗口，如图493-2所示。

图493-2 打开“视频光盘”窗口

03 在“项目名称”文本框中，输入相应文字“中老年相册”，如图493-3所示。

图493-3 输入相应的文本内容

04 单击“转到菜单编辑”按钮，打开相应窗口，如图493-4所示。

图493-4 打开相应视频光盘窗口

05 单击窗口下方的“样式”选项卡，切换至“样式”选项面板，在其中选择相应的影片样式，如图493-5所示。

图493-5 选择相应的影片样式

06 将一张空白DVD光盘放入光盘驱动器中，然后单击“刻录”按钮，即可开始刻录DVD影片。

第25章 婚纱影像——最真的爱

结婚是一个比较烦琐的过程，包括迎亲、拜堂、摆酒等，随着数码相机和DV的普及，人们都会在结婚时用数码相机或DV将结婚的情景拍摄下来，并制作成电子相册或影片，而且可以为影片添加各种文字及特效，使影片更具珍藏价值。本章主要介绍《婚纱影像——最真的爱》视频的制作方法。

素材：素材\第25章\片头.wmv等
视频：视频\第25章\第494集~第500集.swf
难度：★★★★★

效果：效果\第25章\婚纱影像——最真的爱.VSP、婚纱影像——最真的爱.mpg
时长：27分53秒
关键技术：添加视频背景音乐等

第494集 导入视频/照片素材

01 进入会声会影编辑器，在“视频”素材库中单击上方的“添加”按钮，如图494-1所示。

图494-1 单击“添加”按钮

02 弹出“浏览视频”对话框，在其中选择需要导入的视频素材，如图494-2所示。

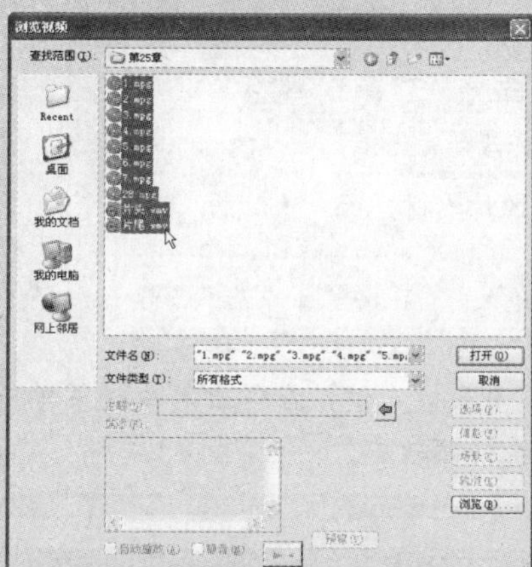

图494-2 选择需要导入的视频素材

03 单击“打开”按钮，即可将视频文件导入到素材库中，如图494-3所示。

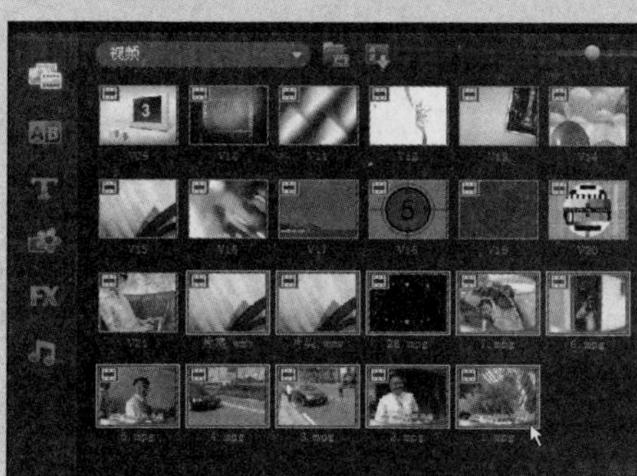

图494-3 将视频文件导入到素材库中

04 单击“画廊”按钮，在弹出的列表框中选择“照片”选项，切换至“照片”素材库中，在空白处单击鼠标右键，在弹出的快捷菜单中选择“插入照片”命令，如图494-4所示。

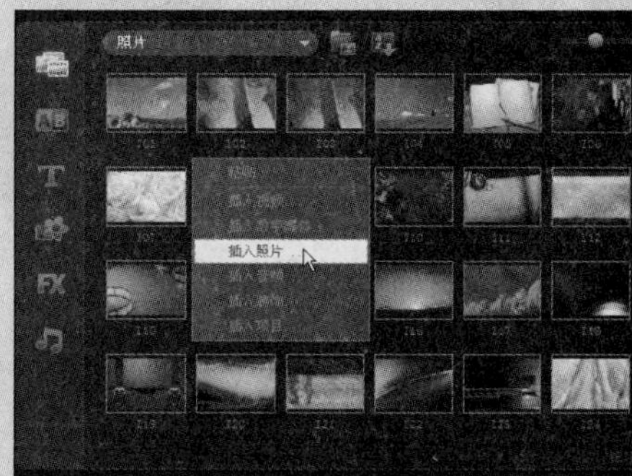

图494-4 选择“插入照片”命令

05 弹出“浏览照片”对话框，选择需要导入的照片素材，如图494-5所示。

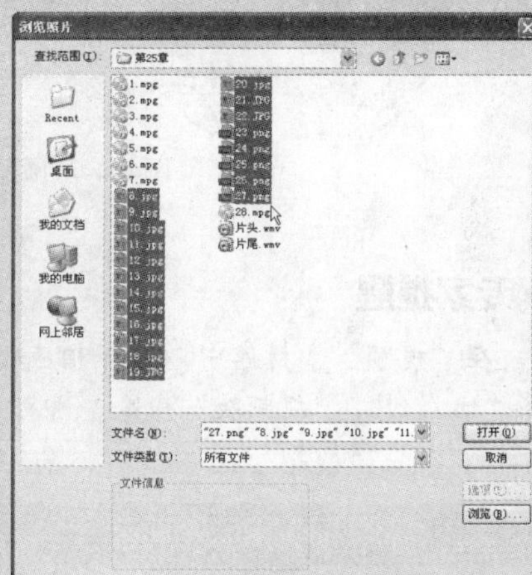

图494-5 选择需要导入的照片素材

06 单击“打开”按钮，即可将照片素材导入到素材库中，如图494-6所示。

图494-6 将照片素材导入到素材库中

07 在预览窗口中，可以预览视频素材与照片素材，如图494-7所示。

图494-7 预览视频素材与照片素材

专家提醒

在“视频”素材库中，选择相应视频素材，单击鼠标右键，在弹出的快捷菜单中选择“插入到”|“视频轨”命令，即可将视频插入至视频轨中。

第495集 制作视频动态画面

01 在“视频”素材库中，选择“片头.wmv”视频素材，如图495-1所示。

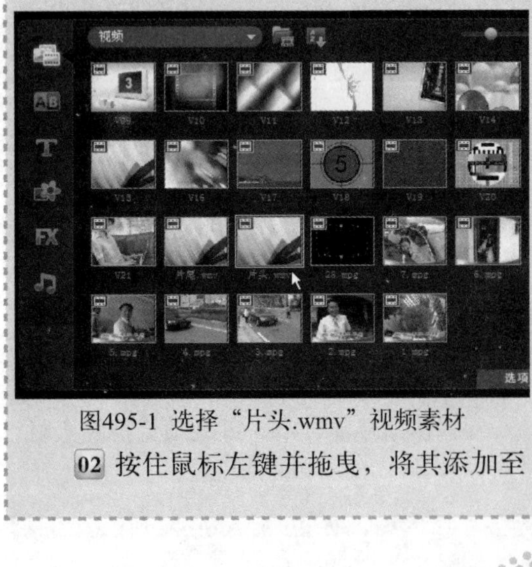

图495-1 选择“片头.wmv”视频素材

02 按住鼠标左键并拖曳，将其添加至视频轨中的适当位置，如图495-2所示。

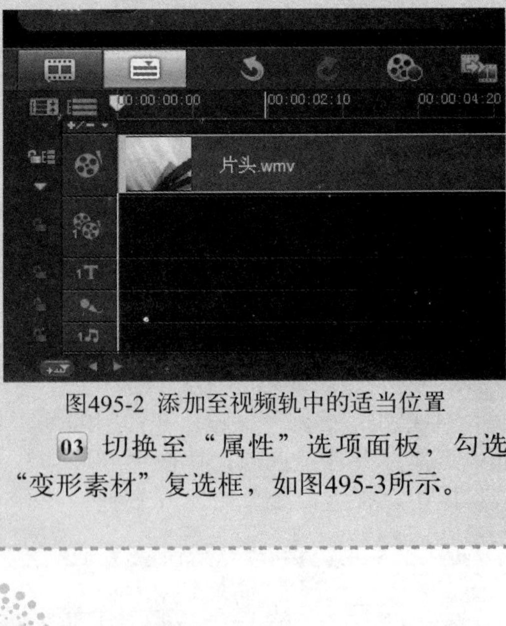

图495-2 添加至视频轨中的适当位置

03 切换至“属性”选项面板，勾选“变形素材”复选框，如图495-3所示。

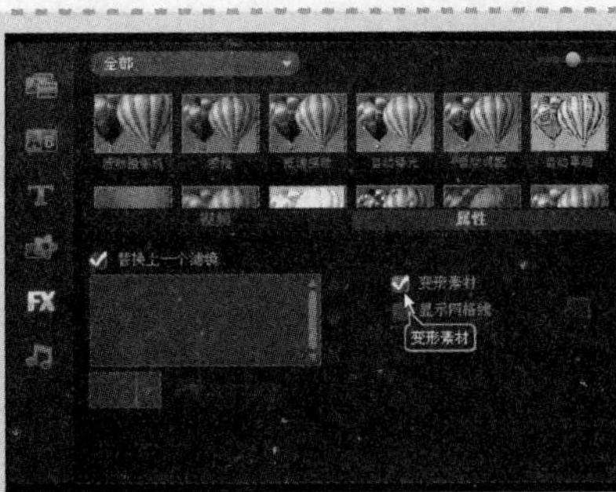

图495-3 勾选“变形素材”复选框

04 在预览窗口中，拖曳四周的控制柄，调整视频素材的大小，使其全屏显示在预览窗口中，如图495-4所示。

图495-4 使素材全屏显示的窗口中

05 单击导览面板中的“播放”按钮，即可预览添加的素材效果，如图495-5所示。

图495-5 预览添加的素材效果

06 将时间线移至00:00:10:01位置，单击“图形”按钮，切换至“图形”选项卡，在素材库中选择白色色块，按住鼠标左键并拖曳至视频轨中的时间线位置，在“色彩”选项面板中设置色块的“区间”为00:00:02:00，效果如图495-6所示。

图495-6 添加白色色块至视频轨

07 将时间线移至00:00:12:00位置，在“视频”素材库中选择1.mpg视频素材，按住鼠标左键并拖曳至视频轨中的时间线位置，如图495-7所示。

图495-7 添加视频素材至视频轨

08 使用与上同样的方法，将素材库中的照片与视频素材依次拖曳至视频轨中，添加相应的颜色色块，然后分别设置色块的颜色，调整素材的区间长度，此时时间轴面板如图495-8所示。

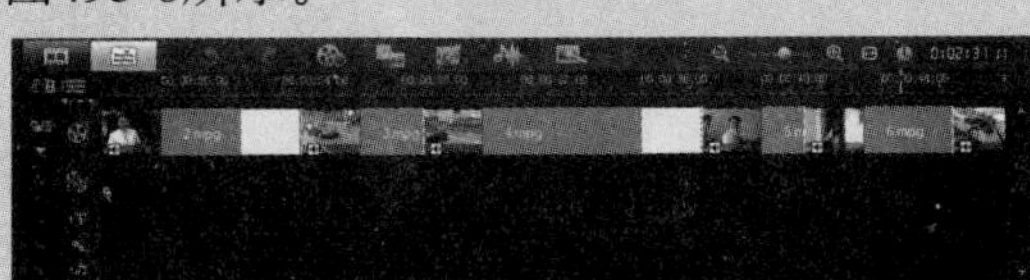

时间轴画面效果片段一

时间轴画面效果片段二

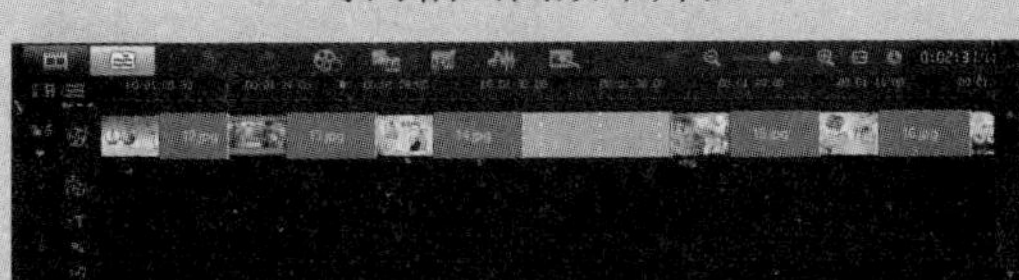

时间轴画面效果片段三

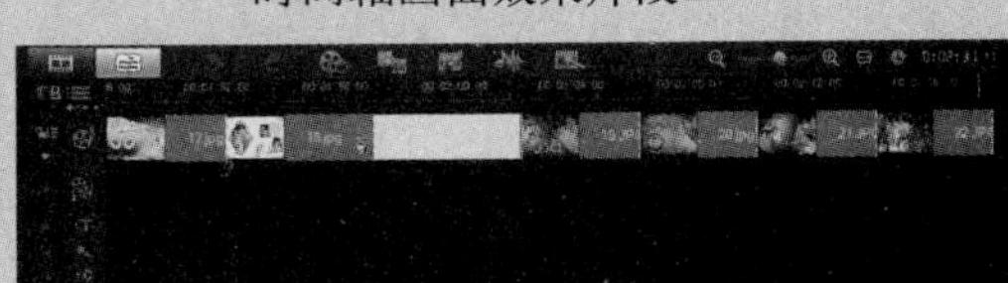

时间轴画面效果片段四

图495-8 添加其他视频与照片素材

09 在视频轨中选择8.jpg照片素材，在“照片”选项面板中选中“摇动和缩放”单选按钮，如图495-9所示。

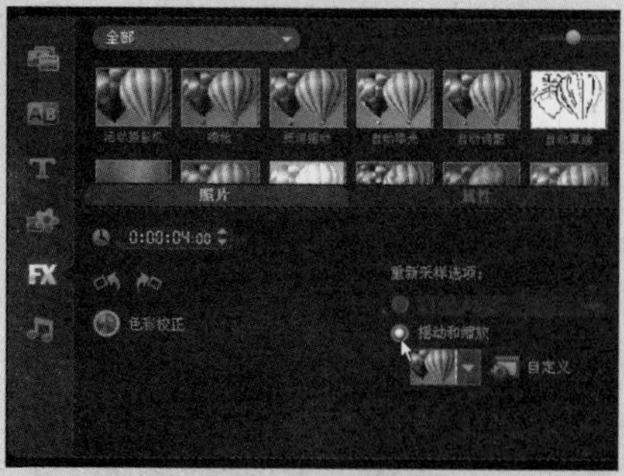

图495-9 选中“摇动和缩放”单选按钮

10 单击下方的下拉按钮，在弹出的列表框中选择预设动画样式，如图495-10所示。

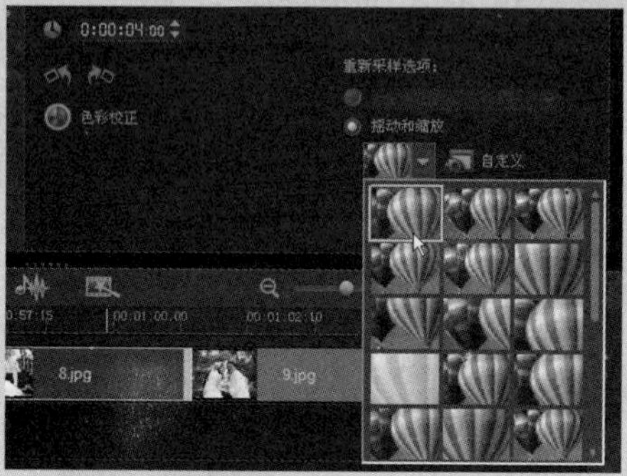

图495-10 在列表框中选择预设动画样式

11 单击导览面板中的“播放”按钮，预览摇动和缩放动画效果，如图495-11所示。

图495-11 预览摇动和缩放动画效果

12 使用与上同样的方法，设置其他照片素材的摇动和缩放动画效果，并设置相应的预设动画样式，效果如图495-12所示。

图495-12 设置素材的预设动画样式

第496集 添加视频转场效果

01 将时间线移至素材的开始位置，切换至“转场”选项卡，单击窗口上方的“画廊”按钮，在弹出的列表框中选择“过滤”选项，打开“过滤”素材库，在其中选择“交叉淡化”选项，如图496-1所示。

02 按住鼠标左键并拖曳至“片头.wmv”与白色色块之间，为其添加“交叉淡化”转场效果，如图496-2所示。

图496-1 选择“交叉淡化”选项

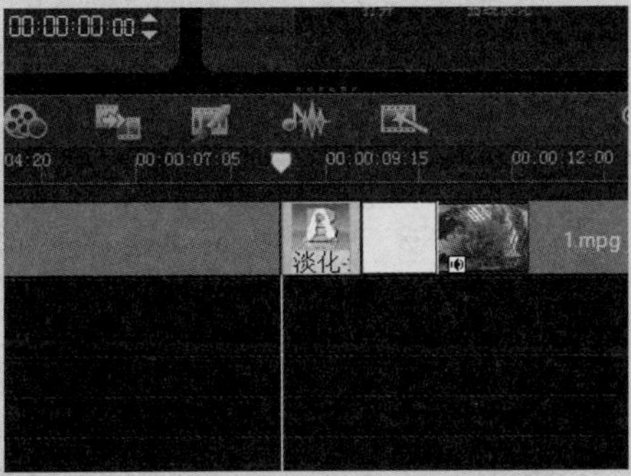

图496-2 添加“交叉淡化”转场效果

03 使用与上同样的方法，在视频轨中的其他位置多次添加“交叉淡化—过滤”转场效果，如图496-3所示。

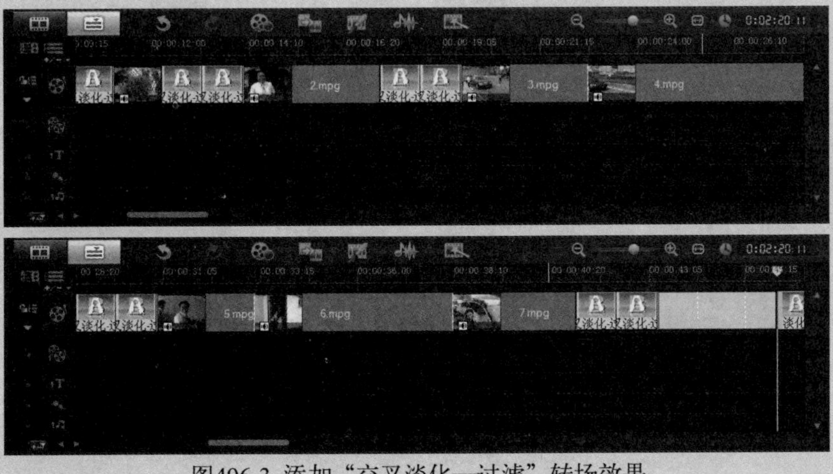

图496-3 添加“交叉淡化—过滤”转场效果

专家提醒

在视频轨中，选择相应转场效果，按【Delete】键，即可将转场效果进行删除操作。

04 打开“胶片”素材库，在其中选择“对开门”选项，按住鼠标左键并拖曳至视频轨中的8.jpg与9.jpg素材之间，单击“播放”按钮，预览转场效果，如图496-4所示。

图496-4 预览“对开门—胶片”转场效果

05 使用与上同样的方法，在视频轨中分别添加相应的转场效果，视频效果如图496-5所示。

“飞去A—胶片”转场效果

“对开门—滑动”转场效果

“百叶窗—擦拭”转场效果

图496-5 分别添加相应的转场效果

第497集 添加视频覆叠效果

01 将时间线移至00:00:01:20位置，在覆叠轨中的时间线位置插入一幅素材图片，调整图片的大小和位置，然后设置相应的遮罩和色度键参数，此时覆叠效果如图497-1所示。

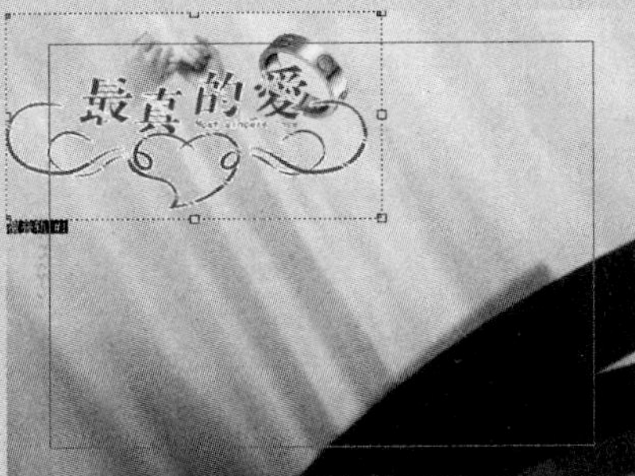

图497-1 设置相应的遮罩和色度键参数

02 在“属性”选项面板中，单击“淡入动画效果”按钮和“淡出动画效果”按钮，设置覆叠素材的淡入淡出特效，然后在“进入”选项组中单击“从右边进入”按钮，设置覆叠素材的运动方向，如图497-2所示。

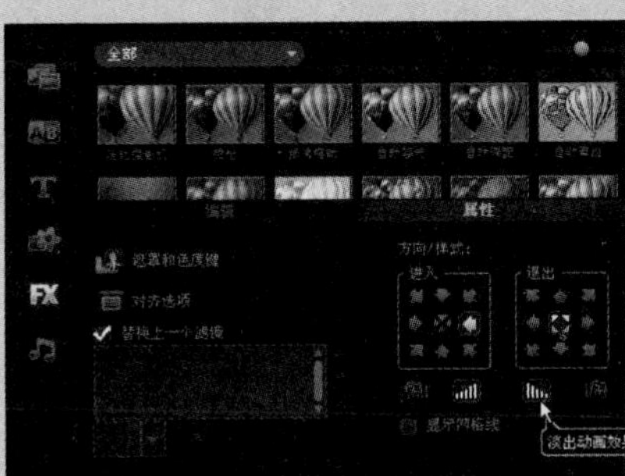

图497-2 设置覆叠素材的运动方向

专家提醒

在“属性”选项面板中，单击“遮罩和色度键”按钮，在弹出的选项面板中用户可根据需要设置覆叠素材的色度键属性，使其画面效果更佳。

03 单击导览面板中的“播放”按钮，即可预览覆叠素材的动画效果，如图497-3所示。

图497-3 预览覆叠素材的动画效果

04 在覆叠轨中，添加两条覆叠轨，使用与上同样的方法，在覆叠轨中的片头位置添加相应的覆叠素材，并设置覆叠素材的形状、大小及动画样式，效果如图497-4所示。

图497-4 添加相应的覆叠素材

05 将时间线移至00:00:10:01位置，在覆叠轨中的时间线位置添加一个色块，并设置相应的色块颜色、区间以及形状，在预览窗口中可以预览色块的效果，如图497-5所示。

图497-5 在预览窗口中预览色块的效果

06 使用与上同样的方法，在相应的覆叠轨中添加相应的覆叠素材，并设置覆叠素材的相应属性，单击导览面板中的“播放”按钮，预览覆叠效果，如图497-6所示。

覆叠动画效果片段一

覆叠动画效果片段二

覆叠动画效果片段三

覆叠动画效果片段四

图497-6 预览覆叠的效果

第498集 制作视频字幕效果

01 新增一条标题轨，将时间线移至00:00:10:01位置，切换至“标题”选项卡，在预览窗口中的适当位置输入相应文本内容，在“编辑”选项面板中，设置文字的相应属性，如图498-1所示。

图498-1 输入相应文本内容

02 在“编辑”选项面板中，设置字幕的“区间”为00:00:32:09，如图498-2所示。

图498-2 设置字幕的区间效果

03 将时间线移至00:00:13:05位置，切换至“标题”选项卡，在预览窗口中的适当位置输入相应文本内容，在“编辑”选项面板中，设置文字的相应属性，如图498-3所示。在“编辑”选项面板中设置字幕的“区间”为00:00:03:11。

图498-3 输入相应标题文本内容

04 确认输入的字幕为选中状态，切换至“属性”选项面板，选中“动画”单选按钮和勾选“应用”复选框，单击“类型”右侧的下拉按钮，在弹出的列表框中选择“飞行”选项，打开“飞行”预设动画类型，在其中选择一种预设动画，单击“自定义动画属性”按钮，弹出“飞行动画”对话框，在“进入”选项组中单击下方箭头按钮，如图498-4所示，设置完成后，单击“确定”按钮即可。

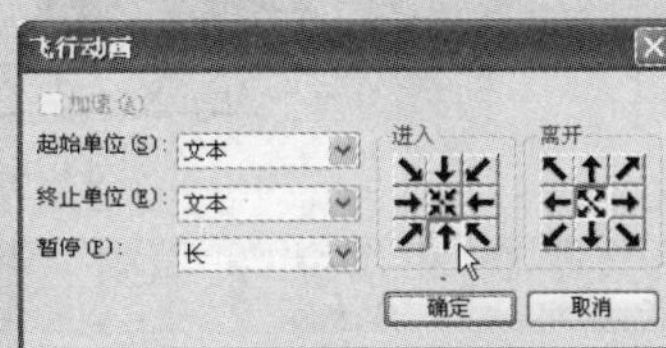

图498-4 单击下方箭头按钮

05 单击导览面板中的“播放”按钮，预览字幕动画效果，如图498-5所示。

图498-5 预览字幕动画效果

06 使用与上同样的方法，在预览窗口中的其他位置输入相应字幕，并设置字幕的相应属性，单击“播放”按钮，预览影片字幕动画效果，如图498-6所示。

图498-6 预览影片字幕动画效果

第499集 制作视频背景音乐

01 将时间线移至素材的开始位置，在时间轴面板中的空白位置上，单击鼠标右键，在弹出的快捷菜单中选择“插入音频”|“到音乐轨”命令，如图499-1所示。

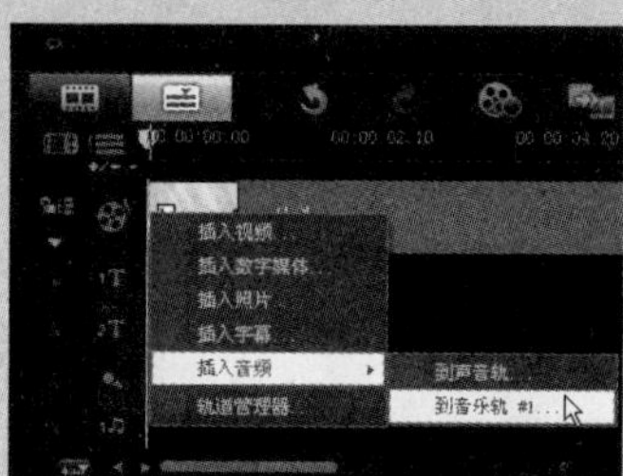

图499-1 选择“到音乐轨”命令

02 弹出“打开音频文件”对话框，在其中选择需要导入的音频文件，如图499-2所示。

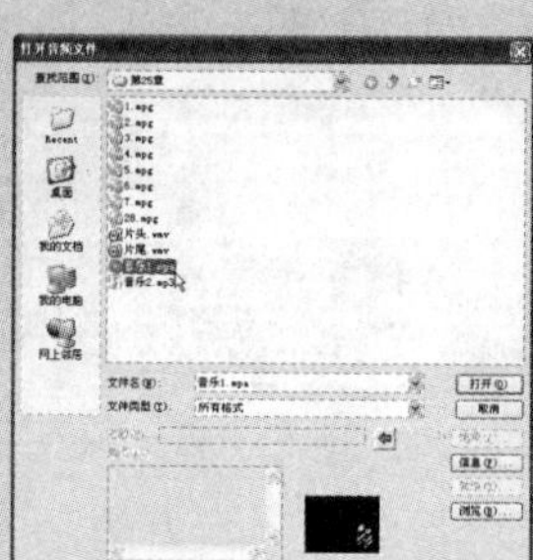

图499-2 选择需要导入的音频文件

03 单击“打开”按钮，即可将音频文件插入到音乐轨中，如图499-3所示。

04 在“音乐和声音”选项面板中，设置音频素材的区间长度为00:00:42:10，然后单击“淡出”按钮，设置音频素材的淡出动画效果，如图499-4所示。

05 使用与上同样的方法，在音乐轨中的适当位置再次添加一段音频素材，并设置音频素材的区间长度，然后为音频素材添加淡入和淡出动画效果，单击导览面板中的“播放”按钮，试听音频效果。

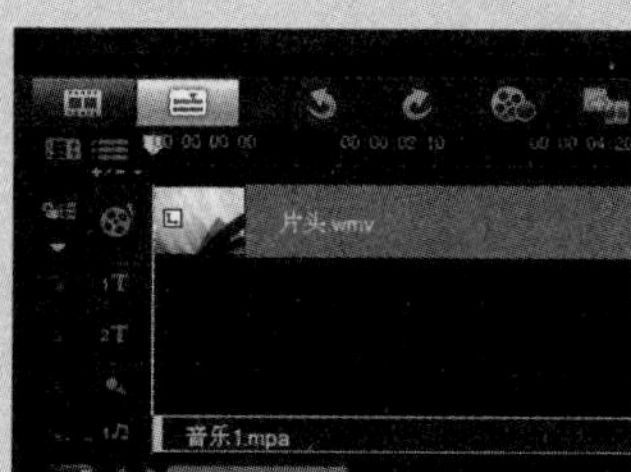

图499-3 将音频文件插入到音乐轨中

图499-4 设置音频素材的淡出动画

第500集　输出为DVD文件

01 切换至“分享”选项卡，单击“创建光盘”按钮，如图500-1所示。

图500-1　单击“创建光盘”按钮

02 打开“视频光盘”窗口，如图500-2所示。

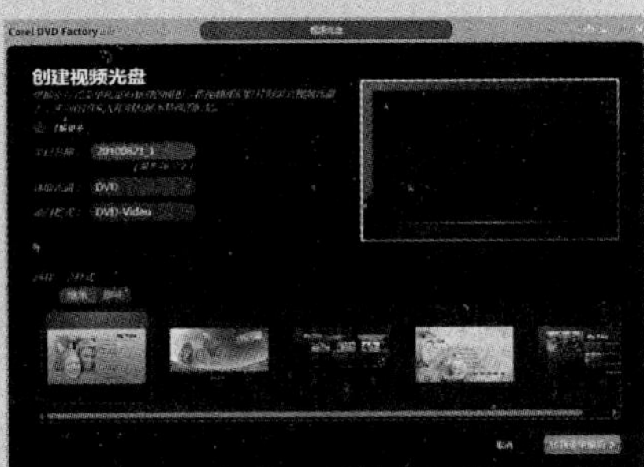

图500-2　打开“视频光盘”窗口

专家提醒

在“视频光盘”窗口中，单击“项目格式”右侧的下拉按钮，在弹出的列表框中用户可根据需要选择相应的DVD光盘格式。

03 在“项目名称”文本框中，输入相应文字“婚纱影像”，如图500-3所示。

04 单击“转到菜单编辑”按钮，打开相应窗口，如图500-4所示。

图500-3　输入相应的文本内容

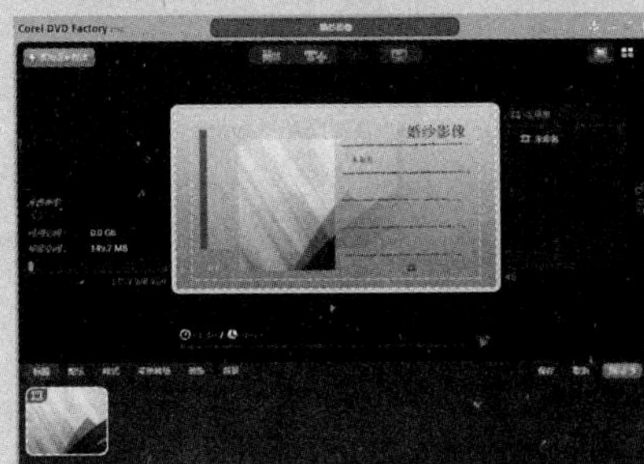

图500-4　打开相应视频光盘窗口

05 单击窗口下方的“样式”选项卡，切换至“样式”选项面板，在其中选择相应的影片样式，如图500-5所示。

图500-5　选择相应的影片样式

06 将一张空白DVD光盘放入光盘驱动器中，然后单击“刻录”按钮，即可开始刻录DVD影片。